L. Pauwels

Nzayilu N'ti
Guide des arbres
et arbustes
de la région de
Kinshasa - Brazzaville

Meise
Jardin botanique national de Belgique
1993

Scripta Botanica Belgica

Documentation
éditée par le Jardin botanique national de Belgique

Secrétariat de rédaction de la série: E. Robbrecht
Rédaction spéciale du volume 4: C. Evrard, E. Robbrecht

Volume 4

L. Pauwels

Nzayilu N'ti.
Guide des arbres et arbustes de la région de Kinshasa - Brazzaville.

Publication réalisée avec le support financier de la Commission des Communautés Européennes, Direction Générale VIII (Développement) (Contrat 946/90/23; Systématique appliquée des plantes en Afrique centrale).
Les opinions exprimées dans cette publication sont celles de l'auteur et ne reflètent pas nécessairement celles de la Commission des Communautés Européennes (DG VIII).

CIP Bibliothèque Royale Albert I, Bruxelles

Nzayilu N'ti. Guide des arbres et arbustes de la région de Kinshasa - Brazzaville. Luc Pauwels - Meise: Ministère de l'Agriculture, Administration de la Recherche Agronomique, Jardin botanique national de Belgique, 1993. - 495 p.; ill.; 25,5 cm. - (Scripta Botanica Belgica; Vol. 4).

ISBN 90-72619-10-2
ISSN 0779-2387

D/1992/0325/16

Adresse de l'auteur:
L. Pauwels
c/o Jardin botanique national de Belgique
Domaine de Bouchout
B - 1860 Meise

Sur la couverture: *Ceiba pentandra* (dessin: A. Fernandez)

Ceuterick, B-3000 Leuven

PRÉFACE

La région transfrontalière de Kinshasa/Brazzaville est l'une des plus peuplées de l'Afrique centrale. Faute d'un travail de vulgarisation, tous ceux qui étudient la flore de cette région ont des difficultés à identifier les arbres et arbustes les plus répandus et les plus caractéristiques. Créer un outil susceptible de combler une telle lacune n'est pas seulement important pour le naturaliste, mais peut également contribuer à accroître la "conscience environnementale" et par conséquent promouvoir la protection de la nature dans une région déjà fortement urbanisée.

La Commission des Communautés Européennes a décidé d'intensifier son appui à la protection de la nature et à la "conscience environnementale" dans les pays ACP. Cela se traduit par des financements accrus en faveur de projets ayant pour objectifs la conservation et l'aménagement durable de forêts, le développement rural dans les zones tampon ainsi que la prise de conscience de la problématique environnementale par les populations dans les régions concernées. La Communauté finance déjà plusieurs programmes et projets de ce type dans les pays d'Afrique centrale.

Dans le cadre de ces actions, la Direction Générale du Développement a estimé opportun de financer le projet "Taxonomie appliquée des plantes en Afrique centrale" exécuté par le Dr. G. Raeymaekers en coopération avec plusieurs instituts scientifiques. Le présent guide de la flore, qui est l'un des multiples résultats de ce projet, a été réalisé en collaboration avec le Jardin Botanique National de Belgique.

Le Jardin Botanique s'intéresse depuis plus d'un siècle à l'étude systématique de la flore de l'Afrique centrale. En publiant ce guide, réalisé grâce à la contribution de Monsieur L. Pauwels, qui dispose d'une expérience précieuse de la région, le Jardin Botanique vise, pour la première fois, une vulgarisation scientifique à l'intention du public africain et la Commission est heureuse d'apporter son appui à une telle initiative.

J. Rammeloo
Directeur
du Jardin Botanique
National
de Belgique

P. Pooley
Directeur Général Adjoint
du Développement
Commission des Communautés
Européennes

AVANT-PROPOS

La végétation de la région transfrontalière de Kinshasa - Brazzaville est, de toutes les végétations d'Afrique topicale, celle que je connais le mieux pour avoir eu l'occasion d'être à son contact permanent durant la plus grande partie de ma carrière de botaniste. Elle allie différents types de savanes et des formations forestières variées. Je l'aime passionnément pour sa beauté et sa diversité.

Ma première rencontre avec cette végétation remonte à l'année 1958 quand je me suis installé à la mission de Kimvula pour rechercher au Bas-Zaïre la limite entre les régions phytogéographiques zambézienne et guinéenne. Attaché de 1963 à 1968 à l'Université de Kinshasa, je me suis entièrement consacré à l'identification botanique. Par des fréquentes récoltes sur le terrain et de patientes études à l'herbier, j'ai acquis une vue d'ensemble sur la flore du Zaïre dans la région située entre l'Océan et les confins du plateau Bateke. Entre 1968 et 1974, j'ai eu le privilège de diriger le magnifique Jardin botanique de Kisantu, lequel renferme dans ses collections vivantes un nombre considérable de plantes indigènes que j'observais quotidiennement. De 1974 à 1982, j'ai renoué avec l'Université de Kinshasa et les travaux de systématique. Je me suis spécialement intéressé à la flore du Pool Malebo.

En me confiant la rédaction d'un guide des arbres et arbustes de la région transfrontalière de Kinshasa-Brazzaville, la Commission des Communautés Européennes me permet de réaliser mon voeux le plus cher: offrir utilement les meilleurs connaissances glanées au fil de ma carrière à tous ceux qui veulent pénétrer les richesses de la flore de cet endroit de l'Afrique. J'exprime ma profonde gratitude à la Commission des Communautés Européennes pour sa confiance et son soutien matériel.

Je remercie en particulier Monsieur P. Pooley, directeur général adjoint du Développement, Commission des Communautés Européennes et Monsieur J. Rammeloo, directeur du Jardin botanique national de Belgique pour avoir bien voulu préfacer cet ouvrage. Leur appui bienveillant nous fut très précieux.

J'adresse mes vifs remerciements à Monsieur E. Robbrecht, chef de travaux agrégé au Jardin botanique, professeur à l'U.I.A. et éminent spécialiste des Rubiacées africaines. Il m'a aimablement fourni la description et la clé de ces végétaux. Je lui dois aussi la sélection et la mise en page des illustrations.

J'exprime mes remerciements à Monsieur P. Bamps, chef de département au Jardin botanique, à Monsieur J. Léonard, professeur émérite de l'U.L.B., et à Monsieur C. Vanden Berghen, professeur émérite de l'U.C.L. pour les conseils qu'ils m'ont prodigués. Les discussions amicales et fructueuses qu'ils ont souvent provoquées furent un encouragement.

Mes remerciements sincères vont aussi à Monsieur C. Evrard, professeur à l'Université de Kinshasa et ensuite à l'U.C.L. Outre qu'il m'a toujours fait bénéficier de ses grandes connaissances pour rendre plus faciles mes travaux sur les flores africaines, il a lu et revu le manuscrit.

Je remercie vivement Monsieur J. Lejoly, professeur à l'U.L.B. et Monsieur G. Raeymaekers, consultant en environnement. Sans leur soutien empressé, ce livre n'aurait probablement pas vu le jour.

Une bonne partie des planches illustrant ce guide a été reprise de la *Flore du Gabon* ou des révisons de genres faites par l'équipe de Wageningen. Nous remercions vivement Monsieur Ph. Morat, directeur du "Laboratoire de Phanérogamie, Muséum National d'Histoire Naturelle, Paris", et Monsieur L.J.G. van der Maesen, directeur de "Laboratory of Plant Taxonomy and Plant Geography, Agricultural University, Wageningen" pour la permission de reprendre ces planches. Grâce à l'amabilité de Monsieur I. Moreira, directeur de "Centro de Botanica, Instituto de Investigação Cientifica Tropical, Lisboa" et de Monsieur F. Ehrendorfer ("Institut für Botanik, Universität Wien") deux autres planches ont pu être reprises de *Conspectus Florae Angolensis* et de *Plant Systematics and Evolution*. Quelques dessins ont été mis à notre disposition par l'A.G.C.D. (Administration Générale de la Coopération au Développement, Bruxelles). Nous tenons à remercier Monsieur R. Lenaerts, Administrateur général de cet organisme.

Les talents de Madame M. Allard et Monsieur A. Fernandez, dessinateurs du Jardin botanique national de Belgique, nous ont permis de combler des lacunes dans l'illustration disponible. Je les remercie de tout coeur pour ce travail bien fait.

Nos remerciements émus vont aussi à la masse anonyme de guides et d'indicateurs qui sur le terrain m'ont aidé à mener mes travaux de prospection botanique, qui sont la base même de ce "Nzayilu N'ti".

Meise, mars 1993   Luc Pauwels

6

SOMMAIRE

Clé générale
Série 1: arbres et arbustes à silhouette de palmier
Série 2: feuilles absentes ou formées d'écailles ou d'aiguilles
Série 3: nombreuses nervures longitudinales parallèles
Série 4: feuilles opposées ou verticillées
Série 4B: feuilles opposées stipulées et ovaire infère
Série 5: feuilles simples alternes; épines ou aiguillons présents
Série 6: feuilles simples alternes; latex blanc présent
Série 7: feuilles simples alternes; nervation entièrement pennée
Série 8: feuilles simples alternes, entières ou dentées;
        nervation palmée à la base
Série 9: feuilles simples alternes palmatilobées ou -séquées
Série 10: feuilles composées; folioles au nombre de 2 ou 3
Série 11: feuilles composées digitées
Série 12: feuilles composées pennées ou bipennées
Série 12B: feuilles composées pennées

INTRODUCTION

Public visé

La flore d'Afrique centrale, dont l'étude scientifique remonte à la fin du siècle passé, est relativement bien connue. Depuis 1948, le territoire du Zaïre, du Rwanda et du Burundi fait l'objet de la publication d'une grande flore monographique, la Flore d'Afrique Centrale (auparavant: Flore du Congo Belge et du Ruanda-Urundi; Flore du Congo, du Rwanda et du Burundi); celle-ci avec dix volumes (1948-1963) et de nombreux fascicules parus par famille (1967-1992) n'est pas encore complètement achevée. Pour le Congo, une grande flore semblable n'existe pas.

Avec le présent guide nous avons voulu rendre plus facilement accessible une sélection de données réparties dans cette grande flore systématique et dans la littérature de botanique africaine en général. Rares sont en effet au Zaïre et au Congo les instituts, voire les personnes, qui disposent de cette information. En plus, les plantes introduites - si proches des citadins et des étudiants dans les parcs et jardins - n'ont pas reçu un traitement systématique suffisant dans les grandes flores régionales africaines.

Les chercheurs en taxonomie systématique resteront sur leur soif devant une publication qui a dû simplifier les descriptions et les termes techniques employés. Nous nous adressons à des étudiants qui doivent prendre contact avec les plantes sur le terrain, étudiants en biologie, pharmacie, chimie, aux non-initiés qui font de la recherche en ethnobotanique ou recherchent des plantes médicinales, des chimistes et "last but not least" aux amateurs de la nature. Nous voulons que le livre serve vraiment à arriver à une identification, soit par une illustration abondante, soit par des noms vernaculaires de la région, soit par des clés de détermination simples et efficaces.

Choix des espèces

Auparavant nous avions déjà dressé un inventaire de la prospection botanique de la région de Kinshasa, sous forme d'une base de données des récoltes d'herbiers. Celle-ci nous a permis de dresser la liste complète des arbres et arbustes dépassant 1,5 m de haut (parmi les ligneux dressés nous acceptons aussi des arbustes sarmenteux, qui ont parfois et surtout à l'état jeune, l'aspect d'un arbuste). Il s'agit d'environs 800 espèces, toutes énumérées dans le présent ouvrage. Seulement 317 espèces des plus abondantes ont été selectionnées pour une description et pour l'inclusion dans les clés de détermination. Pour juger de l'abondance, nous avons utilisé le nombre des récoltes d'herbier et le fait qu'on donne à l'espèce un nom vernaculaire généralement admis. A cette sélection d'espèces spontanées nous avons ajouté 100 arbres ou arbustes cultivés et même horticoles.

Choix des caractères pour les clés et les descriptions

Comme les clés sont faites pour des non-spécialistes, les caractères végétatifs viennent en première place. Ainsi les caractéristiques des feuilles (forme et dimensions) seront donnés pour chaque espèce; en deuxième lieu notre intérêt s'est porté aux fruits qui sont souvent persistants sur les arbres ou qu'on peut ramasser par terre. Les graines seront seulement décrites quand elles sont caractéristiques par leurs grandes dimensions, par le fait d'être ailées ou plumeuses ou d'être vivement colorées. Les détails des fleurs (tels que disque, anthères, stigmates...) sont omis sauf s'ils sont très typiques. Nous ne nous adressons pas à des forestiers qui basent souvent leur diagnostique sur une coupe dans le tronc d'un arbre (voir: Tailfer 1990). Notre public devra se munir d'une loupe à grossissement 8 x ou 10 x pour vérifier certains caractères employés. Un glossaire illustré en fin du livre explique les termes descriptifs employés. Beaucoup de descriptions sont basées sur la Flore d'Afrique Centrale et la Flore du Rwanda (Troupin 1978-1987). La clé, surtout la définition des "séries", est inspirée de Berhaut (1967).

LA RÉGION DE KINSHASA-BRAZZAVILLE

Territoire (Fig. 1)

Le territoire couvert par le guide s'étend principalement sur les 24 zones de la ville de Kinshasa, ensuite sur les zones de la sous-région de la Lukaya (Kasangulu, Madimba et Kimvula). Finalement nous y avons ajouté la zone de Mbanza Ngungu où les centres d'enseignement et de recherche ne manquent pas: l'Institut Supérieur Pédagogique de Mbanza Ngungu, l'Institut Technique Agricole de Gombe Matadi, la Station de l'I.N.E.R.A. à Mvuazi. L'île Mbamu et les autres îles du Fleuve sont également incluses dans le

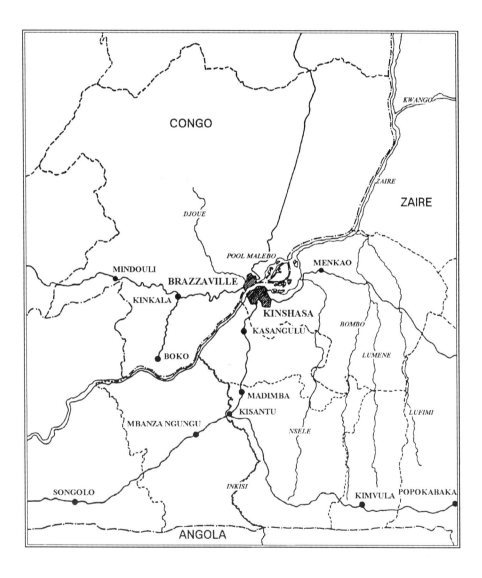

Fig. 1 - Carte de la région couverte par le guide.

territoire. Ce territoire s'étend sur 34.741 km² (Zaïre: 2.345.000 km²; Belgique: 30.488 km²). Le guide peut aussi servir pour l'identification des arbres et arbustes de la région de Brazzaville, spécialement des environs de Kinkala et des Plateaux Bateke. Néanmoins pour cette partie, nos informations personnelles sont moins complètes.

Climat

La région étudiée se situe entre 4° et 6° de latitude sud et entre 14° et 16° de longitude est. Le climat y connait une saison des pluies de huit mois, qui va de ± 25 septembre à ± 25 mai, et une saison sèche de quatre mois; la saison des pluies voit une diminution des précipitations en janvier-février (la petite saison sèche). Les précipitations annuelles moyennes sont de 1400 mm, et la température moyenne annuelle est de 25 C°.

Phytogéographie

Nous nous trouvons dans la région de transition aux confins de la région guinéo-congolaise et la région zambézienne (White 1983) caractérisée par une présence d'espèces guinéennes et une pénétration d'éléments zambéziens; la végétation est un mélange de forêts et de savanes (Compère 1970; Descoings 1975; Makany 1976). La région étudiée se situe dans le district phytogéographique du Bas-Congo de la division phytogéographique classique du Zaïre (celle de Robyns reprise par Bamps 1982) et dans les régions naturelles des Cataractes, du Léfini et des Batéké reconnus au Congo par Descoings (1975) (Fig. 2).

Végétation

Dans les environs de Kinshasa et de Brazzaville les savanes arbustives dominent; celles-ci sont remplacées sur les sols sablonneux, dans la plaine de Ndjili et sur les Plateaux Bateke, par des savanes herbeuses sans éléments ligneux.

Les savanes arbustives sont caractérisées par une strate herbeuse, souvent à *Loudetia demeusei,* parfois à *Trachypogon thollonii* et *Andropogon schirensis,* et une strate arbustive à *Hymenocardia acida, Annona senegalensis, Crossopteryx febrifuga* et *Sarcocephalus latifolius.*

A ces mêmes endroits des galeries forestières grandes (Ndjili, Nsele et Mbombo) ou petites s'accrochent aux rivières. Les parties accidentées le long du Fleuve, de Kinsuka jusqu'à l'embouchure de l'Inkisi, renferment des galeries forestières plus importantes et des forêts périodiquement inondées. Entre la Nsele et la Lukunga une zone forestière plus importante s'étale.

Le bord du Pool Malebo est caractérisé par des prairies semiaquatiques à *Echinochloa pyramidalis* et *E. stagnina* et des forets marécageuses à *Mitragyna stipulosa* ou à *Raphia sese.* Pendant la période d'étiage les bancs de sable se couvrent d'une végétation herbacée éphémère.

Des îlots de forêt dense sèche du type "forêt bateke", fortement secondarisés, se maintiennent à des endroits protégés comme le monastère de Kindele, le scolasticat de Kimuenza, le domaine "lac-ma-vallée", la météo de Binza, récemment parcellée, ou le sommet du pic Mense, fort déboisé actuellement. Les besoins en bois de chauffe et en terres agricoles continuent à repousser la forêt autour des villes de Kinshasa et de Brazzaville. Ainsi la végétation naturelle de la vallée de la Lukaya, connue par les récoltes de l'explorateur allemand Mildbraed au début du siècle, est totalement dévastée.

La végétation urbaine est représentée par les arbres d'avenue (*Terminalia superba*, *T. catappa*, *Agathis dammara*, *Senna siamea*, *S. spectabilis*, *Delonix regia*, *Millettia laurentii*, *Albizia lebbeck*, *Peltophorum pterocarpum*) et les arbres et arbustes des jardins résidentiels, du Parc de la Révolution, du Parc présidentiel du Mont Ngaliema, du Jardin botanique de

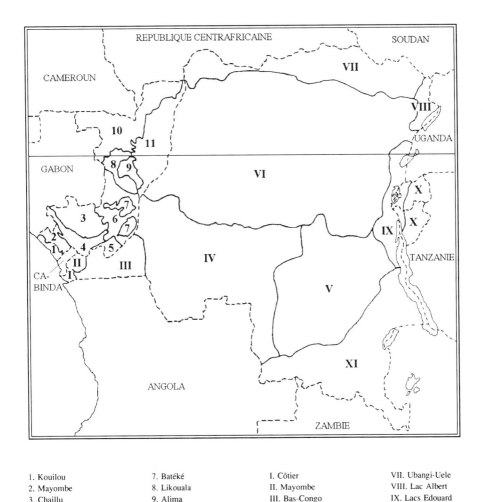

1. Kouilou	7. Batéké	I. Côtier	VII. Ubangi-Uele
2. Mayombe	8. Likouala	II. Mayombe	VIII. Lac Albert
3. Chaillu	9. Alima	III. Bas-Congo	IX. Lacs Edouard
4. Niari	10. Haute Sangha	IV. Kasai	et Kivu
5. Cataractes	11. Basse Sangha	V. Bas-Katanga	X. Rwanda-Burundi
6. Léfini		VI. Forestier	XI. Haut-Katanga.
		Central	

Fig. 2 - Régions naturelles du Congo (1-11; d'après Descoings, 1975) et territoires phytogéographiques de l'Afrique Centrale (Zaïre-Rwanda-Burundi; I-XI; d'après Bamps, 1982).

13

Kisantu, de l'arboretum de l'I.N.E.R.A. à Mvuazi, de la collection de l'Institut Technique Agricole de Gombe Matadi. Les jardins de certaines paroisses et couvents renferment aussi pas mal de plantes horticoles intéressantes. Les anciennes cités sont verdoyantes par la présence de manguiers, d'avocatiers, de safoutiers, de palmiers à huile et de cocotiers. Pour le reboisement des Eucalyptus et des pins ont été plantés.

ESPÈCES PAR TYPE D'HABITAT

• **Marais herbeux:**
Clappertonia ficifolia
Stipularia africana
Leocus africanus

• **Savanes:**
•• Largement répandus et
   communs:
Hymenocardia acida
Annona senegalensis
   subsp. oulotricha
Crossopteryx febrifuga
Psorospermum febrifugum
Bridelia ferruginea
Maprounea africana
Antidesma venosum
Sarcocephalus latifolius
Vitex madiensis
Strychnos pungens

•• Moins communs ou bien
   représentés localement:
Dichrostachys cinerea
   subsp. platycarpa
Albizia adianthifolia
   var. adianthifolia
Erythrina abyssinica
Dialium englerianum
Entada abyssinica
Burkea africana
Combretum psidioides
Combretum laxiflorum
Syzygium guineense
   var. macrocarpum
Gardenia ternifolia
   subsp. jovis-tonantis
Securidaca longepedunculata
Garcinia huillensis
Platysepalum vanderystii
Pterocarpus angolensis
Faurea saligna
   var. gilletii
Protea petiolaris
Piliostigma thonningii
Steganotaenia araliacea
Cussonia angolensis
Strophanthus welwitschii
Erythrophleum africanum

Strychnos spinosa
Strychnos cocculoides
Paropsia brazzaeana
Plectranthastrum
   rosmarinifolium
Leptactina liebrechtsiana
Ochna afzelii
Lippia multiflora
Borassus aethiopum

• **Forêts claires:**
Berlinia giorgii
   var. gilletii
Marquesia macroura
Uapaca nitida
Uapaca sansibarica
Diplorhynchus condylocarpon

• **Forêts sur sols
  hydromorphes:**
••Forêts marécageuses:
Mitragyne stipulosa
Raphia sese
Alstonia congensis
Xylopia aethiopica
Xylopia rubescens
Eriocoelum microspermum
Symphonia globulifera
Uapaca guineensis
Berlinia bruneelii
Dichaetanthera africana
Memecylon myrianthum
Syzygium guineense
   subsp. guineense
Gardenia imperialis
Malouetia bequaertii
Tabernaemontana crassa
Martretia quadricornis
Crotonogyne poggei
Bertiera racemosa
Commitheca liebrechtsiana
Morelia senegalensis
Psychotria djumaensis
Tricalysia coriacea
   subsp. coriacea
Oxyanthus schumannianus
Cyathea camerooniana
Sclerosperma mannii

Phoenix reclinata

•• Forêts périodiquement
   inondées:
Baikiaea insignis
   subsp. minor
Voacanga thouarsii
Uapaca heudelotii
Irvingia smithii
Crudia harmsiana
Guibourtia demeusei
Cathormion altissimum
Cathormion obliquifoliatum
Pseudospondias microcarpa
Anthocleista liebrechtsiana
Cleistopholis patens
Cleistopholis glauca
Lonchocarpus griffonianus
Vitex doniana
Lannea welwitschii
Parinari congensis
Maranthes glabra
Chrysobalanus icaco
   subsp. atacorensis
Pachystela brevipes
Synsepalum dulcificum
Manilkara obovata
Zeyherella longepedicellata
Cassipourea congoensis
Baphia dewevrei
Cynometra schlechteri
Eugenia congolensis
Diospyros iturensis
Magnistipula butayei
   subsp. butayei
Ochthocosmus congolensis
Phyllanthus reticulatus
Dracaena camerooniana
Pouchetia baumanniana
Pandanus butayei
Ritchiea capparoides
Alchornea cordifolia
Harungana madagascariensis
Aneulophus africanus
Glyphaea brevis
Ficus asperifolia
Macaranga monandra
Macaranga spinosa

14

Macaranga schweinfurthii
Antidesma rufescens
Connarus griffonianus
Dacryodes klaineana
Santiria trimera
Rhodognaphalon lukayense
Hugonia platysepala
Campylospermum dybovskii
Homalium africanum
Caloncoba glauca
Cleistanthus ripicola
Brazzeia congoensis
Heisteria parvifolia
Acridocarpus longifolius
Mimosa pellita
    var. pellita

• **Forêts denses:**
•• Strate dominante:
Piptadeniastrum africanum
Canarium schweinfurthii
Dacryodes yangambiensis
Parkia bicolor
Gilbertiodendron dewevrei
Paramacrolobium coeruleum
Dialium pachyphyllum
Millettia laurentii
Scorodophleus zenkeri
Milicia excelsa
Zanthoxylum gilletii
Celtis gomphophylla
Gambeya lacourtiana
Treculia africana
    subsp. africana
Pancovia laurentii
Quassia undulata
Staudtia kamerunensis
    var. gabonensis
Coelocaryon preussii
Trichilia gilletii
Trichilia welwitschii
Lovoa trichilioides
Turraeanthus africana
Guarea cedrata
Carapa procera
Entandrophragma angolense
Daniellia pynaertii
Newtonia leucocarpa
Erismadelphus exsul
Garcinia punctata

•• Strate dominée:
Anthonotha gilletii
Garcinia kola
Symphonia globulifera
Aptandra zenkeri
Ongokea gore
Monodora angolensis
Olax gambecola
Anonidium mannii
Strombosia grandifolia
Ficus conraui
Plagiostyles africana

Diospyros dendo
Cola acuminata

•• Strate arbustive:
Leptonychia multiflora
Tricalysia crepiniana
Chazaliella macrocarpa
Aoranthe cladantha
Maytenus serrata
    var. gracilipes
Quassia africana
Desplatsia subericarpa
Cyttaranthus congolensis
Whitfieldia elongata
Leptaulus zenkeri
Rinorea welwitschii
Rinorea oblongifolia
Rinorea angustifolia
    subsp. engleriana
Ritchiea aprevaliana
Chionanthus mildbraedii

• **Recrûs et forêts
  secondaires:**
•• Recrûs forestiers:
Caloncoba welwitschii
Trema orientalis
Sapium cornutum
Chaetocarpus africanus
Alchornea cordifolia
Antidesma membranaceum
Harungana madagascariensis
Allophylus africanus
    f. acuminatus
Camoensia scandens
Dracaena mannii
Markhamia tomentosa
Vernonia conferta
Vernonia brazzavillensis
Anthocleista schweinfurthii
Strychnos variabilis
Rauvolfia vomitoria
Rauvolfia obscura
Hoslundia oppositifolia
Quisqualis hensii
Colletoecema dewevrei
Leptactina leopoldi-secundi
Heinsia crinita
Pseudomussaenda stenocarpa
Pavetta nitidula
Ficus tremula
    subsp. kimuenzensis
Erythrococca atrovirens
    var. flaccida
Maesa lanceolata
Microdesmis puberula
Turraea cabrae
Sapium ellipticum
Tetrorchidium didymostemon
Hymenocardia ulmoides
Samanea leptophylla
Lannea antiscorbutica
Millettia eetveldeana

Millettia macroura
Vitex congolensis
Rhabdophyllum arnoldianum
    var. arnoldianum
Maesobotrya floribunda
    var. vermeulenii
Octolepis decalepis
Olax wildemanii
Diospyros pseudomespilus
    subsp. brevicalyx
Dicranolepis disticha
Rhopalopilia pallens

•• Forêts secondaires:
Musanga cecropioides
Millettia versicolor
Morinda lucida
Vitex doniana
Bridelia micrantha
Pycnanthus angolensis
Petersianthus macrocarpus
Ceiba pentandra
Ricinodendron heudelotii
    subsp. africanum
Funtumia africana
Holarrhena floribunda
Acioa lujae
Blighia welwitschii
Voacanga africana
Voacanga chalotiana
Tabernanthe iboga
Pentaclethra eetveldiana
Pentaclethra macrophylla
Albizia adianthifolia
    var. intermedia
Spondias mombin
Elaeis guineensis
Trilepisium madagascariense
Bosqueiopsis gilletii
Myrianthus arboreus
Duvigneaudia inopinata
Dichostemma glaucescens
Maesopsis eminii
Sterculia tragacantha
Psydrax arnoldiana
Barteria nigritiana
    subsp. fistulosa
Xylopia wilwerthii
Sorindeia claessensii
Sorindeia gilletii
Lindackeria dentata
Oncoba spinosa
Grewia barombiensis
Paropsia grewioides
Croton sylvaticus
Griffonia physocarpa
Aidia micrantha
Gaertnera paniculata
Dictyandra arborescens
Pauridiantha dewevrei
Craterispermum schweinfurthii
Tricalysia pallens
Tarenna laurentii

Psychotria calva
Psychotria kimuenzae
Rothmannia octomera
Psilanthus lebrunianus
Oxyanthus speciosus
Dichapetalum madagascariense
Aneulophus africanus
Acanthus mayaccanus
Thomandersia butayei
Thomandersia laurentii
Adhatoda bolomboense
Adhatoda buchholzii
Rungia grandis
Salacia mayumbensis
Haplocoelum intermedium
Ficus sur
Samanea leptophylla
Cordia gilletii
Diospyros heterotricha
Lasianthera africana
Carpolobia alba
Leea guineensis
Piper umbellatum

• **Endroits rudéralisés:**
Chromolaena odorata
Tithonia variifolia
Solanum torvum
Flemingia grahamiana

• **Avenues, jardins, parcs:**
•• Communs:
••• Arbres:
Delonix regia
Senna spectabilis
Senna siamea
Albizia lebbeck
Peltophorum pterocarpum
Terminalia catappa
Grevillea robusta
Casuarina equisetifolia

••• Arbustes:
Bougainvillea spectabilis
Codiaeum variegatum
Acalypha wilkesiana
Euphorbia pulcherrima
Euphorbia cotinifolia
Euphorbia tirucalli
Bauhinia tomentosa
Pandanus veitchii
Dracaena fragrans
Cordyline fruticosa
Ficus elastica
Plumeria rubra
Allamanda cathartica
Thevetia peruviana
Caesalpinia pulcherrima
Hibiscus rosa-sinensis
Malvaviscus arboreus
Odontonema strictum

Ixora coccinea
Polyscias guilfoylei
Thunbergia erecta
Sanchezia nobilis
Lantana camara
Bambusa vulgaris

•• Moins communs:
••• Arbres:
Borassus aethiopum
Roystonea regia
Spathodea campanulata
Lagerstroemia speciosa
Melaleuca leucadendron
Melia azedarach
Schizolobium parahybum
Ravenala madagascariensis
Cassia javanica
   subsp. *indochinensis*
Cupressus lusitanica
Agathis dammara
Araucaria bidwillii
Bauhinia purpurea
Jacaranda mimosifolia
Tabebuia impetiginosa
Cananga odorata
Aleurites moluccana
Hura crepitans

••• Arbustes:
Tecoma stans
Tecomaria capensis
   subsp. *capensis*
Nerium oleander
Duranta repens
Brugmansia x candida
Bixa orellana
Plumbago auriculata
Tabernaemontana divaricata
Cycas revoluta
Cycas circinalis
Pereskia aculeata
   'Godseffiana'
Opuntia ficus-indica
Cereus peruvianus

• **Arbres fruitiers et autres
   arbres utiles cultivés:**
•• Communs:
Mangifera indica
Dacryodes edulis
Persea americana
Elaeis guineensis
Cocos nucifera
Carica papaya
Citrus limon
Citrus reticulata
Citrus sinensis
Citrus x paradisi
Citrus aurantiifolia
Citrus maxima

Citrus aurantium
Psidium guajava
Manihot esculenta
Manihot glazovii

•• Moins communs:
••• En milieu coutumier
Ceiba pentandra
Adansonia digitata
Kigelia africana
Ficus thonningii
Ficus lutea
Millettia versicolor
Spondias mombin
Croton mubango
Brillantaisia patula
Cajanus cajan
Tephrosia vogelii
Jatropha curcas
Ricinus communis
Gossypium barbadense
Euphorbia trigona
Euphorbia tirucalli
Phytolacca dodecandra
Vernonia amygdalina
Dracaena arborea
Newbouldia laevis
Sambucus mexicana
Calotropis procera

••• En milieu moderne
Annona muricata
Artocarpus altilis
Syzygium malaccense
Psidium guineense
Bombacopsis glabra
Anacardium occidentale
Averrhoa carambolana
Garcinia mangostana
Nephelium lappaceum
Cinnamomum verum
Bellucia axinanthera
Eriobotrya japonica
Annona reticulata
Morus alba
   var. *indica*
Theobroma cacao
Coffea canephora

• **Reboisements:**
Eucalyptus citriodora
Pinus caribaea
Acacia auriculiformis
Leucaena leucocephala
Albizia chinensis
Gmelina arborea
Maesopsis eminii
Tectona grandis
Terminalia superba

UNITÉS TAXONOMIQUES ET NOMENCLATURE DES PLANTES

Il existe au moins 250.000 espèces de plantes à fleurs (Angiospermes) et un nombre nettement plus grand de plantes inférieures et d'animaux. Toutes les estimations récentes du nombre total d'organismes vivants dépassent les cinq millions! Les biologistes essaient d'arranger ces nombreux organismes dans une classification qui reflète leur évolution. Cette classification naturelle se fait dans un système hiérarchique. Cette hiérarchie est une séquence d'unités de classement dans laquelle la plus haute renferme plusieurs unités d'un niveau plus bas; cette unité plus basse est à son tour divisée dans plusieurs unités d'un niveau suivant, et ainsi de suite.

L'espèce (species) est l'unité fondamentale de ce système. Elle représente la catégorie qu'on reconnaît dans la nature. Elle est souvent placée à la base de l'échelle hiérarchique, mais peut encore être divisée en sous-espèces, variétés et formes. En outre, on distingue la catégorie de cultivar pour des variantes d'espèces créées ou maintenues par l'agriculture ou l'horticulture.

Les espèces sont réunies en genres, les genres en familles, etc. Les niveaux hiérarchiques principaux sont énumérés dans le tableau 1 (des sous-divisions telles que super-ordre ou sous-famille peuvent être employées).

Le terme taxon est général et peut être employé pour chaque rang hiérarchique.

Tableau 1 - Niveaux hiérarchiques principaux de la nomenclature botanique et la formation des noms scientifiques

Rang hiérarchique	Formation du nom	Exemple
Regnum (règne)		*Plantae*
Divisio (embranchement)	racine du nom générique + *phyta*	*Magnolio-phyta*
Classis (classe)	racine du nom générique + *opsida*	*Magnoli-opsida*
Ordo (ordre)	racine du nom générique + *ales*	*Fab-ales*
Familia (famille)	racine du nom générique + *aceae*	*Caesalpini-aceae*
Genus (genre)	substantif (singulier)	*Delonix*
Species (espèce)	nom composé: nom générique + adjectif (singulier)	*Delonix regia*
Subspecies (sous-espèce)	nom composé: nom spécifique + adjectif (singulier)	
Varietas (variété)	nom composé: nom spécifique* + adjectif (singulier)	
Forma (forme)	nom composé: nom spécifique** + adjectif (singulier)	

* éventuellement nom subspécifique
** éventuellement nom subspécifique ou variétal

Le tableau 1 indique également la façon selon laquelle les noms scientifiques de ces unités sont formés (voir: nomenclature).

Nomenclature

Beaucoup de plantes portent des noms vernaculaires. Celles-ci ne suffisent pas pour une utilisation scientifique et internationale. La nomenclature scientifique botanique est réglée par le *Code International de la Nomenclature Botanique*. Ce Code renferme ± 100 articles stipulant des règles (obligatoires) et des recommandations (facultatives) pour former les noms scientifiques des taxons; ces règles suivent six grands principes, tel le principe de priorité (la nomenclature d'un groupe taxonomique se fonde sur la priorité de la publication) et la formation des noms scientifiques en latin.

Suivant le rang du taxon en question, on emploie:
• des <u>noms simples</u>, avec une terminaison qui indique le niveau du taxon, comme donné dans le tableau 1. Exemples:

Asteraceae (famille)

Asteridae (sous-classe)
• des <u>noms binaires</u>, pour les espèces. Exemples:

Adansonia digitata

Delonix regia
• des <u>noms combinés</u>, surtout pour des tribus, des sous-genres, etc., ainsi que pour des taxons infraspécifiques. Exemples:

Asteraceae subfam. Cichorioideae

Campylospermum vogelii var. *poggei*

Syzygium guineense subsp. *macrocarpum*

Dans les publications scientifiques ces noms sont suivis par le nom (souvent abrégé) du botaniste qui les a établis ("<u>nom d'auteur</u>"). Exemples:

Asteraceae Dum.

Adansonia digitata L.

Ceiba pentandra (L.) Gärtn.

Dans le dernier exemple, on trouve <u>deux</u> noms d'auteurs après le nom. Il s'agit d'un nom dérivé par combinaison. *Bombax pentandrum*, décrit par Linné (abrégé L.), a été transféré au genre *Ceiba* par Gärtner (abrégé Gärtn.), ce qui fournit la combinaison *Ceiba pentandra*. On dit que *Bombax pentandrum* L. est le <u>basionyme</u> de *Ceiba pentandra*.

Les cultivars portent un nom de fantaisie écrit avec une majuscule et précédé de <u>cv.</u> ou <u>entre guillemets</u>. Exemple: *Pereskia aculeata* Miller cv. Godseffiana, ou *Pereskia aculeata* Miller 'Godseffiana'

Les familles portent un nom unique basé sur le genre qui est leur type nomenclatural: le genre *Mimosa* est le genre-type des Mimosaceae, le genre *Euphorbia* des Euphorbiaceae etc.

Il y a pourtant un nombre de familles importantes qui ont classiquement un nom qui n'est pas basé sur un nom de genre. Pour celles-ci, le Code prévoit des noms alternatifs, donnés dans le tableau 2. Les deux noms sont corrects en nomenclature botanique.

Tableau 2 - Familles possédant des noms alternatifs.

Compositae	Asteraceae
Cruciferae	Brassicaceae
Gramineae	Poaceae
Guttiferae *	Clusiaceae
Labiatae	Lamiaceae
Leguminosae **	Fabaceae s.l.
Palmae	Arecaceae
Papilionaceae	Fabaceae s.s.
Umbelliferae	Apiaceae

* Parfois scindé en Clusiaceae et Hypericaceae.
** Souvent scindé en Caesalpiniaceae, Mimosaceae et Fabaceae s.s.

CLASSIFICATION NATURELLE
DES ARBRES ET ARBUSTES

Les arbres et arbustes appartiennent à trois catégories principales: les Fougères, les Gymnospermes et les Angiospermes. De nombreuses classifications ("systèmes") ont été proposées. Le tableau 3 donne une classification systématique des familles de plantes utilisées dans le guide. Pour les Angiospermes, nous suivons une classification récente et fort répandue, notamment le système de Cronquist (1988). Pour les Ptéridophytes et les Gymnospermes l'ouvrage récent de Kramer & Green (1990) est suivi.

La signification de la présentation des noms de familles est la suivante:
· **Menispermaceae** (en gras): famille traitée dans ce guide.
· Ranunculaceae (en caractères normaux): non traitée ici parce que la famille n'a pas de représentants arborescents ou arbustifs dans la région.
· (Magnoliaceae) (entre parenthèses): famille n'existant pas dans la région. De cette dernière catégorie seules quelques familles importantes sont incluses.

Tableau 3 - Aperçu d'une classification des Fougères, Gymnospermes et Angiospermes.

• EMBRANCHEMENT DES PTERIDOPHYTES

•• CLASSE DES LYCOPODIOPSIDA
Isoetaceae, Lycopodiaceae, Selaginellaceae

•• CLASSE DES EQUISETOPSIDA
Equisetaceae

•• CLASSE DES FOUGERES (FILICOPSIDA)

Aspleniaceae, Azollaceae, Blechnaceae, **Cyatheaceae**, Davalliaceae, Dennstaedtiaceae, Dryopteridaceae, Gleicheniaceae, Hymenophyllaceae, Lomariopsidaceae, Marattiaceae, Marsileaceae, Nephrolepidaceae, Oleandraceae, Ophioglossaceae, Osmundaceae, Polypodiaceae, Pteridaceae, Salviniaceae, Schizaeaceae, Thelypteridaceae, Vittariaceae.

• EMBRANCHEMENT DES GYMNOSPERMES (PINOPHYTA)

•• SOUS-EMBRANCHEMENT DES CONIFEROPHYTINA

••• CLASSE DES PINOPSIDA
Araucariaceae, Cupressaceae, Pinaceae, Podocarpaceae

•• SOUS-EMBRANCHEMENT DES CYCADOPHYTINA

••• CLASSE DES CYCADOPSIDA
Cycadaceae, Zamiaceae

• EMBRANCHEMENT DES ANGIOSPERMES (MAGNOLIOPHYTA)

•• CLASSE DES DICOTYLEDONES (MAGNOLIOPSIDA)

••• MAGNOLIIDAE
Magnoliales: (Magnoliaceae), **Annonaceae, Myristicaceae**
Laurales: **Lauraceae**
Piperales: **Piperaceae**
Aristolochiales: Aristolochiaceae
Nymphaeales: Nymphaeaceae, Cabombaceae, Ceratophyllaceae
Ranunculales: Ranunculaceae, **Menispermaceae**

••• HAMAMELIDIDAE
(Hamamelidales): (Hamamelidaceae)
Urticales: **Ulmaceae**, Cannabaceae, **Moraceae, Cecropiaceae**, Urticaceae
Casuarinales: **Casuarinaceae**

••• CARYOPHYLLIDAE
Caryophyllales: **Phytolaccaceae** (incl. Gisekiaceae), **Nyctaginaceae**, Aizoaceae, **Cactaceae**, Chenopodiaceae, Amaranthaceae, Portulacaceae, Basellaceae, Molluginaceae, Caryophyllaceae
Polygonales: Polygonaceae
Plumbaginales: **Plumbaginaceae**

••• DILLENIIDAE
Dilleniales: **Dilleniaceae**
Theales: **Ochnaceae, Dipterocarpaceae, Theaceae, Scytopetalaceae, Clusiaceae**
Malvales: **Tiliaceae, Sterculiaceae, Bombacaceae, Malvaceae**
Lecythidales: **Lecythidaceae**
Nepenthales: (Nepenthaceae), Droseraceae
Violales: **Flacourtiaceae, Bixaceae, Huaceae, Violaceae**, Turneraceae, Passifloraceae, **Caricaceae**, Cucurbitaceae, Begoniaceae
Capparales: **Capparaceae**, Brassicaceae
Ebenales: **Sapotaceae, Ebenaceae**
Primulales: **Myrsinaceae**, (Primulaceae)

••• ROSIDAE
Rosales: **Connaraceae, Anisophylleaceae**, Crassulaceae, **Rosaceae, Chrysobalanaceae**
Fabales: **Mimosaceae, Caesalpiniaceae, Fabaceae**
Proteales: **Proteaceae**
Podostemales: Podostemaceae
Haloragales: Haloragaceae
Myrtales: **Lythraceae, Thymelaeaceae**, Trapaceae, **Myrtaceae, Punicaceae**, Onagraceae, **Melastomataceae, Combretaceae**
Rhizophorales: **Rhizophoraceae**
Santalales: **Olacaceae, Opiliaceae**, Santalaceae, Loranthaceae, Viscaceae, Balanophoraceae
Celastrales: **Celastraceae, Hippocrateaceae, Icacinaceae, Dichapetalaceae**
Euphorbiales: **Pandaceae, Euphorbiaceae, Hymenocardiaceae** (inclus dans les Euphorbiaceae par Cronquist)
Rhamnales: **Rhamnaceae, Leeaceae**, Vitaceae
Linales: **Erythroxylaceae, Ixonanthaceae, Hugoniaceae**, (Linaceae)
Polygalales: **Malpighiaceae, Vochysiaceae, Polygalaceae**
Sapindales: **Melianthaceae, Sapindaceae, Burseraceae, Anacardiaceae, Simaroubaceae** (incl. Irvingiaceae), **Meliaceae, Rutaceae**
Geraniales: **Oxalidaceae**, (Geraniaceae), Tropaeolaceae, Balsaminaceae
Apiales: **Araliaceae, Apiaceae**

••• ASTERIDAE
Gentianales: **Loganiaceae**, Gentianaceae, **Apocynaceae, Asclepiadaceae**
Solanales: Solanaceae, Convolvulaceae, Cuscutaceae, Menyanthaceae, Hydrophyllaceae
Lamiales: **Boraginaceae, Verbenaceae, Lamiaceae**
Callitrichales: (Callitrichaceae), Hydrostachyaceae
Scrophulariales: **Buddlejaceae, Oleaceae**, Scrophulariaceae, Gesneriaceae, **Acanthaceae**, Pedaliaceae, **Bignoniaceae**, Lentibulariaceae
Campanulales: Sphenocleaceae, Campanulaceae
Rubiales: **Rubiaceae**
Asterales: **Asteraceae**

•• CLASSE DES MONOCOTYLEDONES (LILIOPSIDA)

••• ALISMATIDAE
Alismatales: Alismataceae
Hydrocharitales: Hydrocharitaceae
Najadales: Potamogetonaceae, Najadaceae

••• ARECIDAE
Arecales: **Arecaceae**
Cyclanthales: **Cyclanthaceae**
Pandanales: **Pandanaceae**
Arales: Araceae, Lemnaceae

••• COMMELINIDAE
Commelinales: Xyridaceae, Commelinaceae
Eriocaulales: Eriocaulaceae
Restionales: Flagellariaceae, (Restionaceae)
Cyperales: Cyperaceae, **Poaceae**
Typhales: Typhaceae

••• ZINGIBERIDAE
Bromeliales: Bromeliaceae
Zingiberales: **Strelitziaceae**, Heliconiaceae, Musaceae, Zingiberaceae, Costaceae, Cannaceae,
        Marantaceae

••• LILIIDAE
Liliales: Pontederiaceae, Liliaceae, Iridaceae, Aloeaceae, **Agavaceae**, Taccaceae, Smilacaceae,
        Dioscoreaceae
Orchidales: Burmanniaceae, Orchidaceae

BIBLIOGRAPHIE

Dans l'énumération suivante nous mentionnons les références citées dans les
pages précédentes et les ouvrages conseillés pour une étude plus approfondie.

Flore du Congo belge et du Ruanda-Urundi. Spermatophytes. 1948-1960. - Vol. I-VII et IX.
Bruxelles, Publ. I.N.E.A.C.

Flore du Congo, du Rwanda et du Burundi. Spermatophytes. 1962 et 1963. - Vol. VIII,1 et X.
Bruxelles, Publ. I.N.E.A.C.

Flore du Congo, du Rwanda et du Burundi. Spermatophytes. 1967-1971. - 29 fascicules. Jardin
botanique national de Belgique.

Flore d'Afrique Centrale (Zaïre-Rwanda-Burundi). Spermatophytes. 1972-.... - 35 fascicules
parus jusqu'en 1992. Jardin botanique national de Belgique.

Flore du Gabon. 1961-.... - 33 fascicules parus jusqu'en 1992. Paris, Muséum National
d'Histoire Naturelle.

Bamps P., 1982. - *Flore d'Afrique Centrale (Zaïre-Rwanda-Burundi). Répertoire des lieux de
récolte.* Jardin botanique national de Belgique.

Berhaut J., 1967. - *Flore du Sénégal.* Dakar, Clairafrique, seconde édition. [clé pratique basée
essentiellement sur des caractères végétatifs; édition plus complète que la première, car elle
englobe les forêts de la Casamance].

Compère P., 1970. - *Notice explicative de la carte des sols et de la végétation. 25 Bas-Congo.*
Bruxelles, Publ. I.N.E.A.C., Carte des sols et de la végétation du Congo, du Rwanda et du
Burundi.

Cronquist A., 1988. - *The Evolution and Classification of Flowering Plants.* 2nd edit. New
York, New York Botanical Garden. [traitement classique des Angiospermes, incluant non
seulement l'aperçu du système que Cronquist a élaboré pour les plantes à fleurs, mais aussi des
chapitres plus généraux, traitant, par exemple, de la notion d'espèce et l'évolution des
caractères].

Daeleman J. & Pauwels L., 1983. - *Notes d'ethnobotanique Ntandu (Kongo).* Ann. Mus. Roy. Afr. C., sér. in 8°, Sci. hum. 110. [noms ntandu des plantes de la région de Kisantu].

Descoings B., 1975. - *Les grandes régions naturelles du Congo.* Candollea 30: 91-120.

Geerling C., 1982. - *Guide de terrain des ligneux sahéliens et soudano-guinéens.* Wageningen, Mededelingen Landbouwhogeschool. [arbres, arbustes et lianes ligneuses dépassant 1,5 m de hauteur, des habitats à couvert forestier ouvert, du Sénégal au Tchad].

Hutchinson J. & Dalziel J., 1954-1972. - *Flora of West Tropical Africa.* 2nd edit. Vol. I-III. London, Crown Agents for Oversea Governments and Administrations. [flore régionale complète traitant de toutes les familles des Spermatophytes et couvrant l'Afrique de l'Ouest au sud de la latitude 18° N à partir du Sénégal jusqu'au Chad et au Cameroun (partie ex-mandat britannique)].

Kramer K.U. & Green P.S. (Eds.), 1990. - *Volume I, Pteridophytes and Gymnosperms.* In: Kubitzki K. (Ed.), *The Families and Genera of Vascular Plants.* Berlin, Springer. [Traitement mondial des Ptéridophytes et Gymnospermes].

Letouzey R., 1969-1972. - *Manuel de botanique forestière. Afrique tropicale.* Tome 1; Tome 2A et B. Nogent sur Marne, Centre technique forestier tropical. [excellente introduction à la botanique systématique pour l'Afrique; elle n'est pas limitée aux arbres; les espèces citées se limitent parfois à l'Afrique de l'Ouest].

Makany L., 1976. - *Végétation des Plateaux Teke (Congo).* Brazzaville, Travaux de l'Université de Brazzaville.

Pauwels L., 1982-1992. - *Plantes vasculaires des environs de Kinshasa.* Bruxelles, non publié. [versions successives d'un catalogue informatisé donnant pour toutes les plantes signalées dans la région, le nom scientifique récent, la synonymie, le type morphologique, l'habitat et la distribution géographique].

Sita P. & Moutsambote J.-M., 1988. - *Catalogue des plantes vasculaires du Congo.* Brazzaville, Ministère de la recherche scientifique et de l'environnement, Centre d'études sur les ressources végétales. Edition ronéotypée. [énumération des noms scientifiques ne tenant pas toujours compte des changements récents].

Tailfer Y., 1990. - *La Forêt dense d'Afrique centrale. Identification pratique des principaux arbres.* Tome 1 et 2. Wageningen, Centre Technique de Coopération Agricole et Rurale (C.T.A.).

Troupin G., 1978-1988. - *Flore du Rwanda. Spermatophytes.* Vol. I - IV. Tervuren, Belgique, Musée royal de l'Afrique centrale, Annales, série in-8°, Sciences économiques. [seule flore complète pour un pays d'Afrique centrale].

White F. (traduit de l'anglais par P. Bamps), 1983. - *La végétation de l'Afrique.* Paris, ORSTOM - UNESCO, Recherches sur les ressources naturelles XX. [mémoire accompagnant une carte de la végétation de l'Afrique; texte exhaustif traitant des grandes unités phytogéographiques; bibliographie très complète].

COMMENT UTILISER CE GUIDE ?

Si l'on veut identifier un arbre ou arbuste à l'aide de ce guide sans recourir aux noms vernaculaires ou aux illustrations, on devra commencer par la clé générale donnée à la page 27. Cette clé de détermination met l'utilisateur devant un choix entre deux possibilités (une dichotomie). Il devra faire son choix en comparant son matériel avec les descriptions de la clé. Chaque choix mène à la dichotomie suivante, jusqu'au nom de l'arbre ou arbuste. Pour des raisons pratiques, la clé générale conduit l'utilisateur d'abord à un groupe pratique (appelé série). Une fois que le lecteur s'est familiarisé avec ce guide, il pourra bien souvent entamer le travail d'identification directement au début d'une série.

L'identification d'un arbre ou arbuste au moyen de clés de détermination se fait par réponses succesives aux dichotomies: chaque couple contient des caractères qui s'excluent mutuellement. Dans notre conception les couples terminaux des clés donnent en outre des caractères opposés d'autres éléments diagnostiques pour confirmer la détermination trouvée.

Une seconde confirmation de l'identification devra se faire en comparant la plante avec les descriptions (p. 87 et suivantes) et éventuellement les illustrations (p. 219 et suivantes) données dans ce guide. Cette comparaison pourrait démontrer que l'utilisateur est arrivé à une mauvaise détermination, par exemple par une interprétation erronée des dichotomies. Si nécessaire, on devra donc parcourir la clé plusieurs fois, et spécialement utiliser le glossaire (p. 465) pour la compréhension des termes descriptifs employés.

La présentation des clés est telle qu'elle indique aussi au lecteur à quelle famille les espèces appartiennent. Les noms de familles sont placés entre parenthèses avant le premier taxon auquel ils s'appliquent et valent ensuite pour les taxons suivants jusqu'au changement du nom de famille.

L'utilisateur devra aussi se rendre compte du fait que ce guide a sélectionné les arbres et arbustes les plus communs de la région (voir p. 9, choix des espèces). S'il essaie donc d'identifier un élément de la flore plus rare, les clés l'orienteront plutôt vers une famille ou un genre. Dans ces cas, il devra utiliser les notes critiques données après la description des familles et des espèces. L'utilisateur expert peut aussi essayer d'avoir accès à la bibliographie donnée à la p. 22.

La liste des espèces par habitats peut être utile au lecteur qui a déjà acquis une connaissance d'un bon nombre de plantes; elle lui permettra d'orienter ses recherches vers les plantes restées inconnues dans un milieu particulier.

L'UTILITÉ D'UN HERBIER

La confection d'un herbier est conseillée à ceux qui désirent vraiment acquérir une connaissance approfondie de nos arbres et arbustes. L'herbier est une collection de plantes séchées - pour les arbres et arbustes des fragments de plantes, par exemple des rameaux. Dans ce but, la plante (ou son fragment) devra être bien étalée et séchée dans une presse; le papier journal convient très bien pour faire des chemises, car il absorbe l'humidité et il sera changé plusieurs fois. On notera un nombre de caractères importants sur le matériel vivant (hauteur de l'arbre, diamètre du tronc, couleur des fleurs et fruits, présence de latex etc.) ainsi que la date, la localité et le milieu où le matériel a été trouvé. Nous conseillons fortement de donner une numérotation continue à la collection établie, de garder un régistre ou cahier de récolte et de présenter les données notées sur une étiquette gardée avec chaque spécimen. Le manuel de Letouzey cité dans la bibliographie donne une excellente introduction à la récolte des échantillons botaniques.

L'herbier privé est non seulement un aide-mémoire puissant pour les déterminations réussites, mais il laisse aussi la possibilité de garder une trace de chaque matériel problématique. Une fois que le lecteur s'est familiarisé avec la botanique systématique, il pourra comparer ses échantillons avec les grands herbiers de la région:
• à Brazzaville, l'Herbier du Centre d'Etudes sur les Ressources végétales.
• à Kinshasa, l'Herbier de l'I.N.E.R.A. et l'Herbier du Département de
        Biologie, déposés au Campus de l'Université.
• à Kisantu, l'Herbier du Jardin botanique de Kisantu.

Ces institutions botaniques accepteront volontiers la collaboration d'herborisateurs bénévoles pour enrichir leurs collections. Même des plantes banales récoltées à des endroits nouveaux peuvent faire avancer la connaissance de la flore et de la végétation d'une région. Le plus important est de prendre du matériel aussi complet que possible et en plusieurs exemplaires afin de permettre des échanges entre centres de recherche, et de bien noter tout ce qui est important. Les chemises employées auront le format standard de 43 x 27 cm.

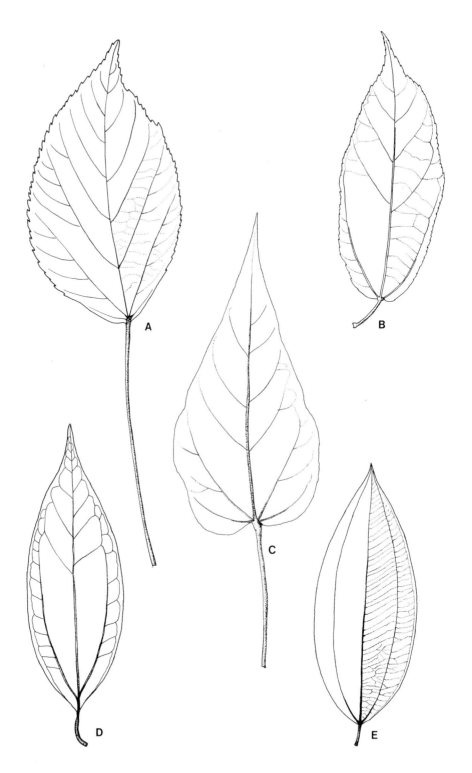

*Fig. 3 - Feuilles entières ou dentées, non profondément découpées,
à nervation palmée à la base.*
A: Acalypha wilkesiana; *B:* Glyphaea brevis; *C:* Bixa orellana;
D: Cinnamomum verum; *E:* Dichaetanthera africana.

CLÉS DE DÉTERMINATION

CLÉ GÉNÉRALE

SÉRIE 1

arbres, arbustes à silhouette de palmier;
une touffe de grandes feuilles surmontant un stipe (tronc non ramifié)

1. Feuilles simples palminerves et palmatifides 2
   Feuilles simples penninerves ou feuilles composées pennées ou composées bipennées 3

2. Plante à latex blanc abondant; feuilles à limbe tendre, pouvant atteindre 50-70 cm de diamètre, profondement palmatiséqué, les 7 lobes profondement découpés à leur tour; arbre fruitier . . . (Caricacées)
   Carica papaya
   Plante sans latex blanc; feuilles à pétiole concave à la face supérieure, à bords formés d'excroissances irrégulières, brun-foncé, à limbe coriace déchiré en segments sur moins de la 1/2 supérieure; palmier massif à stipe souvent renflé dans la partie supérieure . . . .
   . . . . (Arécacées)
   Borassus aethiopum

3. Feuilles entières, souvent laciniées 4
   Feuilles composées pennées ou composées bipennées 5

4. Feuilles distiques (dans un plan) ressemblant à celles du bananier, entièrement vertes . . . . (Strélitziacées)
   Ravenala madagascariensis
   Feuilles spiralées, à face inférieure blanchâtre . . . . (Arécacées)
   Sclerosperma mannii

5. Feuilles bipennées; folioles (pennes) pennées à la base, profondement pennatifides plus haut; segments linéaires, arrondis au sommet, de 1,5 x 0,2 cm, dentés; écailles présentes sur le tronc et à la base du pétiole de la feuille . . . . (Cyathéacées)
   Cyathea camerooniana
   Feuilles pennées 6

6. Folioles (segments) pliées 7
   Folioles planes 12

7. Feuilles naissant au ras du sol, découpées en segments de largeur variable, blanchâtres en dessous . . . . (Arécacées)
   . . . . **Sclerosperma mannii**
   Feuilles naissant sur un stipe aérien, découpées en segments réguliers (folioles) 8

8. Folioles pliées en "Λ" 9

Folioles pliées en "V"; folioles basales dures et spinescentes; verrues blanches sur les nervures . . . . (Arécacées)
Phoenix reclinata

9. Palmiers à gaine foliaire verte d'environ 1 m de long; verrues brunes sur les nervures à la face inférieure des folioles . . . **Roystonia regia**
Palmiers à gaine foliaire non verte 10

10. Folioles à épines sur les bords et sur la nervure médiane à la face supérieure; stipe atteignant 10 m de haut; fibres noires à la base du pétiole; fruit à bec massif renflé vers le milieu . . . . . **Raphia sese**
Folioles sans épines 11

11. Folioles pliées plusieurs fois (plissées), de couleur vert au dessus et bleuâtre en dessous; stipe droit . . . . **Elaeis guineensis**
Folioles pliée une seul fois, de couleur vert jaunâtre; stipe courbé à la base . . . . **Cocos nucifera**

12. Feuilles de 1,8-2,8 m de long; folioles aplaties . . . . . . (Cycadacées)
Cycas circinalis
Feuilles de 0,6-1 m de long; folioles à bords révolutés . . . .
. . . . **Cycas revoluta**

SÉRIE 2

feuilles absentes ou réduites à des écailles
ou transformées en aiguilles

1. Tiges succulentes vertes; feuilles absentes ou réduites à des écailles rapidement caduques 2
Tiges lignifiées brunâtres; feuilles transformées en aiguilles ou écailles persistantes 5

2. Latex blanc abondant 3
Latex blanc absent 4

3. Tiges cylindriques . . . . (Euphorbiacées)
Euphorbia tirucalli
Tiges 3-4-angulaires . . . . **Euphorbia trigona**

4. Tiges anguleuses . . . . (Cactacées)
Cereus peruvianus
Tiges aplaties et articulées, formant des raquettes superposées . . . . . .
. . . . **Opuntia ficus-indica**

5. Aiguilles linéaires, de 15-20 cm de long, groupées en fascicules de 3 (rarement de 4 ou de 5), entourées d'une gaine de 10-12 mm de long . . . . (Pinacées)
Pinus caribaea
Ecailles verticillées ou opposées sur des rameaux verts 6

6. Verticilles de 6-7(-8) écailles de 1 mm de long . . . . . (Casuarinacées)
Casuarina equisetifolia
Ecailles opposées-décussées, recouvrant les rameaux jeunes . . . .
. . . . (Cupressacées)
Cupressus lusitanica

SÉRIE 3

feuilles à nombreuses nervures longitudinales parallèles

1. Feuilles dentées ou épineuses sur les bords et sur la nervure médiane à la face inférieure 2
Feuilles non dentées ni épineuses sur les bords 3

2. Feuilles non panachées, de 4-5 cm de large; bords de cours d'eau . . .
. . . . (Pandanacées)
Pandanus butayei
Feuilles panachées, de 3-7,5 cm de large, les jeunes feuilles fréquemment blanches; jardins . . . . **Pandanus veitchii**

3. Noeuds renflés à crête circulaire (chaume articulé) . . . . (Poacées)
Bambusa vulgaris
Noeuds non renflés 4

4. Feuilles (phyllodes) falciformes, courbées unilatéralement . . . .
. . . . (Mimosacées)
Acacia auriculiformis
Feuilles droites 5

5. Base du pétiole engainante ou nettement élargie 6
Base du pétiole ni engainante, ni nettement élargie 10

6. Feuilles panachées 7
Feuilles entièrement vertes 8

7. Feuilles à pétiole distinct, à taches jaunes ou rouges suivant les culti-vars . . . . (Agavacées)
Cordyline terminale
Feuilles sans pétiole distinct; à bandes jaune crême longitudinales . . .
. . . . **Dracaena fragrans**

8. Feuilles de 5-10 cm de large et atteignant 120 cm de long . . . .
. . . . **Dracaena arborea**
Feuilles ne dépassant pas 5 cm de large et 40 cm de long 9

9. Arbustes de 0,5-3,5 m de haut, à tiges ressemblant des bambous minces; feuilles 5-16 x 1-7 cm; forêts ripicoles . . . .
. . . . **Dracaena camerooniana**
Arbres atteignant 10 m de haut; feuilles linéaires de 15-24 x 1,5-2 cm; forêts de plateaux . . . . **Dracaena mannii**

10. Feuilles à 7 nervures proéminentes, s'élevant jusqu'au sommet et décurrentes sur le pétiole; épis terminaux; fleurs blanches à nombreuses étamines; arbre cultivé à écorce gris blanchâtre, se détachant par feuillets minces superposés . . . . (Myrtacées)
Melaleuca leucodendron
Feuilles à nombreuses nervures de même valeur 11

11. Arbres à écorce lisse, se désquamant par plaques; limbe à sommet obtus, de plus de 1,8 cm de large; nervures peu apparentes . . . .
. . . . (Araucariacées)
Agathis dammara
Arbres à écorce rugeuse; limbe terminé par un mucron, de moins de 1,2 cm de large; nervures ± apparentes . . . . **Araucaria bidwillii**

SÉRIE 4

feuilles simples, opposées (parfois subopposées) ou verticillées

1. Feuilles verticillées 2
Feuilles opposées 9

2. Latex blanc présent 3
Latex blanc absent 8

3. Pétiole dépassant 4 cm de long; limbe foliaire rouge bordeaux; glandes remplacant les stipules . . . . (Euphorbiacées)
Euphorbia cotinifolia
Pétiole de 0-4 cm de long; limbe foliaire vert; stipules absentes . . . 4

4. Verticilles de 4-8 feuilles sessiles; nervures secondaires nombreuses et parallèles, formant un angle de ± 90° avec la médiane et rejoignant une nervure qui suit le bord; arbres à rameaux horizontaux . . . . .
. . . . (Apocynacées)
Alstonia gilletii
Verticilles de 3-4 feuilles; feuilles pétiolées 5

5. Fleurs dépassant 2 cm de long; arbustes horticoles 6
   Fleurs de moins de 2 cm de long; arbustes spontanés 7

6. Verticilles de 3-4 feuilles; fleurs jaune vif, de 7-10 cm de long; feuilles
   non coriaces . . . . **Allamanda cathartica**
   Verticilles de 3 feuilles; fleurs roses ou blanches, souvent doubles,
   d'environ 2 cm de long; feuilles coriaces . . . **Nerium oleander**

7. Feuilles d'un verticille de taille inégale; infl. plus courtes que les feuilles,
   de 0,5-3,5 cm de long . . . . **Rauvolfia obscura**
   Feuilles d'un verticille de taille égale; infl. dépassant les feuilles, pouvant
   atteindre 12 cm de long . . . . **Rauvolfia vomitoria**

8. Arbuste tordu, à rameaux parfois transformés en épines; feuilles à bord
   entier; fleurs solitaires, à tube de 4-6 cm de long ou fruits ellipsoïdes
   de 4,5-6 cm de long à tube calicinal persistant . . . . . (Rubiacées)
   Gardenia ternifolia
   Arbuste dressé, aromatique; feuilles à bord denté; glomérules cylindriques
   de petites fleurs ou fruits en cymes très ramifiées . . (Verbénacées)
   Lippia multiflora

9. Latex blanc présent 10
   Latex blanc absent 22

10. Feuilles glauques, subsessiles, cordées à la base, de 20-30 x 13-16 cm
    . . . . (Asclépiadacées)
    Calotropis procera
    Feuilles vertes, nettement pétiolées 11

11. Feuiles opposées sur les axes principaux, alternes sur les axes florifères;
    infl. mâles en épis, inflorescences femelles en ombelles de 3-6 cm de
    long . . . . (Euphorbiacées)
    Tetrorchidium didymostemon
    Feuilles toujours opposées; infl. bisexuées, en cymes 12

12. Stipules intrapétiolaires présentes 13
    Stipules intrapétiolaires absentes 15

13. Limbe foliaire de 13-40 x 6-20 cm; stipules intrapétiolaires de 4-5 mm
    de long, dépassant la largeur de la base du pétiole; fruits formés de
    2 monocarpes charnus globuleux, de 8-10 cm de diamètre, soudés à
    la base . . . . (Apocynacées)
    Tabernaemontana crassa
    Limbe de 6-25 x 2-9 cm; stipule intrapétiolaire de 3-4 mm de haut, ne
    dépassant pas la largeur de la base du pétiole 14

14. Arbuste des marais, de 4-15 m de haut; limbe de 6-25 x 2-9 cm; fleurs blanc jaunâtre, simples; fruits formés de 2 monocarpes charnus globuleux, vert pâle tacheté de vert foncé, de 4-10 cm de diamètre
. . . . **Voacanga thouarsii**
Sous-arbuste des jardins, de 1,5-3 m de haut; limbe de 13-40 x 6-20 cm; fleurs blanches, souvent doubles; fruits formés de 2 monocarpes charnus oblongs, à bec recourbé, de ± 5 cm de long . . . .
. . . . **Tabernaemontana divaricata**

15. Fruits secs, linéaires ou lancéolées, de 3,5-25 cm de long; lobes de la corolle (vu de l'extérieur) se recouvrant vers la droite 16
Fruits charnus, déhiscents ou non; lobes de la corolle (vu de l'extérieur) se recouvrant vers la gauche 20

16. Fruits linéaires pendants, de 10-60 x 0,5-0,7 cm 19
Fruits fusiformes, s'étalant à ± 180°, de 8,5-16 x 1,5-2,5 cm 17

17. Arbre de la forêt; limbe foliaire à domaties formées d'une touffe de poils, de 12-28 x 3,5-12 cm; fruit de 8,5-16 cm de long . . . .
. . . . **Funtumia africana**
Arbustes, parfois sarmenteux, de la savane; limbe foliaire sans domaties, de 4-14 x 2,5-5 cm; fruit de 3,5-28 cm de long 18

18. Limbe foliaire à bord ondulé et révelouté, discolore; fleurs blanc teinté de pourpre, à gorge munie de 10 appendices groupés par paires; fruits fusiformes de 10,5-28 x 1,5-2,5 cm; graines portant une aigrette de soies . . . . **Strophanthus welwitschii**
Limbe foliaire à bord plan; fleurs blanc crème; fruits apiculés de 3,5 x 1,5 x 0,5 cm; graines ailées . . . . **Diplorhynchus condylocarpon**

19. Arbre des forêts secondaires; limbe foliaire sans domaties, de 10,5-14 x 3,5-5 cm; fruits de 30-60 x 0,5-0,7 cm; graines avec une touffe de poils au sommet . . . . **Holarrhena floribunda**
Arbuste des forêts marécageuses; limbe foliaire à domaties en crypte, de 5,5-17,5 x 1,5-8,5 cm; fruits de 10,5-23 x 0,5-0,7 cm; graines portant, par places, de longs poils . . . . **Malouetia bequaertiana**

20. Fruits charnus simples, pendants, orange et fusiformes, indéhiscents .
. . . . **Tabernanthe iboga**
Fruits charnus doubles, soudés ou non, verts tacheté de vert pâle, déhiscents à maturité 21

21. Fruits à 2 carpelles charnus globuleux, libres . . . .
. . . . **Voacanga africana**

Fruits charnus, à 2 carpelles soudées latéralement . . . .
. . . . **Voacanga chalotiana**

22. Latex jaune ou orange présent 23
    Latex absent 29

23. Nervures secondaires nombreuses, parallèles 24
    Nervures secondaires 4-16 paires 28

24. Arbre des forêts souvent marécageuses, parfois muni de racines adventi-
    ves en station marécageuse; fleurs rouges d'environ 12 mm de
    diamètre; floraison abondante et très voyante . . . . . . (Clusiacées)
    Symphonia globulifera
    Arbre ou arbuste des forêts de terre ferme ou des savanes; fleurs blanches
    ou jaunes 25

25. Limbe foliaire à glandes ponctiformes ou linéaires et à canaux sécréteurs
    discontinus, alignés parallèlement aux nervures latérales et transluci-
    des, à acumen très long et nervures secondaires peu apparentes . .
    . . . . **Garcinia punctata**
    Limbe foliaire à glandes ou canaux translucides peu ou pas visibles 26

26. Arbuste de la savane; feuilles coriaces; nervures secondaires ascendantes
    jusqu'à la moitié du limbe, à angle d'insertion de 30-35° . . . . . .
    . . . . **Garcinia huillensis**
    Arbre de la forêt ou arbre cultivé; nervures secondaires à angle d'inser-
    tion de ± 50-55° 27

27. Limbe foliaire de 10,5-12 x 3-4,5 cm; nervures secondaires peu appa-
    rentes à la face inférieure; forêts denses humides . **Garcinia kola**
    Limbe foliaire coriace, de 16-19 x 7,5-9 cm; nervures secondaires
    apparentes; fruits mûrs mauve foncé, à calice persistant et stigmate
    bien en relief; arbre fruitier introduit . . . . **Garcinia mangostana**

28. Limbe foliaire à base arrondie ou cordée et asymétrique, à face inférieure
    entièrement couverte d'un indumentum tomentelleux roux, de 5-22
    x 3-13 cm, papyracé . . . . **Harungana madagascariensis**
    Limbe foliaire à base obtuse ou arrondie, à face inférieure tomenteuse à
    glabre et à ponctuations noires ± éparses, de 2-14 x 1-9 cm, coriace;
    nervilles tertiaires formant des alvéoles bien visibles . . . .
    . . . . **Psorospermum febrifugum**

29. Stipules ou rebord interpétiolaire présents 30
    Stipules ou rebord interpétiolaire absents 40

30. Ovaire infère, c.-à-d. fruit surmonté par un calice persistant ou par la
    cicatrice du calice . . . . (Rubiacées)
    SÉRIE 4B (p. 40)
    Ovaire supère, c.-à-d. fruit tout au plus surmonté par le restant du style,
    et généralement montrant le calice ou ses cicatrices à la base . 31

31. Gaine intrapétiolaire présente, de plus de 10 mm de long; infl. terminales atteignant 20 cm de diamètre . . . . **Gaertnera paniculata**
Gaine intrapétiolaire absente 32

32. Stipules présentes mais rapidement caduques 33
Stipules absentes, mais crête reliant la base des pétioles ou bases des pétioles se touchant 35

33. Limbe foliaire à bord muni de 6-8 dents arrondies pourvues d'une petite glande; nervures tertiaires nombreuses et parallèles, reliant les nervures secondaires et la nervure primaire; feuilles alternes ou subopposées à opposées . . . . (Rhamnacées)
Maesopsis eminii
Limbe foliaire à bord sans glandes, ni nervures tertiaires parallèles   34

34. Limbe foliaire légèrement récurvé; fleurs à pédicelles grêles de ± 10 mm de long; rameaux lisses . . . . (Erythroxylacées)
Aneulophus africanus
Limbe foliaire à bord entier ou à fines dents épineuses; fleurs subsessiles; rameaux densement couverts de lenticelles . . . (Rhizophoracées)
Cassipourea congoensis

35. Pétioles à base engainante et touchant celle du pétiole opposé 36
Pétioles sans base engainante, mais reliés par une crête 37

36. Feuilles pétiolées; pétiole jusqu'à 9 cm de long; marge non réfléchi; boutons floraux arrondis au sommet; recrûs forestiers . . . .
. . . . (Loganiacées)
Anthocleista liebrechtsiana
Feuilles généralement pétiolées, mais souvent sessiles chez les jeunes plantes ou sur les rameaux de niveau inférieur; marge souvent réfléchie; boutons floraux obtus au sommet; forêts ripicoles . . . .
. . . . **Anthocleista schweinfurthii**

37. Limbe foliaire largement elliptique, à base cunéiforme, décurrent sur le pétiole, à bord entier, de 22-75 x 13-35 cm; drupes entourées du calice renflé, atteignant 2,5-3 cm de long . . . . (Verbénacées)
Tectona grandis
Limbe foliaire à bord denté ou crénelé, de 5-30 x 2,3-7 cm 38

38. Limbe foliaire de 10-30 x 5-7 cm, à bord crénelé; nervure médiane ± rougeâtre, nervures latérales jaunâtres; tiges rougeâtres; fleurs jaunes . . . . (Acanthacées)
Sanchezia nobilis
Limbe foliaire de 5-10 x 2,3-4 cm, à bord denté; ni nervures ni tiges colorées; fleurs de couleur variée 39

39. Rameaux munis d'aiguillons très fins, courbés vers le bas; infl. subglobuleuses; fruits charnus noirs . . . . (Verbénacées)
Lantana camara

Rameaux grêles décombants, sans aiguillons; infl. en racèmes de
verticilles, rassemblés en une pyramide; akènes enfouis dans le calice
accrescent charnu, orange, de 5-6 mm de long . . . . . (Lamiacées)
Hoslundia opposita

40. Plusieurs nervures basilaires atteignant le sommet du limbe 41
Nervures disposées autrement 47

41. Plante épineuse; infrutescences terminales 42
Plante non épineuse; infrutescences axillaires ou terminales 43

42. Tronc et rameaux subéreux; fleurs à sépales glabres extérieurement, au
moins au sommet, jamais couverts d'un indumentum uniforme;
ovaire 1-loculaire . . . . (Loganiacées)
Strychnos spinosa

Tronc et rameaux non subéreux; sépales couverts extérieurement d'une
pubescence uniforme; ovaire 2-loculaire . **Strychnos cocculoides**

43. Feuilles larges de plus de 10 cm . . . . (Mélastomatacées)
Bellucia axinanthera

Feuilles larges de moins de 10 cm 44

44. Rameaux à section carrée, les jeunes densement couverts de poils raides;
limbe foliaire scabre à bord entier mais scabérulent; fruits capsulaires
de ± 0,5 cm de long . . . . **Dichaetanthera africana**

Rameaux à section ronde; limbe à bord entier non scabérulent; fruits
drupacés 45

45. Fruits globuleux de 5-12 cm de diamètre . . . . (Loganiacées)
Strychnos pungens

Fruits ellipsoïdes de 1,5-2,5 cm de long 46

46. Rameaux densement pubescents-hirsutes à l'état jeune; feuilles éparsé-
ment pubescentes en dessus; infl. axillaires; forêts secondaires . . .
. . . . **Strychnos variabilis**

Rameaux glabres; écorce aromatique; feuilles glabres, coriaces; infl.
terminales; fruits de 1,5 cm de long; arbre introduit . (Lauracées)
Cinnamomum verum

47. Nervures secondaires non apparentes; rameaux à section ± carrée; infl. en
cymes aux noeuds feuillés ou défeuillés; fruits globuleux de 6-8 mm
de diamètre; arbre des forêts marécageuses . . . (Mélastomatacées)
Memecylon myrianthum

36

Nervures secondaires apparentes 48

48. Trois (ou cinq) nervures basilaires 49
Nervures alternes dès la base 50

49. Herbe sous-ligneuse aromatique; ramilles légèrement cannelées; limbe
foliaire à bord denté, couvert d'une pubescence grise, surtout à la
face inférieure; capitules réunis en corymbes trichotomes; endroits
rudéralisés . . . . (Astéracées)
Chromolaena odorata
Arbre à bois léger; ramilles quadrangulaires à nombreuses lenticelles;
limbe foliaire à bord entier, à glandes à l'aisselle des nervures
basilaires; arbre planté pour le reboisement . . . . . . (Verbénacées)
Gmelina arborea

50. Plante épineuse à branches retombantes; fleurs lilas, à corolle gamopétale
légèrement zygomorphe, de 1,5 cm de diamètre; fruits jaune orange
(en fait: drupes entourés d'un calice accrescent charnu) . . . .
. . . . **Duranta repens**
Plante sans épines 51

51. Bord du limbe entier ou sinué 55
Bord du limbe denté ou crénelé 52

52. Limbe à bord crénelé, tomenteux en dessous; infl. épis denses rassemblés
en panicule terminale; herbe sous-ligneuse des marais . . . .
. . . . (Lamiacées)
Leocus africanus
Limbe à bord denté ou lobé-denté 53

53. Feuilles à pétioles ailés sur toute leur longueur; limbe de 25-30 x 11-13
cm; infl. terminales en panicules lâches . . . . (Acanthacées)
Brillantaisia patula
Feuilles à pétioles non ailés 54

54. Limbe foliaire subrhombique de 4-8 x 1,2-3 cm, à bords lobés-dentés;
fleurs solitaires à l'aisselle des feuilles; corolle à pétales soudés de
6-7,5 cm de long, bleue . . . . **Thunbergia erecta**
Limbe foliaire oblong-elliptique, longuement acuminé, à bords dentés;
infl. en fascicules axillaires; fleurs étalées de 4-6 mm de diamètre, à
pétales libres, rosâtres . . . . (Hippocratéacées)
Salacia pallescens

55. Tiges renflées au niveau des noeuds 56
Tiges non renflés au niveau des noeuds 63

56. Tiges montrant une constriction au dessus des noeuds à l'état sec . 57

Tiges ne montrant pas de constriction au dessus des noeuds 60

57. Inflorescences en panicules simples; bractéoles elliptiques de 16 x 8 mm, blanches; tube de la corolle de 3,5-4 cm de long, dressé, cylindrique; étamines 4 . . . . (Acanthacées)
   Whitfieldia elongata
   Inflorescences en épis; étamines 2 58

58. Epis denses et courts; bractées ovales de 20 x 12 mm, à marges blanches et hyalines atteignant 3 mm de large . . . . **Rungia grandis**
   Epis lâches, allongés ± interrompus 59

59. Bractées orbiculaires . . . . **Adhatoda buchholzii**
   Bractées lancéolées . . . . **Adhatoda bolomboensis**

60. Feuilles scabres, à bord sinueux; bractées épineuses; fleurs blanches; arbuste des recrûs forestiers . . . . **Acanthus mayaccanus**
   Feuilles lisses; bractées non épineuses 61

61. Fleurs rouge vif tubulaires, de 2-2,5 cm de long; arbuste cultivé . . . .
   . . . . **Odontonema strictum**
   Fleurs mauves, brun rougeâtre ou blanc rosé, de 6-14 mm de long; arbustes de la forêt 62

62. Feuilles ovales à acumen obtus et échancré; domaties à poils bien développées; infl. en racèmes terminaux de 5-10 cm de long; lobes de la corolle de couleur variable, souvent blancs jamais mauves .
   . . . . **Thomandersia butayei**
   Feuilles elliptiques à acumen aigu et pointu; domaties à poils peu développées; infl. en racèmes terminaux de 10-15 cm de long; lobes de la corolle mauves . . . . **Thomandersia laurentii**

63. Limbe foliaire muni de points translucides 64
   Limbe foliaire sans points translucides 69

64. Inflorescences axillaires 65
   Inflorescences terminales 67

65. Feuilles petites, de 3,5-9,5 x 1-3,5 cm, à sommet obtus; fruits de ± 6 mm de diamètre; arbuste du bord du Fleuve . . . . (Myrtacées)
   Eugenia congolensis
   Feuilles plus grandes, de 4,5-15 x 3,5-8 cm, à sommet arrondi, obtus ou aigu; fruits de 3-6 cm de diamètre, comestibles 66

66. Jeunes rameaux quadrangulaires; feuilles à 12-16 paires de nervures secondaires en creux en dessus; fruits de 3-6 cm de diamètre; arbuste fruitier introduit . . . . **Psidium guajava**

Jeunes rameaux arrondis; feuilles à 7-10 paires de nervures secondaires non en creux en dessus; fruits de 3-4 cm de diamètre; arbuste subspontané à Kisantu . . . . **Psidium guineense**

67. Etamines rouge pourpre; fruits rouges ovoïdes, de 7-8 cm de long; arbre fruitier importé . . . . **Syzygium malaccense**

    Etamines blanches; arbustes ou petits arbres de la forêt ou de la savane 68

68. Limbe foliaire ovale à largement elliptique, acuminé à arrondi au sommet, de 7,5-15 x 3,5-7,5 cm, rigide-coriace; fruits ± globuleux, de 12-30 mm de diamètre; savanes et forêts claires . . . .
    . . . . **Syzygium guineense** subsp. **macrocarpum**
    Limbe foliaire elliptique, acuminé au sommet, cunéiforme à la base, de 3,7-12 x 1-5 cm, papyracé à subcoriace; fruits globuleux à ellipsoïdes, de 8-12 mm de diamètre; forêts denses marécageuses ou sèches . . . . **Syzygium guineense** subsp. **guineense**

69. Fruits ailés 70
    Fruits non ailés 73

70. Ailes formées par l'excroisssance des carpelles 71
    Ailes formées par l'accrescence des lobes du calice . . (Vochysiacées)
    Erismadelphus exsul

71. Face inférieure du limbe glabre et couverte de petits points glanduleux . . . . (Combrétacées)
    Combretum laxiflorum
    Face inférieure du limbe sans points glanduleux 72

72. Glandes pédicellées sur les jeunes rameaux; domaties poilues; nervures tertiaires parallèles; base cordée . . . . **Quisqualis hensii**
    Glandes pédicellées absentes; face inférieure du limbe tomenteuse et nervilles fort en relief . . . . **Combretum psidioides**

73. Fruits enfermés dans le calice accrescent en sac, de ± 2,5 cm de long; rameaux courts à petites feuilles . . . . (Lamiacées)
    Plectranthastrum rosmarinifolium
    Fruit non enfermé dans le calice accrescent 74

74. Feuilles papyracées, à domaties en crypte; infl. axillaires ou terminales; fleurs blanches à 4 pétales soudés à la base; tube de 1,5-2,5 mm de long et lobes de 4-7 mm; fruits drupacés de 2,5 x 2 cm; arbuste des forêts humides . . . . (Oléacées)
    Chionanthus mildbraedii

Feuilles coriaces; infl. terminales; fleurs mauves, de 4,5-5,5 cm de diamètre; pétales libres onguiculés; capsules lignifiées; arbre cultivé . . . . (Lythracées)
Lagerstroemia speciosa

SÉRIE 4B

feuilles opposées, stipulées et ovaire infère
(Rubiacées)[1]

1. Hétérophyllie frappante, c.-à-d. les tiges latérales portant deux types de feuilles, les normales elliptiques, cunéiformes à la base, et celles des extrémités des tiges beaucoup plus petites et cordées à la base, portant des inflorescences à leurs aisselles . . . .
. . . . **Pouchetia baumanniana**
Ce type d'hétérophyllie absent 2

2. Fleurs et fruits réunis, en très grand nombre (> 100), en capitules pédonculés sphériques 3
Autres types d'inflorescences (infrutescences) (moins de 100 fleurs ou forme plus irrégulière) 4

3. Capitules de fruits secs libres entre eux, s'ouvrant par quatre valves; graines ailées . . . . **Mitragyna stipulosa**
Fruits composés charnus formés par la soudure de nombreux petits fruits; graines non ailées . . . . **Sarcocephalus latifolius**

4. Inflorescences (infrutescences) pourvues d'un nombre de "feuilles" d'attraction visuelle, blanches . . . .
. . . . **Pseudomussaenda stenocarpa**
Inflorescences (infrutescences) sans organes spéciaux d'attraction visuelle 5

5. Fruits composés charnus, irréguliers, formés par la soudure de 8-14 fruits . . . . **Morinda lucida**
Fruits simples 6

6. Fleurs ou fruits grands, solitaires ou rarement par 2-3, terminaux, sessiles ou brièvement pédonculés, pourvus à leur base de 3 feuilles . . . .
. . . . **Rothmannia octomera**
Plantes sans groupes de 3 feuilles en dessous des fleurs ou fruits, ou (et) fleurs ou fruits plus petits, rarement solitaires 7

---

[1] par E. Robbrecht

7   Limbe foliare à long acumen élargi en spatule au sommet . . . .
. . . . **Psilanthus lebrunianus**
Limbe foliaire sans acumen d'une telle forme, ou à acumen aigu . . 8

8. Limbes foliaires grands, de 15-40 x 8-20 cm, possédant deux oreillettes
myrmécophiles à la base . . . . **Gardenia imperialis**
Oreillettes myrmécophiles absentes 9

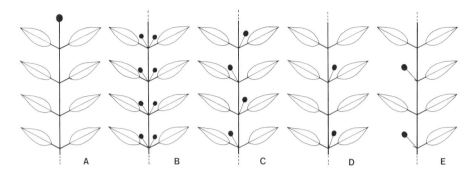

*Fig. 4 - Schéma de la position des inflorescences (infrutescences)
sur les rameaux latéraux des Rubiacées;
A, terminale, B, vraiment axillaire, C-E, pseudo-axillaire.*

9. Toutes les inflorescences (infrutescences) vraiment axillaires, c.-à-d.
chaque noeud portant 2 inflorescences (infrutescences) opposées (fig.
4) 10
Inflorescences (infrutescences) terminales (fig. 4, A) ou pseudo-axillaires
(1 seule inflorescence par noeud; fig. 4, C-E) 19

10. Inflorescences (infrutescences) entourées d'un involucre 4-lobé, rose ou
rouge, de 2-4 cm de haut . . . . **Stipularia africana**
Pas de bractées transformées en involucre volumineux 11

11. Fruit contenant 1 seul noyau 12
Fruit contenant 2-nombreux noyaux ou graines 13

12. Noyau à paroi parcheminée, contenant 1 seule graine, ± sphérique, à
dépression apicale . . . . **Craterispermum schweinfurthii**
Noyau très dur biloculaire, chaque loge à 1 graine allongée . . . .
. . . . **Colletoecema dewevrei**

13. Fruit rouge, ± ellipsoïde, à deux "grains de café" caractéristiques entourés de "parche" (graines plan-convexes à sillon longitudinal qui
partage la face plane) . . . . **Coffea canephora**
Autre type de fruit et de graine 14

14. Inflorescences très lâches à 5 fleurs seulement . . . .
. . . . **Commitheca liebrechtsiana**
Inflorescences ± contractées et multiflores 15

15. Grand arbre atteignant 40 m de haut; fleurs à odeur nauséabonde; style
coiffé par un stigmate mitriforme . . . . **Psydrax arnoldiana**
Arbustes ou arbres plus petits; fleurs à odeur nulle ou agréable; style
bilobé 16

16. Fruits à très nombreuses graines d'environ 1 mm de diamètre; préflorai
son de la corolle valvaire . . . . **Pauridiantha dewevrei**
Fruits à 2-20(-30) graines de 3-5 mm de long; préfloraison de la corolle
contortée 17

17. Calice (persistant sur le fruit) à 5 lobes bien développés et se recouvrant;
fruit d'abord blanc, puis pourpre à noirâtre . . . .
. . . . **Tricalysia crepiniana**
Calice tubulaire tronqué ou pourvu de petites dents; fruit rouge . . . 18

18. Calice tronqué; fruit à 2-5(-7) graines dans chaque loge . . . .
. . . . **Tricalysia coriacea**
Calice denté; fruits à 1-2 graines dans chaque loge   **Tricalysia pallens**

19. Inflorescences (infrutescences) terminales sur les rameaux latéraux (fig.
4, A), parfois quelques-unes axillaires 20
Inflorescences (infrutescences) pseudo-axillaires, c.-à-d. semblant axillaires, mais chaque noeud ne porte qu'une seule inflorescence (fig. 4,
C-E) 32

20. Fruits secs déhiscents (capsules); graine à aile fimbriée . . . .
. . . . **Crossopteryx febrifuga**
Fruits charnus ou subcharnus (péricarpe coriace), indéhiscents; graines
non ailées 21

21. Fruits surmontés par un calice persistant à lobes foliacés presqu'aussi
longs que le fruit 22
Calice caduc ou, s'il est persistant, beaucoup plus court que le fruit 25

22. Stipules interpétiolaires profondément bilobées; préfloraison de la corolle
imbriquée; graines brun clair, réticulées . . . . . . **Heinsia crinita**
Stipules interpétiolaires entières; préfloraison contortée; graines noirâtres,
lisses, brillantes 23

23. Inflorescences multiflores; calice (de la fleur ou du fruit) à lobes arrondis
à bord enroulé du côté recouvrant; tube de la corolle plus court que
les lobes . . . . **Dictyandra arborescens**

Inflorescences 1- pauciflores; calice à lobes ± aigus se recouvrant à peine; tube de la corolle plus long que les lobes 24

24. Limbes foliaires largement obovales; stipules ± orbiculaires, brusquement élargies au dessus de la base; rameaux velus; fruit à 10 côtes longitudinales . . . . **Leptactina leopoldi-secundi**
Feuilles étroitement elliptiques; stipules triangulaires; rameaux glabres; fruits non côtelés . . . . **Leptactina liebrechtsiana**

25. Inflorescences (infrutescences) fortement allongées (ressemblant à un épi), atteignant plus de 15 cm de long, pendantes . . . .
. . . . **Bertiera racemosa**
Inflorescences (infrutescences) ± étalées et ± dressées 26

26. Fleurs rouges ou rougeâtres . . . . **Ixora coccinea**
Fleurs blanches ou blanchâtres 27

27. Galles bactériennes présentes dans le limbe, visibles comme des petites macules dispersées dans le limbe ou des lignes le long de la nervure médiane 28
Pas de galles bactériennes 29

28. Galles bactériennes ponctiformes dispersées dans le limbe; feuilles à limbe pubérulent sur la face inférieure . . **Psychotria kimuenzae**
Galles bactériennes linéaires le long de la nervure médiane; feuilles entièrement glabres . . . . **Psychotria calva**

29. Fruit orangé contenant jusqu'à 15 graines . . . . . **Tarenna laurentii**
Fruit rouge, rougeâtre ou blanc contenant seulement deux graines . 30

30. Fruit blanc contenant 2 graines hémisphériques noirâtres, brillantes, pourvues d'une cavité arrondie à leur face interne; préfloraison de la corolle contortée . . . . **Pavetta nitidula**
Fruit rouge ou rougeâtre contenant 2 graines hémisphériques ou hémi-ellipsoïdes, à face interne plane ou pourvue d'un sillon médian; préfloraison de la corolle valvaire 31

31. Fleurs en petits glomérules condensés . . . . **Chazaliella macrocarpa**
Fleurs en panicules très lâches de 8-20 cm de long . . . .
. . . . **Psychotria djumaensis**

32. Limbes foliaires à base fortement asymétrique, atteignant 39 x 15 cm
. . . . **Oxyanthus schumannianus**
Limbes foliaires à base symétrique, généralement de moins de 30 cm de long 33

33. Stipules grandes entières, elliptiques à oblongues, atteignant 3(-5) x 1,5(-2,5) cm . . . . **Aoranthe cladantha**
    Stipules de moins de 1,6 cm de long 34

34. Stipules interpétiolaires profondément bilobées; préfloraison de la corolle imbriquée . . . . **Heinsia crinita**
    Stipules interpétiolaires entières; préfloraison de la corolle contortée .
    35

35. Noeuds florifères (fructifères) à une seule feuille à laquelle l'inflorescence (infrutescence) est opposée; noeuds végétatifs possédant une paire de feuilles opposées (fig. 4, E) . . . . **Aidia micrantha**
    Tous les noeuds présentant une paire de feuilles égales opposées (fig. 4, C) 36

36. Stipules très courtes, de 4-6 mm de long; corolle à tube aussi court que les lobes (chacun de ± 1 cm de long), à gorge envahie de poils; fruit charnu 4-loculaire et ± quadrilobé; graines non striées . . . .
    . . . . **Morelia senegalensis**
    Stipules de 6-8 mm de long; corolle à tube étroit de 2-6 cm de long et lobes plus courts d'environ 1 cm de long, à gorge glabre; fruit subcharnu, globuleux, contenant des graines aplaties à stries ± concentriques . . . . **Oxyanthus speciosus**

SÉRIE 5

feuilles simples, alternes; épines ou/et aiguillons présents

1. Aiguillons (épines) épars dans les entrenoeuds, ou insérés sans ordre sur le tronc 2
   Epines à la base du pétiole, isolée ou par 2 - ou épine au sommet d'un rameau court 8

2. Base de la feuille 9-nervée; limbe génralement trilobé à faibles découpures . . . . (Euphorbiacées)
   Macaranga schweinfurthii
   Base de la feuille non palmatinervée 3

3. Limbe foliaire couverte de points glanduleux à la face inférieure . . . 4
   Limbe foliaire non couvert de points glanduleux 5

4. Feuilles fortement dentées . . . . **Macaranga monandra**
   Feuilles entières ou obscurement sinuées . . . . . . **Macaranga spinosa**

5. Nervures sécantes (atteignant le bord du limbe) et confluentes en une nervure marginale 6

6. Limbe à réseau de nervilles très proéminent à la face inférieure; à face inférieure pubescente, ordinairement brune à rouille . . . .
. . . . **Bridelia ferruginea**
Limbe à réseau de nervilles peu proéminent à la face inférieure; à face inférieure verte, courtement pubescente à glabre
. . . . **Bridelia micrantha**

7. Limbe foliaire à face inférieure du limbe glabre sauf les nervures; limbe cordé à la base, à bord crénelé; pétiole à 2 glandes au sommet; tronc couvert d'aiguillons trapus . . . . **Hura crepitans**
Limbe foliaire nettement discolore, tomenteux, couvert de poils étoilés sur la face inférieure, entier ou ondulé . . . . (Solanacées)
Solanum torvum

8. Epines isolées à l'aisselle du pétiole 9
Epines par paires, une de chaque côté du pétiole, de 1-2 mm de long, molles; forêts périodiquement inondées . . . . (Euphorbiacées)
Phyllanthus reticulatus

9. Limbe foliaire à bord denté 10
Limbe foliaire entier 11

10. Epines droites de 1-3 cm de long; grandes fleurs blanches, de 5-7 cm de diamètre, à nombreuses étamines; fruits à péricarpe ligneux de 5 cm de diamètre . . . . (Flacourtiacées)
Oncoba spinosa
Epines droites de 3-5 cm de long; fleurs en cymes lâches, de 5-14 cm de long; pétales de 1,6-2,2 mm de long; étamines 5 . . (Célastracées)
Maytenus serratus var. **gracilipes**

11. Feuilles panachées, jaune doré; épine solitaire au milieu d'un coussinet de poils . . . . (Cactacées)
Pereskia grandifolia
Feuilles vertes 12

12. Feuilles à pétiole ailé ou marginé 13
Feuilles à pétiole non ailé; infl. à 3 bractées persistantes formant un involucre coloré; fleurs à périgone soudé . . . . . . (Nyctaginacées)
Bougainvillea spectabilis

13. Pétiole marginé; boutons floraux maculés de rouge; fruits jaunes, ovoïdes à mamelon au sommet, de 7-15 x 5-7 cm; pulpe très acide; peau épaisse; petit arbre à épines courtes et rigides . . . . . . (Rutacées)
Citrus limon
Pétiole ailé; boutons floraux blancs 14

14. Fleurs petites, généralement de 2,5 cm ou moins de diamètre; fruits de 3-6 de long, ovoïdes, extrèmement acides, à peau verte peu épaisse . . . . **Citrus aurantiifolia**
    Fleurs plus grandes; fruits généralement plus grands, généralement globuleux, doux, amers ou acides 15

15. Fruits très grands, de 10 cm ou plus de diamètre, à peau lisse et jaune pâle, à pulpe acide; pétioles largement ailés 16
    Fruits de taille moyenne, orange à maturité (pas souvent dans la région), à peau ± rugueuse 17

16. Rameaux et face infér. des fe. légèrement pubescents **Citrus maxima**
    Rameaux et feuilles glabres . . . . **Citrus x paradisi**

17. Aile du pétiole très large; pulpe amère . . . . **Citrus aurantium**
    Aile du pétiole étroite; pulpe sucrée 18

18. Fruits globuleux, à peau adhérente . . . . **Citrus sinensis**
    Fruits plus larges que hauts, à peau se détachant facilement; feuilles étroites . . . . **Citrus reticulata**

SÉRIE 6

plante à latex blanc; feuilles simples, alternes

1. Feuilles palmatiséquées ou palmatilobées 2
   Feuilles ni palmatiséquées, ni palmatilobées 3

2. Limbe à 7-13 lobes, ou davantage, séparés jusque dans le 1/4 inférieur du limbe; feuilles longues et larges de 25-30 cm, les lobes étant eux-mêmes divisés en d'autres lobes . . . . (Caricacées)
   Carica papaya
   Limbe pelté, ayant 3-5 lobes (parfois 7), à sommet largement arrondi et mucroné, glauques; arbuste buissonnant ou petit arbre de 5-7 m de haut . . . . (Euphorbiacées)
   Manihot glaziovii

3. Feuilles 3-nervées à la base 4
   Feuilles entièrement penninervées 8

4. Inflorescences urcéolées, à réceptacle creux (figues) contenant de nombreux akènes 5
   Inflorescences non urcéolées, à réceptacle largement ouvert; fleurs ♀ solitaires; infrutescences charnues contenant 1 seul akène 7

5. Feuilles tomenteuses ou scabres à la face inférieure, à bord denté, parfois lobées 6
   Feuilles glabres, à bord entier, à pétiole grêle plus long que la moitié du limbe, limbe cordé à la base; figues en fascicules sur les rameaux âgés défeuillés . . . . (Moracées)
   Ficus tremula subsp. **kimuenzensis**

6. Feuilles à pétiole de 0,5-2 cm; limbe elliptique, habituellement asymétrique, parfois lobé; une paire de nervures basilaires peu remontantes; figues solitaires ou par paires à l'aisselle des feuilles, globuleuses de 0,5-1,5 cm de diamètre . . . . **Ficus asperifolia**
   Feuilles à pétiole de 1-7 cm de long; limbe ovale ou parfois suborbiculaire; une paire de nervures basales remontant jusqu'à la 1/2 du limbe; figues pubescentes, en grappes sur les rameaux défeuillés et le tronc, de 2-3 cm de diamètre . . . . **Ficus sur**

7. Bourgeon terminal aigu, de 7-12 mm de long; infl. jeune nue; réceptacle fructifié asymétrique, de 1,8-2 x 1,5 cm . . . **Bosqueiopsis gilletii**
   Bourgeon terminal obtus, de 4-5 mm de long; infl. jeune protégée par 2 bractées; réceptacle fructifié piriforme, légèrement asymétrique, de 2-2,5 x 1,5-1,8 cm . . . . **Trilepisium madagascariense**

8. Limbe pennatilobé ou -fide 9
   Limbe entier 10

9. Limbe pennatifide à 3-5 lobes de chaque côté de la nervure médiane, atteignant 40 x 30 cm; stipules de 10-25 cm de long, entièrement amplexicaules; infr. de 15-30 cm de diamètre   **Artocarpus altilis**
   Limbe pennatilobé à 1-2 larges dents ou pointes de chaque côté de la nervure médiane, de 10-15 x 9-12 cm; feuilles sous l'inflorescence rouge écarlate (ou crème) . . . . (Euphorbiacées)
   Euphorbia pulcherrima

10. Feuilles linéaires ne dépassant pas 10 mm de large, discolores, à nervures secondaires peu apparentes; fleurs jaunes atteignant 6 cm de long; fruits obconiques, plus larges que longues, à crête apicale, de 2,2 x 3,4 cm . . . . (Apocynacées)
    Thevetia peruviana
    Feuilles plus larges que 15 mm 11

11. Nervures secondaires plus de 20, nombreuses et serrées 12
    Nervures secondaires moins de 20, espacées 15

12. Stipules longues de 5-18 cm, entourant le bourgeon terminal, rougeâtres, caduques; feuilles luisantes et coriaces, de 11-15 x 7-14 cm; figues sessiles et ellipsoïdes . . . . (Moracées)
Ficus elastica
Stipules absentes; fruits: doubles follicules ou baies 13

13. Feuilles à tomentum argenté ou roux à la face inférieure; baies; forêts ripicoles ou marécageuses 14
Feuilles glabres, vertes, de 22-28 x 7-9 cm, acuminées au sommet, vertes; cymes de fleurs roses, rouge pourpre, orange ou parfois blanches à centre jaune; doubles follicules; jardins   (Apocynacées)
Plumeria rubra

14. Feuilles à pétiole de 1-1,5 cm de long, à limbe de 4-12 x 2-8 cm, à sommet arrondi, gris argenté en dessous . . . . (Sapotacées)
Manilkara obovata
Feuilles à pétiole de 2-3 cm de long, à limbe de 12-30 x 4-8 cm, obtus au sommet, ferrugineux en dessous . **Zeyherella longepedicellata**

15. Glandes sur le limbe 16
Glandes absentes du limbe 17

16. Feuilles à limbe elliptique à oblong, longuement acuminé au sommet, de 4,5-16 x 2-6 cm, garni de petites glandes circulaires très nettes près du bord, vers le sommet et l'acumen à la face inférieure; fruits 3-lobés de 3-3,5 cm de large . . . . (Euphorbiacées)
Duvigneaudia inopinata
Feuilles à limbe elliptique, aigu au sommet, de 3-19 x 2-6,5 cm, à bords dentés, garni de taches glanduleuses marginales à la face inférieure, notamment près de la base; fruits 2-lobés de ± 8 mm de large
. . . . **Sapium ellipticum**

17. Base du limbe asymétrique, un des côtés de la base plus arrondi que l'autre 18
Base du limbe symétrique 19

18. Feuilles elliptiques, 2 fois plus longues que larges en général, de 12-45 x 7-20 cm; ligne cicatricielle entourant complétement le rameau; infrutescences globuleuses de 35 cm de diamètre, contenant de nombreux pépins noyés dans une chair spongieuse . . . (Moracées)
Treculia africana subsp. **africana** var. **africana**
Feuilles ovales, un peu plus longues que larges, de 9-12 x 4-8 cm, à base largement arrondie, parfois subcordée; limbe normalement denté, surtout sur les rejets; ligne cicatricielle n'entourant pas complète-ment le rameau; infrutescences ± charnues, allongées, de 3,5-5 x 1,5 cm . . . . **Milicia excelsa**

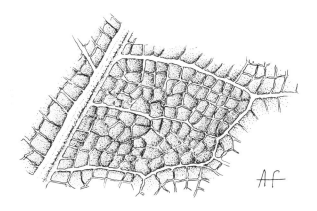

Fig. 5 - Limbe foliaire à réseau caractéristique d'alvéoles existant chez plusieurs Ficus *(dessiné d'après* F. lutea*).*

19. Limbe foliaire à nervation tertiaire fort caractéristique, les nervilles formant un réseau fin d'alvéoles fermées légèrement en relief (fig. 5); infrutescences urcéolées (figues) 20
    Limbe foliaire à nervation tertiaire ne formant pas des alvéoles réguliè-res, souvent peu remarquable; baies, drupes ou fruits secs se séparant en coques 22

20. Stipules persistantes, de 1,5-3 cm de long; nervures secondaires formant un angle de 60-90° aves la médiane . . . . **Ficus conraui**
    Stipules rapidement caduques 21

21. Nervures secondaires formant un angle de 45-55° avec la médiane; pétiole de 1,5-13 cm de long; limbe elliptique de 7-20 x 3-10 cm, coriace . . . . **Ficus lutea**
    Nervures secondaires formant un angle de ± 70° avec la médiane; pétiole de 1-6 cm; limbe elliptique à obovale, de 3-12 x 1,5-6 cm, subcoriace, parfois pubérulent à la face inférieure . . . .
    . . . . **Ficus thonningii**

22. Feuilles groupées en touffes au bout des rameaux; limbe obovale; nervures secondaires proéminentes et formant un angle de 50-65° avec la médiane; nervures tertiaires peu en relief ou invisibles; fruits: baies 23
    Feuilles normalement espacées sur les rameaux; nervures secondaires arquées et reliées entre elles avant le bord; fruits: drupes ou fruits secs se séparant en coques 25

23. Stipules filiformes persistantes, de 1-2 cm de long; nervures tertiaires invisibles; feuilles brun clair à l'état sec; fleurs en fascicules immédiatement en dessous des touffes de feuilles terminales; fruits jaunes, ellipsoïdes, de 2-2,5 cm de long . . . . (Sapotacées)
    Pachystela brevipes

24. Feuilles à pétiole et nervure médiane canaliculés; pétiole de 2-3 cm de long; limbe oblong, luisant en dessus, brun foncé à l'état sec, de 11-36 x 4,5-12,5 cm; baies rouges ou orangées veloutées, ovoïdes à subglobuleuses, d'environ 10 x 7 cm . . . **Gambeya lacourtiana**
    Feuilles à pétiole de 5 mm de long; limbe elliptique à obovale, obtus au sommet, mat au dessus, brun-grisâtre à l'état sec; baies rouges, ovoïdes d'environ 2 cm de long . . . . . . **Synsepalum dulcificum**

25. Inflorescences bisexuées terminales en panicules, atteignant 26 cm de long, pubérulentes; limbe à bord récurvé; 6-8 paires de nervures latérales, se joignant avant le bord par des arcs; fruits tomenteuses, rousses, de 3,5 cm de diamètre, se séparant en 4 coques . . . .
    . . . . (Euphorbiacées)
                                            Dichostemma glaucescens
    Inflorescences axillaires ou oppositifoliées, unisexuées 26

26. Pétiole un peu renflé et coudé au sommet, de 0,5-4 cm de long; limbe cunéiforme et décurrent à la base; inflorescences axillaires, les ♂ de 1-11 cm de long, les ♀ de 1,5-3,5 cm; drupes obliquement ovoïdes, de 1,8-2,4 x 1-1,2 cm . . . . **Plagiostyles africana**
    Pétiole de 1 cm de long; rameaux vert olivâtres; cicatrices des stipules formant une crête annulaire; feuilles opposées sur les rameaux principaux, alternes sur les rameaux florifères, vert olivâtres à l'état sec; inflorescences oppositifoliées, les ♂ en épis denses de 1-9,5 cm de long, les ♀ en ombelles pluriflores de 3-6 cm de long; fruits de 5-8 x 6-8 mm, se séparant en 3 coques . . . .
    . . . . **Tetrorchidium didymostemon**

SÉRIE 7

*feuilles à la fois simples, alternes,
à nervation entièrement pennée;
plantes sans épines, sans aiguillons et sans latex blanc*

1. Feuilles à limbe profondément découpé (bipinnatiséqué) se terminant en segments à sommet aigu, de 19-23 x 11-12 cm, discolore, argenté en dessous; infl. en racèmes unilatéraux; fleurs à périgone tubuleux, orange à gorge rouge pourpre, se fendant au début de l'anthèse; follicules noirs à bec recourbé . . . . (Protéacées)
    . . . . **Grevillea robusta**
    Feuilles à limbe non profondément découpé 2

2. Limbe à bords dentés-crénelés 3
    Limbe à bords entiers ou sinués 25

3. Feuilles à nervures secondaires nombreuses, serrées, parallèles et ± droites juqu'au bord; limbe à bord finement denticulé et ondulé; infl. atteignant ou dépassant la 1/2 de la longueur des feuilles, à cymules contractées; fleurs à sépales rouges persistants, à pétales jaunes, rapidement caducs; drupéoles noires . . . . (Ochnacées) **Rhabdophyllum arnoldianum** var. **arnoldianum**

Feuilles à nervures non semblables 4

4. Limbe foliaire densement tomenteux à la face inférieure 5
Limbe foliaire glabre sauf parfois la nervure primaire et les nervures secondaires, ou légèrement pubescent 8

5. Fruits charnus jaunes piriformes, de 3-4 cm de long; arbre cultivé . . . . (Rosacées) **Eriobotrya japonica**
Fruits secs 6

6. Fruits: akènes surmontées d'un pappus et portées sur un capitule . . . 7
Fruits: capsules veloutées, s'ouvrant en 3 valves . . . . (Flacourtiacées) **Paropsia brazzeana**

7. Feuilles à limbe asymétrique à la base, de 15,5-25 x 7,5-8,5 cm, à bord légèrement denté, à face inférieure blanchâtre; panicules atteignant 60 cm de long . . . . (Astéracées) **Vernonia brazzavillensis**
Feuilles à limbe symétrique à la base, de 50-62 x 18-20 cm, à face inférieure gris vert; panicules atteignant 1 m de long . . . . **Vernonia conferta**

8. Arbuste sarmenteux muni de crochets; limbe foliaire à nervures saillantes en dessous, à domaties formées par une membrane; fl. jaunes; drupes de 1,4-2 cm de diamètre, régulièrement 10-côtelées (Hugoniacées) **Hugonia platysepala**
Arbuste dressé ou arbre, sans crochets 9

9. Limbe foliaire 3-5-lobé au sommet; infl. axillaires de cymes ombelliformes; fleurs à pétales blancs et à tube staminal de 2,2-3 cm de long . . . . (Méliacées) **Turraea cabrae**
Limbe foliaire non lobé au sommet; fleurs sans tube staminal ou parfois à étamines courtement soudées à la base 10

10. Limbe foliaire à nombreuses petites glandes à la face inférieure, à pubescence sur les nervures ou sur toute la surface; infl. en panicules terminales; fleurs jaunes; capsules ovoïdes, 3-lobées, de 12-17 mm de long . . . . (Violacées) **Rinorea welwitschii**

Limbe foliaire à glandes éparses ou sans glandes à la face inférieure 11

11. Limbe foliaire à glandes éparses 12
    Limbe foliaire sans glandes 13

12. Limbe foliaire à bord muni de 6-8 dents arrondies pourvues d'une petite
    glande; nervures tertiaires nombreuses et parallèles, reliant les
    nervures secondaires et la nervure primaire; feuilles alternes ou
    subopposées à opposées .... (Rhamnacées)
    Maesopsis eminii
    Limbe foliaire à bord courtement denté; 2 glandes près de la base de part
    et autre de la nervure médiane et d'autres non loin du bord; nervures
    tertiaires disposées irrégulièrement; infl. mâles en épis solitaires,
    terminaux ou oppositifoliés, de 3-16 cm de long, munis à leur base
    de 0-1 fleur femelle; capsules garnies de 6 cornes triangulaires ..
    .... (Euphorbiacées)
    Sapium cornutum

13. Feuilles à stipules auriculées-réniformes à lancéolées-subulées, atteignant
    2,5 x 2 cm; limbe généralement oblong, coriace, à nervures proémi-
    nentes en dessous; infl. en panicules atteignant 25 cm de long; fleurs
    blanches, ne dépassant pas 4 mm de long ...... (Flacourtiacées)
    Homalium africanum
    Feuilles sans stipules remarquables par leur forme ou leurs dimensions
    14

14. Fruits à 4 ailes; arbre à écorce fendillée longitudinalement; feuilles
    groupées à l'extrémité des rameaux, à limbe foliaire obovale,
    papyracé, à cryptes à l'aisselle des nervures secondaires ....
    .... (Lécythidacées)
    Petersianthus macrocarpus
    Fruits non ailés 15

15. Capitules de fleurs blanches, disposées en cymes terminales; akènes
    surmontés d'un pappus; limbe foliaire cunéiforme à la base et
    décurrent sur le pétiole, discolore .... (Astéracées)
    Vernonia amygdalina
    Fleurs non réunies en capitules; fruits d'un autre type 16

16. Fruits: drupéoles noires provenant de (5-)6-8 carpelles libres, entourées
    de sépales persistants rouges; pétales jaunes 17
    Fruits: drupes, capsules ou 2-coques 18

17. Feuilles de 3-15 x 1-6 cm, subcoriaces, à nervation proéminente à la face
    supérieure, à bord crénelé; infl. axillaires en fascicules ou courts
    racèmes, 2-6-flores, de 3-3,5 cm de long .... (Ochnacées)
    Ochna afzelii

52

Feuilles de 16-33 x 4-10 cm, coriaces, à nervation peu visible à la face supérieure, à bord subdenté dans la partie supérieure; infl. terminales en panicule d'épis atteignant 30-40 cm de long, à cymules 1-7-flores . . . . **Campylospermum dybovskii**

18. Fruits déhiscents ou non, longs de 11 mm ou moins 19
    Fruits déhiscents, longs de 2 cm ou plus 24

19. Feuilles à pétiole de 2-12 mm 20
    Feuilles à pétiole de 15-45 mm de long 23

20. Inflorescences en fascicules pauciflores, insérés à quelques mm au dessus de l'aisselle des feuilles, ne dépassant pas 8 mm; drupes globuleuses, de 10-12 x 9-11 mm, verruqueuses à l'état sec, rouges; ramilles et pétioles pubescents . . . . (Pandacées)
    Microdesmis puberula
    Inflorescences axillaires en forme de racèmes, d'épis ou de panicules spiciformes, de (2-)4-21 cm de long 21

21. Fruits bilobés se séparant en 2 coques de 2-3 mm de large, vert pâle; rameaux gris pâle; limbe foliaire à bord sinué, denticulé irrégulièrement, à dents glanduleuses, papyracé, à nervures latérales ascendantes; infl. axillaires racémeuses, de 2-4 cm de long (Euphorbiacées)
    Erythrococca atrovirens var. **flaccida**
    Fruits: capsules 22

22. Feuilles luisantes, à pétiole de 2-6 mm de long, à limbe de 5-12 x 1,5-4,5 cm, à bord légèrement denté-glandulaire, à nervures tertiaires fines, ± parallèles et perpendiculaires à la nervure médiane; racèmes axillaires fasciculés, de 2-5 cm de long; étamines sans connectif; capsules de 4-6 x 4 mm, entourées des pétales et sépales persistants . . . . (Ixonanthacées)
    Ochthocosmus congolensis
    Feuilles mates, à pétiole de 4-7 mm de long, à limbe de 3,3-14 x 1,5-6,5 cm, longuement acuminé, à bord généralement crénelé, à réticulation distincte sur les 2 faces; racèmes axillaires solitaires, de 3,5-6,5 cm de long; étamines à connectif triangulaire-aigu, décurrent presque jusqu'à la base de l'anthère, foliacé; capsules de 11 x 9 mm . . .
    . . . . (Violacées)
    Rinorea angustifolia subsp. **engleriana**

23. Feuilles à limbe obovale, de 3-14 x 1-6 cm, à bord denticulé, portant des touffes de longs poils à l'endroit des dents, à face inférieure hirsute, surtout sur les nervures; infl. spiciformes, axillaires, de 4-12 cm de long; fruits pourpres charnus, de 7 x 5 mm, s'ouvrant tardivement, à une graine bleue . . . . (Euphorbiacées)
    Maesobotrya floribunda var. **vermeulenii**

Feuilles à limbe ovale à elliptique, de 5-22 x 2-12 cm, à bord grossièrement denté, à nervures tertiaires disposées irrégulièrement et peu
distinctes; panicules axillaires, de 4-21 cm de long; capsules
subglobuleuses, de 2,5-5 mm de diamètre, à dents du calice persistant
au sommet .... (Myrsinacées)
Maesa lanceolata

24. Feuilles à pétiole de 1,5-5 cm de long, à limbe obovale, de 14-28 x 4-10
cm, à bord crénelé; panicules terminales , de 5-10 cm de long; fleurs
jaunes sans couronne; étamines à filets soudés et à anthères surmontées d'un connectif; capsules, de 2,2 x 1,6 cm ....
.... **Rinorea oblongifolia**
Feuilles à pétiole de 4-7 mm de long, à limbe obovale-elliptique, de 5,5-
9 x 2,5-4 cm, à bord crénelé; fleurs axillaires, solitaires ou par 2-3;
sépales brun velouté à l'extérieure; pétales blanc verdâtre; couronne
plumeuse, d'environ 3 mm de haut; capsules de 2-2,5 x 1,5-2,5 cm,
pubescentes ferrugineuses puis glabrescentes .... (Flacourtiacées)
Paropsia grewioides

25. Feuilles à limbe asymétrique 26
Feuilles à limbe symétrique 28

26. Feuilles à limbe rhombique asymétrique, de 3-10 x 1,5-4 cm, acuminé;
fleurs solitaires ou par groupes de 2-8; tube floral de 23-30 x 0,7-1,5
mm, pétales blancs 2-fides jusqu'à la base; fruits drupacés, ovoïdes,
atteignant 1 cm de long, surmontés du tube floral (Thymélaeacées)
Dicranolepis disticha
Feuilles à limbe falciforme 27

27. Arbre cultivé, à écorce se desquamant irrégulièrement, laissant un tronc
lisse et tacheté; feuilles à limbe étroitement lancéolé, légèrement
falciforme, de 12,5-13,5 x 1,5-1,8 cm, à forte odeur de citron; fleurs
à opercule légèrement apiculé; capsules en forme d'urne, d'environ
1 cm de long .... (Myrtacées)
Eucalyptus citriodora
Arbuste de savane; feuilles à limbe, formant un angle avec le pétiole,
étroitement elliptique ou obovale, de 9-12 x 2-3 cm, arrondi ou aigu
au sommet, très longuement atténué et décurrent vers le bas, luisant;
nervures très fines, la médiane peu marquée, les secondaires formant
avec celle-ci un angle très aigu; pétiole de 1,5-4 cm de long; infl. en
capitules de 8-10 cm de diamètre (étalés), à bractées ciliées ....
.... (Protéacées)
Protea petiolaris

28. Feuilles à limbe étroitement elliptique (± 6 fois plus long que large), à
base cunéiforme et décurrente sur le pétiole ailé, de ± 1 cm de long,
à sommet aigu, de 8-18 x 1,8-3 cm, à nervures secondaires inclinées

de 45° sur la médiane et s'anastomosant en une nervure marginale; fleurs en épis .... **Faurea saligna** var. **gilletii**
Feuilles à limbe proportionnellement plus large, à nervures secondaires formant un angle moins aigu avec la médiane 29

29. Feuilles à limbe elliptique, de 7-15 x 1-4 cm, panaché de taches jaunes ou rouges, coriace; infl. axillaires, unisexuées, en racèmes allongés, de 10-15 cm de long; arbuste cultivé .... (Euphorbiacées) **Codiaeum variegatum**
Feuilles à limbe uniformément vert, au moins à la face supérieure . 30

30. Fruits ailés ou fruits à calice ailé accrescent 31
Fruits non semblables 37

31. Fruits à ailes formées par l'ovaire 32
Fruits à ailes formées par le calice accrescent à lobes de 2-3 cm de long, fortement nervurées; feuilles à limbe ovale, arrondi à cordé à la base, acuminé au sommet, de 4-10 x 1,5-5 cm, à face inférieure grise-tomenteuse, portant une glande sur la nervure primaire, à la base de la face supérieure .... (Diptérocarpacées) **Marquesia macroura**

32. Fruits à 4 ailes; arbre à écorce fendillé longitudinalement; feuilles groupées à l'extrémité des rameaux, à limbe foliaire obovale, papyracé, à domaties en forme de crypte à l'aisselle des nervures secondaires .... (Lécythidacées) **Petersianthus macrocarpus**
Fruits à 1-2 ailes 33

33. Limbe foliaire muni de glandes à la face inférieure 34
Limbe foliaire sans glandes à la face inférieure 35

34. Limbe muni de glandes dorées éparpillées sur tout la face inférieure, elliptique, obtus à la base, obtus à arrondi au sommet, de 3-11 x 1,5-4,5 cm; infl. mâles en épis denses, fleurs femelles solitaires ou geminées; fleurs 3-4 mm de long; fruits ailés en forme de "V", se séparant en 2 coques ± trapéziformes; arbuste à petit arbre de savane .... (Hyménocardiacées) **Hymenocardia acida**
Limbe muni à la base de la face inférieure de 2-4 glandes; limbe obovale-oblong, cunéiforme à arrondi à la base, acuminé ou arrondi-caudé au sommet, de 8-30 x 3-12 cm; infloresceces en racèmes terminaux de 7-20 cm de long; fleurs jaunes de ± 2 cm de diamètre, calice muni d'une glande, bractéoles dépourvues de glandes; fruits roses, à 2 carpelles, à aile de 3-6 x 1,7-2 cm; arbuste ou liane des forêts ripicoles .... (Malphigiacées) **Acridocarpus longifolius**

35. Feuilles grandes, à pétiole de 3,5-5 cm de long, à limbe obovale, de 9-16 x 4-9 cm, cunéiforme à la base, courtement acuminé au sommet, coriace, discolore; infl. en épis axillaires; fleurs de 6-7,5 mm de long; fruits à 2 ailes, transversalement oblongues-elliptiques, de 20-22 x 50-60 mm, à mucron entre les ailes; grand arbre, à base ailée et cime étagée, de la forêt ou planté . . . . (Combrétacées) **Terminalia superba**
Feuilles petites, à limbe de 1,5-6,5 x 1-3 cm; arbres ou arbustes de savane 36

36. Feuilles à limbe ovale, obtus à la base, acuminé au sommet, de 1,5-6,5 x 1-3 cm; inflorescence axillaires, unisexuées, à fleurs de 2-3 mm de long; fruits indéhiscents, ailés sur tout le pourtour, de 1,8-2,5 x 1,5-2,2 cm, échancrés au sommet . . . . (Hyménocardiacées) **Hymenocardia ulmoides**
Feuilles à limbe elliptique ou oblong, à sommet obtus ou arrondi, à base obtuse ou arrondie, de 2,5-3,5 x 1,5-2 cm; inflorescnces en racèmes supra-axillaires ou terminaux, atteignant 15 cm de long; fleurs roses à violettes, de ± 13 mm de long; fruits à une aile asymétrique de 5-5,5 cm de long . . . . (Polygalacées) **Securidaca longepedunculata** var. **longepedunculata**

37. Feuilles à face inférieure remarquable: à poils écailleux argentés ou à tomentum amarante persistant 38
Feuilles à face inférieure verte, ou tout au plus discolores 39

38. Limbe foliaire à poils écailleux argentés en dessous, à 2 glandes sessiles à courtement pédonculées à la base, elliptique, oblong ou ovale, cordé à arrondi à la base, acuminé au sommet, de 4-16 x 2-8,5 cm; stipules souvent persistantes; infl. en racèmes, de 8-20 cm de long; fruits de 1,8-2,3 cm de diamètre . . . . (Euphorbiacées) **Croton mubango**
Limbe foliaire à tomentum amarante persistant, oblong, cordé à la base, graduellement acuminé au sommet, de 20-30 x 6-11 cm; infl. en panicules axillaires ou naissant sur les rameaux défeuillés, de 10-15 cm de long, densement tomenteuses; fruits de 3-4 x 2,5-3 cm, s'ouvrant par 2 valves et renfermant 1 seule graine; graine à arille lacinié . . . . (Myristicacées) **Pycnanthus angolensis**

39. Feuilles à glandes sur le pétiole ou à la base du limbe 40
Feuilles sans glandes ou à glandes rarement présentes ou peu remarquables 43

40. Glandes sur le pétiole 41
Glandes à la base du limbe; limbe foliaire largement obovale, de 15-32 x 10-18 cm, cunéiforme à tronqué ou subcordé à la base, où se

trouvent 2 plages glandulaires; infl. en épis axillaires de 11-16 cm de long; drupes fusiformes, de 5-6 x 2-3 x 1,5-2,5 cm, à côtes aliformes ne dépassant pas 2 mm de large; arbre cultivé ... (Combrétacées)
Terminalia catappa

41. Pétiole de 0,5-5 cm, portant au sommet 2 glandes 42
    Pétiole de 0,5-0,6 cm, pourvu de 2 glandes un peu au dessus de son milieu; limbe ovale, arrondi ou légèrement cordé à la base, de 3-13 x 1,5-7 cm, à face inférieure couverte d'un duvet blanc; rameaux à lenticelles blanches orientées transversalement; infl. terminales et subterminales formant des panicules feuillues, de 15-18 cm de long .... (Chrysobalanacées)
Parinari congensis

42. Pétiole de 0,5-1 cm, souvent crevassé transversalement, glabre ou portant quelques poils simples; limbe elliptique, cunéiforme ou arrondi à la base, acuminé au sommet, de 10-14 x 5,5-6,5 cm, glabre; rameaux lenticellés longitudinalement; infl. terminales, en panicules corymbiformes unilatérales .... **Maranthes glabra**
    Pétiole de 0,5-5 cm, à nombreux poils étoilés-subécailleux; limbe obovale, acuminé au sommet, aigu ou atténué en un pseudo-pétiole subailé, de 8-45 x 3-18 cm; infl. en épis de 6-90 cm de long, à axes à poils étoilés-subécailleux .... (Euphorbiacées)
Crotonogyne poggei

43. Gynécée à 2 ou plusieurs carpelles entièrement libres; fleurs 3-mères; fruits apocarpes formés de monocarpes 44
    Gynécée à 1 carpelle ou à plusieurs carpelles soudés en 1 ovaire syncarpe; fruits syncarpes 49

44. Monocarpes cylindriques moniliformes, de 4-10 x 0,4-0,8 cm; feuilles subcoriaces à coriaces 45
    Monocarpes globuleux à oblongs, de 1,5-3,5 x 1,5-2,5 cm; feuilles papyracées 47

45. Feuilles petites et étroites, de 4,4-9 x 1,3-2,7 cm, noircissant en séchant, à nervures secondaires peu saillantes; fleurs blanc sale; monocarpes atténués à stipité à la base, arrondis au sommet, de 2-3,5 x 0,7-1 cm; forêts secondaires .... (Annonacées)
Xylopia wilwerthii
    Feuilles moyennes, de 8-23,5 x 4-8,7 cm; monocarpes de 4-10 cm de long; fôrets marécageuses 46

46. Arbre à empattements ailés à la base; feuilles à limbe elliptique, cunéiforme à la base, longuement acuminé au sommet, de 8-16 x 4,5-7 cm, subcoriace; nervures latérales peu apparentes; pétales

externes moins de deux fois plus longs que les internes; carpelles 30-32; monocarpes subsessiles, de 4-6 x 0,4-0,8 cm . . . .

. . . . **Xylopia aethiopica**

Arbre à racines-échasses à la base; feuilles à limbe oblong-elliptique, cunéiforme à la base et décurrent sur le pétiole, brusquement acuminé au sommet, de 9-23,5 x 4-8,7 cm, coriace, à face inférieure rougeâtre; pétales externes 5-6 fois plus longs que les internes; carpelles 8-11; monocarpes stipités, de 7-10 x 0,8 cm . . . .

. . . . **Xylopia rubescens**

47. Arbre cultivé; feuilles à limbe elliptique-oblong, arrondi à la base, acuminé au sommet, papyracé, noircissant en séchant; nervures latérales formant un angle de moins de 45° avec la médiane; fleurs odorantes, jaune verdâtres, à pétales de ± 4 cm de long; monocarpes oblongues-cylindriques, de ± 1,5 cm de long . **Cananga odorata**

Arbres spontanés des forêts marécageuses; feuilles distiques à limbe subcoriace, à nervures formant un angle de 60-65°; monocarpes subglobuleux, de 16-30 x 10-25 mm 48

48. Feuilles à limbe discolore, vert glauque en dessous; monocarpes subsessiles à courtement stipités, de 16-30 x 10-15 mm, lisses à très légèrement granuleux . . . . **Cleistopholis glauca**

Feuilles à limbe luisant au dessus; monocarpes stipités, de 18-22 x 15-25 mm, tuberculés à l'état sec . . . . **Cleistopholis patens**

49. Fruits indéhiscents, charnus (drupes ou baies), ou secs (akènes) . . . 50

Fruits secs déhiscents (gousses, follicules, 2-3-coques ou capsules)   87

50. Fruits grands: plus de 8 cm de long 51

Fruits moyens ou petits: moins de 8 cm de long 55

51. Fruits à plusieurs graines 52

Fruits à une graine 54

52. Arbre de la forêt dense primaire; feuilles arrondies à subcordées à la base, de 20-40 x 7-17 cm, noirâtres à l'état sec; infl. sur le tronc et les rameaux âgés, peu ramifiées et atteignant 20-40 cm de long; fruits réticulés, formés de nombreux carpelles soudés, cylindriques-ovoïdes, de 20-30 cm de long . . . . **Anonidium mannii**

Arbres fruitiers cultivés; feuilles cunéiformes à la base, de 10-20 x 2-5 cm; infl. extra-axillaires pauciflores, courtes 53

53. Fruits ovoïdes-oblongs, verts, de 15-20 cm de long, à aréoles à aiguillons charnus; feuilles à limbe luisant, de 12-13,5 x 4-5 cm; nervation peu en relief . . . . **Annona muricata**

Fruits subglobuleux-ovoïdes, rougeâtres à maturité, de 9-10 cm de diamètre, presque lisses, à aréoles subplanes; feuilles de 10-20 x 2-5

58

cm; nervures secondaires saillantes en dessous et formant un angle aigu avec la médiane . . . . **Annona reticulata**

54. Arbre à cime compacte; feuilles à limbe oblong-lancéolé, de 10-25 x 3-5 cm, luisant et ± coriace; nervures secondaires 15-30 de chaque côté de la nervure primaire; drupes asymétriques et aplaties, jaunes à rouges, de 8-10(-25) x 7-8(-10) cm; noyau fibreux, ligneux et aplati . . . . (Anacardiacées)
Mangifera indica
Arbre à cime pyramidale; feuilles à limbe obovale, de 7-25 x 3-6 cm, discolore; nervures secondaires 6-10 de chaque côté de la nervure primaire; baies uniséminées en forme de poire, atteignant 15 x 12 cm, à peau verte ou violacée; graine ± globuleuse . . (Lauracées)
Persea americana

55. Fruits moyens, de 2,5-8 cm de long 56
Fruits petits, moins de 2 cm de long 63

56. Fruits jaune orange à maturité, ovoïdes ou globuleux, aréolés (nombreux carpelles ± soudés), légèrement tuberculé, de 3-5 cm de diamètre; feuilles à limbe largement ovale à elliptique, arrondi ou légèrement émarginé au sommet, cordé à arrondi à la base, de 6-20 x 5-12 cm, discolore, à face inférieure couverte sur toute la surface d'un tomentum court; arbuste de savane . . . . (Annonacées)
Annona senegalensis subsp. **oulotricha**
Fruits syncarpiques uniloculaires 57

57. Fruits: akènes en forme de rein, de 2,5-3 cm de long, jaune verdâtre, à pédicelle élargi charnu, pendant, atteignant 7,5 x 4 cm, rouge; limbe foliaire obovale, arrondi ou émarginé au sommet, cunéiforme à la base, de 7-17 x 4,5-10 cm, coriace et glabre, à cryptes à l'aisselle des nervures secondaires; arbre fruitier cultivé . . . . . (Anacardiacées)
Anacardium occidentale
Fruits non semblables 58

58. Fleurs solitaires, pendantes, à pédicelle muni d'une bractéole amplexicaule, à pétales blancs, tachetés de rouge et de jaune, les externes étalés, ondulés, de 3-6 x 1,5-3 cm, les internes plus petits; fruits ovoïdes-coniques, uniloculaires, de 5,5-8 x 5-7 cm, à larges côtes longitudinales, saillantes, arrondies et irrégulières; graines nombreuses . . . . .
. . . . (Annonacées)
Monodora angolensis
Fleurs non semblables 59

59. Feuilles à stipules remarquables, entourant les bourgeons et laissant après leur chute des cicatrices annulaires, effilées-falciformes, atteignant 2,5 de long; limbe ovale, arrondi-subcordé à la base, aigu au sommet,

de 5-17 x 3-8 cm, subcoriace, brillant en dessus, vert gris, à nervures secondaires plus rapprochées vers le bas; drupes ellipsoïdes-oblongues, de 3-4 x 2 cm, rouges à maturité; 1 noyau garni de fibres adhéren- tes .... (Irvingiacées)
Irvingia smithii

Feuilles à stipules non semblables 60

60. Fruits à calice persistant remarquable, en forme de plateau ou de globule montrant une petite ouverture au sommet; fleurs à tube staminal; limbe foliaire cunéiforme à la base, à bord récurvé, de 4-17 x 2-6 cm 61
Fruits sans calice persistant remarquable; limbe foliaire arrondi à subcordé à la base, de 7-20 x 4-8 cm 62

61. Feuilles à limbe cunéiforme ou obtus à la base, aigu et mucronulé au sommet, de 5-17 x 2-6 cm, vert olivâtre; 5-7 paires de nervures secondaires; drupes ellipsoïdes, de 1,5-3 x 1-1,6 cm, bleu foncé et sous-tendues par un calice étalé, à bords ondulés, charnu, rose saumon, de 5-10 cm de diamètre .... (Olacacées)
Aptandra zenkeri
Feuilles à limbe cunéiforme et légèrement décurrent à la base, acuminé au sommet, de 4-11 x 2-5 cm; nervure primaire proéminente, les secondaires très effacées; drupes ± globuleuses, de 2-4 cm de diamètre, enveloppées du calice vert, de 1-2 mm d'épaisseur, se déchirant par 2-3 valves .... **Ongokea gore**

62. Feuilles à stipules filiformes de 5 mm de long, ± persistantes, à limbe elliptique, arrondi à la base, brièvement apiculé; infl. en racèmes, à rachis de 4,5-7 cm de long, velu-grisâtre; fleurs à sépales couverts sur les 2 faces d'une pubescence gris claire, à étamines très nombreu- ses, soudées sur 3/4 de leur longueur en une goutière, de ± 3 cm de long; drupes ovoïdes de 4 x 3 x 2,5 cm, couvertes d'un tomentum brun clair .... (Chrysobalanacées)
Acioa lujae
Feuilles à stipules rapidement caduques, à limbe obovale-oblong, arrondi à subcordé à la base; infl. en panicules, de 5-12 cm de long, à axes et autres parties couverts de courts poils roux; fleurs à 8 étamines fertiles, soudées sur un 1/3 de leur hauteur; drupes globuleuses, de 2,5 cm de diamètre, couvertes d'une pubescence brun veloutée ..
.... **Magnistipula butayei**

63. Fruits petits: de 2 à 1 cm de long 64
Fruits très petits: moins de 1 cm de long 82

64. Feuilles grandes, atteignant 25(-45) cm de long 65
Feuilles moyennes ou petites, de 5-20 cm de long 68

65. Feuilles à pétiole ne dépassant pas 1 cm de long, à limbe décurrent . .
. . . . 66
   Feuilles à pétiole de 2-7 cm de long, à limbe cunéiforme ou arrondi à la
   base 67

66. Rameaux à cavités habitées par des fourmis; feuilles subcoriaces; fleurs
   enrobées dans la tige à l'aisselle des feuilles, 4-9 en une ligne
   courbée en forme de fer à cheval . . . . (Flacourtiacées)
                           Barteria nigritiana subsp. **fistulosa**
   Rameaux sans cavités myrmécophiles; feuilles fasciculées, coriaces, plus
   pâles en dessous; infl. axillaires en corymbes de 4-5 cm de long;
   fruit oblong ou ovoïde à 1-5 graines . . . . (Capparidacées)
                           Ritchiea aprevaliana

67. Feuilles à pétiole de (1-)2-3 cm de long, à limbe ovale-elliptique, aigu ou
   courtement acuminé au sommet, cunéiforme ou arrondi à la base;
   nervures tertiaires fines, parallèles et perpendiculaires à la nervure
   médiane . . . . (Olacacées)
                           Strombosia grandifolia
   Feuilles à pétiole de 2-7 cm de long, à limbe largement obovale, à
   sommet arrondi ou obtus, cunéiforme à la base; infl. axillaires ou
   juste en dessous des feuilles; arbre à racines-échasses . . . .
   . . . . (Euphorbiacées)
                           Uapaca guineensis

68. Jeunes rameaux ailés ou anguleux; feuilles sans stipules, à limbe vert
   olive, papyracé, de 2,5-7 x 0,8-3 cm, à bords recurvés; infl. à rachis
   portant les fleurs sur ses faces larges; drupes de 1,2-1,5 cm de
   diamètre, enveloppées par un calice accrescent, vésiculeux, jaune
   . . . . (Olacacées)
                           Olax wildemannii
   Jeunes rameaux ni ailés, ni anguleux 69

69. Feuilles à pétiole de 1,5-3 cm de long, à limbe obovale 70
   Feuilles à pétiole de 1 cm ou moins de long, à limbe ovale, elliptique,
   oblong ou obovale 72

70. Arbre de forêts ripicoles, à racines-échasses; drupes de 2,5-3,5 cm de
   long . . . . (Euphorbiacées)
                           Uapaca heudelotii
   Arbres ou arbustes des savanes zambéziennes; drupes de 1,6-2 cm de
   long 71

71. Feuilles à nervures secondaires, irrégulièrement distancées et orientées
   . . . . **Uapaca nitida**
   Feuilles à nervure médiane en zigzag vers le sommet, à ± 11 paires de
   nervures secondaires régulières . . . . **Uapaca sansibarica**

Inflorescences axillaires très contractées, de 0,5-1 cm de long; rameaux
à lenticelles remarquables; limbe foliaire brun foncé à l'état sec,
elliptique, de 5-9 x 2,5-4,5 cm, aigu à la base, acuminé au sommet;
drupes violettes, de 16 x 10 mm; forêts ripicoles . . . .
. . . . (Chrysobalanacées)
Chrysobalanus icaco subsp. **atacorensis**

81. Inflorescences en ombelles à pédoncule de 5-23 mm de long, composées
de glomérules denses; fleurs à corolle de 3-3,5 mm de long; drupes,
de 1-1,5 x 0,5 cm, munies de sillons longitudinaux sur la face
convexe et d'une côte médiane sur le côté concave . . . .
. . . . (Icacinacées)
Lasianthera africana
Inflorescences en glomérules sessiles; fleurs à corolle de 6-10 mm de
long; drupes ovoïdes-ellipsoïdes, de 1,5 x 1 cm, papilleuses, rouges
à maturité . . . . **Leptaulus daphnoides**

82. Jeunes rameaux ailés ou anguleux; stipules absentes 83
Jeunes rameaux ni ailés, ni anguleux; stipules ou traces stipulaires
présentes 85

83. Arbuste sarmenteux, dioïque, à rameaux anguleux striés longitudinalement; feuilles à limbe un peu charnu, ovale ou elliptique, aigu et
souvent mucroné au sommet, cunéiforme ou arrondi à la base qui est
décurrente et souvent asymétrique, de 4-15 x 2-10 cm; infl. spiciformes de 18-25 cm de long; baies de ± 5 mm de diamètre, à 5(-8)
carpelles, pourpres à maturité . . . . (Phytolaccacées)
Phytolacca dodecandra
Arbustes ou arbres à rameaux jeunes ailés 84

84. Ramilles bi-ailées selon 2 lignes opposées; drupes oblongues, blanches,
de 1-1,2 x 0,6-0,7 cm, entourées du calice accrescent rouge à 5 lobes
obtus, atteignant 1-3 cm de long . . . . (Olacacées)
Heisteria parvifolia
Ramilles à plus de 2 ailes; drupes entourées ou non du calice
accrescent; feuilles à limbe vert vif, de 7-17 x 3-7 cm; infl.
à rachis aplati, les fleurs disposées sur les faces étroites du
rachis en zigzag; calice cupuliforme, persistant sous le fruit,
non accrescent; drupes rouges, globuleuses de 7-10 mm de
diamètre . . . . **Olax gambecola**

85. Limbe foliaire glabre sauf sur les nervures, luisant surtout à la face
supérieure, à réseau très dense de fines nervilles; formations
ripicoles . . . . (Euphorbiacées)
Antidesma rufescens
Limbe foliaire à face inférieure veloutée ou densement pubescente à
glabrescente; savanes ou recrûs forestiers 86

86. Limbe foliaire discolore, à face supérieure brun rouge foncé à l'état sec, à face inférieure veloutée, à réseau dense de nervilles; fleurs femelles à calice lobé presque jusqu'au milieu; drupes à peine comprimées, de 3-5 x 2-3 mm; lisières de forêt . . . . **Antidesma membranaceum**
Limbe foliaire à face supérieure souvent ± bleutée à l'état sec, à face inférieure densement tomenteuse, parfois glabrescente, à réseau lâche de nervilles; fleurs femelles à calice denté juqu'au 1/4 ou 1/3 supérieur; drupes fortement comprimées, de 5-7 x 4-5 mm; savanes . . . . **Antidesma venosum**

87. Fruits dépassant 15 mm de long 88
Fruits de moins de 12 mm de long 93

88. Gousses de 5-11 x 1,8-3 cm, brun clair, glabres, à nervation effacée; fleurs blanches, papilionacées, de ± 15 mm de long; feuilles à limbe ovale, arrondi à la base, courtement acuminé, de 4,5-9 x 1,8-4 cm; formations ripicoles . . . . (Fabacées)
Baphia dewevrei
Autre type de fruits déhiscents et de fleurs 89

89. Fruits s'ouvrant par 5-6 valves ou d'une manière irrégulière, parfois tardivement 91
Fruits à péricarpe charnu ou coriace s'ouvrant par 2 valves; une graine entourée d'un arille 90

90. Limbe foliaire obovale-oblong, à sommet subarrondi, brusquement et courtement acuminé, à nervures secondaires apparentes, mais les tertiaires non apparentes; fleurs ♂ et ♀ réunies sur des réceptacles disposés en panicules assez lâches; graine à arille lacinié; écorce à liquide blanchâtre à la coupe . . . . (Myristicacées)
Coelocaryon preussei
Limbe foliaire acuminé à subapiculé, à nervures secondaires peu marquées; fleurs ♂ et ♀ réunis en capitules sessiles ou brièvement pédonculés; graine à arille subentier; écorce à exsudat rouge sang à la coupe . . . . **Staudtia kamerunensis** var. **gabonensis**

91. Inflorescences en fascicules caulinaires pluriflores; fleurs roses à calice en coupe à bord denté, à pétales réfléchis à l'anthèse, atteignant 14 mm de long; capsules de 1,5-2,5 cm de diamètre, luisantes, rouges à maturité, s'ouvrant par 5-6 valves . . . . (Scytopétalacées)
Brazzeia congoensis
Inflorescences ou fleurs, axillaires ou terminales 92

92. Arbre cultivé; panicules terminales atteignant 35 cm de long; fl. de 5-7,5 cm de diamètre, à calice à 12 sillons, à 6 pétales onguiculés, à bord ondulé, mauves ou roses, à étamines nombreuses; capsules s'ouvrant par 6 valves; fe. souvent opposées ou subopposées . . (Lythracées)
Lagerstroemia speciosa

64

Arbuste à petit arbre spontané; infl. axillaires en fascicules 2-3-flores ou fleurs solitaires; fleurs blanches de 7-10 cm de diamètre, à nombreuses étamines; capsules globuleuses à sommet conique, de 6-7 x 5-6 cm, à péricarpe fibreux, brun clair, luisant, tardivement déhiscent .... (Flacourtiacées)
Caloncoba glauca

93. Fleurs à tube calycinal ou staminal, de 1,5-2,5 cm de long 94
Fleurs sans tube calycinal ou staminal 95

94. Feuilles subsessiles à courtement pédicellées, souvent plusieurs au même noeud suite au non allongement de rameaux latéraux, à limbe obovale à sommet obtus, à base atténuée et décurrente sur le pétiole, de 4,5-6 x 1,2-2 cm; infl. en épis terminaux; fleurs à tube calycinal de 1-1,5 cm de long, couvert de poils glanduleux stipités, à corolle gamopétale bleu pâle; capsules entourées du calice persistant; 1 graine .... (Plumbaginacées)
Plumbago auriculata
Feuilles à pétiole de 4-6 mm de long, à limbe ovale, obtus à la base, acuminé au sommet, parfois lobé dans la partie supérieure, de 4-15 x 2,5-7 cm; infl. axillaires en cymes ombelliformes à 4-10 fleurs; fleurs à pétales libres linéaires de 5-38 mm de long, blancs, à tube staminal de 22-30 mm de long; capsules de 6-10 mm de diamètre, déhiscentes par 5 valves .... (Méliacées)
Turraea cabrae

95. Fleurs hermaphrodites, à sépales libres de 5-7 x 3 mm, à pétales réduits de 1-2,5 x 1 mm, bifides et densement velus; capsules globuleuses, de 1-1,3 cm de diamètre, couvertes d'un tomentum de couleur fauve; limbe foliaire étroitement obovale-oblong, obtus à la base, longuement acuminé au sommet, de 5,5-25 x 2,5-9 cm, papyracé .....
.... (Thymélaeacées)
Octolepis decalepis
Fleurs unisexuées; fruits: 3-4-coques 96

96. Fruits à contour irrégulier, plus larges que hauts, de 9-11 mm de large, surmontés de 2 styles, se séparant en 4 coques uniséminées; feuilles à limbe elliptique, aigu à acuminé au sommet, cunéiforme à la base, récurvé sur les bords, de 7-24 x 2-9 cm ...... (Euphorbiacées)
Martretia quadricornis
Fruits se séparant en 3 coques 97

97. Pétiole atteignant 25 mm de long; limbe largement ovale, obtus au sommet, arrondi à la base, de 1,2-6 x 0,8-4 cm, papyracé; fruits 3-coques de 8-10 mm de diamètre, surmontées du style; en savane .
.... **Maprounea africana**

Pétiole ne dépassant pas 10 mm de long; limbe longuement acuminé, subcoriace 98

98. Bord du limbe récurvé surtout vers la base; ovaire à styles 2-4 fois bifides; fruits globuleux-déprimés, de 10-11 x 12-13 mm, columelle persistante après la chute des coques, de 6-9 mm de long; forêts ripicoles . . . . **Cleistanthus ripicola**
Bord du limbe plat; ovaire à styles bifides; fruits de 7-10 x 6-7 mm, rougeâtres à l'état frais, densement couverts de petits tubercules et de longues soies tardivement caduques; recrûs forestiers . . . .
. . . . **Chaetocarpus africanus**

SÉRIE 8

feuilles simples, alternes,
entières ou dentées, non profondément découpées,
à nervation palmée à la bases

1. Feuilles à 3 nervures principales ascendantes 2
   Feuilles à 5 ou plus de nervures principales ascendantes 13

2. Feuilles à bord entier 3
   Feuilles à bord denté 9

3. Feuilles nettement asymétriques à la base, papyracées, à nervures pâles nettement visibles, à stipules caduques; drupes de ± 4 mm de long, surmontées des 2 branches du stigmate . . . . (Ulmacées)
   Celtis gomphophylla
   Feuilles symétriques à la base, parfois légèrement asymétriques . . . 4

4. Feuilles sans poils étoilés 5
   Feuilles à poils étoilés ou au moins à poils étoilés sur les parties jeunes des plantes 6

5. Arbre à écorce aromatique; feuilles coriaces, à 2 nervures latérales, ascendantes, suivant d'abord la nervure médiane sur ± 5 mm et s'en éloignant en suite pour s'anastomoser à 4/5 du limbe; drupes ellipsoïdes, de 16 x 8 mm, noires . . . . (Lauracées)
   Cinnamomum verum
   Arbuste sarmenteux à liane; feuilles subcoriaces, à nervures latérales, ascendantes, partant de la base du limbe, les 2 principales s'anastomosant vers le milieu; gousses renflées, de 4-6 x 2-3 cm, portées par un stipe atteignant 2,5 cm de long . . . . . . (Caesalpiniacées)
   Griffonia physocarpa

6. Feuilles à stipules digitées et ± persistantes, à nervures basilaires n'atteignant pas la 1/2 du limbe; infl. en panicules terminales, de 3,5-15 cm de long; fleurs blanchâtres; drupes obovoïdes, comprimées, aiguës aux extrémités, de 2,5-3,5 x 1,3-1,5 cm . . . . . . (Tiliacées)
Grewia barombiensis
Feuilles à stipules caduques, non digitées 7

7. Feuilles à limbe obovale, atténué au sommet en un acumen, arrondi à la base, glabre, papyracé, de 20-35 x 7-15 cm; infl. en glomérules 2-5-flores ou fleurs solitaires, caulinaires; fruits bacciformes, ovoïdes-fusiformes, de 10-15 ,x 8-10 cm, à 10 sillons longitudinaux, orangées à jaunes à maturité . . . . (Sterculiacées)
Theobroma cacao
Feuilles à limbe de moins de 20 cm de long 8

8. Pétiole de 3-12 cm de long, épaissi aux extrémités; limbe obovale, progressivement atténué à la base, le sommet en un acumen légèrement tordu, de 10-25 x 4-12 cm, coriace, glabre, à nervures secondaires fort en relief; infl. en panicules terminales et axillaires, de 4-7 cm de long; fruits à pédicelle de 4-6 cm de long, à 5 follicules oblongs de 8-15 x 6-7 cm à bec court; graines jusqu'à 14 par follicule . . . . **Cola acuminata**
Pétiole de 0,8-1,2 cm de long; limbe pourvu de domaties glabres ou légèrement pubescentes, à nervures basilaires atteignant la 1/2 du limbe; infl. en cymes axillaires, pauciflores, de ± 1 cm de long; fleurs verdâtres; capsules à pédicelle de 8 mm de long, de 1-1,5 de diamètre, tomentelleuses; graines 1-3, noires à arille rouge . . . . .
. . . . **Leptonychia multiflora**

9. Limbe foliaire à poils étoilés en dessous, au moins chez les jeunes feuilles 10
Limbe foliaire sans poils étoilées 11

10. Feuilles à stipules multifides ± persistantes, à domaties formées de poils longs; infl. en cymes d'ombelles multiflores; fleurs blanc rose de 1,5-2 cm de diamètre; fruits oblongs-ellipsoïdes, déprimés aux extrémi-tés, côtelés, de 6-10 x 5-6 cm . . . . (Tiliacées)
Desplatsia subericarpa
Feuilles à stipules simples caduques, sans domaties remarquables; infl. en cymes 4-6-flores; fleurs jaunes atteignant 3,5 cm de diamètre; fruits fusiformes, courbés, apiculés, sillonnés, de 3-7 x 1-2 cm . .
. . . . **Glyphaea brevis**

11. Feuilles à une paire de glandes à la base du limbe à la face supérieure; racèmes mâles de 2-9 cm de long, les femelles de 6-15 cm; fruits secs à 3 coques, de 6-7 x 10 mm . . . . (Euphorbiacées)
Cyttaranthus congolensis

Feuilles sans glandes à la base du limbe 12

12. Feuilles à pétiole de 4-12 mm de long, à limbe légèrement cordée à la base, à poils blancs simples en dessous; infl. bisexuées, cymeuses à l'aisselle de toutes les feuilles des rameaux jeunes, de 10-25 mm de long; drupes noires, globuleuses, de 8-10 mm de diamètre . . . . (Ulmacées)
Trema orientalis
Feuilles à pétiole de 20-3o mm de long, à limbe ovale et longuement acuminé ou profondement trilobé (sur le même rameau); infl. mâles de 10-12 mm de long, les femelles de 7-9 mm; infrutescence ellipsoïde, charnue, noire à maturité . . . . (Moracées)
Morus alba var. **indica**

13. Feuilles à bord entier 14
Feuilles à bord denté 20

14. Glandes à la face supérieure du limbe à la jonction avec le pétiole; limbe blanchâtre à la face inférieure; fleurs à calice couvert de poils étoilés; fruits charnus, de 4-4,5 x 4-6 cm, à 4 crêtes longitudinales . . . . (Euphorbiacées)
Aleurites moluccana
Glandes absentes à cet endroit 15

15. Feuilles étroitement elliptiques, à 5-7 nervures s'élevant de la base jusqu'au sommet et décurrentes sur le pétiole; points translucides dans le limbe; épis terminaux; fleurs blanches à nombreuses étamines; capsules sessiles, de 4 mm de long . . . . (Myrtacées)
Melaleuca leucadendron
Feuilles largement ovales ou obovales, à base arrondie et souvent cordée 16

16. Feuilles munies de poils étoilés; follicules tomenteux 17
Feuilles sans poils étoilés; baies, ou capsules munies d'aiguillons 18

17. Face inférieure des fe. tomenteuse-ferrugineuse; fe. arrondies à subcordées à la base; follicules généralement 5 . . . . (Sterculiacées)
Sterculia tragacantha
Face inférieure des fe. non tomenteuse-ferrugineuse; fe. cordées à la base; follicules 2-4 . . . . **Sterculia bequaertii**

18. Feuilles suborbiculaires, cordées à la base, brièvement acuminées au sommet, plus larges que longues, de 12-17 x 18-20 cm, à 11-13 nervures digitées; épis groupés par 2-7, de 4-6 cm de long, disposés en ombelle; baies trigones, de ± 7,5 mm de long . . . (Piperacées)
Piper umbellatum

Feuilles ovales, cunéiformes à cordées à la base, à 5-7 nervures basilaires 19

19. Jeunes rameaux couverts de poils peltés, roux; une glande de part et d'autre du pétiole sur les rameaux; corymbes à fleurs mauves, roses ou blanches; fruits couverts d'aiguillons de 5-12 mm de long . . . . (Bixacées)
Bixa orellana
Jeunes rameaux sans ce type de poils; glandes absentes au niveau du pétiole; fleurs blanches groupées par 2-5 sur la partie défeuillée des branches; fruits couverts d'aiguillons de 2-4 cm de long . . . . (Flacourtiacées)
Caloncoba welwitschii

20. Feuilles à glandes à la base du limbe 21
Feuilles sans glandes à la base du limbe 22

21. Limbe cordé à la base, à 4 glandes à l'aisselle des nervures basilaires; poils étoilés épars et dans les domaties; rameaux à lenticelles remarquables; panicules d'épis pendants; fruits de 1,3 x 1,5 cm, à 2 coques et 2 styles persistants . . . . (Euphorbiacées)
Alchornea cordifolia
Limbe arrondi à la base, à 2 glandes en forme de coupe, sessiles à brièvement stipitées, situées à la jonction avec le pétiole; à face inférieure densement couvert de poils étoilés jaunâtres; fascicules d'épis; baies ellipsoïdes, de 1-1,5 x 0,7-1,1 cm **Croton sylvaticus**

22. Limbe foliaire brun rouge marbré de taches rouges et roses; inflorescences unisexuées, en épis minces rouges atteignant 20 cm de long . . . . **Acalypha wilkesiana**
Limbe foliaire vert 23

23. Poils étoilés épars présents sur le pétiole et les nervures; fleurs à calicule 24
Poils étoilés nuls; feuilles à pétiole de 4-18 cm de long, à limbe arrondi à cunéiforme à la base, de 8-28 x 4-14 cm; panicules de fleurs blanches de 2 cm de diamètre; capsules globuleuses, orange, de 2-3 cm de diamètre (y compris les aiguillons de 5-10 mm de long) . . . . (Flacourtiacées)
Lindackeria dentata

24. Feuilles pratiquement glabres, à 5-7 dents obtuses de chaque côté du limbe, à stipules linéaires ± persistantes; fleurs s'étalant complètement, de 12 cm de diamètre, rouges, roses, blanches ou jaune orange, parfois à pétales nombreux; styles 5; capsules . . . . . (Malvacées)
Hibiscus rosa-sinensis

Feuilles velues sur la face adaxiale du pétiole et à la base du limbe, à verrues espacées sur la face supérieure, à dents plus nombreuses et courtes; fleurs rouges pendantes, ne s'étalant pas, formant une espèce de cloche; styles 10; carpelles charnus, réunis en fausses baies . .
. . . . **Malvaviscus arboreus**

SÉRIE 9

feuilles à la fois simples, alternes,
bilobées, palmatilobées ou -séquées
plantes sans épines, sans aiguillons et sans latex blanc

1. Feuilles bilobées 2
   Feuilles à plus de 2 lobes 4

2. Feuilles relativement petites, de 3,5-9,5 x 4-11 cm, papyracées, disco-
   lores; fleurs à pétales jaunes, ne s'étalant pas; gousses déhiscentes
   . . . . (Caesalpiniacées)
   Bauhinia tomentosa
   Feuilles plus grandes, de 6-17 x 6-21 cm, coriaces; fleurs blanches ou
   pourpres à pétales étalés; gousses déhiscentes ou non 3

3. Limbe foliaire découpé sur un tiers; gousses déhiscentes, relativement
   longues, de 26 x 2 cm, à graines 1-sériées; fleurs pourpres; petit
   arbre planté dans les jardins . . . . **Bauhinia purpurea**
   Limbe foliaire découpé sur moins d'un tiers; gousses indéhiscentes,
   relativement larges, de 14-31 x 3-6,5 cm, coriaces, à graines éparses
   dans la pulpe; fleurs blanches; arbuste de savane . . . .
   . . . . **Piliostigma thonningii**

4. Limbe foliaire dépassant 30 cm de diamètre 5
   Limbe foliaire à diamètre ou largeur inférieur à 20 cm 7

5. Stipules foliacées en forme d'éventail atteignant 5 cm de diamètre et
   longuement persistantes; fruits indéhiscents 2-loculaires . . . .
   . . . . (Euphorbiacées)
   Ricinodendron heudelotii subsp. **africanum**
   Stipules plus petites et rapidement caduques; autre type de fruits . . .
   6

6. Arbre atteignant 20 m de haut; limbes foliaires à 12-15 lobes; fruits
   composés allongés, de 10-13 cm de long . . . . (Moracées)
   Musanga cecropioides
   Arbuste de 2-3 m de haut; limbes foliaires à 5-11 lobes; fruits épineux,
   de 1,6-2,5 cm, se séparant en 3 coques . . . . (Euphorbiacées)
   Ricinus communis

7. Limbe foliaire décurrent sur le pétiole; fleurs réunies en capitules, les fleurs extérieures ligulées jaunes et les centrales tubulées; herbe robuste à base ligneuse . . . . (Astéracées)
   Tithonia diversifolia
   Limbe foliaire non décurrent; fleurs d'un seul type et non réunies en capitules; arbustes ou arbres 8

8. Plante abondamment couverte de poils étoilés, au moins dans les parties jeunes et les inflorescences 9
   Plante ± glabre 10

9. Fleurs blanc jaunâtre; fruits charnus globuleux, de 4-4,5 x 4-6 cm, à 4 crêtes longitudinales; arbre cultivé . . . . (Euphorbiacées)
   Aleurites moluccana
   Fleurs mauves; capsules de 3-7 x 1,8-2,5 cm, couvertes d'aiguillons mous; sous-arbuste des marais . . . . (Tiliacées)
   Clappertonia ficifolia

10. Feuilles 3-7-lobées, découpées presque jusqu'à la base, à face inférieure glauque; fleurs blanc verdâtre; capsules parcourues par 6 ailes longitudinales, ondulées . . . . (Euphorbiacées)
    Manihot esculenta
    Feuilles 3-5-lobées, découpées jusqu'à 2/3 ou faiblement lobées . . 11

11. Feuilles à lobes obtus; suc translucide abondant à la coupe; fleurs vert jaune, petites, de ± 3 mm de long, unisexuées . **Jatropha curcas**
    Feuilles à lobes acuminés et découpées jusqu'au 2/3, parsemées de points noirs à la face inférieure; fleurs jaunes à pétales de ± 5 cm de long, entourées de 3 grandes bractées, cordées à la base et laciniées au sommet; capsules à surface lisse; graines enveloppées de poils blancs . . . . (Malvacées)
    Gossypium barbadense

SÉRIE 10

feuilles composées, à 2 ou 3 folioles

1. Deux folioles; arbre des forêts ripicoles ou des forêts marécageuses
   . . . . (Caesalpiniacées)
   Guibourtia demeusei
   Trois folioles 2

2. Epines et/ou aiguillons présents 3
   Epines et/ou aiguillons absents 4

3. Aiguillons présents sur les rameaux et sur les pétioles; fleurs rouges; arbuste de la savane . . . . (Fabacées)
   Erythrina abyssinica

   Stipules épineuses; fleurs blanches; arbuste sarmenteux des recrûs forestiers ou savanes en voie de recolonisation . . . .
   . . . . **Camoensia scandens**

4. Feuilles opposées . . . . (Verbénacées)
   Vitex madiensis

   Feuilles alternes 5

5. Folioles implantées au même point (digitées) 6
   Foliole terminale distante des 2 autres 7

6. Bord foliaire denté dans la moitié supérieure; fleurs à pétales d'environ 1,2 mm de long; drupes de 4-6 mm de diamètre (Sapindacées)
   Allophylus africanus f. **acuminatus**

   Bord foliaire entier denté; fleurs à pétales à bords chiffonnés-ondulés, de 2,8-8 cm de long; baies ellipsoïdes, de 4-8 cm de long et de 2-4 cm de diamètre . . . . (Capparidacées)
   Ritchiea capparoides

7. Limbe foliaire à face inférieure gris clair; nervures basilaires n'atteignant pas le 1/3 supérieur du limbe; gousses à sillons obliques, de 3-8 x 1,5-3 cm ⍤ . . . . (Fabacées)
   Cajanus cajan

   Limbe foliaire à face inférieure couverte d'une pubescence rousse; nervures basilaires très redressées atteignant le 1/3 supérieur du limbe; gousses ovoïdes, renflées, de 10-12 x 6-7 mm . . . .
   . . . . **Flemingia grahamiana**

SÉRIE 11

feuilles composées, digitées
(excepté 2-3-foliolées)

1. Feuilles opposées (ou verticillées) 2
   Feuilles alternes 4

2. Folioles papyracées, à acumen prolongué, à domaties (Bignoniacées)
   . . . . **Tabebuia impetiginosa**
   Folioles coriaces, à sommet variable, sans domaties 3

3. Folioles pétiolulées à face inférieure glabre . . . . (Verbénacées)
   Vitex doniana

   Folioles sessiles à face inférieure tomenteuse   . . . **Vitex congolensis**

4. Folioles 12-15, atteignant 45 cm de long . . . . (Moracées)
   Musanga cecropioides
   Folioles moins de 12, moins longues 5

5. Tronc à aiguillons; fruit à kapok entourant les graines (Bombacacées)
   Ceiba pentandra
   Tronc inerme; fruit sans kapok 6

6. Arbre à tronc renflé et trapu . . . . **Adansonia digitata**
   Arbre à tronc différent 7

7. Feuilles à dents glanduleuses sur le bord . . . . (Euphorbiacées)
   Ricinodendron heudelotii subsp. **africanum**
   Feuilles sans dents glanduleuses sur le bord 8

8. Folioles sessiles ou pétiolule de 0,3-2,3 cm 9
   Folioles à pétiolule de 3-7cm . . . . (Araliacées)
   Cussonia angolensis

9. Bord du limbe serré . . . . (Moracées)
   Myrianthus arboreus
   Bord du limbe entier 10

10. Bord du limbe plat, nervures fort en relief; folioles légèrement pubes-
    centes à la face inférieure (poils en bouquet) . . . . (Bombacacées)
    Bombacopsis glabra
    Bord du limbe recurvé, nervures peu en relief; folioles glabres . . . . .
    . . . . **Rhodognaphalon lukayense**

SÉRIE 12

feuilles composées pennées ou bipennées

1. Feuilles pennées . . . . **SÉRIE 12B** (p. 77)
   Feuilles bipennées 2

2. Feuilles bipennées opposées 3
   Feuilles bipennées alternes 4

3. Feuilles à 12-20 paires de pennes, à 15-20 paires de folioles par penne;
   folioles elliptiques, de 10-13 x 3-4 mm, terminées par un mucron;
   fleurs bleues de 3-4 cm de long et 0,7-1,2 cm de large à l'ouverture
   du tube; capsules suborbiculaires, aplaties de 6 x 4-5 cm . . . . . .
   . . . . (Bignoniacées)
   Jacaranda mimosifolia

Feuilles bipennées dans leur partie inférieure, à 5-17 folioles; folioles elliptiques, de 9-11 x 3,5-4 cm, cunéiformes à la base, acuminées au sommet, à bord denté; inflorescences corymbiformes; fleurs blanches de 5-7 mm de diamètre . . . . (Caprifoliacées)
Sambucus mexicana

4. Aiguillons et/ou épines présents 5
Aiguillons ou épines absents 7

5. Epines terminant généralement des rameaux courts parfois feuillus et florifères, pas d'aiguillons épars sur les rameaux ni sur le rachis des feuilles; fe. munies de glandes stipitées à l'insertion des pennes; épis de fleurs, les supérieures hermaphrodites et jaunes, les inférieures stériles et pourpres; gousses irrégulièrement enroulées et agglomérées; arbuste de la savane . . . . (Mimosacées)
Dichrostachys cinerea
Aiguillons épars sur les rameaux; aiguillons sur le rachis 6

6. Aiguillons çà et là sur la plante; fleurs orange et jaune en panicules; gousses glabres; arbuste planté dans des jardins . . . .
. . . . **Caesalpinia pulcherrima**
Aiguillons denses sur les rameaux; aiguillons grêles sur le rachis des feuilles, au point d'insertion des pennes, en dessus; capitules de fleurs roses ou mauve pâle; gousses couvertes de poils scabres, groupées au sommet d'un pédoncule; buisson colonisant les rives et les bancs de sable . . . . **Mimosa pellita** var. **pellita**

7. Feuilles imparipinnulées; bord du limbe denté 8
Feuilles paripinnulées; bord du limbe non denté 10

8. Folioles à base asymétrique, régulièrement dentées; feuilles bipennées et même tripennées vers la base; fleurs lilas en panicules de cymes; drupes ellipsoïdes, de 1-1,5 cm de long . . . . (Méliacées)
Melia azedarach
Folioles symétriques, régulièrement ou irrégulièrement dentées, pinnatifides 9

9. Feuilles présentant à l'état frais des renflements rougeâtres à l'insertion des pennes sur le rachis et à l'état sec des constrictions; inflorescences en cymes à axes rougeâtres . . . . (Leeacées)
Leea guineensis
Rachis sans renflements ni constrictions; feuilles à folioles pendantes à des pétiolules grêles; limbe foliaire à zone blanche près du bord, denté et pinnatifide; inflorescences en petites ombelles . . . .
. . . . (Araliacées)
Polyscias guilfoylei 'Laciniata'

10. Glandes sur le pétiole ou/et le rachis 11
    Glandes absentes 20

11. Folioles de maximum 5 mm de large 12
    Folioles de 10 mm et plus de large 17

12. Glande unique à l'insertion de la première paire de pennes; folioles de
    7-18 x 1,5-5 mm, à sommet aigu mucronné, à base cunéiforme;
    gousses applaties, de 8-18 x 1,8-2,1 cm . . . . (Mimosacées)
                                                Leucaena leucocephala
    Glandes sur le pétiole et sur le rachis au niveau des pennes supérieures;
    folioles à sommet obtus, à base auriculée d'un ou de deux côtés .
    13

13. Nervure principale submarginale; limbe de 6-13 x 2-3 mm, à sommet
    aigu; stipules grandes, de 1,5 x 1,5 cm, prolongées par un auricule
    de 8 mm, rapidement caduques . . . . **Albizia chinensis**
    Nervure principale non submarginale; stipules non remarquables . 14

14. Gousses circinées ou légèrement courbées, non déhiscentes et se
    fragmentant à maturité 15
    Gousses droites 16

15. Folioles de moins de 1 mm de large; rameaux, pétiole et rachis tomen-
    teux roussâtre; gousse légèrement courbées, à étranglements entre les
    graines saillantes . . . . **Samanea leptophylla**
    Folioles de 2-5 mm de large; folioles basales inégales dont l'une très
    réduite, aciculaire et caduque; rameaux âgés glabres; rachis pubes-
    cents; gousses circinées, à bords régulièrement lobés, se désarticulant
    en articles bombés . . . . **Cathormion altissimum**

16. Nervation peu visible; capitules rouges pendants, à pédoncule atteignant
    30 cm de long; gousses groupées sur le capitule persistant, indéhis-
    centes; graines non ailées . . . .
    . . . . **Parkia bicolor**
    Nervation visible; rameaux jeunes velus roux; panicules terminales
    d'épis; gousses éparpillées, déhiscentes; graines aplaties ailées . . .
    . . . . **Newtonia leucocarpa**

17. Gousses papyracées à subcoriaces, très aplaties, non cloisonnées, ne se
    séparant pas en articles à maturité, déhiscentes 18
    Gousses coriaces, subligneuses, falciformes, de 5-10 x 1,2-1,4 cm, se
    désarticulant à maturité; folioles rhombiques asymétriques, de 3-4,5
    x 1-2 cm, à sommet arrondi, parfois émarginé . . . .
    . . . . **Cathormion obliquifoliatum**

18. Feuilles à 2-3(-4) paires de pennes; 4-8 paires de folioles; folioles de 1,5-4,5 x 1,8-2,6 cm, à sommet arrondi, à base asymétrique . . . . **Albizia lebbeck**
Feuilles à 4-8 paires de pennes; 5-14 paires de folioles; folioles de 10-25 x 6-14 mm, rhombiques asymétriques, à sommet obtus à aigu, à nervure principale en diagonale 19

19. Folioles insérées par leur angle de base; limbe nettement pubescent dessous . . . . **Albizia adianthifolia** var. **adianthifolia**
Folioles insérées à 1-2 mm de leur angle de base; limbe faiblement pubescent . . . . **Albizia adianthifolia** var. **intermedia**

20. Folioles larges de 1-4 mm 21
Folioles dépassant 5 mm de large 25

21. Pennes alternes (ou au moins les inférieures); pétiole et rachis ne dépassant pas 13 cm; folioles de ± 0,8 mm de large, auriculées; gousses aplaties de 25-30 x 2,5-3 cm; graines ailées . . . . (Mimosacées)
Piptadeniastrum africanum
Pennes toutes opposées; folioles larges de plus d'1 mm 22

22. Folioles nettement auriculées à la base, à sommet récourbé vers le haut; gousses ligneuses . . . . **Pentaclethra eetveldeana**
Folioles non ou faiblement auriculées à la base 23

23. Folioles aigues au sommet, cunéiformes à la base; gousses aplaties, groupées sur un pédoncule; arbre cultivé . . . . **Leucaena leucocephala**
Folioles obtuses ou arrondies au sommet 24

24. Gousses aplaties, de 15-40 x 4-8 cm, se segmentant à maturité en articles uniséminés; petit arbre de savane . . . **Entada abyssinica**
Gousses ligneuses, de 30-60 x 5-7,5 cm; fleurs rouges ou orangées; arbre ornemental cultivé . . . . (Caesalpiniacées)
Delonix regia

25. Folioles alternes; arbres des savanes 29
Folioles opposées; arbres ou arbustes, spontanés ou cultivés 26

26. Folioles rhombiques à nervure primaire en diagonale, subcoriaces 27
Folioles symétriques sauf à la base, à nervure primaire ± médiane, discolores 28

27. Panicules d'épis; fleurs blanches devenant jaunâtres; gousses ligneuses de 65 x 7-10 cm . . . . (Mimosacées)
Pentaclethra macrophylla

Panicules; fleurs jaunes; gousses ailées, indéhiscentes, de ± 6 x 2 cm
. . . . (Caesalpiniacées)
Peltophorum pterocarpum

28. Feuilles atteignant 80 cm de long; pennes 10-25 paires; folioles oblongues; fleurs jaunes; gousses arrondies au sommet, de ± 12 x 4 cm
. . . . **Schizolobium parahybum**
Feuilles atteignant 35 cm de long; pennes 5-10 paires; folioles obovales-oblongues; fleurs rouge et jaune; gousses de 6-10 x 1,5-2 cm, à bec pointu au sommet . . . . **Caesalpinia pulcherrima**

29. Feuilles à 3-8 paires de pennes; ramilles et folioles à tomentum rouge fauve en dessous; gousses plates, subcoriaces, indéhiscentes, de 5,5-6 x 2,3-2,5 cm, à 1 graine . . . . **Burkea africana**
Feuilles à 2-4 paires de pennes; folioles glabres en dessous, mais à nervure primaire pubérulente; nervures secondaires saillantes sur les 2 faces; gousses coriaces, déhiscentes, de 7-19 x 2,2-4,5 cm, à quelques graines . . . . **Erythrophleum africanum**

SÉRIE 12B

feuilles composées pennées
à plus de 3 folioles

1. Feuilles opposées, parfois ternées 2
Feuilles alternes 7

2. Feuilles grandes, pétiole plus rachis de 15-50 cm de long, folioles à bord entier, parfois denté; calice engaînant d'un côté; plantes spontanées 3
Feuilles petites, pétiole plus rachis ne dépassant pas 15 cm de long, folioles à bord denté ou crénelé; calice ± régulièrement lobé ou denté; plantes cultivées 6

3. Feuilles souvent ternées, folioles se terminant en longue pointe acuminée; arbuste à rameaux subverticaux; fleurs violettes (Bignoniacées)
Newbouldia laevis
Feuilles opposées, folioles moyennement acuminées ou arrondies au sommet; arbre à rameaux étalés; fleurs jaunes, rouge brun, ou rouges 4

4. Pubescence tomenteuse dorée sur les parties jeunes de la plante; fleurs jaunes . . . . **Markhamia tomentosa**
Plante glabre, ou pubescence non dorée 5

5. Panicules pendantes, pouvant dépasser 1 m de long; fleurs rouge brun d'environ 10 cm de long; fruits cylindriques indéhiscents; graines non ailées . . . . **Kigelia africana**
    Panicules ou racèmes dressés; fleurs rouges à calice fortement courbé; capsules; graines ailées . . . . **Spathodea campanulata**

6. Arbuste; 2-4 paires de folioles à bord denté; fleurs à corolle jaune, à tube droit ou presque, à étamines incluses . . . . . . **Tecoma stans**
    Buisson; 2-5 paires de folioles à bord crénelé, à pétiole subailé; fleurs à corolle orange, à tube courbé; étamines exsertes . . . . **Tecomaria capensis** subsp. **capensis**

7. Feuilles imparipennées (terminées par une foliole) 8
    Feuilles paripennées (terminées par deux folioles opposées) 45

8. Feuilles imparipennées à folioles alternes 9
    Feuilles imparipennées à folioles opposées ou subopposées 21

9. Tronc garni de gros aiguillons coniques; feuilles à pétiole, rachis et nervure médiane garnis d'aiguillons . . . . (Rutacées) **Zanthoxylum gilletii**
    Aiguillons absents 10

10. Folioles rhombiques asymétriques 11
    Folioles non rhombiques asymétriques 12

11. Folioles 8-16, à sommet obtus ou arrondi; rachis glabre; odeur d'ail dégagée de toutes les parties de l'arbre; gousses 7,5-13,5 x 3,5 cm . . . . (Caesalpiniacées) **Scorodophleus zenkeri**
    Folioles 8-12, à sommet 2-lobulé; rachis pubérulent; baies subsphériques de 12-15 mm de diamètre, orange . . . . (Sapindacées) **Haplocoelum intermedium**

12. Fruits charnus 13
    Fruits secs 15

13. Folioles asymétriques, 5-21, papyracées 14
    Folioles symétriques, 4-6, subcoriaces, obovales, de 6-18 x 4-7 cm, à sommet aigu à arrondi; fruits jaune rouge, globuleux de ± 3 cm de diamètre, couverts de poils épineux mous de ± 1 cm de long; graine 1, entourée d'une arille blanche . . . . . . **Nephelium lappaceum**

14. Folioles 5-21, largement elliptiques, à base cunéiforme d'un côté, arrondie de l'autre, de 5-17 x 2,5-6 cm; drupes ovoïdes, de 3-3,5 x 2-2,5 cm, rouge violacé à maturité . . . . (Anacardiacées) **Pseudospondias microcarpa**

Folioles 9-10, ovales, à sommet acuminé, discolores, la terminale
atteignant 10 x 3,5 cm, les latérales progressivement plus petites et
à base asymétrique; baies munies de 5 côtes longitudinales, très
saillantes, de ± 8 x 6 cm . . . . (Oxalidacées)
Averrhoa carambola

15. Gousses indéhiscentes, ailées ou non, ou déhiscentes 17
Capsules s'ouvrant en 4 valves 16

16. Folioles 5-15, elliptiques, symétriques et aiguës à la base, obtuses à
acuminées au sommet, de 5-25 x 2-10 cm; pétiole et rachis subailés
sur les bords; capsules prismatiques de 4-7 x 1-1,5 cm, à déhiscence
apicale puis basale . . . . (Méliacées)
Lovoa trichilioides
Folioles 12-13, ovales-oblongues, arrondies et asymétriques à la base, se
terminant souvent en acumen spatulé, de 6-29 x 2,5-6 cm; capsules
subglobuleuses de ± 3 cm de diamètre . . **Turraeanthus africana**

17. Gousses indéhiscentes circulaires, de 5-10 cm de diamètre, à grande aile
et soies rigides au centre; folioles 12-20, de 4,5-7 x 2,5-3,8 cm,
acuminées, pubescentes à la face inférieure à l'état jeune; arbuste de
la savane . . . . (Fabacées)
Pterocarpus angolensis
Gousses non ailées, déhiscentes ou indéhiscentes 18

18. Grandes fleurs blanches, à 5 pétales, dont le plus grand de 5-20 x 2-10
cm; gousses de 17-42 x 5-12 cm, densement brunes veloutées,
déhiscentes en deux valves ligneuses s'enroulant sur elles-mêmes;
folioles 3-8, de 7-40 x 3-17 cm . . . . (Caesalpiniacées)
Baikiaea insignis
Fleurs petites, ne dépassant pas 6 mm de long 19

19. Gousses veloutées, indéhiscentes, de 2-3 x 1,5-2 cm; graine 1 entourée
d'une pulpe 20
Gousses déhiscentes, de 8-18 x 4-6 cm, épaissies sur les bords,
parcourues de veines transversales proéminentes, couvertes d'une
pubescence fauve, veloutée; graines 2-4; folioles 5-6 légèrement
falciformes . . . .
. . . . **Crudia harmsiana**

20. Folioles 7-11, lancéolées-ovales, arrondies à la base, de 4-9 x 1,5-4 cm,
à indument pubérulent-feutré en dessous; gousses veloutées, brun
roux; pulpe entourant la graine orange à l'état sec; petit arbre de la
savane . . . . **Dialium englerianum**
Folioles 4-5, elliptiques, cunéiformes à la base, de 8-23 x 3,5-8 cm,
glabres, à nervation tertiaire très finement maillée et généralement

saillante sur les deux faces; gousses noires veloutées; arbre des forêts denses . . . . **Dialium pachyphyllum**

21. Bord du limbe denté; inflorescences en ombelles 22
    Bord du limbe non denté 23

22. Arbuste à petit arbre de la savane; feuilles de 15-40 cm de long, à pétiole à base engainante; ombelles composées, les primaires à environ 12 rayons, les secondaires à 6-9 rayons . . . . . (Apiacées)
    Steganotaenia araliacea
    Arbuste cultivé; feuilles de 10-15 cm de long, à folioles bordées de blanc; ombelles simples . . . . (Araliacées)
    Polyscias guilfoylei

23. Feuilles à rachis subailé 24
    Feuilles à rachis non semblable 25

24. Folioles 5-7, sessiles, à limbe obovale, cunéiforme et décurrent à la base, longuement acuminé au sommet, papyracé; monocarpes drupacées 1-3, obovoïdes, rétrécis fortement à la base, de 20 x 10 mm . . . . (Simaroubacées)
    Quassia africana
    Folioles 9-11, les latérales à pétiolule de ± 5 mm de long, à limbe obovale, arrondi et émarginé ou subapiculé au sommet, coriace; monocarpes drupacées 1-5, ovoïdes, de 2-3 cm de long . . . .
    . . . . **Quassia undulata**

25. Petit arbuste couvert dans toutes ses parties par un indument de poils blancs; folioles 12-28 paires, elliptiques, de 2,5-8,5 x 0,6-2,4 cm; fleurs violettes ou blanches; gousses de 8-13 x 1-1,5 cm, densément laineuses, rousses . . . . (Fabacées)
    Tephrosia vogelii
    Plantes non couvertes totalement d'un indument blanchâtre 26

26. Stipules présentes ou rapidement caduques, laissant une cicatrice de chaque côté de l'implantation du pétiole (parfois stipelles persistantes); gousses déhiscentes 27
    Stipules absentes (pas de cicatrices à l'endroit indiqué); follicules, capsules ou drupes 32

27. Arbustes sarmenteux couvert d'un indumentum roux sur le pétiole, le rachis, les pétiolules et la face inférieure des feuilles; folioles 6-8 paires, stipelles aciculaires de 1,5 mm de long; inflorescences et sépales bruns veloutés; pétales violet-bleu; gousses de 10-12 x 1,5-2,3 cm, brunes veloutées . . . . **Platysepalum vanderystii**
    Arbres et arbustes, à feuilles généralement glabres (sauf le pétiole, le rachis et les pétiolules chez certaines espèces) 28

29. Feuilles à 8-12 paires de folioles, de 3,8-7,5 x 1,8-3 cm, papyracées, à
    stipelles de 2 mm de long; inflorescence racémeuse; fleurs lilas;
    gousses de 9,5-16,5 x 1-1,5 cm . . . . **Millettia eetveldeana**
    Feuilles à 3-5 paires de folioles 30

30. Feuilles à 3-4 paires de folioles, à stipelles de 1,5 mm de long, à limbe
    de couleur gris vert surtout à l'état sec, à 8-10 paires de nervures
    secondaires et montrant à la base de la face inférieure, de chaque
    côté de la nervure médiane, une petite cavité (domatie en crypte);
    gousses glabres; forêts ripicoles . . . . **Lonchocarpus griffonianus**
    Feuilles à 5 paires de folioles, à stipelles aciculaires, de 1,5-3 mm de
    long, à limbe de couleur glauque en dessous, longuement acuminé,
    à ± 15 paires de nervures secondaires faisant un angle de 45° avec
    la médiane, sans domaties; gousses densement veloutées brunes;
    forêts secondaires . . . . **Millettia versicolor**

31. Arbuste dressé ou sarmenteux; feuilles à 2-4 paires de folioles, à stipules
    ± persistantes, à pétiole, rachis et pétiolules pubérulents, à limbe
    ovale, à sommet brusquement acuminé, de 6-17 x 2,5-9 cm, à
    nervures jaune clair assez en relief; inflorescence en racème à rachis
    robuste, non ramifié, constituant un faux épis; gousses de 6-10 x 1,5-
    1,8 cm . . . . **Millettia macroura**
    Arbre à branches retombantes; feuilles entièrement glabres, à 7 paires de
    folioles, à sommet arrondi et brusquement acuminé, de 6-15 x 3-4
    cm, glabres; inflorescences en panicules; gousses de 18-28 x 3,3-5
    cm . . . . **Millettia laurentii**

33. Feuilles à 9-11 paires de folioles, oblongues, cordées à la base, à rachis
    et pétiolules tomenteux roussâtres, à 15-25 paires de nervures
    secondaires; drupes ellipsoïdes de 3-4 x 1,5-2 cm, bleu violacé à
    maturité . . . . (Burséracées)
    Canarium schweinfurthii
    Feuilles à 8-12 paires de folioles, oblongues-lancéolées, arrondies ou très
    inégales à la base, éparsement couvertes de poils étoilés caducs
    surtout à l'état jeune; nervures secondaires 6-12 paires; drupes de 2-
    3,5 x 1-1,5 cm . . . . **Dacryodes yangambiensis**

35. Feuilles à nervures tertiaires et réticulation jaunâtres et nettement apparentes à la face inférieure . . . . (Anacardiacées) **Sorindeia gilletii**

Feuilles à nervures tertiaires et réticulation verdâtres et moins apparentes à la face inférieure . . . . **Sorindeia claessensii**

36. Fruits indéhiscents, charnus 37

Fruits déhiscents, secs 42

37. Drupes jaunes ou mauves à maturité, dépassant 3 cm de long . . . 38

Drupes noirâtres ou rouge orangé à maturité, de 0,6-2,5 cm de long 39

38. Drupes mauves à maturité, de 7 x 3,5 cm, roses puis mauves à maturité . . . . (Burséracées) **Dacryodes edulis**

Drupes jaunes à maturité, de 3-4 x 2,5 cm . . . . . . (Anacardiacées) **Spondias mombin**

39. Drupes noirâtres à maturité, de 6-9 mm de long 40

Drupes noirâtres ou rouge orangé, de 1,5-2,5 cm de long 41

40. Feuilles à 2-3 paires de folioles, brun vert à l'état sec; inflorescences en panicules, atteignant 20 cm de long; drupes réniformes, comprimées de 6-8 x 4-6 mm . . . . **Lannea welwitschii**

Feuilles à 2-4 paires de folioles, brun rouge à l'état sec, à touffe de poils à l'aisselle des nervures secondaires; inflorescences fasciculées, spiciformes, de 3-10 cm de long; drupes ovoïdes, comprimées de 7-9 x 6-7 mm . . . . **Lannea antiscorbutica**

41. Arbre à racines-échasses; rachis articulé au niveau des folioles; folioles à 7-12 paires de nervures secondaires; drupes ellipsoïdes excentrées, plus larges que longues, avec une trace latérale du style, bleu noirâtre, de 2-2,5 x 1,8-1,5 x 1.2 cm . . . . (Burséracées) **Santiria trimera**

Arbre sans racines-échasses; rachis non articulé; folioles à 8-9 paires de nervures; drupes ellipsoïdes, apiculées, rouge orangé, pubescentes, de 1,8-2 x 1,3-1,4 x 0,7 cm . . . . **Dacryodes klaineana**

42. Folioles symétriques, arrondies ou cunéiformes à la base; pétiolules ridés transversalement; follicules (s'ouvrant d'un côté) enflés et obliques, apiculés au sommet, striés obliquement, de 2-2,5 cm de long; 1 graine à arille latéral orange; tranche sans odeur spéciale . . . . (Connaracées) **Connarus griffonianus**

Folioles asymétriques à la base; pétiolules non ridés transversalement; capsules globuleuses, s'ouvrant par 2-5 valves; plusieurs graines enrobées complètement d'un arille; tranche à odeur de cèdre . . 43

43. Folioles grandes, oblongues, de 8-32 x 2,5-10,5 cm, coriaces; capsules globuleuses de 4,5-5,5 cm de diamètre; graines réniformes complètement entourées d'un arille orange . . . . (Méliacées) **Guarea cedrata**

Folioles petites, de 5-29 x 1,5-9 cm, papyracées; capsules obovoïdes stipitées, 2-4-lobées, de 1,5-2 cm de long; graines à arille rouge 44

44. Folioles à limbe très courtement mais très densément pubescent-satiné en dessous, à 10-25 paires de nervures secondaires . . . . **Trichilia welwitschii**

Folioles à limbe glabre en dessous, muni de points translucides, à 8-15 paires de nervures secondaires . . . . **Trichilia gilletii**

45. Folioles généralement de plus de 15 cm de long 46
Folioles généralement de moins de 15 cm de long 53

46. Feuilles à (2-)3-6 paires de folioles elliptiques; gousses ligneuses atteignant 35 cm 47
Feuilles à 4-12 paires de folioles oblongues; capsules ou baies . . . 49

47. Stipules persistantes, de 2-8 cm de long, munies de 2 oreillettes réniformes, de 1-2 cm de diamètre; fleurs à 1 grand pétale rouge vineux; gousses ridées transversalement . . . . (Caesalpiniacées) **Gilbertiodendron dewevrei**

Stipules caduques; fleurs à pétales blancs, le médian de 5-7 cm de long 48

48. Folioles généralement arrondies à la base, souvent subcordées, moins de 2 fois plus long que large; tomentum roux sur l'inflorescence et les bractéoles; arbuste de la savane ou de la forêt claire . . . . **Berlinia giorgii** var. **gilletii**

Folioles cunéiformes à obtuses à la base, plus de 2 fois plus long que large; tomentum gris sur l'inflorescence et les bractéoles; arbre des forêts marécageuses . . . . **Berlinia bruneelii**

49. Baies; feuilles à 10-12 paires de folioles, oblongues atténuées vers la base et le sommet apiculé, de 15-24 x 2,5-5 cm; inflorescences généralement caulinaires; fruits charnus trigones, de 2,5-3 cm de large, chaque carpelle muni d'une aile de 3 mm de haut . . . . (Sapindacées) **Pancovia laurentii**

Capsules; feuilles à 3-9 paires de folioles 50

50. Feuilles à (4-)5-9 paires de folioles 51
Feuilles à 3-4 paires de folioles 52

51. Feuilles à (4-)5-6 paires de folioles, lancéolées-oblongues, de 16-20 x 4-5 cm, à base très asymétrique; capsules globuleuses de 4,5-5,5 cm de diamètre, déhiscentes en 4 ou 5 valves; graines entourées d'un arille orange; écorce à odeur de cèdre (boîte à cigare); latex blanc ± visible dans le péricarpe jeune .... (Méliacées)
Guarea cedrata
Feuillage disposé en grandes touffes étoilées; feuilles à 5-9 paires de folioles, oblancéolées-oblongues, de 16-55 x 5-15 cm, discolores; capsules globuleuses ou rhomboïdes de ± 10 cm de diamètre, déhiscentes par 5 valves; graines sans arille; surface de la capsule à exsudat gommeux jaunâtre .... **Carapa procera**

52. Feuilles à pétiole très étroitement ailé, de 3-8 cm de long, à folioles asymétriques à la base; capsules 3-angulaires et 3-ailées, de 4-7 x 2,5-4,5 cm, à péricarpe glabre; graines pourpre foncé, entourées à la base d'un arille jaune .... (Sapindacées)
Blighia welwitschii
Feuilles à pétiole de quelques mm de long ou nul, à folioles symétriques ou légèrement asymétriques; capsules globuleuses, déprimées au sommet, de 1,2-1,8 x 1,5-2,5 cm, à péricarpe brun velouté; graines brun foncé à arille rouge .... **Eriocoelum microspermum**

53. Fruits: gousses, aplaties ou cylindriques, déhiscentes ou non 54
Fruits: capsules lignifiées, fusiformes, de 11-22 x 3,5-5 cm, à déhiscence basale; graines ailées; feuilles à 6-7 paires de folioles obovales, courtement acuminées, à base légèrement asymétriques ....
.... (Méliacées)
Entandrophragma angolense

54. Feuilles à 3-6 paires de folioles 55
Feuilles à (5-)8-13 paires de folioles 58

55. Folioles à face inférieure couverte d'un indument satiné argenté, à pétiole, rachis et pétiolules bruns veloutés; gousses de 6-21 x 3-4 cm, tomenteuses, ferrugineuses .... (Caesalpiniacées)
Anthonotha gilletii
Folioles à face inférieure glabre 56

56. Feuilles à 3 paires de folioles rhombiques asymétriques, acuminées-émarginées; gousses obovoïdes, indéhiscentes, de 2,5-4 x 1,5-2,7 x 1-1,7 cm, à surface tuberculée-chagrinée . **Cynometra schlechteri**
Feuilles à 3-6 paires de folioles falciformes ou symétriques 57

57. Feuilles à 3-4 paires de folioles, falciformes, subcoriaces, à stipules intrapétiolaires; gousses ligneuses, apiculées, de 10-20 x 3,5-6 cm, à plusieurs graines .... **Paramacrolobium coeruleum**

Feuilles à 5-6(-9) paires de folioles symétriques, discolores, sans stipules intrapétiolaires; gousses aplaties, lisses, de 6 x 3 cm, à 1 graine .

. . . . **Daniellia pynaertii**

58. Folioles à sommet émarginé et éventuellement mucronulé; fleurs jaunes; gousses subligneuses, aplaties, de 12-15 x 1-2 cm, régulièrement ondulées; graines disposées longitudinalement . . . **Senna siamea**

Folioles à sommet aigu ou obtus; fleurs jaunes ou roses; gousses ligneuses, cylindriques; graines disposées transversalement . . . 59

59. Feuilles à 9-13 paires de folioles, lancéolées, aigues au sommet, de 4-8 x 1,5-2 cm, tomenteuses en dessous et discolores; fleurs jaunes; gousses de 20-30 cm de long . . . . **Senna spectabilis**

Feuilles à 5-8 paires de folioles, ovales-oblongues, à sommet obtus, à base asymétrique; fleurs roses; gousses atteignant 60 cm de long .

. . . . **Cassia javanica** subsp. **indochinensis**

TRAITEMENT DES FAMILLES ET DES ESPÈCES

Présentation des données

Les familles, genres et espèces sont décrits dans un ordre strictement alphabétique, mais nous donnons un aperçu d'une classification naturelle (tableau 3).

La publication de révisions botaniques, de monographies de genres africains et de nouveaux fascicules pour les différentes flores régionales africaines entraîne pas mal de changements de noms. En donnant la synonymie des taxons reconnus, nous voulons renseigner les noms changés depuis la parution des différents volumes et fascicules de la Flore d'Afrique Centrale - sans juger sur le bien fondé de ces changements - et aussi rappeler certains noms employés dans des anciens ouvrages de foresterie et de phytosociologie.

Sauf indication contraire, les noms vernaculaires, repris de Daeleman & Pauwels (1983), sont en dialecte "kongo", plus spécialement en "ntandu", comme il se parle à Kisantu, Lemfu, Mpese et Kipako. Cette langue est moins communément utilisée à Kinshasa et Brazzaville que la forme véhiculaire du "ngala", langue citadine moderne ("lingua franca"), qui n'est pas riche en noms d'arbres et arbustes spontanés.

La distribution géographique est donnée pour les espèces largement distribuées par des phrases de ce genre: "De la Guinée au Mozambique". Pour des espèces moins répandues nous énumérons les pays où elles sont signalées. Finalement pour des espèces à aire réduite au Zaïre et aux pays limitrophes nous mentionnons les territoires phytogéographiques du Zaïre acceptés par Bamps (1982; fig. 1).

Les abréviations utilisées dans les descriptions sont: Fe., feuilles; Fl., fleurs; Fr., fruits; Infl., inflorescences; Infr., infrutescences; ♂, mâle; ♀, femelle.

ACANTHACÉES

Herbes ou arbustes; tiges renflées au niveau des noeuds, et montrant parfois, à l'état sec, une constriction au dessus des noeuds. **Fe.** opposées, à limbe entier ou découpé, quelquefois à bord épineux; stipules absentes. **Infl.** souvent en épis; bractées et bractéoles souvent très développées. **Fl.** hermaphrodites, zygomorphes, 5-mères; calice souvent bilabié; corolle tubuleuse ou 2-labiée ou 1-labiée; étamines 4, didynames, parfois 2, staminodes fréquents; ovaire supère à 2 carpelles; ovules (1)2 à nombreux par loge. **Fr.**: capsules, souvent en forme de violon s'ouvrant en 2 valves; graines généralement munies de jaculateurs.

Les genres et espèces suivants non décrits ou émunérés ci-dessous sont également présents dans la région: *Anisotes macrophyllus* (Lindau) Heine, *Barleria villosa* S. Moore, *Justicia extensa* T. Anderson, *Ruspolia hypocrateriformis* (Vahl) Milne-Redhead, *Sclerochiton nitidus* (S. Moore) C.B. Clarke (syn. *S. gilletii* De Wild.) et *S. vogelii* (Nees) T. Anderson var. *congolanus* (De Wild.) Vollesen (syn. *Butayea congolana* De Wild. & Th. Dur.).

Acanthus mayaccanus Büttner

Arbuste de 2-4 m de haut; jeunes rameaux scabres. **Fe.** à pétiole de 10-15 mm de long; à limbe obovale-elliptique, à sommet aigu ou acuminé, à base longuement atténuée, de 16-29 x 4,5-7,5 cm, à bord ondulé, scabre en-dessous. **Infl.** en épis terminaux de 7-10 cm de haut, à bractées très épineuses, à bractéoles sans épines. **Fl.** à calice de 2,5-3 cm de long, non épineux; corolle de 3 cm de long, blanche; étamines 4. **Fr.**: capsules à 2(-4) graines.

Forêts secondaires. − Congo, Zaïre (Bas-Congo).

Une seconde espèce existe dans la région: *Acanthus montanus* (Nees) T. Anderson (Pl. 1).

Adhatoda bolomboensis (De Wild.) Heine
syn. *Justicia bolomboensis* De Wild.; *Duvernoya bolomboensis* De Wild.

Arbuste de 1-2 m de haut. **Fe.** à pétiole de 2-4 cm, à limbe elliptique à obovale, aigu à acuminé au sommet, à base cunéiforme, de 6-18 x 3,4-10 cm, glabre. **Infl.** terminales en forme d'épi lâche, ± interrompu, allongé, dépassant les feuilles, atteignant 20 cm de long, ou axillaires plus courtes; fleurs solitaires ou fasciculées; bractées lancéolées de 2 mm de long; bractéoles atteignant 6 mm de long. **Fl.** à calice fendu presque jusqu'à la base en 5 lobes subégaux de 7 x 1,5 mm; corolle à tube de 7 mm eviron de long, blanc vert à taches violacées; lèvre inférieure de 12 mm de long, à peu près égale à la lèvre supérieure; étamines 2 à deux loges dont l'inférieure est munie d'un éperon. **Fr.**: capsules à 4 graines.

Galeries forestières, forêts humides. − Gabon, Congo, Zaïre.

Adhatoda buchholzii (Lindau) S. Moore − Pl. 2
syn. *Duvernoia buchholzii* Lindau

Arbuste de 1-2 m de haut. **Fe.** à pétiole de 2-5 cm de long, à limbe elliptique, brusquement acuminé au sommet, et aigu à la base, de 15-22 x 6-12 cm, glabre. **Infl.** terminales en forme d'épi lâche, ± interrompu, allongé, atteignant 20 cm de haut; bractées orbiculaires jusqu'à 15 mm de diamètre; bractéoles plus petites. **Fl.** à sépales inégaux, les supérieures plus larges, de

7 x 2,5 mm, les inférieures de 17 x 1,5 mm; corolle blanchâtre, à tube de 7 x 4 mm; lèvre supérieure, en forme de casque, de 7 mm de long; lèvre inférieure de 8 mm de long; étamines 2 à loges un peu décalées. **Fr.**: capsules de 3,3 x 0,7 cm, à 4 graines.

Forêts humides. — Gabon, Congo, Zaïre.

Une troisième espèce, *Adhatoda claessensii* (De Wild.) Heine (syn. *Justicia claessensii* De Wild.; Pl. 2) existe dans la région.

Brillantaisia patula T. Anderson   *lembalemba*

Arbuste atteignant 2 m de haut. **Fe.** à pétioles ailés sur toute leur longueur; à limbe ovale, acuminé, denté, à base arrondie, de 25-30 x 11-13 cm, pétiole inclus, pubescent. **Infl.** terminales en lâches panicules; bractées lancéolées; bractéoles petites d'environ 4 x 1 mm. **Fl.** à calice de 13 mm, accrescent après la floraison; corolle violette, à tube de 1,5 cm; lèvre supérieure de 4 cm; lèvre inférieure de 3,5-4 cm; étamines 2; staminodes 2. **Fr.**: capsules atteignant 25 mm de long avec environ 20 graines.

Galeries forestières ou villages où il est cultivé comme plante magique. — Du Togo au Zaïre et à l'Angola.

Odontonema strictum Kuntze
syn. *Jacobinia coccinea* auct.

Arbuste de 2-3 m de haut, à ligne transversale entre les 2 pétioles. **Fe.** courtement pétiolées, à limbe elliptique, cunéiforme à la base, acuminé au sommet, de 7-15 x 3,5-5 cm, à bord légèrement crénelé, glabre. **Infl.** en épis. **Fl.** à calice de 2-2,5 mm de long; corolle écarlate, de 2-2,5 cm de long, à tube cylindrique, à peine élargi vers le haut; étamines fertiles 2 à filets très courts. **Fr.**: capsules à 2-4 graines.

Cultivé pour ses fleurs.- Originaire d'Amérique centrale.

Rungia grandis T. Anderson — Pl. 3

Arbuste de 1,5-2 m de haut; constrictions au dessus des noeuds très remarquables sur les spécimens secs. **Fe.** à limbe elliptique, acuminé au sommet, longuement atténué à la base, de 12-20 x 6-9 cm, papyracé. **Infl.** terminales en épis denses et courts de 6-8 cm de haut; bractées ovales, de 20 x 12 mm, arrondies au sommet, mais avec un acumen très aigu, à marges blanches et hyalines, atteignant une largeur de 3 mm; bractéoles également à bords hyalins. **Fl.** à calice subrégulier; corolle jusqu'à 2 cm de long, blanche; étamines 2. **Fr.**: capsules à 4 graines.

Forêts secondaires. — De la Guinée au Congo et au Zaïre, et jusqu'à l'Ouganda.

Sanchezia nobilis Hook. f.

Arbuste de 2-3 m de haut, à tiges rougeâtres. **Fe.** à limbe elliptique, acuminé au sommet, atténué à la base, de 10-30 x 5-7 cm, à bord crénelé; nervure médiane ± rougeâtre, les autres jaunâtres. **Infl.** en forme d'épis, constitués de fleurs fasciculées à l'aisselle de grandes bractées. **Fl.** à corolle jaune, d'environ 5 cm de long; étamines fertiles 2, exsertes; staminodes 2; anthères à loges parallèles non contiguës, éperonnées à la base. **Fr.**: capsules à 6-8 graines.

Cultivé pour ses fe. et ses inflorescences décoratives. — Originaire d'Amér. du Sud intertropical.

Thomandersia butayei De Wild. — Pl. 4   *nkaka bangulu*

Arbuste de 1-5 m de haut; à jeunes rameaux courtement tomenteux. **Fe.** en paires ± inégales; à pétiole de 1-2 cm; à limbe ovale, arrondi à cunéé à la base, à acumen obtus et émarginé, de 2-10 x 1,2-4,5 cm; domaties velues présentes. **Infl.** en racèmes terminaux de 5-10 cm de long, à bractées de 1 mm de long. **Fl.** à calice d'environ 2 x 5 mm; corolle mauve ou blanc rosé; tube de 6-8 mm de long; étamines 4 didynames; anthères à loges insérées au même niveau. **Fr.**: capsules coniques-ovoïdes de ± 9 x 6 mm, entourées par le calice accrescent; graines 4.

Recûs forestiers. — Gabon, Congo, Zaïre (Bas-Congo, Kasai).

Thomandersia laurentii De Wild.

Arbuste de 2-7 m de haut; à jeunes rameaux courtement tomenteux. **Fe.** en paires ± inégales; à pétiole de 1-3,5 cm de long; limbe ovale-elliptique, arrondi, parfois subcordé à la base, acuminé au sommet, de 3,5-10 x 2-5 cm. **Infl.** terminales en racèmes de 10-15 cm de long. **Fl.** à calice d'environ 2,5 mm de long, muni d'une bosse glandulaire, violet pourpre très foncé; corolle à tube atteignant 14 mm de long, brun rougeâtre. **Fr.**: capsules coniques-ovoïdes d'environ 12 x 7 x 4 mm, entouré par le calice accrescent.

Recrûs et forêts secondaires. — Congo, Zaïre (Bas-Congo, Kasai).

Une troisième espèce existe dans le territoire étudié: *Thomandersia congolana* De Wild. & Th. Dur. (Pl. 4).

Thunbergia erecta (Benth.) T. Anderson — Pl. 5

Arbuste fort ramifié de 1,5-2,5 m de haut. **Fe.** à pétiole de ± 2 mm de long; à limbe ovale à subrhomboïde, de 4-8 x 1,2-3 cm, entier ou irrégulièrement lobé-denté, glabre. **Fl.** solitaires à l'aisselle des feuilles; à pédicelle atteignant 5 cm de long; à 2 grandes bractéoles, de 15-28 mm de long; calice découpé en 12-14 dents, ne dépassant pas 3 mm de long; corolle de 6-7,5 cm de long, blanc à la base, bleue au niveau des lobes, à gorge jaune; étamines 4, didynames. **Fr.**: capsules de ± 2,5 cm de long.

Forêts; jardins, où elle est cultivée pour ses fleurs et comme haie. — De la Guinée au Zaïre.

Une seconde espèce existe dans la région: *Thunbergia vogeliana* Benth.

Whitfieldia elongata (P. Beauv.) De Wild. & Th. Dur. — Pl. 6
           syn. *W. longifolia* T. Anderson

Arbuste de 1,5-3 m de haut, rarement liane; tiges un peu anguleuses à constriction au dessus du noeud. **Fe.** à limbe elliptique, longuement acuminé au sommet, décurrent à la base, de 13-22 x 4,5-9 cm, à bord légèrement sinueux, glabre. **Infl.** terminales, en panicules simples; bractéoles elliptiques de 16 x 8 mm, blanches. **Fl.** à calice à 5 lobes, de 26 mm de long, blanc, tomenteux; à corolle à tube très étroit d'environ 40 x 2 mm; à 5 lobes elliptiques de 2-3 x 0,6-0,8 cm.; étamines 4 didynames. **Fr.**: capsules de 3,5 cm de long.

Forêts humides, galeries forestières. — Du sud du Nigeria en Angola et en Tanzanie.

Deux autres espèces existent dans la région: *Whitfieldia brazzae* (Baill.) C.B. Clarke (syn. *W. sylvatica* De Wild.) et *W. thollonii* (Baill.) R. Benoist (syn. *W. gilletii* De Wild.) (Pl. 10).

AGAVACÉES

Herbes vivaces, arbustes ou arbres. **Fe.** souvent succulentes, généralement rassemblées en rosettes soit à l'extrémité des branches, soit à la base de la plante; limbe à base engainante, à bord et à sommet souvent épineux. **Infl.** en panicules ou racèmes terminaux. **Fl.** unisexuées ou hermaphrodites, actinomorphes ou zygomorphes; tépales 6 souvent soudés en tube ± long; étamines 6 insérées sur le tube du périgone; ovaire supère ou infère, à 1 ou 3 loges. **Fr.** capsules ou baies.

Outre les espèces décrites et énumérées ci-dessous existe également la plante cultivée: *Yucca gloriosa* L.

Cordyline fruticosa (L.) A. Chev.
> syn. *C. terminalis* (L.) Kunth

Arbuste de 1-3 m de haut, à tige unique ou peu ramifié. **Fe.** en touffe au sommet de la tige, à limbe elliptique, de 20-40 x 5-12 cm, atténué dans un pétiole strié, de 6-10 cm de long et engainant, à sommet terminé en pointe, vert ou diversement colorié suivant les cultivars. **Infl.** en panicule lâche de 30 cm de long. **Fl.** à périgone de 1 cm de long; les lobes aussi longs que le tube, blanc ou lilas; ovaire supère, à nombreuses ovules. **Fr.** globuleux de 5-7 mm de diamètre.

Cultivé dans les jardins pour son feuillage panaché, jaune blanc ou rouge violet. — Originaire d'Asie tropicale.

Dracaena arborea (Willd.) Link — Pl. 8-9   *ndiadi mbulu, kidiadi*

Arbre de 10-18 m de haut, souvent à racines-échasses, à tige unique ou peu ramifié, avec des branches subverticales. **Fe.** étroitement obovales, de 50-120 cm de long, rétrécies aux extrémités, larges de 4,5-7,5 cm dans la moitié supérieure, rétrécies à 3 cm au dessus de la base qui elle même embrasse la tige sur 6 cm, coriaces. **Infl.** pendantes en forme de panicule de 150 cm de long, à axes jaunâtres. **Fl.** blanches de 18-20 mm de long; tube du périgone 5-8 mm de long; lobes deux fois aussi longs, de 10-13 mm; ovaire supère. **Fr.**: baies globuleuses, d'environ 2 cm de diamètre, rouges à maturité; graines 1-3.

Forêts et villages où l'arbre est planté pour délimiter la parcelle d'un chef. — Du Sierra Leone à l'Angola.

Dracaena camerooniana Baker — Pl. 7
> syn. *D. capitulifera* De Wild. & Th. Dur.

Arbuste de 0,5-3,5 m de haut, ressemblant à un petit bambou; croissance monopodiale jusqu'à la production d'une inflorescence. **Fe.** en pseudoverticilles séparés par des nombreuses cicatrices ou des écailles; à limbe elliptique à obovale, de 5-16 x 1-7 cm. **Infl.** terminales ou subterminales, réfléchies, d'environ 10 cm de long à glomérules de fleurs sessiles ou courtement pédicellées. **Fl.** à périgone blanc, de 2 cm de long. **Fr.**: baies sphériques d'environ 1,5 cm de diamètre, orange.

Forêts marécageuses ou ripicoles. — De la Guinée à l'Angola, jusqu'en Ouganda, Tanzanie et Zambie.

Dracaena fragrans (L.) Ker Gawler — Pl. 10

      syn. *D. butayei* De Wild.

Arbuste de 1,5-15 m de haut. **Fe.** obovales, de 20-60 x 5-14 cm, groupées en touffe au sommet des rameaux, engainantes à la base. **Infl.** terminale en panicule avec des axes latéraux courts et de nombreux glomérules sphériques de fleurs, de 35-100 cm de long; bractéoles caduques après la floraison. **Fl.** à périgone blanc de 1,5-2 cm de long. **Fr.:** baies globuleuses d'environ 18 mm de diamètre, orange.

Forêts; jardins où il est cultivé pour ses feuilles décoratives, surtout chez les cultivars à bandes jaunes autour de la nervure médiane ou sur les bords. — Afrique intertropicale.

Dracaena mannii Baker — Pl. 11   *ndiadi mbulu, kidiadi*

      syn. *D. reflexa* Lam. var. *nitens* (Baker) Baker

Arbre atteignant 10 m de haut. **Fe.** linéaires, sessiles de 15-24 x 1,5-2 cm, non engainantes à la base. **Infl.** en panicules pyramidales terminales, atteignant 25 cm de long, à axes oranges. **Fl.** à périgone de 18-20 mm de long, blanc, odorant. **Fr.** baies globuleuses de 1,5-2 cm de diamètre, rouges.

Forêts secondaires. — Afrique tropicale.

Outre les espèces décrites ci-dessus, existent aussi spontanément dans la région: *Dracaena aubryana* C.J. Morren (Pl. 7), *D. laurentii* De Wild., *D. laurentii* De Wild. var. *linearifolia* De Wild., *D. oddonii* De Wild., *D. poggei* Engl., *D. surculosa* Lindl. var. *surculosa*.

Sont cultivés dans les jardins: *Dracaena deremensis* Engl., *D. godseffiana* Sander, *D. goldieana* Bull, *D. sanderiana* Sander.

ANACARDIACÉES

Arbres, arbustes ou lianes; fleurs unisexuées portées sur le même pied ou sur des pieds différents; parfois, fleurs unisexuées et hermaphrodites sur la même plante; exsudat résineux fréquent. **Fe.** alternes, imparipennées, parfois 3-foliolées, ou simples; stipules absentes. **Infl.** en panicules ou épis, ou réduites à quelques fleurs. **Fl.** unisexuées, rarement hermaphrodites, actinomorphes; sépales 3-5; pétales 3-7, libres; étamines en nombre égal ou double de celui des pétales, libres; ovaire supère, 1-loculaire, rarement 2-5-multiloculaire. **Fr.:** drupes le plus souvent à 1 noyau, rarement akènes.

Outre les genres et espèces décrits ou énumérés ci-dessous, existent dans la région: *Antrocaryon nannanii* De Wild. (Pl. 12), *Trichoscypha oddonii* De Wild. et *T. patens* (Oliv.) Engl.

Anacardium occidentale L.   *anacardier; nkasu*

Arbuste à petit arbre de 3-7 m de haut, à cime large et profonde. **Fe.** à pétiole de 0,5-1,5 cm; limbe obovale, arrondi ou émarginé au sommet, cunéé à la base, de 7-17 x 4,5-10 cm, coriace et glabre; cryptes présentes à l'aisselle des nervures secondaires. **Infl.** en panicules corymbiformes, de 10-20 cm de long; axes pubérulents. **Fl.** ♂ à 5 sépales légèrement unis à la base; pétales 5, libres, de 8-13 x 1,3-1,7 mm, blanc rosé; étamines 7-10, inégales, 1-2 longues et fertiles, les autres courtes et parfois stériles. **Fl.** ♀ à ovaire obliquement obovoïde. **Fr.:** akènes en forme de rein, de 2,5-3 cm de long, jaune verdâtre, à pédicelle très charnu, pendant, atteignant 7,5 x 4 cm, rouge.

Arbre fruitier introduit et devenu ± subspontané. — Originaire d'Amérique tropicale.

Le pédicelle accrescent et charnu, connu sous le nom de *"pomme cajou"*, ainsi que la graine oléagineuse (*noix cajou*), sont comestibles.

Lannea antiscorbutica (Hiern) Engl. *nkumbi*

Arbre de 5-15 m de haut, à résine rouge. **Fe.** à l'extrémité des jeunes rameaux, imparipennées à 2-4 paires de folioles opposées; pétiole à constriction au dessus de la base renflée; folioles rouge brun à l'état sec, ± inéquilatérales, ovales, aigües et inégales à la base, acuminées au sommet, de 6-12 x 2,5-4,5 cm, papyracées, discolores, à poils à l'aisselle des nervures. **Infl.** terminales et latérales sur des rameaux nus, fasciculées, spiciformes, de 3-10 cm de long; axes couverts de poils étoilés. **Fl.** ♂, 4-mères; calice à lobes de ± 1 mm de long; pétales de 2,5-3,5 mm de long, jaunes; étamines 8 égalant ou dépassant légèrement les pétales. **Fl.** ♀ semblables aux fleurs ♂; ovaire ellipsoïde de 1-2 mm de diamètre. **Fr.:** drupes ovoïdes, comprimées de 7-9 x 6-7 mm, noires.

Lisières de forêt, savanes en voie de reforestation. − Zaïre (Côtier, Mayombe, Bas-Congo, Kasai, Bas-Katanga, Ubangi-Uele, Haut-Katanga), Angola, Zambie.

Lannea welwitschii (Hiern) Engl. *munkombo*

Arbre moyen à grand, atteignant 25 m de haut, à écorce résinifère. **Fe.** groupées à l'extrémité des rameaux, imparipennées à 2-3 paires de folioles opposées; folioles à limbe ovale, aigu à arrondi et inégal à la base, acuminé au sommet, de 10-15 x 5-7 cm, papyracé, discolore. **Infl.** axillaires, en panicules étroitement pyramidales, atteignant 20 cm de long. **Fl.** unisexuées, 4-mères; calice à lobes de moins de 1 mm de long; pétales de 2,5-3 mm de long, jaune verdâtre. **Fr.:** drupes réniformes, comprimées de 6-8 x 4-6 mm, noirâtres à maturité.

Forêts humides, forêts ripicoles. − De la Côte d'Ivoire à l'Angola et l'Ouganda.

Mangifera indica L. *manguier; nmanga, nsafu mputu*

Arbre de 10-40 m de haut, à cime compacte; plantes polygames. **Fe.** alternes, simples; pétiole de 2-4,5 cm de long; limbe oblong-lancéolé, de 10-25 x 3-5 cm, luisant et ± coriace, glabre; nervures secondaires 15-30 de chaque côté de la nervure primaire. **Infl.** en panicules atteignant 25 cm de long. **Fl.** ♂ et hermaphrodites dans le même panicule, 5-mères; sépales de 2-2,5 mm de long, blanc jaunâtre; pétales de 3-4 mm de long; étamines fertiles 1(2); staminodes(3)4; disque très épais. **Fr.:** drupes pendantes, de 8-10(-25) x 7-8(-10) cm; noyau fibreux, ligneux et aplati.

Arbre fruitier des plus communs, planté dans les villages et devenant le noyau d'une reforestation après l'abandon du village (nkunku). − Originaire d'Asie tropicale.

Pseudospondias microcarpa (A. Rich.) Engl. − Pl. 13 *nyibu*

Arbres de 6-20 m de haut; à fleurs ♂ et ♀ portées sur des pieds différents. **Fe.** alternes, imparipennées, à 5-21 folioles alternes ou opposées; pétiole renflé à la base; limbe asymétrique, largement elliptique, cunéiforme à arrondi à la base, acuminé au sommet, de 5-17 x 2,5-6 cm, papyracé, glabre. **Infl.** en panicules lâches de 20-60 cm de long. **Fl.** ♂ à calice 3-lobé; pétales 3 de 1,3-1,8 mm de long, blanc jaunâtre; étamines 6. **Fl.** ♀ à ovaire 3-loculaire. **Fr.:** drupes ovoïdes, de 3-3,5 x 2-2,5 cm, rouge violacé à maturité.

Forêts humides, galeries forestières. − Afrique intertropicales.

Sorindeia claessensii De Wild.

Arbre de 6-20 m de haut; écorce contenant un latex rouge, collant. **Fe.** à 7-13 folioles inégales; folioles à limbe oblong-elliptique à oblong-obovale, cunéiforme et légèrement asymétrique à la base, longuement acuminé au sommet, de 12-18 x 4,5-8 cm, coriace; nervures tertiaires formant une bissectrice entre la nervure médiane et les nervures secondaires. **Infl.** en panicules atteignant 40 cm de long. **Fl.** ♂ à calice cupuliforme à lobes ovales; pétales de 2,5-3,5 mm de long, blancs; étamines 13-17. **Fl.** ♀ à ovaire ovoïde de 1-1,5 mm de diamètre. **Fr.**: drupes ovoïdes, parfois ± obliques, de 15-20 x 10-13 mm.

Forêts secondaires. — Congo, Zaïre (Bas-Congo, Kasai, Forestier Central).

Sorindeia gilletii De Wild. — Pl. 14

Arbuste à arbre atteignant 25 m de haut; écorce à latex blanc jaunâtre qui rougit à la dessiccation. **Fe.** à 5-9 folioles, à limbe oblong-elliptique, cunéiforme à subarrondi et asymétrique à la base, acuminé au sommet, de 8-20 x 4-8 cm, coriace; nervures tertiaires formant une bissectrice entre la nervure médiane et les nervures secondaires. **Infl.** en panicules très ramifiés, atteignant 60 cm de long; axes à indument brun roux. **Fl.** ♂ à calice cupuliforme à lobes de 0,5 mm; pétales de 2,8-3,5 mm de long, ± charnus, blancs à jaunes; étamines 11 autour et 1 sur le disque. **Fl.** ♀ à 5-6 étamines stériles; ovaire à 1 loge 1- ovulé. **Fr.**: drupe obliquement ovoïde, de 13-18 x 8-14 x 7-10 mm.

Galeries forestières. — Gabon, Congo, Zaïre (Côtier, Mayombe, Bas-Congo, Kasai, Forestier Central, Ubangi-Uele), Angola.

Deux autres espèces sont connues pour la région: *Sorindeia gossweileri* Exell & Mendonça et *S. poggei* Engl.

Spondias mombin L.   *mungyenge*

Arbre atteignant 25 m de haut; écorce à latex transparent et collant. **Fe.** à 7-9 folioles subopposées à opposées et inégales; folioles à limbe oblong-elliptique, à base oblique d'un côté, arrondi de l'autre côté, de 5-13 x 3-6 cm, papyracé, glabre; nervures secondaires 12-15 de chaque côté de la primaire. **Infl.** en panicules terminales, de 15-20 cm de long. **Fl.** hermaphrodites à calice de 1-1,5 mm de diamètre; pétales de 2,5-3 mm de long, blancs; étamines 8-10, insérées autour du disque; ovaire à 3-5 loges 1-ovulées. **Fr.**: drupes de 3-4 x ± 2,5 cm, jaunes à maturité; pulpe charnue ou fibreuse, acidulée; noyau garni de crêtes irrégulières.

Naturalisé dans l'ouest du Zaïre, principalement à l'emplacement d'anciens villages. — Peut-être originaire de l'Afrique de l'ouest, ou introduit de l'Amérique tropicale. — Son fruit, petite prune jaune au goût acidulé, est comestible.

Une espèce voisine, *Spondias cytherea* Sonner., la "*pomme de Cythère*", est cultivée à Kisantu; ses drupes à chair comestible, atteignent la dimension d'une mangue.

ANNONACÉES

Arbres, arbustes ou lianes. **Fe.** alternes, simples, à bord entier; stipules absentes. **Infl.** terminales, axillaires ou opposées aux feuilles, en fascicules, ou fleurs solitaires ou géminées. **Fl.** hermaphrodites, actinomorphes; sépales

3; pétales souvent 3 + 3, rarement 4 ou 3; étamines nombreuses, spiralées; filets très courts; anthères souvent surmontées d'un prolongement élargi et tronqué; carpelles nombreux, libres, rarement soudés en 1 ovaire. **Fr.** composés des carpelles libres (fruits apocarpes) ou soudés en une masse 1- à multiloculaire (fruits syncarpes), secs ou charnus.

En plus des genres et espèces décrits ou énumérés ci-dessous, existent dans la région: *Greenwayodendron suaveolens* (Engl. & Diels) Verdc. (syn. *Polyalthia suaveolens* Engl. & Diels), *Monanthotaxis littoralis* (Bagshawe & Baker f.) Verdc. (syn. *Popowia littoralis* Bagshawe & Baker f.). *Neostenanthera myristicifolia* (Oliv.) Exell [syn. *N. pluriflora* (De Wild.) Exell], *Polyceratocarpus gossweileri* (Exell) Paiva (syn. *P. vermoesenii* Robyns & Ghesq.), *Uvaria brevistipitata* De Wild., *Uvariodendron mayumbense* (Exell) R.E. Fries et *Uvariopsis congensis* Robyns & Ghesq.

Annona muricata L.

corossolier, faux coeur de boeuf; mbundu ngombe

Arbuste à petit arbre de 5-8 m de haut. **Fe.** à limbe obovale à obovale-oblong, à base cunéiforme, à sommet aigu, de 12-13,5 x 4-5 cm, glabre et luisant à la face supérieure; nervation peu en relief. **Fl.** blanchâtres, solitaires, terminales ou oppositifoliées, à pédicelle épais de 1,5-2,5 cm de long; sépales largement ovales; pétales externes épais, cordés à la base, de 2,5-3,5 x 1,8-2,5 cm. **Fr.:** syncarpes ovoïdes à ovoïdes-oblongs, verts, de 15-20 cm de long, à épines charnues; chair blanche à nombreuses graines noires luisantes.

Arbre fruitier assez commun dans la région. — Originaire de l'Amérique tropicale.

Annona reticulata L.
coeur de boeuf; kilolo ki mputu

Arbuste atteignant 5-7 m de haut. **Fe.** à limbe étroitement elliptique à oblong, longuement atténué-acuminé au sommet, cunéiforme à la base, de 10-20 x 2-5 cm, pubescent et légèrement rougeâtre au-dessous; nervures latérales saillantes en dessous. **Infl.** extra-axillaires, 2-5-flores. **Fl.** à sépales largement ovales; pétales externes linéaires-oblongs, de 1,5-2,5 cm de long; pétales internes rudimentaires; étamines de 1,5 mm de long. **Fr.** subglobuleux-ovoïdes, rougeâtres à maturité, de 9-10 cm de diamètre, presque lisses, à aréoles subplanes.

Arbre fruitier; la chair épaisse et crémeuse est comestible. — Originaire des Antilles.

Annona senegalensis Pers. subsp. *oulotricha* Le Thomas
kilolo, nlolo
syn. *A. arenaria* Thonn.

Arbuste ou sous-arbuste de 1-6 m de haut; ramilles tomenteuses roux ferrugineux. **Fe.** à pétiole de 7-20 mm de long; limbe largement ovale à elliptique, arrondi ou légèrement émarginé au sommet, cordé à arrondi à la base, de 6-20 x 5-12 cm; face inférieure couverte sur toute la surface d'un tomentum court. **Fl.** solitaires ou géminées, à pédicelle de 1-2,5 cm de long; sépales ovales de 3-5 mm de long; pétales jaune verdâtre, charnus; les extérieurs largement ovales de 8-10 mm de long, tomenteux à l'extérieur; étamines linéaires de 2-2,5 mm de long; connectif élargi au-dessus des anthères. **Fr.:** syncarpe jaune orange à maturité, ovoïde ou globuleux, aréolé, légèrement tuberculé, de 3-5 cm de diamètre.

Très commun en savane. — Du Sierra Leone au Zaïre (jusqu'au Shaba). — Fruit comestible.

Anonidium mannii (Oliv.) Engl. & Diels — Pl. 15   *mobe*

Arbre de 15-30 m de haut. **Fe.** subsessiles ou à pétiole de 0,3-1 cm de long; limbe obovale-oblong, arrondi à subcordé à la base, arrondi et brusquement acuminé au sommet ou atténué, à acumen atteignant 2-2,5 cm de long, de 20-40 x 7-17 cm, noirâtre à l'état sec; nervures secondaires 11-20 paires. **Infl.** sur le tronc et les rameaux agés, en cymes, unipares, pluriflores atteignant 20-40 cm de long. **Fl.** ♂ et fleurs hermaphrodites; sépales largement ovales, de 1,7-2 cm de long; pétales largement elliptiques, vert jaunâtre, épais, coriaces; les externes de 3-4,5 cm de long. **Fr.** syncarpes, réticulés, formés de nombreux carpelles soudés, cylindriques-ovoïdes, de 20-30 cm de long.

Forêts denses primaires. — Nigeria, Cameroun, Rép. centrafr., Gabon, Congo, Zaïre. — La pulpe jaune du fruit est comestible.

Les deux variétés distinguées: var. *mannii* et var. *brieyi* (De Wild.) Fries [syn. *Anonidium brieyi* De Wild.] existent dans la région. Var. *brieyi* diffère de var. *mannii* par ses pétales étroits, lancéolés (Pl. 16, n. 11).

Cananga odorata (Lam.) Hook. f. & Thoms.   *ylang-ylang*

Arbre pouvant atteindre 25-30 m de haut, à branches plutôt pendantes. **Fe.** à limbe elliptique-oblong, arrondi à la base, acuminé au sommet, de 9-20 x 5-10 cm; nervures latérales formant un angle de moins de 45°. **Infl.** axillaires pendantes. **Fl.** à sépales de ± 5 mm de long; pétales jaunes, très parfumés de ± 4 cm de long. **Fr.** apocarpe: ensemble de baies verdâtres, noires à maturité, oblongues-cylindriques, de ± 1,5 cm de long.

Planté pour la bonne odeur qu'il répand; de ses fleurs on extrait un parfum. — Originaire du sud de l'Inde, de Java et des Philippines.

Cleistopholis glauca Engl. & Diels

Arbre atteignant 30 m de haut. **Fe.** à limbe obovale-oblong, cunéiforme à la base, de 7-16 x 2-4,7 cm, discolore, vert glauque en dessous, à acumen de 0,8-1,5 cm de long. **Infl.** axillaires subombellées pédicellées. **Fl.** vertes; sépales de 1,5-2 mm de long; pétales externes de 15-20 mm; les internes de 2-4 mm de diamètre. **Fr.** apocarpe à pédicelle épais de 15-35 mm de long; ensemble de baies subsessiles à courtement stipitées, de 16-30 x 10-15 mm, lisses à très légèrement granuleux.

Forêts marécageuses, forêts secondaires. — Cameroun, Rép. centrafr., Gabon, Congo, Zaïre, Angola (Cabinda).

Cleistopholis patens (Benth.) Engl. & Diels — Pl. 16

Arbre atteignant 25-30 m de haut; branches étalées horizontalement ou pendantes; écorce odorante. **Fe.** alternes, distiques; limbe oblong ou oblong-lancéolé, atténué-acuminé au sommet, cunéiforme à subarrondi à la base, de 4,5-21 x 1,5-6 cm, subcoriace, luissant au-dessus. **Infl.** en fascicules de 2-8 fleurs. **Fl.** vert jaunâtre; sépales de ± 1,5 mm de long; pétales externes de 5-10 mm de long. **Fr.** apocarpe à pédoncule de 15-28 mm de long; baies stipités, les uniséminés globuleux, les biséminés transversalement et obliquement ellipsoïdes, de 18-22 x 15-25 mm, tuberculés à l'état sec.

Forêts marécageuses. — Du Sierra Leone à la Rép. centrafr., au Congo, au Zaïre et en Angola.

Monodora angolensis Welw. — Pl. 17   *mpeya*

Arbre atteignant 20 m de haut; écorce gris noirâtre, rugeuse. **Fe.** à limbe oblong, elliptique, cunéiforme à arrondi à la base, acuminé au sommet, de 4,5-20 x 2-8,5 cm, glabre. **Fl.** solitaires, pendantes, colorées, tachetées; pédicelle muni d'une bractéole; sépales de 0,5-1 cm de long; pétales externes étalés à la base puis recourbé vers l'intérieur, ondulés-crispés, blancs à la base, tacheté de rouge et de jaune dans la partie supérieure. **Fr.** syncarpes, sphériques à ovoïde-coniques, ± apiculés au sommet, aplatis à la base, de 5,5-8 x 5-7 cm, à larges côtes longitudinales.

Forêts denses humides. — Cameroun, Rép. centrafr., Ouganda, Tanzanie, Gabon, Congo, Zaïre, Angola.

Deux autres espèces existent dans la région: *Monodora laurentii* De Wild. et *M. myristica* (Gärtn.) Dunal, appelées également "mpeya".

Xylopia aethiopica (Dunal) A. Rich. — Pl. 18

poivrier de Guinée; nsombo

Arbre atteignant 40 m de haut; empattements ailés à la base. **Fe.** à limbe elliptique, cunéiforme à la base, longuement acuminé au sommet, de 8-16 x 4,5-7 cm, subcoriace; nervures latérales peu apparentes. **Fl.** blanc crème, axillaires solitaires ou fasciculées; sépales de ± 2 mm de long; pétales externes étroitements linéaires, à base ± élargie et subconcave, atteignant 40-45 mm de long, soyeux-tomenteux à l'extérieur. **Fr.** apocarpes à pédicelle de ± 1 cm de long; follicules subsessiles, étroitement cylindriques de 4-6 x 0,4-0,8 cm, légèrement moniliformes, glabres.

Forêts marécageuses. — Du Sénégal jusqu'à la Tanzanie, au Congo, au Zaïre, en Angola et en Zambie. — On utilise les graines fortement poivrées comme épice.

Xylopia rubescens Oliv.

Arbre atteignant 30 m de haut; racines-échasses à la base du tronc. **Fe.** à limbe oblong-elliptique, cunéiforme à la base et décurrent sur le pétiole, brusquement acuminé au sommet, de 9-23,5 x 4-8,7 cm, coriace; face inférieure rougeâtre. **Fl.** jaunes axillaires, solitaires ou 2-5 fasciculées; sépales de 2-4 mm de long; pétales externes linéaires, concaves à la base, atteignant 23-35 mm de long, tomenteux à l'extérieur; les internes de 4-6 mm de long. **Fr.** apocarpes à pédicelle de ± 1 cm de long; follicules stipités, cylindriques, de 7-10 x 0,8 cm, moniliformes.

Forêts marécageuses. — Du Liberia jusqu'en Ouganda et au Zaïre.

Xylopia wilwerthii De Wild. & Th. Dur.

Arbre de 8-11 m de haut. **Fe.** à limbe étroitement elliptique-oblong, cunéiforme à la base, atténué-acuminé au sommet, à acumen arrondi au sommet, de 4,5-9 x 1,3-2,7 cm, glabre; nervures secondaires peu saillantes. **Fl.** crème, solitaires; sépales de 2-3 mm de long; pétales externes linéaires, élargis à la base, atteignant 17-30 mm de long. **Fr.** apocarpes à pédicelle de ± 1 cm de long; follicules cylindriques-oblongs, atténués à stipité à la base, arrondis au sommet, de 2-3,5 x 0,7-1 cm, striés longitudinalement à l'état sec.

Forêts secondaires. — Zaïre (Mayombe, Bas-Congo, Forestier Central).

Plusieurs autres espèces existent dans la région: *Xylopia acutiflora* (Dunal) A. Rich., *X. gilbertii*

Boutique, *X. hypolampra* Mildr. et *X. parviflora* (A. Rich.) Benth. (syn. *X. vallotii* Hutch. & Dalz.).

APIACÉES (OMBELLIFÈRES)

Herbes, rarement arbustes ou arbres. **Fe.** alternes, généralement composées ou au moins profondément divisées; pétioles engainants à la base. **Infl.** en ombelles simples ou composées d'ombellules; involucre et involucelles présents. **Fl.** hermaphrodites, actinomorphes; sépales très petits ou absents; pétales 5; étamines 5; ovaire infère, à 2 loges et 1 ovule par loge. **Fr.** se séparant en 2 parties, libres, indéhiscentes, du type akène, mais restant attachées au sommet d'un axe central.

Steganotaenia araliacea Hochst.   *mumvumbimvumbi*
Arbuste à petit arbre de 5-8 m de haut; écorce spongieuse claire; fleurs apparaissant avant les feuilles. **Fe.** alternes composées-imparipennées, de 15-40 cm de long, en touffes terminales; pétiole à base engainante; folioles 5-9; limbe ovale à étroitement ovale, à sommet prolongé par un mucron, de 5,5-10 x 2-5 cm, à bords dentés à dents soyeuses-rigides. **Infl.:** ombelles composées, les primaires à environ 12 rayons, les secondaires à 6-9 rayons. **Fl.** blanches. **Fr.** obovales de 10-12 x 7 mm, à 3 côtes.
Savanes. − Largement répandu en Afrique tropicale.

APOCYNACÉES

Arbres, arbustes ou lianes, rarement herbes vivaces; latex blanc ± abondant. **Fe.** opposées ou verticellées, simples, à bord entier; stipules généralement absentes, parfois intrapétiolaires. **Infl.** généralement cymeuses. **Fl.** hermaphrodites, actinomorphes; calice à 5 lobes; pétales 5, soudés en tube; étamines 5, insérées dans le tube; ovaire supère, 1-2-loculaire; ovules nombreux. **Fr.** entier ou formé de 2 (rarement plus) carpelles libres ou partiellement soudés, donnant des baies, des drupes ou des follicules; graines parfois ailées et longuement poilues, ou graines enfouies dans une pulpe.
Outre les genres et espèces décrits et énumérés ci-dessous existent dans la région: *Picralima nitida* (Stapf) Th. & H. Dur. et *Pleiocarpa pycnantha* (K. Schum.) Stapf.

Allamanda cathartica L.
Arbuste un peu sarmenteux. **Fe.** en verticilles de 3 ou 4, parfois opposées; limbe obovale, cunéiforme à la base, décurrent dans le pétiole, brusquement acuminé au sommet, de 6-7,5 x 2-3,5 cm, luisant en dessus. **Infl.** en racèmes lâches pauciflores, localisées aux extrémités des rameaux. **Fl.** d'un jaune vif; corolle en forme de cloche, de 10-12 cm de long et de 5-10 cm de large au sommet, à tube cylindrique à la base atteignant 3 cm de long. **Fr.:** capsules épineuses, déhiscentes par 2 valves; graines ailées.
Introduit pour ses fleurs décoratives. − Originaire du Brésil.
Une seconde espèce est cultivée: *Allamanda schottii* Pohl (syn. *A. neriifolia* Hook).

Alstonia congensis Engl. − Pl. 19   *nzanga*

Arbre de 10-15 m de haut, avec ou sans contreforts; cime étagée. **Fe.** en verticilles de 4-8, sessiles ou subsessiles; limbe obovale, acuminé ou parfois obtus au sommet, decurrent sur le pétiole, de 8-24 x 4-11 cm, coriace; nervures secondaires 36-72, formant un angle de ± 90° avec la nervure médiane. **Infl.** terminales composées-ombellées, de 8,5-29 cm de long. **Fl.** à calice de 2-3 mm; corolle blanche de 8-15 mm de long. **Fr.** apocarpe formé par 2 follicules linéaires, de 17-40 x 0,2-0,4 cm; graines nombreuses en 2 rangées; graines aplaties, pourvues à leurs extrémités de poils soyeux abondants.

Forêts marécageuses. − Nigeria du Sud, Cameroun, Rép. centrafr., Gabon, Congo, Zaïre.

Diplorhynchus condylocarpon (Müll. Arg.) Pichon − Pl. 20

nvondongolo

Arbuste sarmenteux de 3-12 m de haut. **Fe.** opposées à pétiole de 1-2 cm de long; limbe obovale, elliptique ou suborbicilaire, courtement acuminé au sommet, cunéiforme à obtus à la base, de 4-9,5 x 2,5-5,5 cm, glabre. **Infl.** terminales ou à l'aisselle des feuilles supéreures, en panicules de cymes de 2-9 cm de long. **Fl.** odorantes; sépales de ± 1 mm de long; corolle blanc crème, soudée en tube de ± 2 mm de long, à lobes de ± 4 mm de long. **Fr.** composés de 2 follicules, s'étalant à 180°, ligneux, bruns, apiculés, de 3,5 x 1,5 x 0,5 cm; graines ailées.

Savanes, forêts claires. − Du Zaïre au Cap.

Funtumia africana (Benth.) Stapf − Pl. 21   *kimbaki*
      syn. *F. latifolia* Stapf

Arbre atteignant 30 m de haut; latex se coagulant difficilement. **Fe.** à limbe elliptique à oblong, acuminé au sommet, cunéiforme à la base, de 12-28 x 3,5-12 cm, à bord légèrement ondulé; nervures secondaires droites; domaties si présentes formées d'une touffe de poils, pas en forme de crypte. **Infl.** axillaires en cymes de ± 2,5 cm de long. **Fl.** à sépales de ± 3 mm de long; corolle vert pâle à crème, à tube de 6-9 mm de long, à lobes de 8-13 mm de long. **Fr.** composé de 2 follicules fusiformes de 8,5-16 cm de long, s'étalant à 180°; nombreuses graines garnies d'une arête filiforme pourvue de longs poils soyeux.

Recrûs forestiers, forêts secondaires. − Du Sénégal à la Tanzanie, au Zimbabwe et au Mozambique.

Une seconde espèce existe dans la région, *Funtumia elastica* (Preuss) Stapf, caractérisée par des domaties en crypte (Pl. 22).

Holarrhena floribunda (G. Don) Dur. & Schinz − Pl. 23   *kinzenze*
      syn. *H. wulfbergii* Stapf

Arbuste ou arbre de 2-25 m de haut. **Fe.** à limbe ovale à elliptique, acuminé ou aigu au sommet, cunéiforme à arrondi à la base, de 10,5-14 x 3,5-5 cm, papyracé. **Infl.** axillaires en cymes multiflores. **Fl.** à calice de ± 2,5 mm de long; corolle blanche, à tube cylindrique de 5-9 mm de long, à lobes de 3,5-8 mm de long. **Fr.** composés de 2 follicules pendants, de 30-60 x 0,5-0,7 cm; graines de 11-16 mm de long avec une touffe de poils soyeux au sommet.

Forêts secondaires. − Du Sénégal jusqu'au Soudan, au Congo, au Zaïre et en Angola.

APOCYNACÉES

Malouetia bequaertiana Woodson — Pl. 24

Arbuste ou petit arbre atteignant 7 m de haut. **Fe.** à limbe elliptique, cunéiforme à la base, à acumen aigu ou obtus au sommet, de 5,5-17,5 x 1,5-8,5 cm, glabre; domaties en crypte présentes. **Infl.** de 3,8-4,5 de long, à 1-15 fleurs. **Fl.** à sépales de 1,5-2,6 mm de long, apprimés ou presque étalés à l'anthèse, glabres en dedans; corolle blanc crème, à tube de 12-18,5 mm de long, à lobes de 6,5-20 mm de long; anthères exsertes. **Fr.** composé de 2 follicules linéaires de 10,5-23 x 0,5-0,7 cm; graines de 23-35 x 3,5 mm, portant, au moins par places, des longs poils blancs.

Forêts marécageuses. — Nigeria, Gabon, Rép. centrafr., Congo, Zaïre.

Nerium oleander L.   *oléandre, laurier-rose*

Arbuste de 1-6 m de haut. **Fe.** en verticilles de 3 (exceptionnelement quelques feuilles opposées ou alternes); limbe étroitement elliptique, acuminé ou aigu au sommet, cunéiforme à la base ou décurrent dans le pétiole, de 5-21 x 1-3,5 cm, coriace à bord enroulé; nombreuses nervures latérales droites et peu apparentes. **Infl.** en racèmes terminaux. **Fl.** à sépales verts ou rougeâtres, de 1,5-4 mm de long; corolle blanche, rose ou rouge, souvent avec des lignes plus foncées dans la gorge, souvent fleurs doubles; étamines exsertes. **Fr.** composés de 2 follicules, sous-tendus par le calice persistant, de 7,6-17,5 x 1-1,3 x 1-1,2 cm.

Cultivé pour ses fleurs ornementales. — Originaire de la région méditerranéenne.

Plumeria rubra L.   *frangipanier*

Arbuste de 2-5 m de haut; rameaux épais et charnus; latex abondant. **Fe.** spiralées, rassemblées en touffes au sommet des rameaux; pétiole de ± 6 cm de long, à base élargie; limbe obovale-oblong, acuminé au sommet, cunéiforme à la base, de 22-28 x 7-9 cm; nervures secondaires rejoignant une nervure parallèle au bord. **Infl.** à pédoncule de 14-15 cm de long; cyme de ± 13 cm de haut. **Fl.** roses à rouge pourpre, parfois blanches avec un centre jaune; calice étalé de ± 1 mm de long; tube de la corolle cylindrique de ± 18 mm de long; lobes largement obovales de 3,5-4 cm de long. **Fr.** composés de 2 follicules lignifiés de 25 x 4,5 cm; graines ailées de 4-5 cm de long

Cultivé dans les parcs et jardins. — Originaire d'Amérique Centrale.

Une seconde espèce est cultivée: *Plumeria alba* L.

Rauvolfia obscura K. Schum.   *kilungu, zumbu* (dial. yaka)

Arbuste de 1-2 m de haut, à anneau de glandes digitées au niveau des pétioles. **Fe.** en verticilles de 3-6, subégales ou inégales de taille; limbe elliptique, longuement acuminé au sommet, cunéiforme à la base et décurrent sur le pétiole, de 4,5-9 x 1,5-3 cm, papyracé, discolore. **Infl.** axillaires en ombelles pauciflores, plus courtes que les feuilles, de 1,5-2,5 cm de long. **Fl.** à sépales de 1-2 mm de long, étalés; corolle blanc jaunâtre, à tube de 2,5-10,5 mm de long, à lobes de 0,8-3,6 mm de long. **Fr.** drupes rouges, souvent comprimées latéralement, ovoïdes à un seul carpelle développé, ou à deux carpelles entièrement libres, de 6-10 x 4-6 mm.

Forêts secondaires. — Congo, Zaïre (Bas-Congo, Kasai, Bas-Katanga, Forestier Central).

Une espèce fort semblable, *Rauvolfia mannii* Stapf, existe dans la région; elle peut être distinguée par ses fruits bicarpellaires en forme de coeur.

Rauvolfia vomitoria Afzel. — Pl. 25   *kilungu, zumbu* (dial. yaka)

Arbuste de 4-6 m de haut; anneau de glandes digitées au niveau des pétioles. **Fe.** en verticilles de 3-5, subégales ou inégales en forme et en taille; pétiole de 0,8-4 cm de long; limbe elliptique à étroitement elliptique, aigu à acuminé au sommet, cunéiforme à la base, de 3,4-27 x 2-7 cm. **Infl.** en verticilles de 1-4 cymes, plus longues que les feuilles; pédoncule de 1,5-8,6 cm; axes pubérulents; nombreuses fleurs (15-450). **Fl.** légèrement zygomorphes; sépales de 1-2,2 mm de long; corolle blanche à tube de 5,8-10 mm de long, à lobes de 1,1-2,1 mm. **Fr.** oranges ou rouges, ordinairement 1 carpelle se développant en drupe ovoïde ou ellipsoïde, de 8-14 x 6-9 mm.

Forêts secondaires. — Largement répandu en Afrique tropical, du Sénégal au Soudan et jusqu'en Angola et en Tanzanie.

Une autre espèce semblable existe dans la région: *Rauvolfia congolana* De Wild. & Th. Dur., arbre atteignant 20 m de haut.

Strophanthus welwitschii (Baill.) K. Schum. — Pl. 26

Arbuste sarmenteux de 0,6-5 m de haut; rameaux brun foncé, à nombreuses lenticelles. **Fe.** opposées, rarement sur certains rameaux verticellées par 3 ou par 4; glandes à la base du pétiole; limbe obovale, cunéiforme à la base, acuminé au sommet, de 4-9 x 2,5-3 cm, à bord ondulé et enroulé, glabre, discolore. **Infl.** à 1-3 fleurs. **Fl.** à sépales de 5-19 mm de long, à sommet recourbé; corolle à tube évasé, blanc teinté de pourpre, de 17-38 mm de long; à gorge munie de 10 appendices groupés par paires, dressées, pourpres, de 5-23 mm de long; à lobes blancs teintés de pourpre, de 14-38 mm de long. **Fr.** composés de 2 follicules divergents d'un angle de 160-240°, de 10,5-28 x 1,5-2,5 cm; graines portant une arête munie de poils soyeux.

Savanes et forêts claires. — Zaïre (Bas-Congo, Kasai, Bas-Katanga, Haut-Katanga), Angola, Zambie.

Tabernaemontana crassa Benth.   *munkodinkodi*

Arbuste à arbre atteignant 10 m de haut. **Fe.** à stipule intrapétiolaire; limbe largement elliptique, à sommet obtus, courtement apiculé ou arrondi, à base obtuse, légèrement décurrente sur le pétiole, de 13-40 x 6-20 cm, coriace. **Infl.** axillaires en cymes, à pédoncule de 8-10 cm de long. **Fl.** à lobes du calice orbiculaires et se recouvrant partiellement, de ± 5 mm de diamètre; tube de la corolle cylindrique, à base tordue, de 2,5-8 cm de long; lobes de 1,2-2 cm de long. **Fr.** composés de 2 baies sphériques déhiscentes, vert pâle ou glauques, soudés à la base, de 8-10 cm de diamètre.

Recrûs forestiers, forêts marécageuses. — De la Sierra Leone jusqu'à la Rép. centrafr., le Congo, le Zaïre.

Deux autres espèces spontanées existent: *Tabernaemontana inconspicua* Stapf [syn. *Pterotaberna inconspicua* (Stapf) Stapf] et *T. brachyantha* Stapf.

Tabernaemontana divaricata (L.) Roem. & Schult.

       syn. *Ervatamia coronaria* (Jacq.) Stapf

Arbuste atteignant 3 m de haut. **Fe.** à stipule intrapétiolaire; limbe elliptique, longuement acuminé, cunéiforme à la base, de 7-13 x 2,2-4 cm. **Infl.**

axillaires en cymes pauciflores, de 10-15 cm de haut. **Fl.** à sépales de 2 mm de long; corolle blanche, odorante, à tube de 1,5-2,7 cm, à lobes de 0,9-3 cm de long, souvent double. **Fr.** composés de 2 baies oblongues, à bec recourbé, de 5 cm de long.

Cultivé pour son feuillage luisant et ses fleurs; c'est le *"faux gardénia"*, qui se distingue du vrai par la présence de latex blanc. — Originaire de l'Inde.

Tabernanthe iboga Baill.

Arbuste de 2-5 m de haut. **Fe.** à pétiole de 2-3 mm de long; glandes digitées à l'aisselle des pétioles; limbe elliptique, longuement acuminé au sommet, cunéiforme à la base, de 10-18 x 4-8 cm, pubérulent à la face inférieure, discolore. **Infl.** axillaires en cymes pauciflores. **Fl.** à calice de 1-1,5 mm de long; corolle blanche ponctuée de rose, à tube enflé au niveau des étamines, de 5-6 mm de long; étamines insérées sous le milieu du tube; ovaire uniloculaire. **Fr.**: baies pendantes, oranges, fusiformes de 5-6 x 1 cm.

Galeries forestières, recrûs. — Cameroun, Rép. centrafr., Gabon, Congo, Zaïre (Côtier, Bas-Congo, Kasai, Forestier Central), Angola.

Une seconde espèce existe dans la région: *Tabernanthe pubescens* Pichon.

Thevetia peruviana K. Schum. — Pl. 27

syn. *T. nereifolia* Juss.

Arbuste ou petit arbre atteignant 6 m de haut; cicatrices des feuilles remarquables sur les rameaux. **Fe.** alternes, à limbe linéaire, de 12-15 x 0,7-1 cm, discolore. **Fl.** solitaires ou groupées; pétales jaunes, atteignant 6 cm de long; tube à partie basale cylindrique, à partie distale en forme de cloche; ovaire biloculaire à 2 ovules par loge. **Fr.**: drupes à chair mince, dures à maturité, obconiques, plus larges que longues, à crête apicale, de 2,2-3,4 cm, contenant 1-2 grosses graines.

Cultivé pour ses fleurs ornementales. — Originaire des parties sèches de l'Amérique tropicale. — Graines toxiques.

Voacanga africana Stapf   *munkodinkodi*

Arbuste de 2-3 m ou petit arbre de 8-10 m de haut. **Fe.** à limbe elliptique, cunéiforme à la base et décurrent sur le pétiole, acuminé au sommet, de 7-40 x 3-20 cm, papyracé. **Infl.** cymeuses de 6-25 cm de haut. Fl. à calice de 7-19 mm de long; corolle crème ou jaune; tube à peine plus long que le calice; lobes arrondis ou obtus, de 12-37 mm de long; étamines exsertes. **Fr.** composés de 2 follicules charnus dont souvent un seul se développe; follicules vert foncé à taches vert clair, subglobuleux, un peu plus larges que longs et comprimés latéralement, de 3-8 x 3-8 x 2,5-7 cm, s'ouvrant en 2 valves.

Forêts secondaires. — Afrique tropical.

Voacanga chalotiana Stapf — Pl. 28

Arbre de 6-20 m de haut. **Fe.** à pétiole de 10-30 mm de long; limbe elliptique, acuminé au sommet, de 5,5-21 x 1,5-6,5 cm; nervures secondaires 10-25 disposées régulièrement. **Infl.** en cymes de 10-17 cm de long. **Fl.** à calice de 5-7,5 mm de long; corolle blanche ou crème, à tube renflé de 5-7 mm de long; lobes obtuses de 11-18 mm de long; étamines exsertes pour 0,7-1,2 mm. **Fr.** transversalement elliptiques, légèrement bilobés, de 2,5-3 x 4,5-

6,5 x 2-3 cm.

Forêts secondaires. − Congo, Zaïre (Bas-Congo, Kasai, Bas-Katanga, Forestier Central), Angola.

Voacanga thouarsii Roem. & Schult. − Pl. 29

Arbuste ou petit arbre de 4-15 m de haut. **Fe.** à pétiole de 8-25 mm de long; stipule intrapétiolaire; limbe elliptique à obovale, à sommet obtus ou arrondi, de 6-25 x 2-9 cm, à petits puits dispersés sur les deux surfaces. **Infl.** en cymes de 9-21 cm de haut. **Fl.** à calice de ± 15 mm de long; corolle jaune pâle à tube de 17-23 mm de long, le plus large au niveau de l'ovaire; lobes largement obcordés, de 19-30 mm de long; étamines exsertes pour 2-3 mm. **Fr.** composé de 2 follicules (charnus), subglobuleux de 4-10 cm de diamètre, vert pâle tachetés de vert foncé.

Afrique tropicale et Madagascar. − Forêts marécageuses.

Une quatrième espèce existe dans la région: *Voacanga bracteata* Stapf.

ARALIACÉES

Arbres, arbustes ou lianes, rarement plantes herbacées. **Fe.** alternes, simples ou composées; stipules présentes. **Infl.** terminales en épis, racèmes, panicules ou ombelles. **Fl.** hermaphrodites, actinomorphes; calice soudé en grande partie à l'ovaire; pétales 4-15, libres; étamines en nombre égale à celui des pétales, libres; ovaire infère, 2-multiloculaire, à 1 ovule par loge. **Fr.** charnus (baies ou drupes).

Cussonia angolensis (Seem.) Hiern − Pl. 30   *nlembila*

Arbuste de 6-15 m de haut; écorce subéreuse, épaisse, crevassée. **Fe.** composées-palmées, groupées au sommet des rameaux; stipules intrapétiolaires, adnées partiellement au pétiole, de 1,5-2 cm de long; folioles 5-8, à pétiolule de 3-7 cm de long; limbe ovale, arrondi à la base, de 8-25 x 4-11 cm, crénelé. **Infl.**: racèmes groupés par 15-20 au sommet des rameaux, de 15-40 cm de long. **Fl.** à pédicelle de 2-7 mm de long; calice de 3 mm de long, ondulé à ± 5-lobé; pétales triangulaires de 5 mm de long; étamines à filet de 4 mm de long; anthères de 1,5 mm de long. **Fr.** ovoïdes à subglobuleux, de 4-5 mm x 3-5 mm, surmontés du style.

Savanes sur sols lourds. − Zaïre (Bas-Congo, Kasai), Angola.

Polyscias guilfoylei Bailey

Arbuste de 2-4 m de haut. **Fe.** composées-imparipennées à 5-9 folioles (ou bipennées chez le cultivar '**Laciniata**'); limbe vert foncé à bords jaunes, irrégulièrement denté-serré. **Infl.** en petites ombelles de 2,5 cm de diamètre sur un long pédoncule. **Fl.** petites à 5 pétales; ovaire généralement 3-loculaire. **Fr.** globuleux de 5 mm de diamètre.

Cultivé pour son feuillage décoratif et planté en haie. − Originaire de Polynésie.

D'autres espèces sont cultivées: *Polyscias balfouriana* Bailey et *P. filicifolia* Bailey.

ARAUCARIACÉES

Arbres généralement dioïques; branches souvent disposées en verticilles sur le tronc; silhouette pyramidale. **Fe.** disposées en spirales et/ou imbriquées, soit élargies et aplaties en forme d'écailles multinervées, soit petites, uninervées. **Cônes** à écailles et bractées ± longuement soudées entre elles; cônes ♂ à écailles portant jusqu'à 20 sacs polliniques à la face inférieure; cônes ♀ volumineux, avec écailles ligneuses à maturité, chaque écaille portant 1 ovule très gros, orienté vers l'axe du cône.

Agathis dammara (Lambert) Rich.

> syn. *A. alba* (Lambert) Foxworthy; *A. loranthifolia* Salisb.

Arbre atteignant 40 m de haut, à cime conique; écorce exsudant de la résine. **Fe.** étroitement ovales, aiguës au sommet, sans mucron terminal, de 7,5-9,5 x 1,8-2,6 cm, coriaces et persistants pendant plusieurs années; nervures parallèles longitudinales toutes de la même valeur; bords épaissis et recourbés. **Cônes** ♂ solitaires, axillaires, cylindriques, de 5-7,5 x 1,8-2,5 cm; cônes ♀ subglobuleux ou ovoïdes, atteignant 10 cm de long; écailles de ± 2,5 cm de diamètre, à sommet épaissi et recourbé; graines non incluses dans les écailles, obovoïdes de 1,75 x 1,25 cm munies d'une aile de 1,75 de diamètre.

Planté comme arbre d'avenue à Kinshasa et au Jardin botanique de Kisantu. — Originaire des îles Moluques, de Malaisie et de Polynésie. — Produit une résine de valeur, le "kauri".

Araucaria bidwillii Hook.

Arbre atteignant 40 m de haut; écorce résinifère. **Fe.** sessiles, spiralées et rapprochées, étroitement elliptiques, à mucron piquant au sommet, de 3,5-5 x 0,8-1,2 cm, coriaces; nervures parallèles longitudinales, peu apparentes sauf légèrement la médiane. **Cônes** ♂ et ♀ d'ordinaire sur des arbres différents; cônes ♂ de 15-17,5 x 1,75 cm, portés prés des extrémités des branches; cônes ♀ érigés, de 30 x 22,5 cm; écailles de 10 x 7,5 cm, à bec recourbé vers le bas; graines incluses dans les écailles, de 5-6,75 x 2,5 cm, à ailes rudimentaires.

Planté comme arbre d'avenue au Jardin botanique de Kisantu. — Originaire de Queensland en Australie.

Une autre espèce est parfois cultivée: *Araucaria excelsa* R. Br.

ARÉCACÉES (PALMIERS)

Arbres et arbustes, monoïques ou dioïques; stipe dressé généralement non ramifié, à touffe de grandes feuilles au sommet, ou lianes très longues ou parfois plantes acaules. **Fe.** alternes, simples ou divisées de manière pennée ou palmée; segments (folioles) pliées en "V" ou en "Λ", à sommet pointu et à bord ou nervure principale épineux; bases des feuilles engaînantes et souvent persistantes sur l'axe. **Infl.** le plus souvent en panicules, munies d'une ou de plusieurs grandes bractées (spathes). **Fl.** unisexuées ou hermaphrodites, actinomorphes; tépales 6 disposés en 2 verticilles, libres ou soudés; étamines 6, quelquefois plus, en 2 verticilles; ovaire supère, à 1-3 loges 1-ovulées. **Fr.** drupes ou baies, à mésocarpe charnu ou fibreux.

Outre les espèces décrites ci-dessous, d'autres palmiers ont été plantés à Kinshasa et au Jardin botanique de Kisantu. Les plus communs pour les palmiers à feuilles pennées sont: *Areca catechu* L., *Arenga pinnata* (Wurmb.) Merr., le "palmier à sucre", *Attalea macrocarpa* Lind., *Caryota urens* L., le "palmier céleri", *Chamaedorea elegans* Mart., *Chrysalidocarpus lutescens* Wendl., *Cyrtostachys renda* Bl., *Ptychosperma macarthurii* Wendl., *Verschaffeltia splendida* Wendl. et *Wallichia disticha* T. Anderson; pour les palmiers à feuilles palmées: *Licuala grandis* Wendl., *L. spinosa* Thunb., *Livistona chinensis* R. Br., *Rhapis excelsa* Henry et *Sabal umbraculifera* Mart. (syn. *S. blackburnia* Glazebr.).

Borassus aethiopum Mart.   *rônier; ba di madibu, ba di ndingi*

Arbre dioïque, à stipe unique atteignant 20-30 m de haut; stipe jeune gardant les bases fendues des pétioles; stipe âgé renflé à 10 m de hauteur. **Fe.** palmatiséquées; limbe divisé sur moins de la moitié de sa longueur en segments larges et relativement courts, pliées en "V", bifides au sommet; pétiole concave à la face supérieure, à bords brun foncé, à excroissances irrégulières. **Infl.**: spadices ♂ ramifiés dès la base; à partie florifère cylindrique, d'environ 30 cm de long, 3 cm de diamètre; fleurs ♂ nombreuses, rassemblées à l'intérieur d'une bractéole et enfoncées dans une cavité de l'axe; spadices ♀ différents portant quelques grandes fleurs. **Fr.** orange, largement ovoïdes ou globuleux, à sommet aplati, de 12 x 14 cm; chair fibreuse, jaune et odorante à maturité; généralement à 3 noyaux ovoïdes-comprimés.

Savanes; aussi planté comme arbre d'avenue. — Largement répandu en Afrique tropicale. — Noix employées pour faire les clochettes des chiens de chasse.

Cocos nucifera L. — Pl. 31   *cocotier; ba di nkandi*

Arbre à stipe unique, un peu renflé à la base, incliné légèrement; atteignant 30 m de haut. **Fe.** pennées, vert jaunâtre, de 4-5 m de long; pétiole de 2 m de long et de 15 cm de large à la base, vert pâle ou jaune d'or, sans épines, portant à la base des fibres brunes en forme de filet; folioles pliées en "Λ", les plus longues de 1 m x 2 cm. **Fl.** ♂ dans la partie supérieure des spadices ramifiés; étamines 6; fleurs ♀ dans les parties inférieures; ovaire 3-loculaire, mais fruit à 1 graine par avortement. **Fr.**: noix en grappes de 10-20; noix triangulaires, de ± 22,5 x 20 cm; partie extérieure de l'enveloppe fibreuse; partie intérieure dure.

Répandu partout sous les tropiques, à basse altitude, spontané sur les plages, cultivé à l'intérieur des pays. — L'albumen est extérieurement solidifié en une chair blanche comestible et intérieurement liquide en un lait blanchâtre également comestible.

Elaeis guineensis Jacq.   *palmier à huile; ba di nsamba*

Arbre atteignant 30 m de haut; stipe jeune couvert des bases des pétioles, devenant lisse éventuellement sur les sujets plus âgés, souvent couvert d'épiphytes. **Fe.** pennées atteignant 7,5 m de long; pétiole armé vers la base de 2 rangées d'épines (folioles transformées), et formant à la base de fibres bruns; folioles de 120 x 8 cm, pliées en "Λ" et plissées. **Infl.** unisexuées produites par séries alternantes dans le temps; inflorescences ♂ à pédoncule de 15-20 cm de long; axes rassemblés par ± 50, de 10-20 x 1-2 cm; fleurs ♂ à 3 sépales et 3 pétales; inflorescences ♀ plus massives que les ♂; axes plus courts à pointe épineuse de 2 cm de long; fleurs ♀ plus grandes que les ♂, à ovaire ovoïde et stigmates recourbés. **Fr.** ovoïdes ou un peu anguleux, souvent rouge et noir brillant à maturité; partie extérieure fibreuse et riche en huile; partie intérieure dure et soudée à la graine.

Spontané en Afrique équatoriale. forêts secondaires; souvent planté dans les villages ou épargné lors des défrichements; plantations importantes pour la production d'huile.

Phoenix reclinata Jacq. — Pl. 32   *faux dattier; dinsongo*

Arbres dioïques, atteignant 10 m de haut, croissant en touffes; stipe incliné, couvert des bases de pétioles persistants. **Fe.** pennées atteignant 3 m de long; pétiole de ± 50 x 2,5 cm, armé vers la base de 2 rangées de folioles indurées et terminées par une pointe piquante; folioles moyennes de ± 68 x 1,5 cm, pliées en "V"; à verrues blanches sur la nervure médiane à la face inférieure et éparpillées sur le rachis. **Infl.** ♂ à spathe jaune orangé de 45-50 cm de long; axes groupés par 40-70; fleurs ♂ blanc crème à calice de ± 1 mm de long; pétales de 6-7 mm de long; étamines 6; inflorescence ♀ pendante lors de la fructification; fleurs ♀ verdâtres de ± 2 mm de diamètre, ovaire formé de 3 carpelles. **Fr.** charnu se développant à partir d'un seul carpelle, de 1,3-1,7 x 0,9-1,3 cm, orange à rouge.

Endroits marécageux. — Toute l'Afrique tropicale jusqu'au Cap. — Les fruits sont comestibles.

Raphia sese De Wild.   *nsaku*

Arbre à stipe rectiligne atteignant 10 m de haut. **Fe.** pennées, à pétiole muni de fibres noires vers la base; rachis à crête longitudinale à la face supérieure, muni de folioles sur environ 2 m de long; folioles de 50-55 cm de long, pliées en "Λ", à petites dents épineuses dressées vers le haut, sur la nervure médiane et sur les bords. **Infl.** denses, compactes, distiques, munies à la base de bractées très larges. **Fl.** généralement à 20-30 étamines et 12(-14) staminodes. **Fr.** obovïdes de 9-10 x 4,5 cm, à 12 rangées d'écailles brunes, à bec massif renflé vers le milieu.

En peuplements denses dans certains marais. — Zaïre (Bas-Congo, Forestier Central).
Cette espèce pourrait être synonyme de *Raphia hookeri* Mann & Wendl., signalé au Congo. D'autres espèces sont connues pour la région: *Raphia gentiliana* De Wild. [syn. *R. gilletii* (De Wild.) Becc.] et *R. matombe* De Wild. Plusieurs noms vernaculaires sont employés pour les *Raphia*: *ba di magusu*, *ba di makoko*, *ba di matombe*, *ba di mayanda*, mais leur correspondance avec les noms scientifiques reste obscure. Une autre espèce à stipe de ± 2 m de long, à feuilles géantes atteignant 12 m de long et originaire de la Cuvette centrale est cultivée au Jardin botanique de Kisantu: *Raphia laurentii* De Wild.

Roystonea regia (H.B.K.) O.F. Cook   *palmier royal*
        syn. *Oreodoxa regia* H.B.K.

Arbre atteignant 20 m de haut; stipe cylindrique, renflé à mi-hauteur sur les sujets âgés, lisse mais portant les cicatrices annulaires des feuilles. **Fe.** pennées; gaine verte du pétiole de la feuille inférieure entourant le stipe sur 1 m; folioles en deux plans de chaque côté du rachis, pliées en "Λ", de 2,5 cm ou plus de large, à plusieurs nervures longitudinales proéminentes; nervure médiane couverte de verrues brunes à la face inférieure. **Infl.** à la base des gaines foliaires, entourées de grandes spathes. **Fr.** ± pointus au sommet.

Planté comme arbre d'avenue, e.a. au Mont Ngaliema. — Originaire de Cuba.

Sclerosperma mannii Wendl.   *mabondo, magangu*

Palmier à stipe très court. **Fe.** sortant pratiquement du sol, à nervation pennée, blanchâtres en dessous, entières ou peu découpées en segments de largeur variable, tronqués obliquement, de 50 cm de long. **Infl.** à 2 spathes fibreuses persistantes; spadice dressé à fleurs disposées en spirales; fleurs ♀ mélangées au fleurs ♂ dans la partie inférieure, fleurs ♂ seules dans la partie supérieure. **Fr.** une grande drupe à mésocarpe fibreux et endocarpe dur.

Sous-bois humide ou marécageux. − Du Ghana jusqu'au Zaïre. − Fruits comestibles; feuilles employées pour la constructions des cases.

ASCLÉPIADACÉES

Lianes, arbustes, géofrutex ou herbes vivaces, à latex blanc abondant. **Fe.** opposées, à bord entier, rarement lobées ou dentées, quelquefois réduites à des écailles caduques; stipules absentes. **Infl.** axillaires ou terminales, généralement ombelliformes, parfois en racèmes. **Fl.** hermaphrodites, 5-mères, actinomorphes; calice à tube court; corolle à pétales soudés; présence d'une couronne; étamines à filets libres ou soudés en un tube; anthères adhérantes entre elles et soudées au stigmate, à pollen aggloméré en 2-4 masses cireuses (pollinies); ensemble des étamines et du gynécée formant le gynostège; ovaire supère, à 2 carpelles libres; ovules nombreux par carpelle. **Fr.**: follicules 2; graines souvent munies au sommet d'une touffe de poils soyeux.

Calotropis procera Ait. f.

Arbuste de 1,5-3 m de haut, à bois tendre. **Fe.** glauques, subsessiles, largement obovales, cordées à la base, courtement acuminées au sommet, de 18-30 x 11-16 cm. **Infl.** en cymes ombelliformes, extra-axillaires d'environ 7 cm de haut, portant 10-15 fleurs. **Fl.** à sépales de 8 mm de long; pétales mauve clair extérieurement, mauve foncé intérieurement, de 10 mm de long; lobes de la couronne élargis latéralement, à éperon basal courbé; anthères connées autour du stigmate. **Fr.** apocarpe à 2 follicules enflés, obliquement ovoïdes, de ± 8 x 4,5 cm; graines à touffe de poils soyeux au sommet.

Savanes arides; parfois cultivé. − Largement répandu en Afrique tropical, au Pakistan et en Inde; connu au Zaïre du District Côtier, des environs de Boma et de Matadi; rarement planté à Kinshasa.

ASTÉRACÉES (COMPOSÉES)

Herbes annuelles ou vivaces, arbustes parfois sarmenteux, petits arbres; latex parfois présent. **Fe.** alternes, opposées ou en touffe basilaire, simples, entières ou diversement divisées; stipules absentes. **Infl.** en capitules composés de fleurs toutes semblables et en forme de tube ou de 2 types différents, les unes en forme de tube, les autres en forme de ligule, entourées d'un involucre formé de bractées libres ou soudées. **Fl.** hermaphrodites, les périphériques parfois stériles; calice transformé en aigrette de poils ou en écailles; corolle tubulée ou ligulée; étamines 5, anthères soudées en un tube; ovaire infère, 1-loculaire, à 1 ovule. **Fr.**: akènes surmontés du calice persistant (pappus).

Outre les genres et espèces décrits ou énumérés ci-dessous existent dans la région: *Crassocephalum mannii* (Hook. f.) Milne-Redhead, *Microglossa pyrifolia* (Lam.) Kuntze et *Calea urticifolia* (Miller) DC.; cette dernière espèce est cultivée et subspontanée.

Chromolaena odorata (L.) R. King & H. Robinson — Pl. 33

syn. *Eupatorium odoratum* L.

Herbe sous-ligneuse de 2-3 m de haut. **Fe.** opposées, de 6-10 x 3-5 cm, à bord denté, aromatiques, couvertes d'une pubescence grise, surtout à la face inférieure, à 3 nervures basilaires. **Infl.** en corymbes trichotomes; capitules composés de 15-25 fleurs blanches ou bleu pâle. **Fr.**: akènes de 4-5 mm de long.

Cette espèce rudérale, introduite accidentellement, est devenue un fléau pour les cultures. - Originaire d'Amérique tropicale.

Tithonia diversifolia (Hemsl.) A. Gray

syn. *T. speciosa* Klatt

Herbe robuste à base ligneuse, de 2-4 m de haut. **Fe.** alternes, palmatiséquées à 3 nervures principales, à bord denté. **Infl.**: capitules de 7,5-15 cm de diamètre, portées par des pédoncules élargis vers le haut. **Fl.** jaunes, de deux types, les extérieures stériles et ligulées, les intérieures fertiles.

Plante introduite pour l'ornementation, mais devenue envahissante surtout le long des routes. — Originaire du Mexique et de l'Amérique centrale.

Vernonia amygdalina Del.

nlulunlulu (ngala), *mundudindudi* (kongo)

Arbuste de 3-5 m de haut. **Fe.** alternes, elliptiques, cunées à la base, aiguës au sommet et à bord denté, de 7-15 x 3-7 cm, pubescentes et discolores à la face inférieure. **Infl.** en cymes terminales de 8-10 cm de long; capitules rosâtres avant l'éclosion. **Fl.** blanches.

Recrûs forestiers; planté aussi dans les parcelles comme plante médicinale, employée comme purgatif. — Du Mali à l'Angola et de l'Ethiopie à la Zambie.

Vernonia brazzavillensis Compére   *mpukumpuku*

Arbre de 5-10 m de haut. **Fe.** alternes, elliptiques à obovales, à bord ondulé, à base asymetrique, de 15,5-25 x 7,5-8,5 cm, discolores, face infér. grise ou blanchâtre. **Infl.** en panicules atteignant 60 cm de long. **Fl.** de 5 mm de long, blanchâtres.

Recrûs et jachères forestières sur sols sableux. — Gabon, Congo, Zaïre (Côtier, Bas-Congo, Kasai).

Vernonia conferta Benth.   *mpukumpuku*

Arbre de 6-8 m de haut. **Fe.** alternes, de 50-62 x 18-20 cm, à bord sinuée, à face inférieure discolore. **Infl.** en panicules atteignant 1 m. **Fl.** petites, de 4 mm de long, et blanches.

Recrûs et jachères forestières sur sols plus lourds. — De la Guinée à l'Angola, et jusqu'en Ouganda.

Outre les espèces décrites ci-dessus sont présentes dans la région: *Vernonia auriculifera* Hiern (syn. *V. laurentii* De Wild.), *V. biafrae* Oliv. & Hiern (syn. *V. verschuerenii* De Wild.), *V. colorata* (Willd.) Drake et *V. hochstetteri* Sch. Bip. ex Hochst. (syn. *V. jugalis* Oliv. & Hiern).

BIGNONIACÉES

Arbres, arbustes ou lianes. **Fe.** opposées, digitées, pennées ou bipennées, rarement simples; stipules absentes. **Infl.** en panicules racémeuses ou en racèmes. **Fl.** 5-mères, hermaphrodites et zygomorphes, généralement de grande taille et très voyantes; corolle souvent bilabiée, à long tube terminé par 5 lobes; étamines fertiles 4-2; staminode(s) souvent présente(s); ovaire supère, 2-loculaire. **Fr.:** capsules ou baies; graines ailées ou non.

Outre les espèces décrites ci-dessous existe une plante rarement cultivée: *Crescentia cujute* L., l'*arbre à calebasses*.

Jacaranda mimosifolia D. Don   *jacaranda*

Arbre atteignant 15 m de haut. **Fe.** bipennées, à pétiole de 6-8 cm de long, à rachis de 20-25 cm de long, ailé; pennes 12-20 paires; folioles 15-20 paires, oblongues-elliptiques, terminées par un mucron, de 10-13 x 3-4 mm. **Infl.** en panicules terminales. **Fl.** à corolle, de 3-4 cm de long, bleue. **Fr.:** capsules suborbiculaires, applatiës, de 6 x 4-5 cm.

Planté comme arbre d'avenue. − Originaire d'Argentine.

Kigelia africana (Lam.) Benth. − Pl. 34   *saucissonnier*

Arbre de 6-8 m de haut. **Fe.** opposées à ternées, imparipennées, 7-17 folioles, à limbe entier à denté, de 10-20 x 6-13 cm. **Infl.** en panicules terminales pendantes. **Fl.** de 12-13 cm de long, rouge brun. **Fr.** cylindriques, ± atténués aux deux extrémités, atteignant 40 x 10 cm, indéhiscents.

Savanes et forêts, parfois planté. − Afrique tropicale.

Markhamia tomentosa (Benth.) K. Schum.   *nsasa*

Arbuste à petit arbre atteignant 13 m de haut; pseudostipules acuminées, de 6-10 mm de long. **Fe.** imparipennées à 5-6 paires de folioles elliptiques, cunéiformes à la base, acuminées au sommet, de 10-21 x 3,7-7 cm. **Infl.** en panicules de cymes. **Fl.** à corolle de 35-40 x 25 mm, jaune, striée de pourpe intérieurement. **Fr.:** capsules de 60-100 x 1,5-1,7 cm, ± densement pubéru-lentes.

Recrûs forestiers, savanes en voie de colonisation. − Du Sénégal à l'Angola.

Newbouldia laevis (P. Beauv.) Seem. ex Bureau − Pl. 35

mumpesempese

Arbuste de 3-8 m de haut, à rameaux subverticaux, ne s'étalant pas. **Fe.** imparipennées à 3-6 paires de folioles, elliptiques, glabres, cunéiformes à la base, acuminées au sommet, à bord denté, de 10-25 x 5-10 cm. **Infl.** en panicules terminales de 10-15 cm de long. **Fl.** à corolle d'environ 5 cm de long, lilas. **Fr.:** capsules atténuées aux 2 extrémités, de 25-35 x 1-1,8 cm.

Forêts; souvent planté comme piquets de clôture. − Du Sénégal au Zaïre.

Spathodea campanulata P. Beauv. − Pl. 36

tulipier du Gabon; munsasa mpwatu

Arbre atteignant 20 m de haut, à cime large; rameaux couverts de lenticelles abondantes. **Fe.** imparipennées à 4-8 paires de folioles, elliptiques à obovales,

110   BIGNONIACÉES

de 7-16 x 3-7 cm. **Infl.** en racèmes terminaux pauciflores. **Fl.** à calice spathacé, se fendant d'un côté; corolle de 10-12 x 6-8 cm, rouge. **Fr.**: capsules fusiformes, de 15-20 cm de long.

Lisières de forêt, souvent planté pour ses fleurs voyantes et son ombrage. — De la Guinée en Angola.

Tabebuia impetiginosa (DC.) Standl.

Arbre atteignant 6 m de haut. **Fe.** digitées, 5-7-foliolées, à pétiole atteignant 15 cm de long; folioles à limbe elliptique, acuminé au sommet, de 5-19 x 1,5-8 cm; domaties axillaires présentes. **Infl.** en panicules terminales, contractées. **Fl.** à corolle de 4-7 x 2-3 cm, lilas. **Fr.**: capsules atténuées aux 2 extrémités, de 15-50 x 1,5-2,5 cm.

Cultivé à Kisantu et à l'Unikin. — Originaire de l'Amérique tropicale.

Tecoma stans (L.) H.B.K.

Arbuste ramifié à petit arbre atteignant 7 m de haut. **Fe.** imparipennées, à 2-4 paires de folioles sessiles ou à pétiolule atteignant 5 mm de long, à limbe elliptique, de 6-9 x 1,5-3 cm, à bord denté. **Infl.** en racèmes terminaux groupés en panicules. **Fl.** à corolle de 3,5 x 1,5 cm, jaune. **Fr.**: capsules de 15-17 x 0,6-0,7 cm.

Plante ornementale par ses fleurs. — Originaire de l'Amérique tropicale.

Tecomaria capensis (Thunb.) Spach subsp. *capensis*

Arbuste souvent buissonnant, pouvant atteindre 6 m de haut. **Fe.** à pétiole subailé, folioles 5-11, sessiles ou à pétiolule ne dépassant pas 3 mm de long, de 10-50 x 7-23 mm, à bord crénelé. **Infl.** en panicules racémeuses terminales. **Fl.** à corolle atteignant 40 mm de long, courbée, rouge orange. **Fr.**: capsules atteignant 13 x 1 cm.

Plante cultivée. — Originaire de l'Afrique australe, du Swaziland et du Mozambique.

BIXACÉES

Arbres ou arbustes. **Fe.** alternes, simples, palmatinerves; stipules rapidement caduques, laissant une cicatrice large, avec une glande de chaque côté de la base du pétiole. **Infl.** terminales en corymbes ou panicules. **Fl.** hermaphrodites, actinomorphes, 5-mères; sépales libres, caducs; pétales libres; étamines nombreuses, libres; ovaire supère, 1-loculaire. **Fr.**: capsules à 2 valves.

Bixa orellana L. — Pl. 37   *rocouyer; nteke*

Arbuste atteignant 5 m de haut, à port pyramidal; jeunes rameaux couverts de poils peltés ± dressés, roux. **Fe.** à limbe ovale, cordé à la base, de 25 x 16 cm, vert sombre ou rougeâtre; nervures basilaires 5; stipules caduques. **Infl.** en corymbes ou panicules. **Fl.** à pédicelle muni au sommet de 5 glandes; sépales 5; pétales 5, mauves, blanc rosé à blancs; étamines nombreuses, libres; ovaire supère. **Fr.**: capsules à 2(3-4) valves, rouges, densement aiguillonnés; graines entourées d'une pulpe rouge.

Plante introduite et planté dans les villages. — Originaire d'Amérique centrale.

Le "rocou", pulpe qui entoure la graine, fournit une matière tinctoriale non toxique, employée pour colorer divers aliments; au Zaïre elle sert à teinter le corps.

BOMBACACÉES

Arbres à tronc inerme ou aiguillonné. **Fe.** alternes, composées digitées; stipules caduques. **Fl.** hermaphrodites, actinomorphes, souvent voyantes; calice denté ou tronqué; pétales 5, à base généralement adnée au tube staminal; étamines nombreuses ou 5, généralement monadelphes; ovaire supère, généralement à 5 loges; style simple. **Fr.:** capsules; graines enfouies dans des poils ou entourées d'une pulpe.

Outre les espèces décrites ci-dessous existent au Jardin Botanique de Kisantu: *Durio zibethinus* Murray, le *durian*, originaire de Malaisie, qui donne des fruits excellents, mais d'une odeur désagréable, et *Ochroma lagopus* Sw., le *balsa* à bois très léger, originaire d'Amérique du Sud tropicale.

Adansonia digitata L.   baobab; nkondo

Arbre à gros tronc en forme de bouteille, large à la base, étroit au sommet, et à branches tordues. **Fe.** composées digitées à 5-7 folioles subsessiles, obovales, de 6-15 x 2-5 cm. **Fl.** solitaires, pendantes au bout d'un pédicelle de 28-90 cm de long; pétales largement obovales, de 7-9 x 6-8 cm, blancs; tube staminal se divisant en nombreux filets horizontaux; stigmate étoilé. **Fr.:** capsules oblongues, de 25-40 x 8-10 cm; graines enfouies dans une pulpe farineuse blanchâtre.

Savanes et emplacements d'anciens villages. — Toute l'Afrique tropicale. — La pulpe entourant les graines est comestible et sucrée.

Bombacopsis glabra (Pasquale) A. Robyns
syn. *Pachyra glabra* Pasquale

noyer d'Amérique; nguba ya mputu (ngala)

Arbre de 6-8 m de haut, à branches horizontales. **Fe.** composées digitées à 5-8 folioles, généralement pubérulentes et à poils en bouquets; pétiolule de 0,3-0,8 cm de long; limbe oblong, légèrement décurrent; nervures saillantes à la face inférieure. **Fl.** solitaires ou geminées; pédicelle épais de 1-4 cm de long; pétales de 14-19,5 cm de long; tube staminal de 3,5-4,7 cm. **Fr.:** capsules ovoïdes, de 9-13 x 5-6 cm, déhiscentes sur l'arbre; graines anguleuses, subglobuleuses, pourvues de stries blanchâtres; kapok peu abondant.

Cet espèce introduite est excellente pour les piquets vivants et sa graine oléagineuse est consommée crûe ou grillée. — Originaire d'Amérique tropicale.

Ceiba pentandra (L.) Gärtn. — Pl. 38; couverture

kapokier, fromager; mfuma

Arbre atteignant 40 m de haut, à contreforts ailés, aiguillonné ou non. **Fe.** composées, digitées à 5-9 folioles, à limbe lancéolé, de 10-21 x 2,3-4,2 cm. **Fl.** à pédicelle de 2,5-3 cm de long; pétales obovales, jaune clair, de 2,5-4 x 1-1,5 cm; tube staminal de 5 mm de long; filets de ± 2,5 cm de long, anthères enroulées. **Fr.:** capsules subligneuses, fusiformes, de 10-26 x 3-4 cm; kapok grisâtre.

Forêts secondaires; cultivé et naturalisé. — Pantropical.

Rhodognaphalon lukayense (De Wild. & Th. Dur.) A. Robyns — Pl. 39
syn. *Bombax lukayense* De Wild. & Th. Dur.   *nkaka kasu*

Arbre de 15-20 m de haut. **Fe.** groupées à l'extrémité des rameaux, 5-7-foliolées; folioles à pétiolule de 0,8-2,3 cm de long; limbe obovale, à bords récurvés, de 9-23,5 x 3,8-8,7 cm, coriace, à nervures latérales à peine visibles. **Fl.** vers l'extrémités des rameaux, solitaires ou geminées; pétales rubannés, de 15-17 x 1,4-1,6 cm, jaunâtres à la base, à rougeâtres vers le sommet; tube staminal brun rougeâtre, de 2,8-3,5 cm de long; filets de 8-11 cm de long, brun rougeâtre. **Fr.**: capsules ovales-oblongues, à sillons ± prononcés, de 12,5-15 x 5-5,5 cm.
Galeries forestières. — Gabon, Cabinda, Zaïre (Bas-Congo).

BORAGINACÉES

Arbres, arbustes ou herbes, souvent munis de poils scabres. **Fe.** alternes, rarement opposées, simples. **Infl.** en cymes disposées en panicules ou subglobuleuses; cymes scorpioïdes ou régulières. **Fl.** hermaphrodites, actinomorphes, 5-mères; sépales 5, libres ou soudés; pétales 5 soudés; étamines 5; ovaire supère, à 2 loges 2-ovulées ou à 4 loges 1-ovulées. **Fr.** drupacés, contenant 1 noyau à 4 loges ou fruits se séparant à maturité, soit en 2 parties biloculaires, soit en 4 parties uniloculaires; souvent poils crochus ou soies présentes.

Cordia gilletii De Wild.
Arbuste ou arbre de 4-15 m de haut. **Fe.** simples, alternes; limbe elliptique-obovale, arrondi ou cordé à la base, de 6-20 x 3-9,5 cm; face inférieure densement pubescente; stipules absentes. **Infl.** en cymes terminales ou axillaires, atteignant 12 cm de long. **Fl.** hermaphrodites, jaunes; calice fortement 8-10 côtelé, tomenteux; corolle tubuleuse de 16-21 mm de long; étamines 4-5. **Fr.**: drupes.
Forêts. — Bas-Congo.
Une seconde espèce existe dans la région: *Cordia millenii* Baker (Pl. 40).

BUDDLÉACÉES

Arbustes, plus rarement arbres ou herbes; plantes monoïques, parfois dioïques; indument blanc ou gris clair composé de poils étoilés. **Fe.** opposées, subopposées ou rarement alternes; stipules réduites à une ligne interpétiolaire ou absentes. **Infl.** terminales, en panicules ou en tête globuleuse. **Fl.** hermaphrodites ou unisexuées, 4-5-mères, actinomorphes; corolle à pétales soudés; étamines insérées à l'intérieur du tube corollin; ovaire supère, 2-loculaire à nombreuses ovules par loge. **Fr.**: capsules à 2 valves.
Une espèce existe dans les jardins de la région: *Buddleja madagascariensis* Lam. (Pl. 41).

BURSÉRACÉES

Arbres ou arbustes, quelquefois épineux, à sécrétion résineuse. **Fe.** alternes, composées imparipennées, rarement unifoliolées; stipules absentes. **Infl.** en racèmes, panicules ou corymbes. **Fl.** hermaphrodites ou/et unisexuées; fleurs ♂ à calice 3-5-lobé; pétales 3-5, libres ou soudés en tube; étamines entourant un disque annulaire, en un ou deux verticilles, rarement plus, libres; fleurs ♀ à ovaire supère, à carpelles soudés, 1-5 loculaire; ovules 1-2 ou plus par loge. **Fr.**: drupes.

Canarium schweinfurthii Engl. — Pl. 42   *mbidi*

Arbre atteignant 45 m de haut, cime étalée, à branches maîtresses subhorizon-tales; écorce sécrétant de la résine. **Fe.** à 19-23 folioles, cordées à la base, de 9-11,5 x 2,5-3 cm, tomenteuses, roussâtres; 15-25 paires de nervures secondaires saillantes. **Infl.** en panicules étroites. **Fl.** ♂ à calice trilobé, pétales de 10-11 mm de long, étamines 6, à filets inplanté sur le bord d'un disque en forme de coupe stipitée. **Fl.** ♀ à calice moins profondement découpé, ovaire à 3 loges biovulées. **Fr.** drupes de 3-4 cm de long, violettes.
Forêts secondaires. — De la Sierra Leone à l'Angola, de la Rép. centrafr. à la Tanzanie.

Dacryodes edulis (G. Don) H.J. Lam   *safoutier; nsafu*
syn. *Pachylobus edulis* G. Don

Arbre atteignant 18 m de haut, cime profonde et dense. **Fe.** à 5-8 paires de folioles glabres, de 15-20 x 4,5-6 cm; 10-15 nervures secondaires bien marquées et arquées. **Infl.** en panicules terminales. **Fl.** ♂: sépales 3; pétales de 5-6 mm de long. **Fl.** ♀ à ovaire glabre à 2 loges 2-ovulées. **Fr.** ellipsoïdes, de dimensions variables, jusqu'à 7 x 3,5 cm, roses puis violets à maturité.
Forêts et souvent planté dans les villages. — Du Nigeria à l'Angola. — Fruits comestibles après cuisson et consommés salés.

Dacryodes klaineana (Pierre) H.J. Lam

Arbre moyen. **Fe.** imparipennées à 2-4 paires de folioles, à base asymétrique, cunéiforme, glabres, de 5-22 x 2,5-8 cm; 8-9 paires de nervures secondaires arquées; pétioles assez longs, de 0,8-2 cm. **Infl.** terminales en panicules. **Fl.** jaunâtres, odorantes. **Fr.** de 1,5-2 cm de diamètre, rouge orangé, semblables à des cerises.
Galeries forestières. — De la Sierra Leone au Zaïre.

Dacryodes yangambiensis Troupin

Arbre atteignant 40 m de haut. **Fe.** imparipennées à 8-12 paires de folioles, à limbe lancéolé, arrondi ou très inégal à la base, glabre, de 6-15 x 2-4 cm; nervures secondaires 6-12. **Fr.** drupes elliptiques, de 2-3,5 x 1-1,5 cm.
Galeries forestières. — Zaïre (Bas-Congo, Kasai, Forestier Central).
Une quatrième espèce est présente dans la région: *Dacryodes pubescens* (Vermoesen) H.J. Lam.

Santiria trimera (Oliv.) Aubr. — Pl. 42

Arbre de dimension moyenne, à contreforts ailés à la base du tronc ou à racines-échasses. **Fe.** imparipennées à 7-9 folioles; limbe cunéé à la base, de 15-19 x 5-7 cm, coriace. **Infl.** en panicules plus courtes que les feuilles. **Fl.** ♂ à pétales de ± 3 mm de long. **Fr.**: drupes excentrées, avec une trace latérale de style, de 2-2,5 x 1,5 cm.
Forêts. — De la Sierra Leone au Cabinda, Zaïre (Mayombe, Bas-Congo, Forestier Central).

CACTACÉES

Herbes ou arbustes de formes diverses, parfois épiphytes; tiges et rameaux charnus, munis de mamelons entourés d'aréoles poilues, garnies d'aiguillons ou pourvus d'épines. **Fe.** écailleuses et rapidement caduques ou absentes, rarement développées (*Pereskia*), alternes et succulentes. **Fl.** hermaphrodites; pétales 5-10 ou très nombreux; étamines 6 ou très nombreuses; ovaire infère, 1-loculaire; ovules 3 ou plus. **Fr.:** baies souvent munies de longs poils rigides.

Le seul représentant africain de la famille, l'épiphyte *Rhipsalis baccifera* (J. Mill.) Stearn, est assez rare dans la région.

Cereus peruvianus (L.) Miller   *cierges du Pérou*
Cierge colonnaire à 6 côtes, atteignant 5 m de haut, ramifié. **Fl.** grandes, de 20-30 cm de long, blanches, s'ouvrant la nuit.

Jardins. — Originaire d'Amérique tropicale.

Opuntia ficus-indica (L.) Miller   *figuier de Barbarie*
Buisson dressé, de 4-6 m de haut; raquettes elliptiques à obovales, aplaties, de 25-40 x 15-20 cm; épines le plus souvent absentes ou, si présentes, ne dépassant pas 1,5 cm de long et ayant l'aspect d' une soie rigide. **Fl.** de 5-8 cm de diamètre; périanthe étalé, jaune. **Fr.** ellipsoïdes ou obovoïdes, de 5-9 x 3-6 cm.

Plante cultivée dans les jardins. — Originaire d'Amérique tropicale. — Fruit à pulpe comestible.

Pereskia aculeata Miller 'Godseffiana'
Arbuste sarmenteux. **Fe.** alternes, elliptiques, jaune doré, succulentes, de 8,5-10 x 3,5-4,5 cm, à nervures peu apparentes; coussinets avec poils et 1(-2) épines courbées ou droites, de 2-8 mm de long, à la base du pétiole. **Fl.** nombreuses en panicules, blanches ou roses, étalées, de 2,5-5 cm de diamètre. **Fr.** de ± 2 cm de diamètre, jaune pâle à orange, parfois épineux, charnus.

Plante introduite. — Originaire d'Amérique centrale et des Antilles.

CAESALPINIACÉES

Arbres, arbustes, rarement lianes ou herbes, inermes ou rarement épineux. **Fe.** alternes, pari- ou imparipennées, parfois bipennées, rarement simples ou unifoliolées; stipules généralement présents, le plus souvent rapidement caduques; pétioles et pétiolules présentant généralement un renflement moteur à la base; folioles opposées ou alternes; stipelles généralement nulles; limbe parfois criblé de ponctuations translucides. **Fl.** hermaphrodites, zygomorphes, ou très rarement actinomorphes, 5-mères, parfois à nombre de pétales réduits à 1 ou 0, parfois voyantes; étamines généralement 10, parfois en nombre réduit. **Fr.:** gousses déhiscentes, parfois indéhiscentes ou ailées.

Les genres et les espèces suivants non décrits ou énumérés ci-dessous sont également présents dans végétation spontanée de la région: *Copaifera mildbreadii* Harms, *Gilletiodendron kisantuensis* (De Wild.) Léonard, *Hymenostegia floribunda* (Benth.) Harms, *H. laxiflora* (Benth.) Harms, *Julbernardia pellegriniana* Troupin (syn. *Paraberlinia bifoliata* Pellegr.), *Leonardoxa bequaertii* (De Wild.) Aubrév. (Pl. 49), *Monopetalanthus breynei* Bamps, *M. microphyllus*

Harms, *M. pteridophyllus* Harms, *Oddoniodendron micranthum* (Harms) Baker f. (Pl. 50), *Oxystigma buchholzii* Harms, *Tessmannia dewildemaniana* Harms et *Tetraberlinia polyphylla* (Harms) Léonard (Pl. 53). Parmi les plantes introduites il y a: *Tamarindus indica* L.

Anthonotha gilletii (De Wild.) Léonard
syn. *Macrolobium gilletii* De Wild.

Arbre de 6-20 m de haut. **Fe.** à 4-6 paires de folioles, à limbe de 8-15,5 x 2,5-5,5 cm, à acumen de 1-2,5 cm de long; face inférieure couverte d'un indument soyeux, luisant, argenté à l'état jeune, brunissant à l'état adulte; 8-11 paires de nervures secondaires. **Infl.** en panicules de 10-100 cm de long, pendantes, insérées sur le tronc. **Fl.** à bractéoles persistantes, de 9-11 x 6-7 mm; sépales (4-)5; un seul grand pétale onguiculé, de 9-14 x 6,5-10 mm et (2-)4 rudimentaires; étamines 3 grandes, exsertes, et 6 staminodes. **Fr.:** gousses de 6-21 x 3-4 x 1-1,2 cm, ligneuses, tomenteuses, ferrugineuses, nervurées obliquement.

Forêts de terre ferme. — Zaïre (Bas-Congo, Kasai, Forestier Central).

Outre l'espèce traitée ci-dessous, est présent dans le territoire étudié *Anthonotha macrophylla* P. Beauv. [Pl. 43; syn. *Macrolobium macrophyllum* (P. Beauv.) Macbride].

Baikiaea insignis Benth. subsp. *minor* (Oliver) Léonard — Pl. 44

Arbre de 8-25 m de haut. **Fe.** imparipennées, parfois paripennées; renflements moteurs des pétioles et pétiolules fortement plissés; 3-8 folioles, de 7-40 x 3-17 cm, coriaces, bord ± récurvé, présentant à la base et d'un côté de la nervure médiane un renflement ± marqué. **Infl.** en racèmes. **Fl.** parfumées, blanches; pétales 5, dont le plus large, de 10-20 x 5-10 cm (subsp. *insignis*) et 5-10,5 x 2-4,5 cm [subsp. *minor* (Oliver) Léonard]. **Fr.:** gousses de 17-42 x 5-12 cm, densement brun veloutées.

Forêts ripicoles, galeries forestières, forêts de terre ferme. — Afrique intertropicale.

Les deux sous-espèces reconnues sont présents dans la région.

Bauhinia purpurea L.

Arbre atteignant 10 m de haut. **Fe.** simples, bilobées, à base cordée, de 9,5-10,5 x 10-12 cm. **Fl.** à tube du calice plus court que le limbe foliaire, se fendant en 2 parties dentées et réfléchies; pétales 5 pourpres, le médian de 6 x 2 cm; étamines fertiles 3-4. **Fr.:** gousses aplaties, atteignant 26 x 2 cm.

Espèce introduite pour ses fleurs ornementales. — Originaire d'Inde et de Chine.

Une seconde espèce introduite semblable existe dans la région: *Bauhinia monandra* Kurz, caractérisée par une seule étamine.

Bauhinia tomentosa L.

syn. *Pauletia tomentosa* (L.) Schmitz ⁣ ⁣ ⁣ ⁣ *ndembandemba*

Arbuste de 2-4 m de haut. **Fe.** simples, bilobées, arrondies à cordées à la base, de 3,5-9,5 x 4-11 cm, papyracées, discolores. **Infl.** en corymbes axillaires. **Fl.** à sépales réunis en un calice spathacé; pétales jaunes, ne s'étalant pas; étamines 10, didynames. **Fr.:** gousses aplaties, de 10-16 x 1-1,3 cm.

Planté dans les villages et dans les jardins. — Zaïre (Bas-Congo, Kasai, Forestier Central, Lac Albert, Haut-Katanga), Tanzanie, Mozambique, Natal; Asie tropicale.

⁣ ⁣ ⁣ ⁣ ⁣ ⁣ ⁣ CAESALPINIACÉES

Berlinia bruneelii (De Wild.) Torre & Hillc.

syn. *B. grandiflora* (Vahl) Hutch. & Dalz. var. *bruneelii* (De Wild.) Hauman

Arbre atteignant 20 m de haut. **Fe.** à 3-5 paires de folioles; folioles à sommet obtus, de 14-30 x 5-11 cm, coriaces. **Infl.** en panicules. **Fl.** à bractéoles spatulées; réceptacle incomplètement velu; pétale médian de 5-7 cm de long, à onglet de 2-3 cm de long, blanc. **Fr.**: gousses de 22-35 x 6-9 cm, présentant de fortes stries obliques.

Forêts marécageuses. — Zaïre (Mayombe, Bas-Congo, Kasai, Forestier Central, Ubangi-Uele, Haut-Katanga); Afrique centrale.

Berlinia giorgii De Wild. var. **gilletii** (De Wild.) Hauman   *bwati*

Arbuste à petit arbre de 8-12 m de haut. **Fe.** à 3-4 paires de folioles, ovales ou obovales, de 11-20 x 3,5-6 cm, glabres, coriaces. **Infl.** en panicules à axes bruns tomenteux. **Fl.** à réceptacle et sépales couverts de poils blancs; pétales blancs, le médian atteignant 6 cm de long. **Fr.**: gousses atteignant 34 x 10 cm, brunes tomenteuses, à stries obliques en relief.

Savanes arborées et forêts claires. — Zaïre (Bas-Congo, Kasai, Bas-Katanga).

Burkea africana Hook.   *nsiensie*

Arbre de 9-10 m de haut, à cime étalée. **Fe.** bipennées à 3-8 paires de pennes opposées; folioles 8-14, alternes, obtuses à arrondies à la base, arrondies et émarginées au sommet, de 1,5-3,5(-6) x 0,5-1,8(-3) cm. **Infl.** en panicules d'épis. **Fl.** de 3-3,5 mm de long, blanchâtres. **Fr.**: gousses elliptiques, aplaties, indéhiscentes, de 5,5-6 x 2,3-2,5 cm.

Savanes boisées. — Du Burkina Fasso et du Soudan au Transvaal.

Caesalpinia pulcherrima (L.) Sw.

Arbuste inerme, rarement éparsement épineux. **Fe.** atteignant 35 cm de long; bipennées, pennes 5-10 paires; folioles opposées, 6-12 paires; limbe asymétrique, arrondi à la base, arrondi à émarginé et mucronulé au sommet, de 0,7-3 x 0,4-1,6 cm. **Infl.** en racèmes terminaux. **Fl.** jaunes ou rouges. **Fr.**: gousses aplaties, de 6-10 x 1,5-2 cm, coriaces, glabres.

Introduit comme plante ornementale. — Originaire de l'Asie tropicale.

Cassia javanica L. subsp. **indochinensis** Gagnepain

syn. *C. nodosa* Roxb.

Arbre de 4-5 m de haut, à cime étalée. **Fe.** à 5-12 paires de folioles elliptiques-ovales à oblongues, à sommet aigu. **Infl.** en racèmes denses. **Fl.** roses; étamines fertiles 7; filets de 3 étamines longues courbés en "S" et plusieurs fois plus longs que leur anthère; leurs anthères déhiscentes par fentes. **Fr.**: gousses cylindriques, indéhiscentes, cloisonnées transversalement entre les graines, atteignant 60 cm de long.

Espèce ornementale introduite. — Originaire de l'Asie tropicale.

Deux autres plantes d'horticulture sont introduites dans la région: *Cassia fistula* L. et *C. grandis* L. f. En outre on y trouve deux *Cassia* spontanés, *C. angolensis* Hiern et *C. mannii* Oliver (Pl. 45).

Crudia harmsiana De Wild.

Arbre de 5-20 m de haut, bas-branchu, à empattements. **Fe.** imparipennées à 5-8 folioles, elliptiques, obtuses ou brièvement acuminées au sommet, de 2-14 x 1-7 cm, discolores, luisantes à la face supérieure. **Infl.** en racèmes. **Fl.** à 4 sépales; pétales absents. **Fr.**: gousses de 8-18 x 4-6 cm, épaissies surtout sur les bords, parcourues de veines transversales proéminentes, couvertes d'une pubescence fauve, veloutée.

Forêts ripicoles. − Zaïre (Bas-Congo, Forestier Central).
Une seconde espèce existe dans la région: *Crudia laurentii* De Wild.

Cynometra schlechteri Harms

Arbre de 4-18 m de haut, bas-branchu. **Fe.** paripennées à 6 folioles, subsessiles, elliptiques, fortement asymétriques, acuminées-émarginées, les inférieures de 1-4 x 0,5-1,5 cm, les supérieures de 4-10 x 1,5-4 cm. **Infl.** en racèmes courts, de 2-3,5 cm de long; bractées masquant les jeunes boutons. **Fl.** à 4 sépales, réfléchis; pétales de 5-8 x 1,5-3 mm, blanc-rosé. **Fr.**: gousses indéhiscentes, épaisses, de 2,5-4 x 1,5-2,7 cm, à surface tuberculée-chagrinée.

Forêts ripicoles. − Gabon, Congo, Zaïre (Bas-Congo, Kasai, Forestier Central).
Plusieurs autres espèces sont présentes dans la région: *Cynometra congensis* De Wild., *C. lujae* De Wild., *C. oddonii* De Wild. et *C. sessiliflora* Harms.

Daniellia pynaertii De Wild.

Arbre de 20-30 m de haut. **Fe.** paripennées à 5-9 paires de folioles, elliptiques, arrondies à la base, acuminées, de 5-13 x 2-5 cm, luisantes à la face supérieure; nervures secondaires 12-18. **Infl.** en racèmes atteignant 7 cm de long. **Fl.** violettes; pétales 5, 2 grands, 1 plus petit et 2 très petits; étamines 10. **Fr.**: gousses aplaties, lisses, de 6 x 3 cm; graine 1.

Galeries forestières. − Zaïre (Bas-Congo, Forestier Central).

Delonix regia (Hook.) Raf. − Pl. 46

syn. *Poinciana regia* Hook. *flamboyant*

Arbre à branches basses et étalées, formant une couronne large et plate; tronc à contreforts, racines étalées au ras du sol. **Fe.** atteignant 45 cm; 11-18 pennes opposées; folioles à base arrondie et asymétrique, à sommet arrondi à mucroné, de 11 x 2,5-4 mm. **Infl.** en racèmes terminaux. **Fl.** de 7,5-10 cm de diamètre, rouge écarlate; pétales 5; étamines 10. **Fr.**: gousses 30-60 x 5-7,5 cm, ligneuses.

Cultivé pour sa silhouette et ses fleurs décoratives. − Originaire de Madagascar.

Dialium englerianum Henriq. *mboti, mboti nseke* (kongo, yaka)

Arbre de ± 10 m de haut; rhytidome se desquamant par plaques; écorce exsudant une résine rouge; cime étalée. **Fe.** imparipennées, à pétiole et pétiolules épaissies à la base, ridés transversalement; pétiole plus rachis de 8-14 cm de long; folioles 7-11, subopposées à alternes, à limbe lancéolé-ovale, arrondi à la base, acuminé au sommet, de 4-9 x 1,5-4 cm, à indument pubérulent-feutré en dessous; nervilles formant un reticulum serré. **Infl.** en panicules terminales. **Fl.** à 5 sépales; pétales 5, de ± 2 mm de long, blancs, étamines 5. **Fr.**: gousses indéhiscentes, globulaires, de 2-3 x 1,5-2 cm, veloutées, brun roux; pulpe entourant les graines orange à l'état sec; graines 1-2.

Savane boisée. — Région zambézienne. — Pulpe sucrée, entourant les graines, comestible.

Dialium pachyphyllum Harms   *mboti mfinda*

Arbre de 8-20 m de haut. **Fe.** imparipennées, à pétiole et pétiolules épaissies à la base, ridés transversalement; folioles (3)5(6), subopposées à alternes, elliptiques, cunéiformes à la base, acuminées au sommet, à bord replié, de 8-23 x 3,5-8 cm, coriaces, glabres; nervation très finement maillée et généralement saillante sur les 2 faces. **Infl.** en panicules terminales et axillaires. **Fl.** petites, de 3 mm de long, jaunes, odorantes; sépales 5, villeux sur les 2 faces; pétale 1; étamines 2, parfois 3. **Fr.**: gousses indéhiscentes, globulaires, noires veloutées, de 2,5 x 1,5 cm, à sépales persistants; graine 1.

Forêts marécageuses et de terre ferme. — Cameroun, Gabon, Zaïre (Mayombe, Bas-Congo, Kasai, Forestier Central).

Une troisième espèce existe dans la région: *Dialium polyanthum* Harms (syn. *D. corbisieri* Staner).

Erythrophleum africanum (Welw.) Harms   *nkwati* (dial. yaka)

Arbre atteignant 9 m de haut, à cime étalée, peu dense. **Fe.** bipennées à 2-4 paires de pennes, à 8-16 folioles alternes, ovales, arrondies à légèrement asymétriques à la base, arrondies et émarginées au sommet, de 1,5-6,5 x O,8-3 cm. **Infl.** en racèmes axillaires ou terminaux, atteignant 16 cm de long. **Fl.** vertes à jaunâtres, de 4,5-6,5 mm de long. **Fr.**: gousses de 7-19 x 2,2-4,5 cm, coriaces et glabres.

Savanes boisées. — Guinée, Togo, Ghana, Côte d'Ivoire, Zaïre (Bas-Congo, Kasai, Bas-Katanga, Ubangi-Uele, Haut-Katanga), Angola, Zambie, Zimbabwe.

Une seconde espèce se trouve en forêt: *Erythrophleum suaveolens* (Guillemin & Perrottet) Brenan (Pl. 48; syn. *E. guineense* G. Don).

Gilbertiodendron dewevrei (De Wild.) Léonard
lukayakaya (dial. kongo), *limbali* (nom commerc.)

Arbre de 25-40 m de haut. **Fe.** (2)3(4-5) jugées; folioles pouvant atteindre 40 x 18 cm; stipules persistantes, de 2-8 cm de long, munies de deux oreillettes. **Infl.** en panicules lâches. **Fl.** à 1 grand pétale de 2,5-2,8 de large, rouge vineux; 4 petits pétales; étamines fertiles 3. **Fr.**: gousses plates, de 15-30 x 6-9 cm, brunâtres, ridées transversalement; graines de 4-5 cm de diamètre.

Souvent en peuplements presque purs; forêts rivulaires. — Du Nigeria au Zaïre.

Une seconde espèce existe dans la région: *Gilbertiodendron breynei* Bamps (Pl. 47).

Griffonia physocarpa Baill.
syn. *Bandeiraea tenuiflora* Benth.

Arbuste sarmenteux à liane. **Fe.** simples, de 5-15 x 3-7 cm, glabres; nervures 3(5) à la base. **Infl.** en racèmes terminaux, glabres. **Fl.** rouges, glabres, 5-mères; étamines 10, libres. **Fr.**: gousses à stipe atteignant 2,5 cm de long, oblongues, enflées, de 4-6 x2-3 cm, noires, coriaces à ligneuses.

Forêts secondaires. — Du Nigéria au Gabon; Zaïre (Bas-Congo, Kasai, Forestier Central).

Une seconde espèce existe dans la région: *Griffonia speciosa* (Benth.) Taubert (syn. *Bandeiraea speciosa* Benth.).

Guibourtia demeusei (Harms) Léonard − Pl. 49

Arbre de 25-40 m de haut, exsudant une résine transparente, muni d'accotements ailés. **Fe.** à pétiole de 1,5-3 cm de long; folioles 2, subsessiles, ovales-falciformes, fortement asymétriques, aiguës ou le plus souvent terminées par un acumen, de 6,5-20 x 3-8 cm, coriaces, glabres, à nombreuses ponctuations translucides. **Infl.** en racèmes ou panicules d'épis, atteignant 8-20 cm de long, densement pubescents. **Fl.** de ± 1,2 cm de diamètre étalées, blanches; sépales inégaux, 3 sépales de 5-6 x 3-4 mm et 1 sépale de 5-6 x 1,5-2 mm; pétales nuls; étamines 10, libres, exserts; ovaire glabre. **Fr.**: gousses uniséminées, orbiculaires ou elliptiques, longtemps indéhiscentes, arrondies au sommet, entourées d'une marge étroite, de 2,2-3,8 x 1,8-2,9 x 0,1-0,2 cm, coriaces; graines fortement comprimées.

Forêts périodiquement inondées et forêts marécageuses. − Du Nigeria du Sud à la Rép. centrafr., au Congo et au Zaïre. − Une des principales espèces productrices de copal.

Paramacrolobium coeruleum (Taubert) Léonard

syn. *Macrolobium coeruleum* (Taubert) Harms   *mbese*

Arbre de 15-35 de haut, à contreforts ± développés. **Fe.** paripennées à (2)3-5 paires de folioles; pétiolulus tordus; folioles, elliptiques, inéquilatérales à la base, de 2-15 x 1-6 cm, subcoriaces, glabres; stipules intrapétiolaires. **Infl.** en panicules corymbiformes, de 4-8 cm de long. **Fl.** à 5 pétales, bilobés, de 3,5-4,7 x 1-1,7 cm, bleu violet; 3 étamines fertiles et 6 staminodes. **Fr.**: gousses apiculées, de 10-20 x 3,5-6 cm, ligneuses; graines rectangulaires.

Forêts de terre ferme et forêts ripicoles. − De la Guinée à la Tanzanie et au Zaïre. − Graines servant au jeu des osselets pour les enfants.

Peltophorum pterocarpum (DC.) K. Heyne

syn. *P. ferrugineum* (Decne.) Benth.

Arbre à ramilles, pétioles et inflorescences tomenteux-fauves. **Fe.** atteignant 35 cm de long, à 8-10 paires de pennes; folioles 10-20 paires, lancéolées, obliques à la base, obtuses et émarginées au sommet, de 0,5-2,8 x 0,4-0,7 cm. **Infl.** en racèmes de 20-40 cm de long. **Fl.** à pétales de 2 x 1-1,5 cm, jaunes. **Fr.**: gousses ailées, indéhiscentes, de ± 6 x 2 cm.

Planté dans les avenues de Kinshasa. − Originaire de l'Asie tropicale et de l'Australie.

Piliostigma thonningii (Schum.) Milne-Redh. − Pl. 51

syn. *Bauhinia thonningii* Schum.

Arbuste à petit arbre de 3-6 m de haut, à cime globuleuse. **Fe.** à limbe profondément bilobé, cordé à la base, de 6-17 x 6-21 cm, glabre et luisant au dessus, pubérulent et mat en dessous. **Infl.** en panicules terminales ou axillaires, de 5-15 cm de long. **Fl.** unisexuées ou hermaphrodites; pétales de 1,4-2,6 cm de long, blancs, pubescents à l'extérieur; étamines 10, libres, réduites à des staminodes chez les fleurs ♀. **Fr.**: gousses indéhiscentes, oblongues, de 14-31 x 3-6,5 cm, coriaces.

Savanes boisées. − Toute l'Afrique tropicale.

Schizolobium parahybum (Vell.) Blake

syn. *S. excelsum* Vog.

Arbre atteignant 15 m de haut, monocaule dans son jeune age, ramifié plus tard, formant une cime horizontale. **Fe.** atteignant 80 cm de long, à 10-25 paires de pennes; folioles oblongues, atteignant 3,5 x 1 cm. **Infl.** en panicules atteignant 50 cm de long. **Fl.** à pétales atteignant 2,2 cm de long, jaunes. **Fr.**: gousses obliquement obovales, arrondies au sommet, de ± 12 x ± 4 cm.

Planté au campus universitaire de Kinshasa et à Kisantu. − Originaire du Brésil.

Scorodophleus zenkeri Harms − Pl. 52   *kiwaya*

Arbre atteignant 25-40 m, dégageant de toutes ses parties, spécialement de son écorce, une odeur alliacée surtout après la pluie; parfois des lègers empattements à la base. **Fe.** paripennées à 5-10 paires de folioles alternes, sessiles, arrondies au sommet, tronquées et inégales à la base, de 3,5-4,5 x 1,3-2 cm, glabres. **Infl.** en racèmes de 5-8 cm de long. **Fl.** à pétales de 7-11 x 2-3 mm. **Fr.**: gousses oblongues, de 7,5-13,5 x 3-5 cm, lisses.

Arbre parfois grégaire, caractéristique des forêts de terre ferme. − Du Cameroun au Cabinda; Zaïre (Mayombe, Bas-Congo, Kasai, Forestier Central).

Senna siamea (Lam.) Irwin & Barneby

syn. *Cassia siamea* Lam.

Arbre de ± 10 m de haut. **Fe.** paripennées, de 15-30 cm de long; pétioles et rachis sans glandes; folioles 8-12 paires, oblongues-elliptiques, émarginées et éventuellement mucronulées au sommet, de 5-6 x 2-2,5 cm, glabres; stipules caduques. **Infl.** corymbiformes. **Fl.** jaunes; étamines 7, les trois inférieures inégales, la médiane plus petite; staminodes 3. **Fr.**: gousses plates, de 12-15 x 1-2 cm, subligneuses, régulièrement ondulées et cloisonnées transversalement; graines disposées longitudinalement.

Essence de reboisement. − Originaire de l'Asie tropicale.

Senna spectabilis (DC.) Irwin & Barneby

syn. *Cassia spectabilis* DC.

Arbre ou arbuste de 3-9 m de haut. **Fe.** paripennées, de 20-30 cm de long; pétioles et rachis sans glandes; folioles 9-13 paires, lancéolées, aigues au sommet, de 4-8 x 1,5-2 cm, tomenteuses, discolores en dessous. **Infl.** en panicules. **Fl.** jaunes; étamines 7, les trois étamines inférieures égales; staminodes 3. **Fr.**: gousses à section rectangulaire, de 20-30 cm de long, subligneuses, à cloisons transversales, à 2 séries de graines, disposées tranversalement.

Introduit comme plante d'ornement, se naturalisant partout. − Originaire de l'Amérique tropicale.

Outre les deux espèces introduites décrites ci-dessus existent spontanément dans la région: *Senna didymobotrya* (Fresen.) Irwin & Barneby (syn. *Cassia didymobotrya* Fresen.) et *S. occidentalis* (L.) Link (syn. *Cassia occidentalis* L.); parmi les espèces introduites: *Senna alata* (L.) Roxb. (syn. *Cassia alata* L.), *S. septemtrionalis* (Viviani) Irwin & Barneby (syn. *Cassia floribunda* non Cav.; *C. laevigata* Willd.) et *S. surattensis* (Burm. f.) Irwin & Barneby (syn. *Cassia surattensis* Burm. f.; *C. glauca* Lam.)

CAPPARIDACÉES

Arbres, arbustes, lianes, herbes. **Fe.** alternes, simples ou composées-digitées à 3 ou 5 folioles; stipules transformées en épines ou absentes. **Infl.** en grappes, corymbes ou panicules; rarement fleurs solitaires. **Fl.** hermaphrodites, actinomorphes ou zygomorphes; sépales 4 plus rarement 5-7, libres ou soudés à la base; pétales 4-8 ou nombreux, rarement absents; étamines fertiles nombreuses, très souvent sur un androphore; ovaire stipité; carpelles 2-4. **Fr.:** capsules, baies ou drupes contenant 1 ou plusieurs graines.

Outre le genre et les espèces décrits ci-dessous, sont présents dans la région : *Buchholzia tholloniana* Hua (syn. *B. macrophylla* Pax), *Capparis erythrocarpos* Isert, *Euadenia alimensis* Hua.

Ritchiea aprevaliana (De Wild. & Th. Dur.) Wilczek — Pl. 67

Arbustes. **Fe.** simples, à pétiole de ± 6 mm de long, disposées en 2-3 faux verticilles au sommet des rameaux jeunes; limbe oblancéolé, de 20-26 cm x 6-9 cm, devenant coriace, plus pâle dessous. **Infl.** en corymbes de 5-15 fleurs. **Fl.** à 4 pétales, minces, 14-18 mm x 1,5-2,5 mm, dépassant peu les sépales; étamines ca. 35-50; gynophore de 12-21 mm; ovaire étroitement ellipsoïdal, 25-35 x 10-20 mm.

Forêts primaires de terre ferme. — Sud-Cameroun, Rép. centrafr., Gabon, Congo, Zaïre, Ouganda.

Ritchiea capparoides (Andrews) Britten

      syn. *R. fragariodora* Gilg

Arbustes ou lianes. **Fe.** 3-foliolées à pétiole de 5,5-7 cm; folioles ovales, de 6-26 cm x 3-14 cm, à bord entier, coriaces. **Infl.** en corymbes 4-15-flores. **Fl.** odorantes; pétales à bords chiffonnés-ondulés, de 2,8-8 cm x 0,2-0,8 cm, verdâtres à blanchâtres; étamines ± 60; gynophore de 2-5,5 cm de long; ovaire cylindrique, montrant 6-8 sillons. **Fr.** baies tardivement déhiscentes, ellipsoïdes, à 6-8 sillons, de 4-8 x 2-4 cm; graines nombreuses.

Forêts ripicoles. — Sud-Nigéria, Cameroun, Gabon, Zaïre, Angola.

Une troisième espèce est présent dans le territoire étudié : *R. jansii* Wilczek

CAPRIFOLIACÉES

Arbres, arbustes ou lianes. **Fe.** opposées, simples ou composées-pennées; stipules absentes. **Infl.** en cymes, moins souvent fleurs solitaires ou disposées par paires. **Fl.** hermaphrodites, actinomorphes ou zygomorphes; tube du calice soudé à l'ovaire, corolle à pétales soudés, 3-5-lobée ou à 2 lèvres; étamines 4-5, insérées dans le tube de la corolle; ovaire infère, 2-8 loculaires. **Fr.:** baies ou drupes, rarement capsules ou akènes.

Sambucus mexicana A. DC. — Pl. 54

Buissons dégageant une odeur désagréable. **Fe.** imparipennées à bipennées; folioles dentées; fausses stipules interpétiolaires présentes ou absentes. **Infl.** terminales, corymbiformes, multiflores. **Fl.** actinomorphes, à corolle soudée, blanche, à 5 lobes; étamines 5. **Fr.:** drupes contenant 3-5 graines.

Cultivé comme plante ornementale ou pour ses propriétés médicinales. — Originaire du Mexique.

CARICACÉES

Arbres ou arbustes, normalement à tronc unique; latex blanc présent. **Fe.** en touffe terminale, alternes, simples, palmatiséquées; stipules absentes. **Infl.** axilaires ou rarement caulinaires. **Fl.** dioïques, monoïques ou hermaphrodites; fleurs 5-mères, actinomorphes; calice gamosépale; pétales soudées en un long tube; étamines 10, en deux séries, insérées sur la corolle; ovaire supère à 1 ou 5 loges; placentation pariétale. **Fr.** baies à nombreuses graines.

Carica papaya L.   *papayer; payipayi*
Arbre atteignant 8 m de haut, normalement à tronc unique, portant à son sommet une touffe de feuilles; plantes monoïques ou polygames. **Fe.** palmati-séquées, pouvant atteindre 50-70 cm de diamètre, les 7 lobes profondement découpés à leur tour. **Infl.** ♂ en panicules grands et pendants; fleurs ♀ solitaires, axillaires. **Fl.** blanc crême; les fleurs ♂ à tube corollaire de 2-2,5 cm de long et 1,5 mm de diamètre, les lobes de 8-10 mm de long, à 10 étamines; les fleurs ♀ plus grandes que les ♂, à pétales libres de 4-5 cm de long. **Fr.** sphériques ou oblongs, à 5 côtes longitudinales, 10-30 cm de long, jaunes ou orange à maturité, à chair jaune et graines noires.
Cultivé pour ses fruits dans tous les pays tropicaux; au Kivu il est cultivé pour l'extraction de la papaïne. — Originaire d'Amérique tropicale.

CASUARINACÉES

Arbres ou arbustes, monoïques ou dioïques; rameaux de dernier ordre à ramilles cannelées et verticillées, articulées aux noeuds, dressées ou pendantes. **Fe.** réduites à de petites écailles verticillées par 4 ou plus, soudées en une gaine. **Infl.** ♂ en épis minces. **Fl.** ♂ munie de 4 bractéoles, réduites à 1 étamine. **Infl.** ♀ en capitules sphériques à ovoïdes. **Fl.** ♀ munies de 2 bractéoles; ovaire 1-loculaire, à 2 ovules. Capitules fructifères munis de brac-tées et bractéoles accrescentes lignifiées. **Fr.**: akènes ailés.

Casuarina equisetifolia L. — Pl. 55   *filao*
Arbre de 7-25 m de haut, monoïque, souvent à port pyramidal; rameaux pendants; ramilles caduques à 6-7(-8) côtes bien visibles, de 17-28 cm de long. **Fe.** réduites à 6-7(-8) écailles en verticille par segment. **Infl.** ♂ en épis de 10-30 mm de long; cônes ♀ de 10-16 mm de diamètre, à écailles sans protubérances dorsales. **Fr.**: akènes ailés.
Planté pour le reboisement sur les sols sablonneux. — Originaire des îles de l'Océan Pacifique. Une autre espèce, *C. glauca* Sieber, a été introduite au Jardin botanique de Kisantu.

CÉCROPIACÉES

Arbres, souvent à racines-échasses, dioïques; suc aqueux virant au noir. **Fe.** alternes spiralées; limbe souvent palmé ou découpé radialement; stipules présentes. **Infl.** ♂ ramifiées. **Fl.** ♂ à 2-4 tépales; étamines 1 ou 3-4. **Infl.** ♀ globuleuses-capitées. **Fl.** ♀ à 2-3 tépales; pistil 1; ovaire libre ou soudé à la base du périgone; stigmate 1; ovule 1. **Infr.**: fruits composés formés par le réceptacle de l'inflorescence, les périgones charnus et les akènes.

La famille est parfois incluse dans les *Moracées*.

Une espèce non décrite ci-dessous existe à Kisantu: *Cecropia peltata* L (Pl. 60). Cet arbre, originaire d'Amérique tropicale, a été introduit au Jardin botanique de Kisantu et se répand spontanément dans les environs.

Musanga cecropioides R. Br. — Pl. 56, 57   *parasolier; nsenga*
          syn. *M. smithii* R. Br.

Arbre atteignant 20 m de haut, émettant à la base, jusqu'à 2-3 m de hauteur, de grosses racines adventives ramifiées; cime étalée; rameaux feuillus se terminant par un bourgeon de ± 10 cm de long, enveloppé de stipules couvertes de poils argentés. **Fe.** peltées, les adultes à pétiole atteignant 30-40 cm de long, à limbe suborbiculaire de 30-60 cm de diamètre, divisé en 12-15 lobes rayonnants, les médians 2 fois plus longs que les externes, à bords entiers, couvert de poils blancs denses en dessous. **Infl.** ♂ de 15-20 cm de long (dont 8-10 pour le pédoncule) et 7 cm de large; glomérules floraux de 3-4 mm de diamètre; inflorescences ♀ de 2-3 x 1-1,5 x 3-4 cm, sur un pédoncule de 5-12 cm de long. **Infr.** de 10-13 cm de long, orangées et charnues à maturité.

Jeunes forêts secondaires; souvent peuplements purs sur sols fertiles après défrichements. — Répandu de la Guinée à l'Angola et au Zaïre oriental. — Essence à croissance rapide et à bois très léger.

Myrianthus arboreus P. Beauv. — Pl. 58, 59   *muntusu*

Arbuste bas-branchu ou arbre dioïque, pouvant atteindre 20 m de haut, émettant à la base des racines adventives. **Fe.** adultes composées digitées, à pétiole cannelé, atteignant 35 cm de long; folioles parfois brièvement pétiolulées (1-2 cm), à limbe elliptique, atténué à la base, brièvement acuminé au sommet, de 15-65 x 6-27 cm, (les extérieures 2-3 fois plus petites que les médianes), à bord denté irrégulièrement, coriaces, pubescentes et plus pâles en dessous; feuilles juvéniles palmatilobées. **Infl.** axillaires, en paires, les ♂ paniculées, atteignant 35 cm de long, 6-8 fois dichotomiques, avec les 2-3 dernières ramifications densement couvertes de fleurs; les ♀ en capitules subsphériques, formées de 20-50 fleurs, de ± 2 cm de diamètre. **Infr.** de 6-10 cm de diamètre; pédoncule atteignant 6 cm de long; réceptacle fortement élargi, charnu et jaune, entourant les akènes de 1,5-2 cm de long.

Forêts primaires et secondaires. — De la Sierra Leone à l'Angola, de l'Ouganda jusqu'en Tanzanie. — Fruits comestibles.

CÉLASTRACÉES

Arbres ou arbustes dressés, parfois sarmenteux, monoïques ou dioïques; épines présentes ou absentes; fils de latex parfois présents à la rupture de parties de la plante. **Fe.** alternes ou opposées, simples; stipules petites, ± rapidement caduques. **Infl.** axillaires, en cymes, racèmes ou panicules, parfois fleurs solitaires. **Fl.** hermaphrodites ou unisexuées; sépales 4-5; pétales 4-5, libres ou rarement soudés à la base; étamines 4-5, parfois plus; ovaire 2-5-

loculaire, supère. **Fr.**: capsules ou drupes, baies, samares ou fruits secs indéhiscents.

Maytenus serrata (A. Rich.) Wilczek
var. ***gracilipes*** (Oliver) Wilczek

Arbuste à petit arbre de 5-6 m de haut, épineux; épines atteignant 5 cm de long. **Fe.** alternes, à limbe elliptique, cunéiforme à la base, aigu au sommet, de 6-18 x 2,5-8 cm, papyracé, à bord denté. **Infl.** en cymes lâches, de 5-14 cm de long, pubérulentes. **Fl.** 5-mères, étalées de 3-4 mm de diamètre; sépales de 1 mm de long; pétales de 1,6-2,2 mm de long; étamines de 0,5-0,8 mm de long; disque annulaire, 5-lobé; ovaire 3-loculaire. **Fr.**: capsules obovoïdes, 3-valvaires, de 1-1,9 cm de long.

Galeries forestières. — Cameroun, Zaïre (Bas-Congo, Ubangi-Uele, Haut-Katanga), Angola.
Une seconde espèce existe dans la région: *Maytenus undata* (Thunb.) Blakelock.

CHRYSOBALANACÉES

Arbres ou arbustes. **Fe.** alternes, simples, entières, souvent coriaces; ordinairement à 2 (ou plusieurs) glandes à la face inférieure de la base du limbe, ou sur le pétiole, parfois aussi des glandes sous l'acumen, plus rarement sous la surface du limbe; stipules petites et caduques ou larges et persistantes. **Infl.** terminales et axillaires, en racèmes, panicules ou corymbes. **Fl.** assez grandes, hermaphrodites, généralement zygomorphes, périgynes; tube calicinal court ou allongé et alors droit ou courbé; sépales 5; pétales 5, libres, souvent rapidement caducs; étamines 5-20 ou plus. **Fr.** apocarpes à 1(-2-3) monocarpes drupacés, secs ou charnu; graine 1 par carpelle.

La famille est parfois incluse dans les *Rosacées*.

Acioa lujae De Wild.   *mbulunkutu*

Arbre de 5-30 m de haut. **Fe.** à stipules filiformes de 5 mm de long; limbe elliptique, arrondi à la base, brièvement apiculé, de 7-14 x 4-7 cm, glabre; nervures secondaires en relief à la face inférieure; quelques grosses glandes à la face inférieure de la base du limbe, très serrées contre la nervure médiane, souvent quelques petites glandes sous l'acumen. **Infl.** axillaires ou terminales, en racèmes, à rachis de 4,5-7 cm de long, velu-grisâtre. **Fl.** à réceptacle velu, de 18 mm de long; sépales couverts sur les 2 faces d'une pubescence gris clair; pétales de 8-10 mm de long; étamines très nombreuses, soudées sur 3/4 de leur longueur en une goutière; ovaire fixé latéralement au réceptacle; style couché dans la goutière staminale. **Fr.**: drupes ovoïdes, de 4 x 3 x 2,5 cm, couvertes d'un tomentum brun roux.

Recrûs forestiers, forêts scondaires. — Zaïre (Mayombe, Bas-Congo, Kasai, Bas-Katanga, Haut-Katanga).
Deux autres espèces existent dans la région: *Acioa dewevrei* De Wild. & Th. Dur. (syn. *A. dewevrei* De Wild. & Th. Dur. var. *van-houttei* (De Wild.) Hauman et *A. gilletii* De Wild.

Chrysobalanus icaco L. subsp. ***atacorensis*** (A. Chev.) F. White
>   syn. *C. atacorensis* A. Chev.

Arbuste ou arbre de 3-25 m de haut; rameaux feuillus très ramifiés; entrenoeuds de 1-1,5 c de long. **Fe.** à pétiole de 2 mm de long; limbe elliptique, aigu à la base où se trouvent 2 glandes, à acumen obtus au sommet, de 5-9 x 2,5-4,5 cm, assez coriace, glabre; nervures peu en refief. **Infl.** axillaires, très contractées, de 0,5-1 cm de long. **Fl.** à réceptacle de 1,5 x 2 mm; sépales de 2 mm de long; pétales de 2 mm de long; étamines 20, se séparant en 5 groupes, à filets longuement velus, soudés jusqu'au milieu. **Fr.**: drupes violettes à maturité, obovoïdes, de 16 x 10 mm.
Forêts ripicoles périodiquement inondées. — De la Sierra Leone à la Rép. centrafr., à l'Angola et la Zambie.

Magnistipula butayei De Wild. subsp. ***butayei*** — Pl. 61
>   syn. *Hirtella butayei* De Wild.

Arbre de 15-20 m de haut; rameaux florifères glabres, à lenticelles allongées et fissures longitudinales. **Fe.** à pétiole de 2-4 mm de long; limbe obovaleoblong, arrondi à subcordé à la base, acuminé, de 10-20 x 4-8 cm, subcoriace, glabre, luisant sur les 2 faces. **Infl.** terminales, paniculées, de 5-12 cm de long, couvertes de courts poils roux. **Fl.** de 7-8 mm de long; réceptacle trés asymétrique, arrondi à la base, de 4-5 x 1,5 mm; sépales de 3 mm de long; pétales de 5-6 mm de long, jaunes; étamines fertiles 8; staminodes 7-8, réduits à des dents soudés à la base; ovaire soudé latéralement au réceptacle. **Fr.**: drupes globuleuses, de 2,5 cm de diamètre, couvertes d'une pubescence brun velouté.
Forêts humides ou périodiquement inondées. — Zaïre (Bas-Congo, Forestier Central).

Maranthes glabra (Oliver) Prance — Pl. 62   *mbulunkutu*
>   syn. *Parinari glabra* Oliver; *P. glabra* var. *gilletii* (De Wild.) Hauman

Arbre de 25-30 m de haut, à rameaux nettement lenticellés. **Fe.** à pétiole portant fréquemment au sommet 2 glandes concaves; limbe elliptique, cunéiforme ou arrondi à la base, acuminé au sommet, de 10-14 x 5,5-6,5 cm. **Infl.** terminales, en panicules corymbiformes, de 7-14 cm de long; ramifications de l'inflorescence, réceptacles et sépales glabres ou souvent couverts de poils couchés ± denses. **Fl.** à réceptacle de 6-7 x 2,5 mm; sépales charnus; pétales de 4-5 mm de long, blanc verdâtre; étamines fertiles, environ 20 et 5-6 staminodes réduits à de courtes dents. **Fr.**: drupes obovoïdes, atteignant 4,2 x 3,5 x 3 cm, glabres ou velues.
Forêts marécageuses, ou périodiquement inondées ou de terre ferme. — De la Sierra Leone juqu'à la Rép. centrafr. et à l'Angola.

Parinari congensis F. Didr. — Pl. 63

Arbre de 10-15 m de haut; couvert dans ses parties jeunes d'une villosité courte et grise; rameaux couverts de lenticelles. **Fe.** à pétiole de 5-6 mm, pourvu de 2 glandes un peu au dessus de son milieu; limbe ovale, arrondi ou légèrement cordé à la base, de 3-13 x 1,5-2 cm, assez coriace, à face inférieure couverte d'un duvet blanc; nervures secondaires 16-20 paires. **Infl.** couvertes de poils blancs, terminales et subterminales formant des panicules feuillues, de 15-18 cm de long. **Fl.** à réceptacle évasé, de 4-5 mm de long;

sépales de 2,5 mm de long; pétales de 2,5 mm de long; **étamines** fertiles 8, ne dépassant pas les pétales; staminodes très courts. **Fr.**: drupes de 42 x 25 x 22 mm, à mésocarpe charnu.

Forêts ripicoles du Fleuve. − De la Sierra Leone au Zaïre (Bas-Congo, Forestier Central). − Les fruits sont comestibles.

Une seconde espèce d'arbres existe dans la région: *Parinari excelsa* Sabine (syn. *P. holstii* Engl.).

CLUSIACÉES (GUTTIFÈRES)

Arbres ou arbustes, rarement lianes; latex jaune ou orange. **Fe.** opposées, parfois verticillées ou alternes, simples; limbe souvent muni de glandes et de canaux opaques ou translucides; stipules absentes. **Infl.** terminales ou axillaires, généralement en cymes bipares, parfois en racèmes, panicules, fascicules ou ombelles, ou fleurs solitaires. **Fl.** actinomorphes, hermaphrodites ou unisexuées; sépales 4-5; pétales 4-5, libres; étamines nombreuses, libres ou soudées en faisceaux; ovaire supère à 1- plusieurs loges. **Fr.**: baies, drupes ou capsules.

Les genres et les espèces non décrits ou énumérés ci-dessous sont également présents dans la végétation spontanée de la région: *Allanblackia floribunda* Oliver, *A. kisonghi* Vermoesen, *A. marienii* Staner, *Garcinia chromocarpa* Engl., *G. epunctata* Stapf, *G. ovalifolia* Oliver, *G. smeathmannii* (Planch. & Triana) Oliver, *Mammea africana* Sabine (Pl. 65), *Pentadesma exelliana* Staner, *Vismia laurentii* De Wild. et *V. rubescens* Oliver var. *longipilosa* Bamps; parmi les espèces introduites: *Calophyllum inophyllum* L., *Garcinia xanthochymus* Hook. f. (syn. *Xanthochymus pictorius* Roxb.) et *Mammea americana* L.

Garcinia huillensis Oliver   *kisima*

Arbuste à petit arbre de 2-5 m de haut; jeunes rameaux anguleux. **Fe.** opposées à subopposées; limbe obovale à elliptique, cunéiforme à la base, arrondi, obtus ou aigu, parfois apiculé au sommet, souvent mucronulé, de 6-10 x 1,5-6 cm, coriace, glabre; nervures latérales nombreuses, à angle d'insertion de 30-45°; canaux sécréteurs continus et opaques, subparallèles à la nervure médiane. **Fl.** jaunes; fleurs ♂ en courtes cymes; sépales 4; pétales 4 de 7-9 mm de long; 4 faisceaux de 5-8 étamines. **Fr.**: baies globuleuses de 1,5-2,5 cm de diamètre.

Savanes. − Congo, Zaïre (Bas-Congo, Kasai, Haut-Katanga), Angola, Zambie, Zimbabwe, Malawi, Tanzanie.

Garcinia kola Heckel   *ngadidi, ngadiadi*

Arbre atteignant 35-40 m de haut; rameaux anguleux, ridés-plissés longitudinalement. **Fe.** à pétiole ridé transversalement; limbe elliptique, cunéiforme à la base, obtus ou courtement acuminé au sommet, de 4-20 x 2-9 cm, coriace, glabre; canaux sécréteurs noirs ± visibles en dessous et parallèles aux nervures latérales. **Infl.** en cymes terminales pauci- à pluriflores. **Fl.** unisexuées; fleurs ♂ à 4 sépales tomentelleux extérieurement; pétales 4 de ± 12 mm de long, tomentelleux extérieurement; disque 4-lobé; faisceaux d'étamines 4; anthères 15-20 par faisceau; fleurs ♀ à stigmate pelté, 4-lobé, de 3-4 mm de diamètre, accrescent sur le fruit. **Fr.**: baies globuleuses, légèrement aplates aux 2 pôles, de 5-10 cm de diamètre, à pulpe jaune orange.

Forêts denses, forêts rivulaires. − Du Sierra Leone à la Rép. centrafr. et au Zaïre et en Angola. - La pulpe qui entoure les graines est comestible.

Garcinia mangostana L.   *mangoustanier*

Arbre atteignant 10 m de haut à feuillage dense et sombre; rameaux anguleux, ridés-plissés longitudinalement. **Fe.** à limbe elliptique, acuminé au sommet, cunéiforme à la base, de 14-14 x 7-9 cm, coriace, glabre; nervures latérales nombreuses. **Fl.** blanches, odorantes; fleurs ♀ de ± 5 cm de diamètre; sépales persistants sur fe fruit; ovaire 4-8-loculaire; stigmate 5-8-lobé persistant sur le fruit. **Fr.**: baies globuleuses de 5-7 cm de diamètre, à péricarpe dur, rouge bordeaux, contenant 3-6 graines entourées d'une pulpe blanche.

Cultivé pour son fruit, le mangoustan, un des plus appréciés des régions tropicales. − Originaire de la Malaisie.

Garcinia punctata Oliver − Pl. 64

Arbuste à arbre atteignant 30 m de haut. **Fe.** à limbe ovale à elliptique, aigu à obtus à la base, longuement acuminé au sommet, de 5-16 x 2-6,5 cm, papyracé, glabre; nervures latérales nombreuses; glandes ponctiformes ou linéaires discontinues, alignées parallèlement aux nervures latérales et translucides; canaux sécréteurs noirs traversant obliquement les nervures latérales visibles à la face inférieure. **Infl.** en cymes ou fascicules pauciflores, ou fleurs solitaires, axillaires. **Fl.** unisexuées; fleurs ♂ à 4 sépales; pétales 4 de 4-5 mm de long; faisceaux d'étamines 4; fleurs ♀ à ovaire 4-loculaire; stigmate 4-lobé. **Fr.**: baies subglobuleuses de 1-2 cm de diamètre.

Forêts denses, galeries forestières. − Nigeria, Cameroun, Gabon, Rép. centrafr., Congo, Angola, Zambie.

Harungana madagascariensis Poir.   *ntunu*

Arbuste à arbre de 2-12 m de haut; rameaux brunâtres à l'état jeune. **Fe.** opposées à crête interpétiolaire présente; pétiole de 0,5-2,5 cm de long, pubescent; limbe ovale à elliptique, aigu à subcordé à la base, aigu au sommet, de 5-22 x 3-13 cm, à indument tomentelleux roux, parfois glabrescent et à ponctuations glandulaires noires en dessous; nervures secondaires 10-16 paires. **Infl.** en panicules de cymes atteignant 20 cm de long. **Fl.** hermaphrodites, 5-mères, à sépales de 2 mm de long, tomentelleux extérieurement; pétales de 3-4 mm de long; faisceaux à 3-4 étamines; ovaire glabre à 5 lignes glandulaires noires longitudinales; 2-4 ovules par loge. **Fr.**: drupes globuleuses de 3-4 mm de diamètre, orangées.

Recrûs forestiers, forêts ripicoles. − Répandu dans toute l'Afrique tropicale, à Madagascar et dans les îles Mascareignes.

Psorospermum febrifugum Spach   *kisokosoko*

Sous-arbuste, arbuste ou petit arbre atteignant 6 m de haut; écorce subéreuse, crevassée longitudinalement. **Fe.** à limbe elliptique à ovale, obovale ou suborbiculaire, cunéiforme à arrondi ou subcordé à la base, acuminé à arrondi au sommet, de 2-14 x 1-9 cm, coriace, tomenteux à glabre et à ponctuations glandulaires noires ± éparses en dessous; nervures secondaires 4-7 paires. **Infl.** en cymes corymbiformes terminales. **Fl.** 5-mères; sépales de 3-4 mm de long; pétales de 4-6 mm de long; faisceaux à 5-6 étamines. **Fr.**: baies subglobuleuses de 8-10 mm de diamètre; graines couvertes de nombreuses glandes noires.

Savanes. − De la Guinée à l'Ethiopie et au Mozambique.

Une seconde espèce existe dans la région: *Psorospermum tenuifolium* Hook. f.

Symphonia globulifera L. f. − Pl. 66   *kisongi, nsongi*

Arbre atteignant 40 m de haut, à ramifications horizontales; souvent racines-échasses présentes. **Fe.** à pétiole de 5-20 mm de long; limbe elliptique ou obavale, cunéiforme à la base, acuminé au sommet, de 5-12,5 x 1-5 cm, glabre; nervures secondaires nombreuses et parallèles se terminant en une nervure submarginale. **Infl.** en cymes au sommet de courts rameaux latéraux. **Fl.** rouges, 5-mères, hermaphrodites; sépales de 2-5 mm de long; pétales de 8-15 mm de long; étamines soudées en un tube entourant l'ovaire, divisé au sommet en 5 faisceaux de 2-6 anthères; ovaire 5-loculaire à 1-12 ovules par loge. **Fr.**: baies ovoïdes ou subglobuleuses de 2,5-4,5 x 2-3,5 cm, à 1(2-3) graines.

Forêts marécageuses, galeries forestières. − Afrique et Amérique tropicales.

COMBRÉTACÉES

Arbres ou arbustes, dressés ou sarmenteux, ou lianes. **Fe.** généralement opposées, parfois rassemblées en verticilles ou alternes, simples; stipules absentes. **Infl.** en épis, racèmes, capitules ou panicules. **Fl.** hermaphrodites, 4-5-mères, actinomorphes; calice soudé à l'ovaire, formé d'un réceptacle dont la partie inférieure en forme de tube et la partie supérieure évasée; lobes 4-8; pétales libres, 4-5 ou absents; étamines 4-10; ovaire infère, 1-loculaire. **Fr.**: samares à 2-5 ailes ou akènes, rarement drupes.

Un genre avec deux espèces non décrit ci-dessous existe également dans la région: *Strephonema gilletii* De Wild. et *S. pseudo-cola* A. Chev.

Combretum laxiflorum Laws.   *munzimba*

Arbuste à petit arbre de 6-8 m de haut. **Fe.** opposées à subopposées, à limbe elliptique à obovale, de 6-14 x 2,5-6,5 cm, glabre sur les 2 faces, sauf sur les nervures, parsemé d'écailles brunes à la face inférieure. **Infl.** en racèmes axillaires, atteignant 15 cm de long, pubérulents, ± réunis en panicules feuillées. **Fl.** 4-mères; réceptacle inférieur de 5-7 mm de long; le supéreur entièrement étalé de 5-7 mm de diamètre; calice à lobes de 2,6-5 mm de long; pétales de 1,5-2,5 mm de long, jaunâtres. **Fr.**: samares elliptiques-suborbiculaires, légèrement émarginées et mucronées au sommet, de 17-20 x 15-22 mm, brun jaunâtre.

Savanes, forêts claires. − Zaïre (Bas-Congo, Kasai, Bas-Katanga, Haut-Katanga), Angola, Zambie, Zimbabwe, Kenya, Tanzanie, Malawi, Mozambique.

Deux autres espèces existent dans la région: *Combretum hispidum* Laws. et *C. marginatum* Engl. & Diels.

Combretum psidioides Welw. − Pl. 67   *nkwinkiti, nkunkuti*
        syn. *C. kwinkiti* De Wild.

Arbre de 8-12 m de haut; rameaux à écorce noirâtre s'enlevant par plaques.
Fe. alternes à subopposées; limbe elliptique-obovale, ± arrondi à atténué à la
base, généralement obtus à arrondi et mucroné au sommet, de 4,5-18 x 2-16
cm de large; face inférieure tomenteuse. **Infl.** en racèmes axillaires de 5-7 cm
de long. **Fl.** à réceptacle inférieur de 1-1,5 mm de long; le supérieur ±
hémisphérique de 2-2,5 mm de long et 3-3,5 mm de large; calice à lobes de
0,5-0,7 mm de long; pétales de ± 1 mm de long, jaunâtres; filets des
étamines de 4-6 mm de long. **Fr.**: samares largement elliptiques de 20-40 x
18-35 mm, glabres, brun rouge.

Savanes, forêts claires. − Largement répandu dans la région soudano-zambézienne.

Quisqualis hensii (Engl. & Diels) Exell   *nsumbala*

Arbuste sarmenteux ou liane à épines pétiolaires. **Fe.** opposées; limbe oblong,
cordé à la base, acuminé au sommet, de 5-15 x 2-4 cm, à nervures ±
pubescentes, déprimées à la face supérieure, en relief à la face inférieure.
Infl. en racèmes axillaires, courts et ± capituliformes, à axes pubérulents,
réunis en panicules feuillées. **Fl.** de 12-16 mm de long, lobes du calice
compris; réceptacle inférieur de 2-4 mm de long; le supérieur infundibuliforme de 9-11 mm de long; calice à lobes mucronés de ± 0,5 mm de long;
pétales de 3-4 mm de long; étamines à filets de 10-12 mm de long,
longuement exsertes. **Fr.**: samares suborbiculaires à elliptiques, de 20-35 x
20-25 mm.

Forêts secondaires, recrûs. − Gabon, Congo, Zaïre (Bas-Congo, Kasai).
Le nom *nsumbala* désigne aussi plusieurs espèces lianeuses du genre *Combretum*.
Une espèce horticole est introduite dans la région: *Quisqualis indica* L. (Pl. 68).

Terminalia catappa L.   *badamier, madamé* (à Kinshasa)

Arbre de 10-35 m de haut à cime étagée. **Fe.** alternes, en touffe au sommet
des rameaux; limbe largement obovale, de 15-32 x 10-18 cm, cunéiforme à
tronqué ou subcordé à la base, arrondi et apiculé ou mucronulé au sommet,
muni à la base de 2 plages glandulaires. **Infl.** en épis axillaires de 11-16 cm
de long. **Fl.** sessiles; la partie inférieure du réceptacle de 4-6 mm de long;
étamines à filets de 2-3 mm de long. **Fr.**: drupes mauves à maturité,
fusiformes de 5-6 x 2-3 x 1,5-2,5 cm, à 2 côtes aliformes ne dépassant pas
2 mm de large; graine atteignant 15 x 7 mm.

Cultivé comme arbre ornemental, en bordure d'avenues. − Originaire d'Indo-Malaisie. − La
partie comestible du fruit est l'amande, dont le goût rappelle celui de la noisette.

Terminalia superba Engl. & Diels − Pl. 69
        ndimba (au Mayombe), *limba* (nom commercial)

Arbre de 30-40 m de haut; cime étagée; contreforts ailés s'élevant à 3-5 m
de haut. **Fe.** à pétiole de 3,5-5 cm de long, pubescent à l'état jeune; limbe
obovale, cunéiforme à la base courtement et obtusement acuminé au sommet,
coriace, discolore. **Infl.** en épis axillaires de 15-20 cm de long. **Fl.** sessiles,
pubescentes; partie inférieur du réceptacle de 3 mm de long; la partie
supérieure de 3,5-4,5 mm de diamètre; calice à lobes réfractés. **Fr.**: samares

2-ailées, transversalement oblongues-elliptiques de 20-22 x 50-60 mm, mucronées au sommet.

Forêts secondaires; espèce grégaire formant des peuplements; planté pour la production de bois de construction ou comme arbre d'avenue. — De la Guinée à la Rép. centrafr. et à l'Angola.

CONNARACÉES

Lianes ou arbustes sarmenteux. **Fe.** alternes, composées, imparipennées, 3- ou 1-foliolées; stipules et stipelles absentes; folioles opposées ou non, à bord entier. **Infl.** en racèmes ou panicules, terminales ou axillaires, souvent fasciculées sur les vieux rameaux, quelquefois caulinaires. **Fl.** hermaphrodites, actinomorphes; sépales 5, libres; pétales 5, libres; étamines en deux cycles, libres, les externes parfois réduites à des staminodes; carpelles 1 ou 5, libres, supères. **Fr.**: follicules (fruits secs) 1 ou plusieurs à maturité; 1 graine par follicule.

Les *Connaracées* se présentent souvent comme des arbustes sarmenteux à l'état jeune et sont très abondantes dans les recrûs forestiers autour de Kinshasa. A l'état stérile on pourrait les confondre avec des *Fabacées*, mais elles s'en distinguent par l'abscence de stipules. Sauf l'espèce décrite ci-dessous de nombreuses *Connaracées* se recontrent dans la région, dont les plus communes sont: *Agelaea paradoxa* Gilg var. *microcarpa* Jongkind [syn. *Castanola paradoxa* (Gilg) Schellenb.], *Agelaea pentagyna* (Lam.) Baill. (Pl. 70; syn. *A. dewevrei* De Wild. & Th.Dur.), *Cnestis corniculata* Lam. (syn. *C. iomalla* Gilg) "*kinkanda, mbwa nkanka, nfumba*", *C. ferruginea* Vahl ex DC., *Manotes expansa* Sol. ex Planch. (syn. *M. pruinosa* Gilg) "*diladila*", *M. griffoniana* Baill. (Pl. 72), *Rourea coccinea* (Thonn. ex Schum.) Benth. subsp. *coccinea* var. *coccinea* (syn. *Byrsocarpus coccineus* Schum. & Thonn.), et var. *viridis* (Gilg) Jongkind [syn. *Byrsocarpus viridis* (Gilg) Schellenb.] et *Rourea obliquifoliata* Gilg. [syn. *Roureopsis obliquifoliata* (Gilg) Schellenb.]

Connarus griffonianus Baill. — Pl. 71

Arbuste sarmenteux de 5-8 m de haut ou liane; rameaux jeunes densement ferrugineux-tomenteux. **Fe.** imparipennées; folioles 3-4 paires à limbe obovale, arrondi ou cunéiforme à la base, finement acuminé au sommet, de 4-18 x 2,5-7 cm, subcoriace, densement ferugineux-tomenteux à la face inférieure à l'état jeune, ensuite glabrescent. **Infl.** en panicules terminales ou latérales, atteignant 25 cm de long. **Fl.** à sépales de ± 2 mm de long; pétales de 4-6 mm de long; carpelle 1 densement pubescent fauve. **Fr.**: follicules enflés et obliques, apiculés au sommet, de 2-2,5 cm de long, striés obliquement; graine noire à arille orange.

Galeries forestières, recrûs. — Nigeria du Sud, Cameroun, Gabon, Rép. centrafr., Congo, Zaïre, Angola.

Une seconde espèce existe dans la région: *Connarus staudtii* Gilg.

CUPRESSACÉES

Arbres ou arbustes, dioïques ou monoïques. **Fe.** écailleuses, généralement triangulaires, opposées ou 3-verticillées. **Cônes** petits, terminaux ou latéraux; écailles opposées ou verticillées. **Ecailles** staminales à 2-6 sacs polliniques sur la face inférieure; écailles ovulifères à 1-plusieurs ovules dressées, disposés sur les côtes de la base des écailles. Cônes mûrs ligneux ou charnus.

Outre l'espèce décrite ci-dessous ont été introduits dans la région: *Cupressus arizonica* Greene, *C. funebris* Endl., *C. macrocarpa* Hartw., *Juniperus bermudiana* L., *J. procera* Endl. et *Thuja orientalis* L.

Cupressus lusitanica Mill. — Pl. 73 *cyprès*

Arbre atteignant 25-30 m de haut; branches subhorizontales ascendantes à rameaux pendants; écorce rouge brun à fissures longitudinales. **Fe.** écailleuses en 4 rangées, sans glande apparente, glauques ou vert bleuté. **Cônes** ♀ de 1,2-1,5 cm de diamètre, à 6-8 écailles peltées, à mucron dressé ou recourbé vers le bas.

Planté dans les jardins pour l'ornementation. — Originaire du Mexique, introduit très anciennement au Portugal (d'où son épithète spécifique latine).

CYATHÉACÉES

Fougères arborescentes; stipes enveloppés des bases persistantes des frondes et de courtes racines adventives. **Frondes** de grande taille, profondément 2-4-pennatifides; écailles présentes à la base du pétiole et sur la fronde; nervures pennées, simples ou bifurquées. **Sporanges** à anneau complet, s'ouvrant horizontalement, disposés en groupes (sores) sur les nervures et protégés ou non par un organe (indusie) en forme de coupe ou unilatéral.

Cyathea camerooniana Hook. — Pl. 73 *ba di masa*

Stipe de 1-2 m de haut. **Frondes** bipennées longues de 0,6-2 m; pétiole canaliculé, très légèrement verruqueux à l'extrême base, brun violacé, portant à la base des écailles lancéolées; pennes inférieures réduites, les moyennes longues de 20-30 x 4 cm, à extrémité aiguë, pennées à l'extrême base, profondement pinnatifides plus haut; segments linéaires, arrondis au sommet, de 1,5 x 0,5 cm, dentés, surtout à l'extrémité, à pennes à limbe glabre et nervures hirsutes; nervures bifurquées. **Sores** petits, à la base de la bifurcation; indusie en cupule, parfois complètement caduque.

Bords de ruisseaux, ravins profonds, en sous-bois. — De la Guinée au Zaïre.
Une seconde espèce existe dans la région: *Cyathea dregei* Kunze.

CYCADACÉES

Arbustes à petits arbres, dioïques, à port de palmier ou de fougère arborescente; tronc unique, rarement ramifié. **Fe.** formant une couronne au sommet du tronc, enroulées en crosse à l'état jeune, à limbe composé-penné, à folioles entières ou dentées, très épaisses. **Organes** reproducteurs rassemblés dans des cônes ou sur les bords d'écailles fertiles.

Au Zaïre une famille voisine, les *Zamiacées*, est représentée par le genre *Encephalartos*. Trois espèces sont cultivées au Jardin botanique de Kisantu: *E. laurentianus* De Wild., provenant du Kwango, ressemblant à un petit palmier à huile, *E. poggei* Aschers. du Kasai et *E. septentrionalis* Schweinf. de l'Uele.

Cycas circinalis L.

Arbuste à tronc, le plus souvent unique, atteignant 3-4 m de haut. **Fe.** de 1,8-2,8 m de long; folioles arquées, atteignant 20-30 x 0,8-1 cm, à bords entiers, transformées vers la base du rachis en 2 rangées d'épines. **Cône** ♂ atteignant

45 cm de haut, formés d'écailles à sommet enroulé. **Écailles** ♀ disposées en un verticille lâche au sommet du tronc, portant chacune 4-8 ovules latéralement, à lamelle lancéolée au sommet, atteignant 20-30 cm de long; graines atteignant 6 cm de long.

Planté dans les jardins pour sa forme décorative. — Originaire d'Asie et de Madagascar.

Cycas revoluta Thunb. — Pl. 74   *cycas*

Arbuste à tronc, le plus souvent unique, atteignant 2 m de haut. **Fe.** de 0,6-1 m de long; folioles rigides de ± 15 x 0,5 cm, à bords entiers fortement enroulés, mucronées; folioles transformées vers la base du rachis en 2 rangées d'épines. **Cône** ♂ ovoïde de 40 x 12 cm. **Écailles** ♀ aggrégées au sommet du stipe (ne formant pas un vrai cône), atteignant 20 cm de long à lamelle profondément pinnatifide au sommet.

Planté dans les jardins pour sa forme décorative. — Originaire du Japon et de Java.

CYCLANTHACÉES

Herbes ou arbustes, sans tronc ou caulescents, parfois grimpants, monoïques. **Fe.** semblables à celles des palmiers, alternes à pétiole engainant, à limbe bifide ou palmatiséqué. **Infl.** semblables à celles des *Aracées*; inflorescence en spadice dense et simple, entouré par plusieurs spathes. **Fl.** unisexuées, les ♂ et les ♀ mélangées; périanthe absent ou petit; étamines nombreuses, parfois représentés dans les fleurs ♀ par des longs staminodes; carpelles 2 ou 4; ovaire 1-loculaire et ovules nombreux sur 2-4 placentas. **Fr.**: baies portées par l'axe du spadice.

Les genres et les espèces suivants ont été introduits dans les jardins de la région: *Carludovica humilis* Pöpp. & Endl., *C. palmata* Ruiz. & Pav. et *Cyclanthus bipartitus* Poir.

DICHAPÉTALACÉES

Lianes, arbustes sarmenteux, rarement arbres ou arbustes. **Fe.** alternes, simples, à bord entier; limbe montrant quelquefois des glandes à la base et au sommet en dessous; stipules caduques ou persistentes, entières ou divisées. **Infl.** en cymes axillaires. **Fl.** hermaphrodites ou unisexuées, actinomorphes ou zygomorphes; pétales (4-)5, le plus souvent bilobés au sommet, libres, parfois soudés entre eux, ou à la base des étamines; étamines (4-)5, dont 2 parfois stériles; disque à 5 glandes, épipétales; ovaire supère, 2-3 carpellaire; style 2-3. **Fr.** composés de 3 drupes libres, souvent réduites à 2 ou 1.

Dichapetalum madagascariense Poir. — Pl. 75

> syn. *D. flaviflorum* Engl.;
>> *D. glandulosum* De Wild. var. *fulvialabastrum* (De Wild.) Hauman

Arbuste à petit arbre atteignant 8 m de haut, parfois arbuste sarmenteux; jeunes rameaux tomenteux ferrugineux. **Fe.** à limbe elliptique à obovale, ± cunéiforme à la base, courtement acuminé, de 10-20 x 5-10 cm, assez coriace, glabre; glandes lâchement dispersées à la face inférieure; nervures assez en relief. **Infl.** axillaires, condensées ou avec de larges ramifications formant des cymes de 2-3,5 cm de long. **Fl.** à sépales de 1,5-2 mm de long, velus et gris; pétales blancs, de 2,5-3 mm de long, 2-fides; étamines de 4 mm de long. **Fr.**

ellipsoïdes, apiculés ou non, de 1,5-3 x 1-2,5 cm, couvert d'un velours de poils courts.

Forêts secondaires, galeries forestières. — Espèce largement répandue dans l'Afrique continentale, à Madagascar et aux Comores.

Plusieurs autres espèces de *Dichapetalum*, qui se présentent comme des arbustes sarmenteux surtout à l'état jeune, sont connues de la région, e.a.: *D. bangii* (F.Didr.) Engl. (syn. *D. patenti-hirsutum* Ruhl.; *D. patenti-hirsutum* var. *longibracteatum* Hauman; *D. thonneri* De Wild.), *D. fructuosum* Hiern (syn. *D. oddonii* De Wild.), *D. heudelotii* (Planch. ex Oliv.) Baill., *D. pallidum* (Oliv.) Engl. et *D. thollonii* Pellegr. (Pl. 76).

DILLÉNIACÉES

Lianes ou arbustes sarmenteux, plus rarement arbres. **Fe.** alternes, simples, entières ou dentées; stipules absentes. **Infl.** en racèmes, cymes ou fascicules, rarement fleurs solitaires; bractées et bractéoles présentes. **Fl.** bisexuées, rarement unisexuées, actinomorphes; sépales 4-5, ± accrescents, devenant charnus et enveloppant parfois le fruit; pétales 4-5, libres; étamines 10-nombreuses; souvent staminodes présents; filets libres ou ± soudés à la base ou disposés en faisceaux; ovaire supère, à 2-20 carpelles libres ou ± soudés à la base; ovules 1-nombreux. **Fr.**: follicules ou baies.

Cette famille est représentée par l'espèce arborescente, *Dillenia indica* L., au Jardin botanique de Kisantu. Dans la région la famille n'est représentée que par un géofrutex et plusieurs lianes du genre *Tetracera*.

DIPTÉROCARPACÉES

Arbres ou arbustes. **Fe.** alternes, simples, coriaces; généralement à glandes à la base du limbe; nervures secondaires en relief; stipules petites, caduques; poils souvent étoilés. **Infl.** en glomérules axillaires. **Fl.** hermaphrodites, actinomorphes; sépales 5, accrescents sur le fruit; pétales 5; étamines nombreuses, libres; ovaire supère, 3-loculaire ou 1-loculaire avec 3 placentas. **Fr.**: noix à 1 graine, entourée par les 5 grands lobes du calice accrescent.

Hopea odorata Roxb. est cultivé au Jardin botanique de Kisantu.

***Marquesia macroura* Gilg** — Pl. 77   *mombo nseke* (à Kimvula)

Arbre atteignant 15 m de haut; base du tronc à empattements; cime arrondie. **Fe.** à limbe ovale, arrondi à cordé à la base, acuminé au sommet, de 4-10 x 1,5-5 cm, à face inférieure grise-tomenteuse; nervures latérales ± 16 paires; stipules caduques. **Infl.** en panicules ramifiés. **Fl.** blanches, à parfum doux, périgynes; sépales 5; pétales 5; étamines nombreuses; ovaire à 3 placentas pariétaux. **Fr.** secs à 1 graine, entourés du calice accrescent à lobes de 2-3 cm de long, fortement nervurées.

Savanes et forêts claires. — Zaïre (Bas-Congo, apparaît entre Ngidinga et Kimvula, Kasai, Haut-Katanga), Angola, Zambie, Tanzanie.

Une autre espèce arborescente, *Marquesia acuminata* (Gilg) R.E.Fr., *mombo*, existe dans la région de Kimvula, où elle forme des forêts denses sèches typiques.

ÉBÉNACÉES

Arbres ou arbustes dioïques, à rhytidome noirâtre; bois à coeur souvent noir. **Fe.** alternes, simples et à bord entier, sans stipules. **Infl.** axillaires, naissant parfois sur une partie défeuillée, en cymes, en fascicules, en pseudo-racèmes simples ou ramifiés, ou fleurs solitaires. **Fl.** actinomorphes, unisexuées, mais généralement pourvues des rudiments de l'autre sexe, 3-8-mères; calice gamosépale, entier et tronqué à profondément lobé, toujours persistant à l'état fructifère et généralement accrescent; corolle gamopétale, à lobes contortées dans le bouton; étamines de 3 à plus de 100; anthères basifixes et portées par 2 ou davantage sur un seul filet; ovaire rudimentaire présent chez les fleurs ♂; fleurs ♀ à ovaire supère; carpelles 3-8, soudés, à 2 ovules par loge ou divisés par une fausse cloison en 2 compartiments 1-ovulés; styles libres ou soudés à la base; stigmates généralement grands et bien visibles; staminodes présents. **Fr.**: baies charnues ou coriaces.

Diospyros dendo Hiern

Arbuste ou arbre, de 10-15 m de haut. **Fe.** à limbe lancéolé, acuminé, de 9-17 x 3,5-6 cm, à nervation arquée saillante. **Fl.** ♂ de 5-6 mm de long, blanches; étamines environ 20, longuement exsertes; fleurs ♀ à surface stigmatique sessile et irrégulièrement 4-lobée; ovaire à 4 loges. **Fr.** globuleux, rouge; calice fructifère plus long que le fruit, à lobes auriculés et ondulés transversalement.

Forêts primaires ou remaniées. − Nigeria, Cameroun, Gabon, Congo, Zaïre (Mayombe, Bas-Congo, Kasai, Forestier Central), Angola.

Diospyros heterotricha (B.L. Burtt) F. White   *lufua lu ndomba*

Arbuste à arbre; rameaux hirsutes. **Fe.** à limbe ovale, de 5-10 x 2-4,5 cm, papyracé, à longs poils dispersés. **Fl.** ♂ en cymes 2-3-flores, à l'aiselle des feuilles; corolle blanche, à 4(5) lobes, de 3-4 mm de long; étamines 8(10), légèrement exsertes; fleurs ♀ solitaires, à 8 staminodes et 4 styles, soudés dans leur moitié inférieure. **Fr.** obovoïdes à calice fructifère accrescent, de 1-1,6 cm de long, à lobes triangulaires fortement réfléchis.

Formations forestières. − Zaïre (Mayombe, Bas-Congo), Angola. − Le bois sert à nettoyer les dents.

Diospyros iturensis (Gürke) R. Letouzey & F. White − Pl. 79
      syn. *Maba laurentii* De Wild.

Arbre pouvant atteindre 20 m de haut; écorce noire. **Fe.** à limbe de 10,5-26 x 4-9 cm, coriace, glabre en dessous; nervation arquée. **Infl.** en cymes axillaires, 1-7 flores. **Fl.** ♂ très odoriférantes; corolle de 6-9 x 3-5 mm, blanc crème; étamines (6)9(12) incluses; fleurs ♀ un peu plus grandes; staminodes 6; ovaire à 6 côtes longitudinales; styles 3. **Fr.** globuleux-déprimés, d'environ 2,5-3 cm; calice fructifère à peine accrescent.

Forêts ripicoles. − Nigeria, Cameroun, Gabon, Congo, Rép. centrafr., Zaïre (Mayombe, Bas-Congo, Kasai, Forestier Central, Ubangi-Uele), Angola.

Diospyros pseudomespilus Mildbr. subsp. ***brevicalyx*** F. White − Pl. 79

syn. *D. undulata* Germain & Evrard   *nlombi mvula* (à Kimvula)

Arbuste à arbre. **Fe.** à limbe de 7-26 x 2,5-9 cm, subcoriace, à indument variable sur la face inférieure, à nervation arquée. **Fl.** ♂ axillaires en cymes contractées; corolle de 1,5 cm de long, infundibuliforme; lobes 5; étamines (16)20-25, incluses. **Fr.** globuleux-déprimés, atteignant 4 cm de diamètre, rouge vif; calice fructifère nettement accrescent ne cachant que partiellement le fruit, à bords fortement ondulés transversalement.

Groupements forestiers. − Cameroun, Congo, Rép. centrafr., Zaïre (Bas-Congo, Kasai, Bas-Katanga, Forestier Central, Haut-Katanga), Angola, Zambie.

Plusieurs autres espèces existent dans la région: *Diospyros abyssinica* (Hiern) F. White subsp. *abyssinica*, *D. boala* De Wild. (Pl. 79), *D. canaliculata* De Wild., *D. conocarpa* Gürke & K. Schum. (Pl. 78), *D. mannii* Hiern et *D. polystemon* Gürke.

ÉRYTHROXYLACÉES

Arbres ou arbustes. **Fe.** alternes ou opposées, simples, entières; stipules extrapétiolaires. **Fl.** axillaires, solitaires ou fasciculées, hermaphrodites, actinomorphes; sépales 5, soudés à la base; pétales 5, libres, munis à la face ventrale d'un appendice nectarifère; étamines 10, à filets unis à la base en un tube; ovaire supère, 2-3-loculaire à 1-2 ovules par loge; styles 3, libres. **Fr.**: drupes ou capsules.

Aneulophus africanus Benth. − Pl. 80

Arbuste ou arbre atteignant 5 m de haut. **Fe.** opposées; stipules interpétiolaires, de ± 6 mm de long, caduques. **Fe.** à limbe elliptique, acuminé au sommet, à bord entier, révoluté, de 6-16 x 2-6,5 cm, luisant sur les 2 faces, glabre. **Infl.** fascicules axillaires. **Fl.** à pétales très caducs, de 3 mm de long, blancs; étamines 10. **Fr.**: capsules à 3 sillons, de 10-13 x 3-4 mm.

Formations marécageuses, recrûs forestiers. − Gabon, Zaïre (Bas-Congo, Kasai, Forestier central).

EUPHORBIACÉES

Arbres, arbustes, herbes, certaines espèces succulentes ou cactiformes, monoïques ou dioïques; latex présent ou absent. **Fe.** stipulées, généralement alternes, rarement opposées, quelquefois absentes ou caduques et rameaux transformés en phylloclades. **Infl.** très variées, quelquefois en cyathium et dans ce cas à une fleur femelle entourée par plusieurs fleurs ♂ réduites à 1 seule étamine, le tout entouré d'un involucre; dans d'autres types d'inflorescences, calice et corolle présents ou absents, à segments libres ou ± connés; disque intrastaminal souvent présent ou réduit à des glandes; étamines 2-4-nombreuses, aussi nombreuses ou 2 fois aussi nombreuses que les sépales, quelquefois solitaires, libres ou soudées; ovaire supère, généralement 3-loculaire; ovules 1 ou 2 par loge; placentation axile; styles libres ou connés. **Fr.** schizocarpes se séparant en (2-)3(-4) coques, quelquefois fruits indéhiscents, bacciformes ou drupacés.

Les genres et espèces suivants non décrit ou énumérés ci-dessous sont également spontanés dans la région: *Drypetes chevalieri* Beille, *D. dinklagei* (Pax) Hutch., *Klaineanthus gaboniae* Prain, *Mallotus oppositifolius* (Geisel.) Müll. Arg., *M. subulatus* Müll. Arg., *Margaritaria discoidea*

(Baill.) Webster [syn. *Phyllanthus discoideus* (Baill.) Müll. Arg.], *Necepsia zairensis* Bouchat & Léonard var. *zairensis* (Pl. 69), *Neoboutonia melleri* (Müll. Arg.) Prain, *Tetracarpidium conophorum* (Müll. Arg.) Hutch. & Dalz., *Thecacoris lucida* (Pax) Hutch. et *T. trichogyne* Müll. Arg. (Pl. 104). Les plantes cultivées suivantes existent également: *Breynia disticha* J. R. & G. Forster var. *disticha* f. *nivosa* (Bull.) A. Smith, *Hevea brasiliensis* (Juss.) Müll. Arg., *Synadenium grantii* Hook. f., *Pedilanthus tithymaloides* (L.) Poit. et *Vernicia montana* Lour. [syn. *Aleurites montana* (Lour.) Wilson].

Acalypha wilkesiana Müll. Arg.

Buisson à petit arbuste de 1-3 m de haut. **Fe.** à limbe ovale, de 10-20 x 5-15 cm, à 3 nervures à la base, à bord denté, de couleur brun rouge ou vert à bords jaunes suivant les cultivars. **Infl.** unisexuées, en épis rouges ou jaunes.

Plante cultivée pour son feuillage ornemental. — Originaire des îles du Pacifique.

Une autre espèce horticole est présente dans la région: *Acalypha hispida* Burm. f., ainsi que deux espèces spontanées: *Acalypha acrogyne* Pax et *A. ornata* A. Rich.

Alchornea cordifolia (Schum. & Thonn.) Müll. Arg.   *kibunsi*

Arbuste dressé ou sarmenteux, de 1-4 m de haut. **Fe.** à pétiole de 5-14 cm de long; limbe ovale, cordée à la base, courtement acuminé au sommet, à bord crénelé, de 10-28 x 6,5-16,5 cm; nervures basales 5 et 4 glandes à la base des nervures. **Infl.** axillaires, en panicules d'épis pendants; styles linéaires, de 0,7-1,8 cm de long. **Fr.:** capsules à 2 coques, de 5-8 x 8-12 mm.

Recrûs forestiers, forêts ripicoles. — De la Sierra Leone au Zaïre.

Deux autres espèces existent dans la région: *Alchornea floribunda* Müll. Arg. et *A. hirtella* Benth.

Aleurites moluccana (L.) Willd.   *bancoulier*

Arbre atteignant 15 m de haut; jeunes pousses couvertes de poils étoilées; jus aqueux abondant. **Fe.** à pétiole de 4-16 cm de long; à 2 glandes à la base du limbe; limbe, blanchâtre à la face inférieure, 3-5-lobé, de 19-24 cm de diamètre, ou ovale, entier, près des inflorescences, de 12-15 x 6-8 cm. **Infl.** cymeuse conique, de 15 cm de haut et de large, les fleurs ♀ terminant chaque axe principale; axes blanchâtres. **Fl.** à calice couvert de poils étoilés, à ovaire 2-3 loculaire. **Fr.** charnus à 4 crêtes longitudinales, de 4-4,5 x 4-6 cm.

Arbre introduit, connu pour les propriétés purgatives de ses fruits (noix de Bancoul) et planté également comme arbre d'avenue. — Originaire de l'Asie tropicale et de l'Océanie.

Antidesma membranaceum Müll. Arg. — Pl. 116

     syn. *A. meiocarpum* Léonard   *kifitidi*

Arbustes ou petits arbres, de 2-15 m de haut. **Fe.** à limbe oblong-elliptique, ordinairement apiculé-mucronulé, à face inférieure veloutée, discolore, à réseau dense de nervilles. **Fl.** ♂ à calice lobé presque jusqu'au milieu. **Fr.** à peine comprimés, de 3-5 x 2-3 mm.

Lisières de galeries ou de lambeaux forestiers. — Du Sénégal à la Tanzanie, du Nigeria au Transvaal.

Antidesma rufescens Tul. — Pl. 116

Arbustes à petits arbres de 2-8 m de haut. **Fe.** à limbe apiculé ou largement obtus au sommet, de 3-11 x 1-5 cm, glabre sauf le long des nervures, à réseau très dense de fines nervilles. **Infl.** ♂ jusqu'à 10 cm de long; les ♀ de 2,5-7 cm de long. **Fr.** de 5-7 x 4-5 mm.

Formations arbustives ripicoles. — De la Gambie à la Namibie, et de la Rép. centafr. au Mozambique.

Antidesma venosum Tul. — Pl. 116   *fitidi di nseke*

Arbustes ou petits arbres, de 2-8 m de haut. **Fe.** à limbe de forme très variable, le plus souvent oblong-elliptique ou obovale, généralement arrondi ou obtus au sommet, à face infér. densement tomenteuse, parfois glabrescente, à réseau lâche de nervilles. **Infl.** ♀ souvent déformées. **Fl.** ♂ à calice denté jusqu'au 1/4 ou 1/3 supérieur. **Fr.** fortement comprimé, de 5-7 x 4-5 mm.

Savanes. — Du Sénégal en Namibie et du Soudan au Natal.

En plus des espèces décrites ci-dessus existe dans la région: *Antidesma vogelianum* Müll. Arg. (syn. *A. membranaceum* Léonard).

Bridelia ferruginea Benth.   *kimuindu ki nseke*

Arbuste ou petit arbre de 1-8 m de haut; écorce craquelée; rameaux parfois épineux. **Fe.** à stipules de 5-10 mm de long, caduques ou subpersistantes; limbe elliptique, irrégulièrement crénelé, aigu à arrondi au sommet, aigu à cordulé à la base, de 4-16 x 2,5-9 cm, ± coriace, à face inférieure pubescente, ordinairement brune à rouille; nervures tertiaires proéminentes; réseau de nervilles très dense. **Infl.** en glomérules axillaires. **Fl.** ♂ vert jaune; sépales triangulaires, de 1,5-2 mm de long, densement pubescents à la face extérieure; pétales obdeltoïdes, de 1-1,2 mm de long, glabres; androphore de 1-1,2 mm de long; étamines 5; rudiment de gynécée; fleurs ♀ subsessiles; sépales triangulaires de 1,5 mm de long, densement tomenteux à la face externe; pétales obovales, de 1 mm de long; styles bifides. **Fr.**: drupes adultes 1-loculaires, oblongues ou parfois subglobuleuses, bleu noir à maturité.

Savanes. — De la Guinée et du Mali à la Rép. centrafr., l'Angola et la Zambie.

Bridelia micrantha (Hochst.) Baill.   *muindu, kimuindu ki mfinda*

Arbuste à petit arbre, de 1-8 m de haut, à tronc et rameaux parfois épineux. **Fe.** à limbe elliptique ou obovale-elliptique, parfois à petite pointe au sommet, de 3-20 x 2-9 cm, à face supérieure luisante, les deux faces courtement pubescentes à glabres; nervures secondaires sécantes; nervures tertiaires à peine proéminentes. **Infl.** en glomérules axillaires. **Fl.** ♂ à pédicelle de 1-2 mm de long; sépales triangulaires, jaune verdâtre, de 1,5-2 mm de long; pétales d'environ 1 mm de long; ovaire rudimentaire; fleurs ♀ subsessiles; disque à partie interne ± découpée, enveloppant l'ovaire; styles divisés en deux. **Fr.**: drupes 1-loculaires, subglobuleuses à ellipsoïdes, d'environ 1 cm de long, noires, glabres.

Recrûs forestiers, galeries forestières. — Du Sénégal à l'Ethiopie, le Natal et l'Angola.

Outre les espèces décrites ci-dessous existent dans la région: *Bridelia atroviridis* Müll. Arg., *B. grandis* Hutch. subsp. *puberula* Léonard et *B. ripicola* Léonard (Pl. 81).

Chaetocarpus africanus Pax   *nkungu nteke*

Arbuste dioïque, de 2-7 m de haut, rarement un peu sarmenteux; ramilles et pétioles pubescents. **Fe.** à stipules de 2-12 mm de long, tardivement caduques; limbe lancéolé, acuminé-mucronulé au sommet, aigu ou parfois arrondi à la base, de 2,5-19 x 1,5-7 cm, pubescent à la face inférieure, discolore. **Infl.** en fascicules axillaires. **Fl.** ♂ de 2 mm de diamètre, blanches; sépales 4-6, inégaux, les internes pétaloïdes, de 1,5-2,5 mm de long; disque à glandes allongées extrastaminales; étamines 8-10, en 2 verticilles; rudiment d'ovaire; fleurs ♀ à 6-8 sépales inégaux, les internes pétaloïdes; disque glabre; ovaire de 2-3 mm de diamètre, densement sétifère; styles bifides, de 3-3,5 mm de long, densement fimbriés. **Fr.**: capsules de 7-10 x 6-7 mm; rougeâtres à l'état frais, densement couverts de longues soies tardivement caduques.

Jachères forestières, forêts secondaires. − Gabon, Congo, Zaïre, Angola, Zambie.

Cleistanthus ripicola Léonard

Arbre de 3,5-10 m de haut. **Fe.** à stipules de 2-7 mm de long, caduques; limbe elliptique, aigu à la base, acuminé au sommet, de 5-16,5 x 2-7,3 cm, légèrement coriace, à bord un peu épaissi sur tout le pourtour et proéminent à la face inférieure, nettement récurvé. **Infl.** en fascicules d'épis de 0,3-2 cm de long; bractées tomentelleuses. **Fl.** ♂ 5-mères; boutons aigus au sommet, roux et de 3-3,5 mm de long; sépales de 4-5 mm de long, tomen-telleux à la face externe; pétales généralement inégalement denticulés au sommet, de 1-1,2 mm de long; disque épais; étamines 5; androphore de 1-1,5 mm de long; rudiment de gynécée présent; fleurs ♀ à ovaire roux, densement pubescent; styles 2-4 fois bifides, de 1,5-2 mm de long. **Fr.**: capsules globuleuses-déprimées, de 10-11 x 12-13 mm.

Forêts ripicoles ou marécageuses. − Côte d'Ivoire, Ghana, Nigeria, Rép. centrafricaine, Zaïre. Deux autres espèces existent dans la région: *Cleistanthus mildbraedii* Jabl. et *C. zenkeri* Jabl.

Codiaeum variegatum (L.) Juss.   *croton*
      syn. *Croton variegatum* L.

Buissons ou arbustes, de 1-3 m de haut, monoïques. **Fe.** alternes, simples, entières ou lobées, à limbe coriace. **Infl.** en racèmes allongés, solitaires ou par paires à l'aisselle des feuilles supérieures. **Fl.** ♂ en glomérules enveloppés de bractées; calice à 5 lobes; pétales 5; disque garni de 5-15 glandes; étamines 15-30 ou plus, à filets libres; fleurs ♀ sans pétales; ovaire 3-loculaire, à 1 ovule par loge; styles séparés ou légèrement soudés à la base. **Fr.**: capsules globuleuses, à déhiscence en coques à 2 valves.

Arbuste aux nombreux cultivars, à feuilles linéaires ou elliptiques, à bord entier, ondulé ou lobé, diversement multicolores, très fréquent dans les jardins, connu sous le nom de "croton". − Originaire d'Océanie.

Croton mubango Müll. Arg.   *nbangunbangu, saku*

Arbuste ou petit arbre de 3-15 m de haut; toutes les parties, sauf la face supérieure des feuilles, densement couvertes de poils écailleux. **Fe.** à stipules souvent persistantes; 2 glandes sessiles à courtement pédonculées à la base du limbe; limbe elliptique, oblong ou ovale, cordé à arrondi à la base, acuminé au sommet, de 4-16 x 2-8,5 cm, discolore, à face inférieure blanchâtre. **Infl.** en racèmes de 8-20 cm de long, à fleurs ♂ et munis à la base de quelques fleurs ♀. **Fl.** ♂ à 5 sépales de 4-5 mm de long; pétales 5 de 3,5-5 mm de long; glandes glabres; étamines 22-37; fleurs ♀ à disque glabre;

ovaire 3-loculaire; styles 3-4 fois bifides, à lanières tentaculiformes. **Fr.**: capsules globuleuses, de 1,8-2,3 cm de diamètre, s'ouvrant tardivement en 3(4) valves.

Forêts secondaires; parfois plantés dans les villages. – Zaïre (Mayombe, Bas-Congo, Kasai, Bas-Katanga), Angola. – Ecorce utilisée comme condiment.

Croton sylvaticus Krauss – Pl. 82   *kidianga*

Arbuste ou arbre de 3-20 m de haut; ramilles et pétioles à poils étoilés souvent assez longtemps persistants. **Fe.** à pétiole de 1-8 cm de long, à 2 glandes sessiles à brièvement pédonculées; limbe ovale, arrondi à la base, acuminé au sommet, à bord finement denté, de 3-17 x 2-13 cm, à faces densement couvertes, à l'état jeune, de poils étoilés jaunâtres; 1-3 paires de nervures basilaires ascendantes. **Infl.**: en épis de fascicules, de 7-36 cm de long; fleurs ♀ dans la partie inférieure de l'inflorescence. **Fl.** ♂ à pédicelle de 4-8 mm de long; sépales 5, de 2-3 mm de long; pétales 5 de 2,5-3 mm de long; glandes triangulaires, acuminées; étamines 14-18; fleurs ♀ à ovaire 2-3-loculaire. **Fr.**: baies ellipsoïdes, de 1-1,5 x 0,7-1,1 cm.

Recrûs, forêts secondaires. – De la Guinée au Soudan, au Natal, à l'Angola.

Trois autres espèces existent dans la région: *Croton congensis* De Wild., *C. draconopsis* Müll. Arg. et *C. wellensii* De Wild.

Crotonogyne poggei Pax

Arbuste de 0,5-4 m de haut; ramilles jeunes à nombreux poils étoilés-subécailleux. **Fe.** à stipules de 2-10 x 1-3 mm; pétiole de 0,5-5 cm de long; limbe obovale, acuminé au sommet, aigu à la base et se terminant brusquement au niveau des 2 glandes ou atténué en un pseudo-pétiole subailé, de 8-45 x 3-18 cm. **Infl.** en épis de 6-90 cm de long; axes à poils étoilés-subécailleux. **Fl.** ♂ à calice se séparant en 2-3 pièces, de 2-4 mm de long; pétales jaunâtres, soudés en un tube, 5-lobé; glandes 5-8; étamines 15-20; fleurs ♀ à 5 sépales; pétales 5; disque lobulé; ovaire à nombreux poils; styles divisés en 4-6 lanières. **Fr.**: capsules de 11-15 x 11-15 mm, densement couverts de poils.

Forêts denses rivulaires ou marécageuses. – Rép. centrafr., Zaïre (Bas-Congo, Kasai, Bas-Katanga, Forestier Central).

Cyttaranthus congolensis Léonard – Pl. 83

Arbuste monoïque, de 1-2,5 m. **Fe.** à pétiole ordinairement contracté à la base et au sommet à l'état sec, de 0,4-9 cm; limbe elliptique ou obovale, aigu à arrondi à la base, acuminé au sommet, de 5-19 x 2-9 cm, glabre, papyracé, à bord denté; 1 paire de nervures basilaires faiblement ascendantes; glandes de 0,5-1,5 mm de long, à la base du limbe. **Infl.** en racèmes, les ♂ de 2-9 cm de long, les ♀ de 6-15 cm. **Fl.** ♂ à calice se séparant en 2-3 pièces, de 2,5-3,5 mm de long; pétales 3 de 1,5 mm de long; glandes blanches, glabres; étamines 25-40 à filets libres; fleurs ♀ à pédicelle articulé, accrescent; sépales 3 soudés en une cupule tridentée; pétales nuls; gynophore glabre; ovaire de 1,5 mm de diamètre; styles 3, bifides. **Fr.**: capsules 3-lobées, de 6-7 x 10 mm, jaunes.

Galeries forestières. – Zaïre (Mayombe, Bas-Congo, Kasai, Forestier Central).

Dichostemma glaucescens Pierre   *kigama*

Arbuste de 4-6 m de haut; latex blanc abondant. **Fe.** à pétiole de 8-12 mm de long; limbe lancéolé à oblong-elliptique, subcoriace, à bord récurvé, à base cunéiforme ou arrondie, à acumen court, de 11-19 x 3,8-8 cm; nervures latérales 6-8 paires, réunies en arcs avant le bord. **Infl.** en panicules terminales, atteignant 26 cm de long, pubérulentes. **Fl.** jaunes, les ♂ à 1 seule étamine. **Fr.**: capsules déprimées, de 3,5 cm de diamètre, à stigmate persistant, se séparant en 4-5 coques, tomenteuses, rousses.

Forêts de plateau, galeries forestières. — Nigeria du Sud, Cameroun, Gabon, Zaïre.

Duvigneaudia inopinata (Prain) Léonard — Pl. 84   *ndimbundimbu*

Arbuste, liane ou petit arbre de 4-5 m de haut; latex blanc abondant. **Fe.** à limbe elliptique à oblong, longuement acuminé au sommet, aigu à subarrondi à la base, de 4,5-16 x 2-6 cm; limbe garni près du bord, vers le sommet de la face inférieure, de petites glandes circulaires très nettes. **Infl.** axillaires en épis de 1,5-6 cm de long; quelques fleurs ♀ mêlées aux glomérules ♂. **Fl.** ♂ de 1-1,5 mm de diamètre; calice 3-fide; pétales et disque nuls; étamines 3; fleurs ♀ à calice 3-fide; pétales et disque nuls; ovaire 2-3-loculaire; 1 ovule par loge; styles soudés en une colonne, terminée par 2-3 branches libres, enroulées. **Fr.**: drupes 2-3-loculaires, un peu aplatis, de 2,2-2,5 x 3,5-4,5 cm, rougeâtres.

Forêts secondaires, forêts denses sèches, forêts marécageuses. — Cameroun, Gabon, Congo, Zaïre (Bas-Congo, Kasai).

Erythrococca atrovirens (Pax) Prain   *nzekenzeke*
     var. ***flaccida*** (Pax) A.R.-Smith
       syn. *E. oleracea* Prain

Arbuste ou petit arbre de 4-6 m de haut; rameaux gris pâle, à lenticelles dispersées. **Fe.** à pétiole muni parfois à 1-2 glandes au sommet; limbe ovale ou elliptique-oblong, de 8-13 x 3-7 cm, acuminé au sommet, cunéiforme à la base, à contours irrégulier, papyracé; pubescent sur le pétiole et les nervures. **Infl.** ♂ et ♀ axillaires, racémeuses, de 2-4 cm de long. **Fl.** ♂ à calice 4-lobé, de 1,5 mm de long; étamines 25-40; fleurs ♀ à calice 2-lobé; glandes 2; ovaire 2-loculaire, de 1 mm de diamètre, glabre; styles 2, soudés à la base. **Fr.**: dicoques; les coques de 4-6 mm de diamètre, vert pâle.

Recrûs forestiers. — Cameroun, Zaïre, Ouganda.

Une autre espèce existe dans la région: *Erythrococca subspicata* Prain; celle-ci est épineuse.

Euphorbia cotinifolia L.

Arbuste atteignant 3 m de haut; latex blanc abondant dans toutes ses parties. **Fe.** en verticelles de 3 ou opposées, largement ovales, obtuses au sommet, arrondies à la base, de 5-6 x 4,5-5 cm, de couleur rouge bordeau; nervures latérales progressivement plus espacées; pétiole de 4-6,5 cm de long; glandes à la place des stipules. **Infl.** en cymes terminales, peu ramifiées, de 2-2,5 cm de long. **Fl.** en cyathium de 5,5 mm de diamètre, entouré de 5 glandes pourpres; appendices pétaloïdes lobés de couleur crême.

Cultivé depuis quelques années dans la région de Kinshasa pour son feuillage décoratif. — Originaire du Mexique jusqu'à l'Amérique du Sud.

Euphorbia pulcherrima Klotzsch   *rose de Noël, poinsettia*
syn. *Poinsettia pulcherrima* (Klotzsch) Grah.

Arbuste atteignant 3 m de haut; latex blanc abondant. **Fe.** à 1-2 larges dents ou pointes de chaque côté du limbe; limbe de 10-15 x 9-12 cm, aigu au sommet, cunéiforme à la base, pubescent. **Infl.** en cymes terminales; bractées semblables aux feuilles, moins larges, de 8-9 x 2-3 cm, rouge écarlate (ou crême dans certains cultivars); cyathiums jaunes, de 5-6 mm de diamètre, à 1 grande glande latérale; fleur ♀ pédicellée.
Planté dans les jardins pour ses bractées colorées. − Originaire d'Amérique centrale.

Euphorbia tirucalli L.   *ngego, nlembonlembo*

Arbuste de 2-8 m de haut; rameaux cylindriques, succulents, glabres et verts, dépourvus d'épines; latex blanc abondant. **Fe.** absentes ou, si présentes, rapidement caduques; limbe linéaire ou lancéolé, de 10-30 x 2-4 mm. **Infl.** cyathiums de 2-3 mm de diamètre à 5 glandes jaunes, en glomérules sessiles au sommet des ramilles. **Fr.** vaguement triangulaires, de ± 6 mm de diamètre.
Planté en haies autour des habitations. − Afrique intertropicale centrale et orientale, Afrique du Sud, Inde.

Euphorbia trigona Haw.   *kidisa*
syn. *E. hermentiana* Lem.

Arbuste atteignant 4-5 m de haut; tronc ramifié près de la base; rameaux 3-4-angulaires à côtes ailées, verts marbré de blanc; épines de 4-5 mm de long. **Fe.** succulentes, spatuliformes, de 3-5 cm de long, rapidement caduques. **Infl.** en glomérules de cyathiums jaunâtres.
Planté dans les villages pour faire des clôtures. − Origine inconnue.
Encore une autre espèce existe dans la région: *Euphorbia cervicornu* Baill.

Hura crepitans L. − Pl. 85   *sablier*

Arbre monoïque, atteignant 12 m de haut; cime large; aiguillons trapus sur le tronc. **Fe.** ovales-circulaires, cordées à la base, acuminées au sommet, de 9-15 x 8-12 cm, à bord denté, papyracées; stipules linéaires-lancéolées, atteignant 2 cm de long; 2 glandes pédicellées à la transition pétiole-limbe; pétioles de 7-18 cm de long. **Infl.** bisexuées, atteignant 15 cm de long; pédoncule de 11 cm; partie ♂ en épis dense, conique à cylindrique, de 6 x 2 cm, rouge pourpre. **Fl.** ♂ à calice cupuliforme; pétales nuls; étamines 8 à nombreuses; fleurs ♀ solitaires, à calice cupuliforme; pétales nuls; ovaire 5-20-loculaire; styles jusqu'à 20. **Fr.**: capsules aplaties, côtelées, de 3-4 x 6-7 cm, se séparant en coques, juqu'à 20, d'une manière explosive.
Planté comme arbre d'ombrage. − Originaire de l'Amérique tropicale.

Jatropha curcas L.   *mpuluka*

Arbuste de 1-6 m de haut; rameaux charnus, laissant couler une sève abondante, translucide. **Fe.** alternes, simples, palmatilobées de 8-10 x 8-10 cm, glabres; pétiole de 5-11 cm de long. **Infl.** en cymes axillaires de 8-11 cm de long. **Fl.** ♂ à 5 sépales ± soudés à la base; pétales 5 soudés sur la moitié de leur longueur, vert jaune; glandes du disque libres; étamines 8, les 5 extérieures soudées seulement à la base, les 3 intérieurs à filets entièrement

142

fusionnés; fleurs ♀ à 10 staminodes; ovaire ovoïde-subtrilobé, de 2 mm de long. **Fr.**: capsules ellipsoïdes, faiblement 3-lobées, de 2,5-3 x 2 cm.

Planté dans les villages pour la séparation des parcelles et comme plante médicinale. — Originaire de l'Amérique tropicale.

Plusieurs autres espèces cultivées existent dans la région: *Jatropha gossypiifolia* L., *J. multifida* L. et *J. podagrica* Hook.

Macaranga monandra Müll. Arg.   *nkengi*

Arbuste ou arbre de 6-25 m de haut; épines du tronc atteignant 7,5 cm de long; jeunes rameaux, pétioles et inflorescences à tomentum ferrugineux. **Fe.** à pétiole de 4-10 cm de long, à constriction à la base; limbe ovale, acuminé au sommet, cunéiforme à arrondi à la base, de 11-16 x6-10 cm, à bord denté ; 2 glandes à la base du limbe; nervures tertiaires parallèles. **Infl.** axillaires, solitaires; inflorescences ♂ en panicules de 3-9 cm de long; inflorescences ♀ en racèmes, de 3-5,5 cm de long; bractées persistantes. **Fl.** ♂ à calice 3-lobé; étamines 2; fleurs ♀ à calice cupuliforme , de 1 mm de long; ovaire uniloculaire, de 1,5-2 x 1-1,5 mm. **Fr.** obliquement ovoïdes, à stigmate devenant latéral, de 6-7 x 8-9 mm, d'abord vert jaune, granulé, ensuite noirâtre à maturité.

Forêts marécageuses ou ripicoles. — Du Nigeria jusqu'en Ouganda, au Zaïre et en Angola.

Macaranga schweinfurthii Pax   *nfumfu*

Arbre atteignant 8 m de haut; tronc et rameaux épineux. **Fe.** à pétiole de 12-40 cm de long, à constriction à la base à l'état sec; limbe d'ordinaire trilobé à faibles découpures, chaque lobe émarginé à pointe médiane, cordé à la base, de 25-50 cm de long et de large. **Infl.** en panicules, fasciculés ou solitaires, de 6-22 cm de long, à l'aisselle des feuilles tombées. **Fl.** ♂ à calice 3-lobé, de 1 mm de long; étamines 4, libres; fleurs ♀ à calice 4-lobé, de ± 2,5 mm de long; ovaire 2-lobé, de 2 mm de long. **Fr.**: capsules à 2 coques, atteignant 1,7 cm de large.

Forêts humides. — Du Nigeria jusqu'en Ouganda, au Zaïre, en Angola, en Zambie.

Macaranga spinosa Müll. Arg.

Arbre atteignant 15 m de haut; tronc et rameaux épineux. **Fe.** à pétiole de 1-5 cm de long, rétréci à la base; limbe ovale, acuminé au sommet, arrondi à cordé à la base, de 5-13 x 3-6,5 cm; 2 glandes à la base du limbe; nervures peu en relief; nombreuses petites glandes sur toute la face inférieure. **Infl.** à l'aisselle des feuilles tombées, parfois sur le bois plus ancien, en panicules de 3-6,5 cm de long. **Fl.** ♂ à calice 3-lobé, de 0,3 mm de long, blanc crème; étamines 3, libres; fleurs ♀ à calice cupuliforme de 0,5 mm; ovaire uniloculaire. **Fr.**: obliquement ovoïdes, de 3-4 mm en diamètre, à surface granulée.

Forêts humides. — Du Liberia et de la Côte d'Ivoire jusqu'en Ouganda et en Angola.

Outre les espèces décrites ci-dessus existent dans la région: *Macaranga gilletii* De Wild., *M. laurentii* De Wild., *M. poggei* Pax, *M. saccifera* Pax et *M. vermoesenii* De Wild.

Maesobotrya floribunda Benth. var. *vermeulenii* (De Wild.) Léonard

Arbuste dioïque, de 4-5 m de haut; jeunes rameaux pubescents. **Fe.** à pétioles pubescents, de 0,5-4,5 cm de long; limbe obovale, acuminé au sommet, cunéiforme à arrondi à la base, de 3-14 x 1-6 cm; face inférieure hirsute, surtout sur les nervures; limbe papyracé, rouge brun à l'état sec. **Infl.** ♂ de 4-12 cm de long, solitaires et racémeuses; inflorescences ♀ de 2-7 cm de long. **Fl.** ♂ à calice 5-lobé de 1 mm de long; étamines 5; glandes 5; rudiment de pistil; fleurs ♀ à calice lobé, vert crême; disque de 1 mm de diamètre; ovaire ovoïde, de 1 mm de long, à 2 loges; styles 2. **Fr.** ellipsoïde, de 7 mm de long, 5 mm de diamètre, charnu, à 1 graine pourpre.

Galeries forestières. — Nigeria du Sud, Cameroun, Gabon, Zaïre.

Trois autres espèces existent dans la région: *Maesobotrya bertramiana* Büttn., *M. cordulata* Léonard (Pl. 104) et *M. staudtii* (Pax) Hutch.

Manihot esculenta Crantz   *manioc; dyoko*
syn. *M. utilissima* Pohl

Arbuste pouvant atteindre 3 m de haut; racines tubéreuses allongées. **Fe.** alternes, simples, profondément 3-7-lobées, à face inférieure glauque; pétiole à constriction basale, de 8-9 cm de long. **Infl.** en panicules. **Fl.** ♂ à calice campanulé, 5-fide; disque et filets des 10 étamines glabres; fleurs ♀ à calice campanulé, 5-parti; disque glabre; ovaire glabre, parcouru par 6 ailes longitudinales. **Fr.**: capsules globuleuses-ellipsoïdes, parcourues par 6 ailes longitudinales, ondulées, subcrénelées.

Cultivé pour ses racines farineuses et pour ses feuilles-légumes "nsaki" ou "saka-saka" en dial. kongo ou "mpondu" en dial. ngala. — Originaire du Brésil et introduit et cultivé dans toutes les zones tropicales du monde. Le manioc est désigné sous de très nombreux noms vernaculaires se rapportant aux multiples cultivars.

Manihot glaziovii Müll. Arg.   *nkweso*

Arbuste à petit arbre atteignant 6 m de haut; latex blanc abondant. **Fe.** simples, sub-peltées à la base, 3-5-palmatilobées, rarement entières, à lobes obovales, de 7-12 x 4-8 cm, obtus ou apiculés au sommet. **Infl.** paniculées, atteignant 12 cm de long. **Fl.** ♂ à calice campanulé de 1,5 cm de long; étamines 10 en 2 séries, libres, insérées entre les lobes ou glandes du disque; fleurs ♀ à calice campanulé; pétales nuls; disque 5-lobé; ovaire 3-loculaire à 1 ovule par loge, glabre. **Fr.**: capsules globuleux, de 1,9-2 x 1,9-2,2 cm, dépourvues d'ailes longitudinales, à surface tuberculée, se séparant en 3 coques.

Essayé comme plante à caoutchouc pendant la période coloniale, actuellement planté pour délimiter les parcelles ou devenu subspontané; les feuilles sont parfois consommées en légume. - Originaire d'Amérique du Sud tropicale.

Maprounea africana Müll. Arg.   *kiselesele, kisielesiele*

Arbuste ou petit arbre monïque, de 3-7 m de haut; tronc et rameaux typiquement subérifiés par réaction aux feux. **Fe.** à pétiole de 5-25 mm de long; limbe ovale à suborbiculaire, obtus au sommet, arrondi à la base, de 1,2-6 x 0,8-4 cm, subcoriace. **Infl.** de 0,6-3 cm de long; épis ♂ oblongs à globuleux, jaunâtres ou rougeâtres, de 2-10 x 2-5 mm, à bractées en forme de capuchon, munies de 1-3 glandes de chaque côté. **Fl.** ♂ à calice de 0,7-0,9 mm de long, 2-3-lobé; étamines 2; fleurs ♀ à pédicelle de 0,3-1 cm de long; calice de 1,5 mm de long, à 3-6 lobes; ovaire 3-loculaire, de 1,5-2 mm de diamètre. **Fr.**: capsules de 8-10 mm de diamètre, surmontées du style.

Savanes, forêts claires. — Du Nigeria du Nord et du Cameroun, jusqu'au Mozambique et l'Angola.

Une seconde espèce existe dans la région: *Maprounea membranacea* Pax & K.Hoffm.

Martretia quadricornis Beille — Pl. 75

Arbres ou arbustes dioïques, parfois monoïques, de 3-10 m de haut, dépourvus de latex. **Fe.** simples; limbe elliptique, aigu à acuminé au sommet, cunéiforme à la base , de 11-41 x 4-5 cm, à bord entier, coriace; nervures secondaires au nombre de 10-15(-22) paires, peu apparentes ainsi que les nervilles. **Infl.** en racèmes spiciformes, axillaires ou insérés sur le vieux bois. **Fl.** apétales; fleurs ♂ à 4-5 sépales; disque nul; étamines 4-8; rudiment d'ovaire; fleurs ♀ à 4-6 sépales; disque composé de 5-6 minuscules glandes libres; ovaire 2-loculaire, mais à loges complètement divisées en deux; styles 2, de 8-10 mm de long. **Fr.:** capsules à contour irrégulier, plus larges que hautes, de 9-11 mm de large, se séparant en 4 coques uniséminées.

Forêts ripicoles, périodiquement inondées. — Région guinéo-congolaise.

Phyllanthus reticulatus Poir.

Arbuste monoïque, très ramifié, de 1,2- 4,5 m de haut; rameaux courts ressemblant à des feuilles composées, munis à la base d'épines recourbés de 1,5 mm de long. **Fe.** ovales, de 1-3 x 1-2 cm, obtuses au sommet, arrondies à la base, discolores, pubescentes. **Infl.** axillaires en fascicules ou fleurs solitaires. **Fl.** ♂ à 5 sépales, de 1-1,3 mm de long, blancs ou parfois teintés de rouge; disque formé de 5 glandes; étamines 5; fleurs ♀ à 5 sépales; disque à 5 glandes libres; ovaire subglobuleux, 4-multiloculaire, de 1 mm de diamètre. **Fr.** déprimés-globuleux, de 6 mm de diamètre, charnus et noirs.

Forêts ripicoles périodiquement inondées. — Toute l'Afrique tropicale.

Plusieurs autres espèces sont présentes dans la région: *Phyllanthus capillaris* Schum. & Thonn., *P. delpyanus* Hutch., *P. muellerianus* (O. Ktze.) Exell et *P. vanderystii* Hutch. & De Wild.

Plagiostyles africana (Müll. Arg.) Prain

Arbre ou arbuste de 3-25 m de haut; latex blanc présent. **Fe.** à pétiole un peu renflé et souvent coudé au sommet, de 0,5-4 cm de long; limbe elliptique, acuminé au sommet, cunéiforme à la base, de 8-20 x 2,5-9 cm, ondulé à denté, luisant. **Infl.** ♂ de 1-11 cm de long, les ♀ de 1,5-3,5 cm. **Fl.** ♂ de 3-5 mm de diamètre, rouges; calice à 5-8 lobes inégaux; pétales et disque nuls; étamines 15-32, libres; fleurs ♀ à calice à 5 lobes inégaux; ovaire à 1 loge, à 1 ovule; style très court, d'abord légèrement puis très nettement latéral. **Fr.** drupacés, transversalement oblongs, de 1,8-2,4 x 1-1,2 cm.

Galeries forestières, forêts secondaires. — Du Nigeria du Sud au Congo, au Zaïre (Mayombe, Bas-Congo, Kasai, Forestier Central).

Ricinodendron heudelotii (Baill.) Heckel
subsp. *africanum* (Müll. Arg.) Léonard   *kingela*

Arbre de 20-35 m de haut; présence de poils étoilés sur les parties jeunes de la plante. **Fe.** à pétiole de 8-40 cm de long, muni ou non de 2 grosses glandes au sommet; limbe composé-digité à 5-7 folioles, à bord denté-glanduleux, les folioles médianes de 10-30 x 4-16 cm; parfois, sur les jeunes pousses, les folioles sont réunis à la base, de sorte que la feuille est palmatiséquée, à 3-5 lobes; stipules foliacées, en forme d'éventail, de 0,7-5 cm de diamètre, longuement persistantes. **Infl.** ♂ en panicules de 15-40 cm de long, les ♀ plus courtes. **Fl.** ♂ à calice de 3-5 mm de long, à 4-5 sépales; corolle de 5-8 mm de long, blanc verdâtre à vert jaune; glandes du disque 4-6; étamines 10-14; fleurs ♀ à calice de 5-7 mm de long; corolle de 7-8 mm de long, blanche; disque crénelé; ovaire 2-loculaire. **Fr.** indéhiscents, 2-loculaires, comprimés, de 2,5-3,5 x 4-5 cm.

Forêts secondaires, îlots forestiers en région de savane. − Du Nigeria à l'Angola, du Soudan au Mozambique.

Ricinus communis L. *ricin; mpuluka*

Arbuste monoïque, de 2-3 m de haut. **Fe.** simples, à limbe palmatifide à 5-11 lobes dentés, de 25-50 x 25-50 cm; pétiole de 15-30 cm de long, à glandes bien visibles. **Infl.** en panicules terminales, de 25-50 cm de long. **Fl.** sans pétales, les ♂ dans la partie inférieure de l'inflorescence; fleurs ♂ à calice 3-5-divisé; disque absent; étamines très nombreuses, à filets divisés; fleurs ♀ à ovaire 3-loculaire; 1 ovule par loge; style rouge plumeux. **Fr.**: capsules épineuses, de 1,6-2,5 cm, s'ouvrant en 3 coques bivalves; graines glabres, diversement colorées et tachetées.

Plante cultivée ou subspontanée des endroits rudéralisés. − Originaire des Indes.

Sapium cornutum Pax *kititi, ntiti*

Arbuste ou petit arbre, de 1,5-12 m de haut. **Fe.** à limbe ovale-elliptique, acuminé au sommet, aigu à arrondi à la base, de 10-13 x 4,5-6 cm, garni à la face inférieure de taches glanduleuses les unes non loin du bord et généralement deux autres plus grandes près de la base et de part et autre de la nervure médiane. **Infl.** ♂ en épis solitaires, terminaux ou oppositifoliés, de 3-16 cm de long, munis à la base de 0-1 fleur ♀. **Fl.** ♂ à calice cupuliforme, à 3 lobes; étamines 2-3, libres; fleurs ♀ à réceptacle cupuliforme; sépales 3, libres, de 1 mm de long, alternant avec 1-2 glandes; ovaire 3-loculaire de 2 mm de diamètre, glabre, garni de 6 cornes triangulaires. **Fr.**: capsules déprimées, trilobées, de 1,3-2,4 x 1,8-2,2 cm sans les appendices, se séparant en 3 coques s'ouvrant chacune en 2 valves.

Recrûs forestiers, sur sols sablonneux. − Cameroun, Gabon, Rép. centrafr., Congo, Zaïre, Angola, Zambie.

Sapium ellipticum (Krauss) Pax

Arbuste ou arbre, atteignant 25 m de haut; à latex blanc. **Fe.** à limbe elliptique-lancéolé, aigu au sommet, cunéiforme ou arrondi à la base, de 3-19 x 2-6,5 cm, à bords dentés, garni à la face inférieure de taches glanduleuses marginales. **Infl.** en épis de 4-17 cm de long, munis à la base de 2-5 fleurs ♀. **Fl.** ♂ à calice cupuliforme, à 2-3 lobes, de 0,7 mm de long; étamines 2-3, libres; fleurs ♀ à 2-3 sépales, de 1-1,5 mm de long; ovaire 2-loculaire. **Fr.** drupacés, indéhiscents, 2-lobés, de 6-8 x 8-10 x 5-5,6 mm, lisses.

Forêts secondaires, forêts périodiquement inondées. − De la Guinée à l'Ethiopie, jusqu'au Cap; au Gabon et au Zaïre.

Tetrorchidium didymostemon (Baill.) Pax & K. Hoffm. *nsusa*

Arbre ou arbuste dioïque, de 4-25 m de haut; latex blanc abondant; rameaux vert olivâtre. **Fe.** opposées sur les axes principaux, alternes sur les axes florifères; cicatrices des stipules formant une crête annulaire; limbe elliptique à obovale, acuminé au sommet, cunéiforme à décurrent à la base, de 4-20 x 1,5-9 cm, à bord entier, papyracé, vert olivâtre à l'état sec. **Infl.** oppositifoliées, les ♂ en épis denses de 1-9,5 cm de long, les ♀ en ombelles pluriflores de 3-6 cm de long. **Fl.** ♂ de 2 mm de diamètre; sépales de 1 mm de long; pétales et disque nuls; étamines 3; fleurs ♀ à calice 3-partite, de 1,5-2 mm de long; pétales nuls; disque à 3 glandes pétaloïdes; ovaire 3-loculaire; stigmates 3, sessiles, soudés en une calotte lobulée. **Fr.**: capsules de 5-8 x 6-8 mm, s'ouvrant par des valves.

Recrûs forestiers et forêts secondaires. — Du Sénégal à la Tanzanie, au Congo, au Zaïre, et en Angola.

Une seconde espèce est présente dans la région: *Tetrorchidium congolense* Léonard var. *congolense*.

Uapaca guineensis Müll. Arg.

Arbre atteignant 18 m de haut; à racines-échasses. **Fe.** à pétiole de 1,5-7 cm de long; limbe largement obovale, à sommet arrondi ou obtus, cunéiforme à la base, de 10-25 x 5-17 cm, coriace. **Infl.** axillaires ou juste en dessous des feuilles; inflorescences ♂ pluriflores, en capitules globuleux, de 5-6 mm de diamètre, entourés de bractées; fleurs ♀ solitaires. **Fl.** ♂ à lobes du calice de 1 mm de long; étamines 5; pistillode présent; fleurs ♀ à calice 6-lobé; ovaire subglobuleux, 3-loculaire, de 2,5-3 mm de diamètre; styles deux fois bifides, de 3,4 mm de long. **Fr.** drupacés, subglobuleux, de 1,8-2,5 cm de diamètre.

Forêts marécageuses et forêts de terre ferme. — De la Sierra Leone à la Rép. centrafr., au Zaïre et au Zimbabwe.

Uapaca heudelotii Baill.

Arbre atteignant 25 m de haut; à racines-échasses. **Fe.** à pétiole de 2-3 cm de long; limbe obovale, obtus au sommet, cunéiforme à la base, de 7-23 x 2,5-7,5 cm, glabre; à ± 10 paires de nervures latérales, peu en relief. **Infl.** ♂ en capitules de 7-8 mm de diamètre; bractées glabres. **Fr.**: drupes ellipsoïdes, de 2,5-3,5 cm de long; à 3 graines allongées.

Fôrets ripicoles. — De la Guinée au Gabon et au Zaïre.

Uapaca nitida Müll. Arg. *nsambi*

Arbuste à petit arbre de 4-7 m de haut. **Fe.** à pétiole de 2,5-3 cm de long; limbe elliptique à obovale, obtus à arrondi au sommet, cunéiforme à la base, de 5-16 x 1,5-4,5 cm, coriace, brillant au dessus; nervures secondaires ± 9 paires, à distances irrégulières. **Infl.** axillaires, solitaires; bractées 7-10, de 5-10 x3-6 mm, vert jaune; capitules de fleurs ♂, 7-8 mm de diamètre. **Fl.** ♂ à calice de 1 mm de long; étamines 4-5; pistillode en forme d'entonnoir, de 1 mm de long; fleurs ♀ à calice 6-lobé; ovaire subglobuleux, 3-loculaire, de 4-5 mm de diamètre; style flabelliforme, 10-fide d'une manière irrégulière, de 3,5 mm de long. **Fr.**: drupes ellipsoïdes de 1,6-2 x 1,4-1,5 cm.

Forêts claires de l'Est du Bas-Congo: les "mabwati". — Zaïre, Burundi, Angola, Zambie, Zimbabwe, Malawi, Mozambique. — Fruits comestibles.

Uapaca sansibarica Pax   *mbadi*

Arbre atteignant 12 m de haut; cime étalée. **Fe.** à pétiole de 1,5-2,5 cm de
long; limbe obovale, à sommet arrondi, à base cunéiforme, de 9-13 x 4-6 cm,
coriace, glabre au dessus et en dessous; nervures ± 11 paires; nervure
médiane en zigzag vers le sommet; nervures tertiaires peu apparentes. **Infl.**
axillaires ou juste en dessous des feuilles, solitaires; bractées jaunes. **Fl.** ♂ à
calice 4-5-lobé, de 1 mm de long; étamines 4; pistillode cylindrique-
obconique, de 1 mm de long; fleurs ♀ à calice 5-lobé; ovaire 3-loculaire, de
5 mm de diamètre; styles 3 de 3,5-4 mm de long, flabelliformes. **Fr.**: drupes
ellipsoïdes de 1,6-2 x 1,4-1,6 cm; graines 3.

Forêts claires de l'Est du Bas-Congo: les "mabwati". − Zaïre, Burundi, Soudan, Mozambique,
Malawi, Zambie, Zimbabwe, Angola.

Plusieurs autres espèces sont présentes dans la région: *Uapaca kibuati* De Wild., *U. samfi* De
Wild., *U. vanhouttei* De Wild. et *U. verrucosa* De Wild.

FABACÉES (PAPILIONACÉES)

Herbes, dressées ou volubiles, arbres, arbustes ou lianes. **Fe.** alternes,
trifoliolées ou pennées, rarement simples ou unifoliolées; stipules généralement présentes; folioles opposées ou alternes, avec ou sans stipelles. **Infl.**
généralement en racèmes ou en panicules, rarement fleurs solitaires. **Fl.**
nettement zygomorphes; pétales imbriqués, le pétale supérieur (étendard),
enveloppant les pétales latéraux (ailes) et les 2 inférieurs soudés en carène;
étamines généralement 10, monadelphes, diadelphes (9+1 ou 5+5) ou
entièrement libres (Fig. 19). **Fr.**: gousses déhiscentes ou indéhiscentes.

Les genres et les espèces non décrits ou énumérés ci-dessous sont également présents dans la
région: *Aeschynomene afraspera* Léonard, *A. cristata* Vatke, *A. elaphroxylon* (Guillemin &
Perrottet) Taubert, *A. schimperi* A. Rich., *A. sensitiva* Sw. (Pl. 86), *A. uniflora* E. Meyer,
Aganope impressa (Dunn) Polhill (syn. *Ostryoderris impressus* Dunn), *Airyantha schweinfurthii*
(Taubert) Brummitt subsp. *schweinfurthii* (syn. *Baphiastrum spathaceum* sensu L. Touss.),
Angylocalyx schumannianus Taubert, *A. schumannianus* Taubert var. *vermeulenii* (De Wild.)
Yakovl. (syn. *A. vermeulenii* De Wild.), *Crotalaria micans* Link (syn. *C. anagyroides* Kunth),
Dalbergia kisantuensis De Wild. & Th. Dur., *D. laxiflora* Micheli, *D. pachycarpa* (De Wild. &
Th. Dur.) De Wild., *Dalhousiea africana* S.Moore, *Kotschya ochreata* (Taub.) Dewit & Duvign.,
K. strobilantha (Baker) Dewit & Duvign. (Pl. 89), *Ormocarpum sennoides* (Willd.) DC. subsp.
hispidum (Willd.) Brenan & Léonard, *Ostryocarpus riparius* Hook. f., *Pseudarthria hookeri*
Wight & Arn., *Sesbania sesban* (L.) Merrill (Pl. 92) et *S. grandiflora* (L.) Poir.; cette dernière
espèce est une plante horticole d'introduction récente. *Sweetia brachystachya* Benth. a été
introduit à Kisantu et Mvuazi pour le reboisement.

Baphia dewevrei De Wild.

Arbuste ou petit arbre. **Fe.** unifoliolées, à limbe ovale, arrondi à la base,
courtement acuminé, de 4,5-9 x 1,8-4 cm. **Fl.** solitaires ou fasciculées par 2-3
à l'aisselle des feuilles; corolle de 13-15 mm de long, blanche. **Fr.**: gousses
de 5-11 x 1,8-3 cm, brun clair, glabres, à nervation effacée.

Forêts ripicoles. − Zaïre (Côtier, Bas-Congo, Kasai, Forestier Central).

Plusieurs autres espèces existent dans la région: *Baphia chrysophylla* Taub. subsp. *chrysophylla*,
B. laurentii De Wild., *B. laurifolia* Baill. et *B. maxima* Baker.

Cajanus cajan (L.) Millsp. − Pl. 87   *pois-cajan, ambrevade; wandu*

Arbuste atteignant 4 m de haut, à rameaux ± anguleux. **Fe.** à 3 folioles, aiguës à la base et au sommet, de 3-8 x 1,5-3 cm, à face infér. gris clair, pubescente; à stipules aiguës. **Infl.** en racèmes axillaires et terminaux. **Fl.** de 12-15 mm de long, jaunes. **Fr.**: gousses de 5-6 x 0,8-1 cm, pubescentes, à sillons obliques.

Plante cultivée pour ses graines comestibles, souvent plantée comme haie vive, parfois subspontée aux endroits rudéralisés. − Toute l'Afrique tropicale, l'Asie.

Camoensia scandens (Welw.) J.B. Gillett   *nkadinkadi*

      syn. *C. maxima* Benth.

Arbuste sarmenteux. **Fe.** à 3 folioles, de 4,5-18 x 2,5-9 cm, cunées à la base, brusquement acuminées au sommet; stipules épineuses présentes. **Infl.** en racèmes. **Fl.** à calice tomenteux-fauve; corolle blanche; étendard de 14-16 x 8-11 cm. **Fr.**: gousses tomenteuses-fauves, de 18-23 x 3-4,5 cm.

Savanes en voie de colonisation forestière. − Gabon, Zaïre (Mayombe, Bas-Congo, Kasai, Forestier central), Angola (incl. Cabinda).

Erythrina abyssinica DC.   *arbre corail; kikumbu, kikumbu ki nzambi*

      syn. *E. tomentosa* A. Rich.

Arbuste à écorce rugueuse crevassée formée d'un liège très épais; rameaux et pétioles à aiguillons. **Fe.** à 3 folioles, largement ovales ou rhomboïdes, de 6-16 x 5-13 cm, tomenteuses à la face inférieure. **Infl.** en racèmes pyramidaux. **Fl.** à calice spathacé; corolle rouge. **Fr.**: gousses moniliformes, ligneuses; articles séparés par des étranglements; graines rouge foncé à hile noir.

Savanes. − Région zambézienne.

Deux autres espèces sont présentes dans la région: *Erythrina droogmansiana* De Wild. (Pl. 88) et *E. tholloniana* Hua.

Flemingia grahamiana Wight & Arn.

      syn. *Moghania rhodocarpa* (Baker) Hauman

Arbuste de 1,50-2 m de haut, à tiges très cannelées. **Fe.** à 3 folioles, à sommet obtus, de 7-12 x 3,5-6 cm; à face inférieure couverte d'une pubescence rousse; à nervures inférieures trés redressées atteignant le 1/3 supérieur du limbe. **Infl.** en racèmes axillaires et terminaux, fasciculés. **Fl.** jaunâtres, veinées de rouge. **Fr.**: gousses ovoïdes, renflées, de 10-12 x 6-7 mm, pubescentes; graines noires et brillantes.

Endroits rudéraux, recrûs. − Du Soudan au Mozambique.

F. macrophylla (Willd.) Merrill, originaire de l'Inde, aurait été introduite comme plante de couverture; il est difficile de distinguer les deux espèces.

Lonchocarpus griffonianus (Baillon) Dunn   *mbota masa*

Arbre atteignant 10-20 m de haut ou arbuste. **Fe.** imparipennées à 3-5 paires de folioles, longuement acuminées, de 5-8 x 2-4 cm; petite cavité (acarodomatie) à la base de la face inférieure de chaque côté de la nervure médiane. **Infl.** en épis. **Fl.** de 1,5 cm de long, violettes. **Fr.**: gousses indéhiscentes, aplaties, de 4-8 x 2-3,5 cm, brun pâle.

Forêts ripicoles. − Du Nigeria à l'Angola.

Millettia eetveldeana (Micheli) Hauman Pl. 91 *mbwenge*

Arbre atteignant 20 m de haut. **Fe.** imparipennées à 7-12 paires de folioles acuminées, de 3,8-7,5 x 1,8-3 cm; stipelles de 2 mm de long. **Infl.** racémeuse. **Fl.** de 18-20 mm de long, lilas. **Fr.**: gousses de 16,5-9,5 x 1,5-1 cm, s'enroulant à la déhiscence.

Recrûs forestiers. — Congo, Zaïre, Angola, Zambie, Mozambique.

Une autre espèce, *Millettia drastica* Baker (Pl. 90,91), arbre vivant également dans les recrûs forestiers, se distingue celle-ci par des feuilles lègèrement plus coriaces.

Millettia laurentii De Wild.

kiboto (dial. kongo), *ntoka* (à Kimvula), *wenge* (nom commerc.)

Arbre atteignant 30 m de haut; à branches retombantes. **Fe.** imparipennées à 6-7 paires de folioles à sommet arrondi et brusquement acuminées, de 6-15 x 3-4 cm, glabres. **Infl.** en panicules. **Fl.** de 12-15 mm de long, violacées ou bleues, glabres. **Fr.**: gousses de 18-28 x 3,5-5 cm de long, rigides, glabres, à fines stries obliques; graines oblongues, de 22-25 x 18-20 mm, pourpre foncé.

Forêts de terre ferme; souvent planté comme arbre d'ombrage sur les places publiques, où il s'étale en largeur. — Afrique centrale. — Très beau bois, très dur, brun noir marbré, appelé aussi *"bois noir"*.

Millettia macroura Harms *fundi, kifundi*

[ces noms s'appliquent aussi aux *Millettia spp.* lianeux]

Arbuste dressé ou sarmenteux. **Fe.** imparipennées à 2-4 paires de folioles, à limbe ovale, à sommet brusquement acuminé, de 6-17 x 2,5-9 cm; nervures jaune clair assez en relief. **Infl.** en racème à rachis robuste, non ramifié, constituant un faux épis. **Fl.** à corolle de 12 mm de long, bleu violacé. **Fr.**: gousses plates, de 6-10 x 1,5-1,8 cm, brun clair, finement striées.

Savanes en voie de recolonisation. — Afrique centrale.

Millettia versicolor Baker *mbota*

Arbre atteignant 20-30 m de haut. **Fe.** imparipennées à 5 paires de folioles de 8-15 x 3,5-5 cm, de couleur glauque en dessous. **Infl.** en panicules. **Fl.** mauves à tache jaune sur l'étendard. **Fr.**: gousses densément veloutées.

Savanes en voie de recolonisation, forêts secondaires.

Gabon, Afrique centrale, Angola. — Planté pour l'ombrage et les clôtures dans les villages; bois utilisé pour la sculpture.

Outre les espèces données ci-dessus existent dans la région: *Millettia achtenii* De Wild. et *M. hylobia* Hauman.

Platysepalum vanderystii De Wild.

Arbuste buissonnant ou lianescent de 1-2 m. **Fe.** imparipennées à 6-8 paires de folioles, oblongues ou obovales, de 5-8 x 2-2,6 cm, devenant plus courtes vers la base de la feuille; stipelles aciculaires de 1,5 mm de long. **Fl.** à sépales bruns veloutés; corolle de 1,5-2 cm de long, violet-bleu. **Fr.**: gousses de 10-12 x 1,5-2,3 cm, brunes, veloutées.

Savanes et recrûs forestiers. — Zaïre (Bas-Congo et Kasai).

Une autre espèce *Platysepalum violaceum* Welw. ex Bak. var. *vanhouttei* (De Wild.) Hauman, arbre de la forêt, est présente dans le territoire étudié.

Pterocarpus angolensis DC.   *nkoso* (dial. kongo et yaka)
Arbuste de 4-5 m de haut, à résine rouge. **Fe.** composées à 12-20 folioles de
4,5-7 x 2,5-3,8 cm, acuminées, pubescentes à la face inférieure à l'état jeune.
Fl. de 18-20 mm de long, jaunes. **Fr.**: gousses circulaires, de 5-10 cm de
diamètre, à grande aile et soies rigides au centre.

Savanes zambéziennes. — Zaïre (Bas-Congo, Kasai, Bas-Katanga, Lacs Idi Amin et Kivu, Haut-
Katanga), de l'Angola à la Tanzanie, au Mozambique et au Transvaal.

Une autre espèce *Pterocarpus tinctorius* Welw. est aussi présente dans le territoire. C'est un
arbre de la forêt de terre ferme, connu pour son bois rouge utilisé pour enduire le corps
("*nkula*").

Tephrosia vogelii Hook. f. — Pl. 93   *bwalu, mbaka*
Arbuste ramifié, de 1-4 m de haut; à rameaux densement veloutés. **Fe.**
imparipennées, à 12-28 folioles opposées, elliptiques, de 2,5-8,5 x 0,6-2,4 cm,
pubescentes argentées en dessous. **Infl.** en racèmes terminaux. **Fl.** de 25-35
mm de long, violettes ou blanches. **Fr.**: gousses de 8-13 x 1-1,5 cm,
densement laineuses, rousses.

Jachères et forêts secondaires; cultivé dans les villages. Les feuilles pilées sont un stupéfiant pour
la pêche. — Afrique tropicale.

FLACOURTIACÉES

Arbres ou arbustes, avec ou sans épines. **Fe.** alternes, simples, parfois à
glandes sur le bord du limbe; stipules généralement présentes, rapidement
caduques. **Infl.** très variées ou fleurs solitaires. **Fl.** hermaphrodites ou
unisexuées, actinomorphes; sépales 2-15; pétales absents, ou 3-7, nettement
différenciés ou semblables aux sépales; étamines 5-6 à nombreuses, libres;
parfois à couronne extrastaminale ou staminodes; ovaire supère à sémi-infère,
à 1 loge; ovules 1-2 à nombreux. **Fr.**: drupes, baies ou capsules aiguillonnées
ou inermes, parfois ailées.

Outre les genres et les espèces décrits et énumérés ci-dessous existent dans la région:
Buchnerodendron speciosum Gürke, *Byrsanthus brownii* Guill. (Pl. 95), *Casearia calodendron*
Gilg, *Flacourtia indica* (Burm. f.) Merr. (syn. *F. ramontchi* L'Hérit.), *Ophiobotrys zenkeri* Gilg
(Pl. 100), *Paraphyadanthe flagelliflora* Mildbr., *Phylloclinium paradoxum* Baill., *Poggea alata*
Gürke, *P. gossweileri* Exell et *Scottellia coriacea* Hutch. & Dalz.

Barteria nigritiana Hook. f.
          subsp. ***fistulosa*** (Mast.) Sleumer — Pl. 94   *munsakala*
Arbuste ou arbre de 6-19 m de haut; rameaux à cavités habitées par des
fourmis. **Fe.** à pétiole de 4-8 mm d'épaisser; limbe décurrent sur le pétiole;
limbe elliptique-oblong, cunéiforme à la base, acuminé au sommet, de 26-45
x 7-15 cm, à bord entier, subcoriace. **Fl.** 2-3 ou plus souvent 4-9 par aisselle,
superposées en une ligne courbée en forme de fer à cheval; fleurs blanches;
calice à tube court et à 5 lobes, de 3-4 cm de long; pétales 5, semblables aux
sépales; couronne extérieure membraneuse de ± 1 cm de haut; couronne
intérieure épaisse, de 3-5 mm de haut; étamines nombreuses en 2 verticilles;
ovaire supère, uniloculaire, à 3-4 placentas multiovulés; style de 8-10 mm de
long. **Fr.**: globuleux, indéhiscent, de 2,5 cm de diamètre.

Forêts secondaires, galeries forestières. — Du Nigeria jusqu'en Ouganda, en Tanzanie et en Angola.

Une autre sous-espèce existe également dans la région: *Barteria nigritiana* Hook. f. subsp. *nigritiana*.

Caloncoba glauca (P. Beauv.) Gilg — Pl. 96

Arbuste à petit arbre de 5-8 m de haut, à rameaux striés longitudinalement. **Fe.** à stipules de 2-5 mm de long, caduques; pétiole de 1,5-6 cm de long, épaissi aux extrémités; limbe ovale-lancéolé, obtus à arrondi à la base, acuminé au sommet, de 10-25 x 3,5-7,5 cm, glabre, à nervation proéminente à la face inférieure. **Infl.** en fascicules 2-3-flores ou fleurs solitaires, axillaires. **Fl.** blanches, odoriférantes; sépales de 18-22 x 12-15 mm, caducs; pétales onguiculés, de 35-50 x 10-18 mm; étamines nombreuses, à filet de 15-20 mm de long; ovaire verruqeux-glanduleux. **Fr.:** capsules globuleuses à sommet conique, de 6-7 x 5-6 cm; péricarpe fibreux, brun clair, luisant extérieurement.

Galeries forestières, ordinairement près de l'eau. — Nigeria, Guinée équatoriale, Cameroun, Gabon, Zaïre (Mayombe, Bas-Congo, Kasai, Forestier Central).

Caloncoba welwitschii (Oliv.) Gilg   *kisani*

Arbustes de 5-6 m de haut. **Fe.** à stipules filiformes de 10-20 mm de long, caduques; pétiole de 5-19 cm de long; limbe ovale, cunéiforme à cordé à la base, acuminé au sommet, de 10-28 x 8-20 cm, entier à faiblement ondulé, papyracé, glabre, à 5-7 nervures basales. **Infl.** en fascicules 2-5-flores, caulinaires. **Fl.** blanches; sépales 3, de 15-20 x 10 mm; pétales 8-12, onguiculés, de 25-40 x 10-20 mm; étamines nombreuses; ovaire supère, 1-loculaire, à 5-8 placentas multiovulés; style 1. **Fr.:** capsules globuleuses, de 3-4 cm de diamètre, sans les aiguillons; aiguillons de 2-4 cm de long.

Recrûs forestiers. — Nigeria, Cameroun, Gabon, Zaïre, Angola, Malawi, Mozambique.

Homalium africanum (Hook. f.) Benth. — Pl. 96

Arbuste ou plus généralement arbre atteignant 25 m de haut. **Fe.** à stipules auriculées-réniformes, atteignant 2,5 x 2 cm, persistantes ou caduques, parfois absentes; limbe en général oblong ou obovale-oblong, cunéiforme ou arrondi à la base, brièvement acuminé au sommet, de 10-18 x 4-7 cm, généralement denté, parfois subentier, coriace, ± densement pubescent à glabre; à nervures latérales proéminentes en dessous. **Infl.** en panicules axillaires et terminales, composés d'épis grêles, atteignant 25 cm de long, couvertes d'un tomentum gris fauve. **Fl.** blanches à jaune verdâtre, 5-6-mères; calice à tube obconique, à lobes de 1,5-2 mm de long; pétales de 2mm de long, accrescents juqu'à 3 mm de long à l'état fructifère; étamines 5-6, alternant avec des glandes; ovaire semi-infère. **Fr.:** capsules déhiscentes en 2-6 valves, entourées du périanthe accrescent.

Galeries forestières, forêts marécageuses, forêts secondaires. — De la Guinée jusqu'à la Tanzanie, le Mozambique et l'Angola.

Plusieurs autres espèces existent dans la région: *Homalium abdessammadii* Aschers. & Schweinf. (Pl. 97), *H. dewevrei* De Wild. & Th. Dur., *H. letestui* Pellegrin et *H. longistylum* Mast. (Pl. 99).

Lindackeria dentata (Oliv.) Gilg   *nkaka kisani, mbamba*

Arbuste à petit arbre de 6-10 m de haut. **Fe.** à stipules caduques; pétiole de 4-18 cm de long; limbe obovale, arrondi à cunéiforme à la base, acuminé au sommet, de 8-28 x 4-14 cm, à bord denté, papyracé, à 3-5 nervures basales; à nervation proéminente à la face inférieure. **Infl.** en panicules, parfois racémiformes, de 7-10 cm de long. **Fl.** à sépales de 7-8 mm de long; pétales de 8-10 mm de long; étamines nombreuses; ovaire supère, 1-loculaire, à 3-4 placentas multi-ovulés. **Fr.**: capsules globuleuses, de 2-3 cm de diamètre, y compris les aiguillons, orange à maturité; aiguillons de 5-10 mm de long.

Recrûs forestiers, forêts secondaires. − De la Guinée jusqu'au Soudan et l'Angola.

Deux autres espèces existent dans la région: *Lindackeria cuneato-acuminata* (De Wild.) Gilg et *L. poggei* (Gürke) Gilg.

Oncoba spinosa Forsk.   *nsansi*

Arbuste à petit arbre atteignant 10 m de haut; épines droites, de 1,5-6,5 cm de long. **Fe.** à limbe ovale, cunéiforme à la base, acuminé au sommet, de 3,5-12 x 2-6 cm, papyracé, glabre, à bord à dents glanduleuses. **Fl.** blanches, odoriférantes; sépales 3-5 de 15 mm de long; pétales 8-12 de 25-35 mm de long; étamines nombreuses; ovaire supère, 1-loculaire, à 2-10 placentas multiovulés; style de 6-10 mm de long, terminé par un stigmate pelté. **Fr.** indéhiscents, à péricarpe ligneux, remplis de pulpe où sont immergés de nombreuses graines.

Recrûs forestiers, forêts secondaires. − Afrique tropicale et Arabie. − Ses fruits servent à faire des grelots ("nsansi").

Paropsia brazzeana Baill. Pl. 101   *kisudi ki nkandi* (à Kimvula)

Sous-arbuste à arbuste de 1,5-3 m de haut, ramifié dès la base, à jeunes parties tomenteuses. **Fe.** à limbe ovale, largement cunéiforme ou arrondi à la base, brièvement acuminé au sommet, de 6-10 x 2-4 cm, régulièrement denté, tomenteux fauve au dessous, brillant au dessus. **Fl.** odorantes, axillaires, solitaires ou géminées; sépales 5 soudés à la base, blanc verdâtre, de 10-12 mm de long; pétales 5 blancs, pubérulents; couronne laciniée, en 5 groupes d'appendices ± distincts; étamines 5; ovaire supère, 1-loculaire, à 3-5 placentas pariétaux multiovulés; styles 3. **Fr.**: capsules déhiscentes au sommet en 3 valves; péricarpe mince.

Savanes, recrûs forestiers. − Cameroun, Rép. centrafr., Congo, Zaïre, Angola, Zambie, Zimbabwe, Botswana.

Paropsia grewioides Mast.

Arbuste ou plus souvent arbre, de 3-10 m de haut, à jeunes rameaux couverts d'une courte pubescence fauve. **Fe.** à limbe obovale-elliptique, largement cunéiforme à la base, brièvement acuminé au sommet, de 5,5-9 x 2,5-4 cm, subcoriace, à bord crénelé, glabre en dessus, courtement pubescent sur les nervures en dessous. **Fl.** axillaires, solitaires ou par 2 ou 3; sépales de 10-14 mm de long; pétales blanc verdâtre; couronne laciniée, d'environ 3 mm de haut; étamines de 8,5-11 mm de long; ovaire sessile ou à gynophore de 1 mm de long, tomenteux. **Fr.**: capsules de 2-2,5 x 1,5-2,5 cm, pubescentes ferrugineuses puis glabrescentes.

Forêts secondaires, galeries forestières. − Cameroun, Gabon, Congo, Zaïre (Côtier, Mayombe, Bas-Congo, Kasai), Angola.

Une troisième espèce existe dans la région: *Paropsia guineensis* Oliv.

HIPPOCRATÉACÉES

Lianes, arbustes sarmenteux, parfois petits arbres. **Fe.** opposées, rarement alternes, simples; présence ou non de latex se présentant à la cassure de certains organes, observable sous forme de filaments élastiques; stipules petites, caduques ou nulles. **Infl.** axillaires, en cymes ou en panicules de cymes, en fascicules, ou fleurs solitaires. **Fl.** hermaphrodites; calice à 5 lobes, légèrement soudés à la base; pétales 5; étamines généralement 3, à filets libres ou soudés en un tube entourant l'ovaire; ovaire supère, 3-loculaire; ovules 2 à très nombreux par loge. **Fr.** se séparant en 3 capsules déhiscentes, ou fruits drupacés à bacciformes.

Salacia pallescens Oliver

Arbuste dressé de 1,5-3 m de haut, dépourvu de caoutchouc. **Fe.** opposées ou faiblement subopposées; limbe oblong-elliptique, de 7-16 x 2,5-6 cm, cunéiforme à la base, à acumen de 6-20 mm de long, à bord denté et ± ondulé, concolore, olivâtre à l'état sec. **Infl.** en fascicules axillaires sessiles, 3-8-flores. **Fl.** rosâtres, étalées de 4-6 mm de diamètre; sépales 5 très inégaux, à 5 pétales de 1-8-2,5 x 1,5-2,4 mm; disque en coussin annulaire de 1,5-1,7 mm de diamètre; étamines 3; ovaire globuleux, 3-loculaire, entouré du disque. **Fr.** globuleux de 1-2,5 cm de diamètre, orangés, maculés de rouge, lisses.

Forêts marécageuses et périodiquement inondées. — De la Guinée au Zaïre et au Zimbabwe.
La présence dans la région d'une autre espèce arbustive: *Salacia mayumbensis* Exell & Mendonça, reste à vérifier, le matériel récolté à Kimuenza étant de détermination douteuse.

HUACÉES

Arbres ou arbustes; plantes à forte odeur d'ail. **Fe.** alternes, simples, entières; stipules présentes, mais rapidement caduques. **Infl.**: fascicules axillaires ou caulinaires, ou fleurs solitaires. **Fl.** hermaphrodites, actinomorphes; sépales 5, libres; pétales 5, peltés; étamines 8-10; ovaire supère, 1-loculaire à 1 ou 6 ovules. **Fr.**: capsules déhiscentes en 5 valves ou indéhiscentes.

Hua gabonii De Wild. (Pl. 102), la seule espèce présente, n'est pas très commune.

HUGONIACÉES

Arbres ou arbustes parfois lianeux, quelquefois munis de crochets. **Fe.** alternes, simples, rarement opposées; stipules présentes, rapidement caduques. **Infl.**: panicules axillaires ou terminales. **Fl.** hermaphrodites; sépales (4)5, persistants; pétales (4)5, libres, persistants ou caducs; étamines (5-) 10 (15), toutes fertiles ou certaines staminodiales; ovaire supère, à 2-5 loges, à 2 ovules par loge. **Fr.**: drupes.

Hugonia platysepala Oliv.   *kisilu*

Arbuste ou liane atteignant 20 m de haut, munis de crochets. **Fe.** à limbe obovale, de 5-24 x 3,5-9 cm, noirâtre à l'état sec, cunéiforme à la base, arrondi au sommet, à bord ondulé ou crénelé; nervures latérales saillantes en dessous; domaties formées par une membrane; stipules subpalmatifides, de

4-9 mm de long, rapidement caduques. Inflor. en racémes axillaires et terminaux. Fl. à pétales de 15-26 mm de long, jaunes; étamines 10. Fr. drupes subglobuleuses de 1,4-2 cm de diamètre, régulièrement 10-côtelées.

Forêts ripicoles, galeries forestières. — De la Guinée à la Tanzanie et à l'Angola; Zaïre.

Quatre autres espèces existent dans les forêts de la région, parmi elles *Hugonia villosa* Engl. est aussi un arbuste, parfois lianeux.

HYMÉNOCARDIACÉES

Arbres ou arbustes dioïques. **Fe.** alternes, simples, entières; stipules caduques. **Infl.** ♂ en épis ou racèmes d'épis, axillaires; inflorescences ♀ en racèmes pauciflores ou fleurs solitaires. **Fl.** ♂: calice à 4-6 lobes; pétales et disque nuls; étamines 4-6, surmontées, au-dessus du point d'insertion de l'anthères, d'une petite glande; fleurs ♀ à calice à 6-8 lobes; pétales absents; ovaire supère, à 2 loges, à 2 ovules par loge; styles 2, libres, allongés, entiers. **Fr.** secs ailés, samaroïdes ou déhiscents en 2 coques.

Hymenocardia acida Tul. — Pl. 104   *kigete, ngete*

Arbuste ou petit arbre, de 3-6 m de haut à écorce poudreuse, très claire, à taches rouille. **Fe.** à limbe elliptique, aigu ou obtus à la base, arrondi ou obtus au sommet, de 3-11 x 1,5-4,5 cm, à face inférieure tomenteuse à glabre et à nombreuses petites glandes. **Infl.** ♂ en épis, denses, de 2,5-9 cm de long, solitaires ou fasciculés à l'aisselle de cicatrices foliaires; fleurs ♀ axillaires, solitaires ou geminées. **Fl.** ♂ 5-mères; sépales aigus ou ± obtus, ciliés; étamines émergeant du calice; rudiment d'ovaire; fleurs ♀ à sépales 5-9, presque libres ou soudés jusqu'à mi-hauteur, de 3 mm de long, ciliés; ovaire oblong, ailé aux angles supérieurs, de 2 x 1 mm, parsemé de glandes. **Fr.** ailé en forme de "V", se séparant de haut en bas en 2 coques ± trapéziformes.

Arbuste le plus commun des savanes autour de Kinshasa. — Du Sénégal jusqu'en Angola et de l'Ethiopie au Mozambique.

Une espèce voisine existe dans la région: *Hymenocardia ripicola* Léonard (Pl. 105; syn. *H. heudelotii* auct. non Müll.- Arg); elle peut être reconnue par les fruits se séparant de bas en haut.

Hymenocardia ulmoides Oliv. — Pl. 104   *munsanga*

Arbres de 10-15 m de haut à ramilles velues. **Fe.** à limbe ovale, obtus à la base, acuminé au sommet, de 1,5-6,5 x 1-3 cm, à face inférieure ± velue le long de la nervure principale. **Infl.** axillaires, solitaires, de 1-3 cm de long, les ♂ en racèmes d'épis, les ♀ en racèmes ou panicules. **Fl.** ♂ 5-mères; calice divisé juqu'à la ½, à sépales ciliés; étamines à filet élargi au sommet; rudiment d'ovaire; fleurs ♀ à 5-6 sépales, de 2 mm de long, ciliés; ovaire tronqué au sommet, entièrement ailé de 1 mm de diamètre, parsemé de petites glandes; styles divergents, de 5 mm de long, accrescents jusqu'à 1,5 cm, finalement caducs. **Fr.** indéhiscents, ailés sur tout le pourtour, de 1,8-2,5 x 1,5-2,2 cm, échancrés au sommet.

Recrûs forestiers sur sols légers. — Du Cameroun en Angola et du Soudan au Natal.

ICACINACÉES

Arbres, arbustes ± sarmenteux ou lianes, monoïques ou dioïques; quelquefois à vrilles ou épines. **Fe.** alternes, rarement opposées, simples; stipules absentes. **Infl.** en glomérules, fascicules, épis, racèmes, panicules, rarement fleurs solitaires. **Fl.** hermaphrodites ou unisexuées, actinomorphes; sépales 3-6, libres ou soudés, parfois absents; pétales 3-6, libres ou ± soudés à la base ou unis en tube; étamines 3-6; filets libres ou ± soudés aux pétales; ovaire supère, 1-loculaire, à 2 ovules. **Fr.**: drupes à 1 graine, à endocarpe ligneux, parfois muni de verrues ou d'aiguillons sur la face interne.

Outre les espèces décrites ou énumérées ci-dessous existe dans la région: *Icacina guessfeldtii* Engl.

Lasianthera africana P. Beauv. — Pl. 106

Arbuste ou arbre atteignant 3-6 m de haut à rameaux glabres. **Fe.** à limbe elliptique à oblong-obovale, cunéiforme à la base, acuminé au sommet, de 7-18,5 x 3,5-6,5 cm. **Infl.** à pédoncule de 5-23 mm de long, en ombelles de capitules denses, de 6-8 mm de diamètre. **Fl.** blanches; calice de 0,5-1 mm de long, éparsement pubérulent-cilié; pétales cohérents en tube mais se séparant facilement jusqu'à la base, de 3-3,5 mm de long; étamines 5 libres, à touffes de poils; disque unilatéral; ovaire ovale, aplati longitudinalement. **Fr.**: drupes ellipsoïdes-oblongues, de 1-1,5 x 0,5 cm, munies de sillons longitudinaux sur la face convexe et d'une côte médiane sur le côté concave.

Galeries forestières. — Nigeria du Sud, Cameroun, Guinée équat., Gabon, Zaïre (Mayombe, Bas-Congo, Forestier Central).

Leptaulus daphnoides Benth.

Arbuste ou arbre de 6-10 m de haut à rameaux striés longitudinalement. **Fe.** à pétiole profondément canaliculé; limbe elliptique, cunéiforme à la base, acuminé au sommet, de 6,5-16 x 2,5-6,5 cm. **Infl.** en glomérules denses, pluriflores. **Fl.** blanches à blanc crême; calice de 2 mm de long, à lobes de 0,7 mm de long, ciliés; corolle à tube de 6-10 mm de long, à lobes de 1 mm de long; ovaire de 1-1,5 mm de long, pubescent. **Fr.**: drupes ovoïdes-ellipsoïdes, de 1,5 x 1 cm, papilleuses, rouges à maturité.

Galeries forestières, forêts de terre ferme. — De la Sierra Leone à l'Oubangui, Soudan, Ouganda, Tanzanie, Zaïre.

Deux autres espèces existent dans la région: *Leptaulus holstii* (Engl.) Engl. et *L. zenkeri* Engl.

IRVINGIACÉES

Arbres généralement de grande taille. **Fe.** alternes, distiques, entières, souvent ± asymétriques, à stipules falciformes enveloppant les bourgeons, laissant sur le rameau une cicatrice annulaire. **Infl.** en racèmes ou panicules. **Fl.** hermaphrodites ou unisexuées, 4-5-mères; sépales libres ou soudés; pétales libres; étamines 8-10; carpelles 2-5, soudés; 1 ovule par loge. **Fr.** drupacés ou peu charnus, comprimés et à bords ailés.

Irvingia smithii Hook. f. — Pl. 103

Arbre atteignant 20 m de haut à cime étalée; enracinement superficiel bien visible aux périodes d'exondaison. **Fe.** à stipules effilées et courbées, atteignant 2,5 cm de long; limbe ovale, arrondi-subcordé à la base, aigu au sommet, de 5-17 x 3-8 cm, subcoriace, brillant en dessus, vert gris, à nervures secondaires plus rapprochées vers la base. **Infl.** axillaires ou terminales, en panicules de racèmes atteignant 10 cm de long. **Fl.** à sépales de 1,5 mm de long; pétales de 4 mm de long, blancs; étamines 8-10, en 2 verticilles, insérées à la base du disque. **Fr.**: drupes ellipsoïdes-oblongues ± aplaties, rouges à maturité, de 3-4 x 2 cm., contenant un seul grand noyau.

Forêts ripicoles. — Du Nigeria au Soudan et à l'Angola.

IXONANTHACÉES

Arbres ou arbustes. **Fe.** alternes, simples; stipules caduques. **Infl.** axillaires, parfois terminales formées de cymes ou de racèmes. **Fl.** à 5 sépales, libres ou soudés à la base; pétales 5, libres; étamines 20, 10 ou 5, à filets soudés à la base en un tube très court; ovaire 3-5-loculaire, à 2 ovules par loge; style 1. **Fr.**: capsules; graines le plus souvent munies d'un arille.

Ochthocosmus congolensis De Wild. & Th. Dur. — Pl. 103

Arbre atteignant 8 m de haut. **Fe.** à limbe elliptique, cunéiforme à la base, acuminé au sommet, à bord entier ou légèrement denté-glandulaire, de 5-12 x 1,5-4,5 cm, papyracé, luisant en dessus, à nervilles parallèles très fines. **Infl.** solitaires ou fasciculées, glabres, en racèmes axillaires. **Fl.** de 2-5 mm de long, blanches, pétales persistants; étamines 5. **Fr.**: capsules ovoïdes, de ± 6 x 4 mm, entourés des sépales et pétales persistants.

Bords du Fleuve. — Gabon, Congo, Zaïre (Bas-Congo, Kasai).

Une autre espèce existe dans la région : *Ochthocosmus africanus* Hook. f. var. *puberulus* Wilczek; c'est également un petit arbre des endroits humides.

LAMIACÉES (LABIÉES)

Herbes, parfois des buissons; plantes souvent aromatiques; tiges à section généralement carrée. **Fe.** simples, opposées décussées ou verticillées, à bord souvent denté; stipules absentes. **Infl.** cymeuses ± contractées en verticilles étagés, en panicules ou en racèmes. **Fl.** zygomorphes, hermaphrodites; calice bilabié ou ± régulier, 5-denté; corolle à pétales soudés, 4-5-lobée ou bilabiée; étamines 4, quelquefois 2 fertiles et 2 staminodes, ou seulement 2 fertiles; ovaire supère. **Fr.** se séparant en 4 akènes.

Hoslundia opposita Vahl

Herbe ± lignifiée ou buisson, de 2-3 m de haut, à rameaux grêles décombants. **Fe.** opposées ou ternées, simples, à limbe lancéolé à elliptique, à bord denté, de 8-10,5 x 2,3-3,5 cm, discolore. **Infl.** formée par des verticilles de racèmes rassemblés en une pyramide. **Fl.** à calice en forme de tube, 5-denté; corolle tubulaire ± bilabiée, vert-blanc; étamines fertiles 2, staminodes 2. **Fr.** akènes 4, enfouis dans le calice accrescent, charnu et orange.

Lisières de forêt, recrûs. — Afrique intertropicale, Afrique du Sud, Madagascar.

Leocus africanus (Scott Elliot) J.K. Morton — Pl. 107   *zangazanga*
syn. *Briquetastrum africanum* (Scott Elliot) Robyns & Lebrun

Herbe à arbuste, de 1,5-3 m. **Fe.** à limbe oblong-lancéolé à ovale, à bord crénelé, de 8,5-16 x 1,5-4 cm, discolore, tomenteux en dessous, à réticulation dense. **Infl.** en épis denses rassemblés en panicule terminale. **Fl.** à corolle de 6 mm de long, bleue.

Savanes humides, marais. — Du Cameroun à l'Ouganda, au Congo et au Zaïre.

Plectranthastrum rosmarinifolium (Welw.) Mathew — Pl. 107
syn. *Alvesia rosmarinifolia* Welw.

Arbuste de 1,5-2 m de haut. **Fe.** opposées, mais semblant être gloméruleuses aux noeuds par la présence de rameaux courts, à limbe lancéolé ou étroitement lancéolé, à bord entier, petit, de 1,5-1,8 x 0,4-0,6 cm, grisâtre en dessous. **Infl.** en panicule terminale, peu ramifiée, formée par des épis. **Fl.** à corolle de 1,25 cm de long, rose. **Fr.** entourés du calice accrescent en sac, de 2,5 cm de long.

Savanes. — Congo, Zaïre, Angola, Zambie.

LAURACÉES

Arbres ou arbustes, rarement herbes volubiles parasites (*Cassytha filiformis*). **Fe.** alternes, rarement opposées, simples, coriaces, quelquefois réduites à des écailles; glandes aromatiques dans les feuilles, visibles à la loupe ou non; stipules absentes. **Infl.** en cymes, racèmes ou panicules, axillaires ou terminales. **Fl.** hermaphrodites, rarement unisexuées; périgone en 2 verticilles de 3 tépales subégaux et imbriqués; étamines 6-12, en 3-4 verticilles; anthères s'ouvrant par des clapets; ovaire supère, 1-loculaire. **Fr.** baies ou drupes.

Les deux espèces décrites sont introduites. La région ne connaît qu'un seul représentant indigène, assez rare : *Beilschmiedia gaboonensis* (Meissn.) Benth. & Hook. f., grand arbre des forêts marécageuses.

Cinnamomum verum J. Presl. — Pl. 108

cannellier, arbre du bonheur (à Kisantu)
syn. *Cinnamomum zeylanicum* Nees

Arbre de 7-10 m de haut. **Fe.** ovales à ovales-lancéolées, obtuses à aigues au sommet, de 8-13 x 3-6 cm, coriaces, à 2 nervures latérales, ascendantes, très marquées. **Infl.** en panicules de 8-12 cm, couvertes de poils argentés. **Fl.** de 3 mm de long, blanches. **Fr.**: drupes de 1,6 cm de long, noires.

Arbre planté pour son écorce aromatique. — Originaire d'Asie tropicale (Inde, Malaisie).

Persea americana Mill. — Pl. 108   *avocatier; divoka*
syn. *P. gratissima* Gaertn. f.

Arbre de 6-15 m de haut, à cime pyramidale. **Fe.** à limbe obovale, obtusement apiculé au sommet, de 7-25 x 3-16 cm, discolore. **Infl.** en panicules terminales ou axillaires. **Fl.** à tépales de ± 4 mm de long, verdâtres; étamines fertiles 9. **Fr.**: baies uniséminées en forme de poire ou ovoïde, atteignant 15 x 12 cm, à peau verte ou violacée.

Arbre fruitier introduit. — Originaire d'Amérique tropicale.

LÉCYTHIDACÉES

Arbres ou arbustes. **Fe.** alternes, simples, à bord entier; stipules absentes. **Fl.** hermaphrodites; sépales 4-6; pétales 4-8 libres ou soudés; étamines nombreuses, fréquemment soudés et appendiculés; disque présent; ovaire infère, 2-pluri-loculaire, à 1-plusieurs ovules par loge. **Fr.** charnus ou coriaces, rarement ailés.

Sauf l'espèce décrite, il existe spontanément dans la région : *Napoleonaea vogelii* Hook. & Planch. (Pl. 110), arbuste du sous-bois. En outre, *Bertholletia excelsa* Humb. & Bonpl., *noyer du Brésil*, est introduit au Jardin botanique de Kisantu.

Petersianthus macrocarpus (P. Beauv.) Liben — Pl. 111   *kivinzu*
   syn. *Combretodendron africanum* (Benth.) Exell

Arbre de 20-30 m de haut, à écorce fendillée longitudinalement. **Fe.** groupées à l'extrémité des rameaux, à limbe elliptique ou plus souvent obovale, à bord subdenté ou ondulé, de 7-18 x 3,4-8 cm, papyracée. **Infl.** en panicules terminales. **Fl.** 4-mères, de 6-8 mm de long. **Fr.** à 4 ailes parcheminées, de 4,5-6 x 4-7,5 cm.

Forêts denses, surtout secondaires. — De la Guinée à la Rép. centrafricaine et à l'Angola. Arbre épargné lors des défrichements car il porte la chenille "n'vinzu", très appréciée.

LEEACÉES

Arbres ou arbustes. **Fe.** alternes, généralement 1-3-pennées, à stipules intrapétiolaires. **Infl.** oppositifoliées, en cymes très ramifiées. **Fl.** hermaphrodites; sépales 5; pétales 5, soudés à la base; étamines 5, monadelphes et à tube soudé à la base des pétales; ovaire supère, 3-8-loculaire. **Fr.**: baies, 3-8 lobées.

Leea guineensis G. Don — Pl. 109   *nkula katende*

Arbuste de 2-4 m de haut. **Fe.** 2-pennées, parfois 3-pennées à la base, présentant des renflements à l'insertion des pennes; folioles 3-5, opposées, elliptiques, à bord denté, de 4-20 x 2-7 cm. **Infl.** en cymes généralement bifurquées dès la base, de 5-20 cm de large, à axes rougâtres. **Fl.** oranges, de 5 mm de long. **Fr.** baies munies du calice persistant, noires.

Recrûs forestiers. — Du Sénégal à la Zambie, la Tanzanie, Madagascar et les îles Réunion, Maurice et Comores.

LOGANIACÉES

Arbres, arbustes ou lianes, rarement herbes; quelquefois à vrilles et épines. **Fe.** généralement opposées, simples; stipules présentes ou absentes. **Infl.** cymeuses groupées en panicules ou en corymbes. **Fl.** hermaphrodites, généralement actinomorphes; corolle soudée en tube, à 4-6 lobes contortés; étamines en même nombre que les lobes de la corolle; ovaire supère. **Fr.**: capsules, baies ou drupes.

Outre les genres et espèces décrits ci-dessous, il existe *Usteria guineensis* Willd., arbuste lianeux des forêts secondaires.

Anthocleista liebrechtsiana De Wild. & Th. Dur. − Pl. 112

Arbuste ou petit arbre de 1,5-12 m de haut, inerme. **Fe.** à pétiole pouvant atteindre 9 cm de long; limbe étroitement obovale, longuement décurrent sur le pétiole, de 11-75 x 3-15 cm. **Fl.** à boutons mûrs de 3,2-5,4 cm de long, arrondis au sommet; sépales 4; corolle blanche. **Fr.** baies globuleuses ou ovoïdes, de 15-27 mm de haut et 10-18 mm de diam., irrégulièrement ridées à l'état sec.

Forêts marécageuses. − Du Ghana à la Zambie.

Anthocleista schweinfurthii Gilg − Pl. 113   *mpukumpuku*

Arbre de 3-30 m de haut; parfois à racines-échasses. **Fe.** à pétiole de 1,5-2 cm de long, à limbe étroitement obovale, de 7-45 x 3,5-18 cm. **Fl.** à boutons mûrs de 55-60 mm de long, cunéiformes au sommet; sépales 4; corolle blanche. **Fr.**: baies globuleuses ou ellipsoïdes de 2,5-3,6 x 2-3 cm, jamais ridées à l'état sec.

Recrûs forestiers. − Du Nigéria à la Zambie.

Une troisième espèce du même genre existe dans la région : *Anthocleista vogelii* Planch. (Pl. 114), arbre des marécages, caractérisé par des épines jumelées sur les rameaux.

Strychnos cocculoides Baker − Pl. 116   *kala nkonki, nkonki*

Arbuste ou petit arbre de 1-6 m de haut; écorce subéreuse, crevassée longitudinalement; rameaux souvent pourvus d'épines recourbées ou parfois droites et se terminant parfois eux-même en une épine droite. **Fe.** à limbe de forme et de dimensions trés variables, orbiculaire, ovale, elliptique, arrondi, subcordé ou cunéiforme à la base, émarginé, arrondi à aigu et apiculé au sommet, de 2-6 x 1-5 cm, coriace, 5-nervé à la base; stipules caduques. **Infl.** terminales, ± ombelliformes, de 2,5-4 cm de haut. **Fl.** 5-mères, corolle de 4-5 mm de long, blanche. **Fr.** globuleux, de 6-11 cm de diamètre, ressemblant à une orange, jaunes ou orange, souvent marbré de vert, à peau ligneuse.

Savanes et forêts claires. − Du Gabon au Transvaal.

Strychnos pungens Solered. − Pl. 118   *nbumi*

Arbuste ou arbre de 2-9 m de haut; écorce réticulée. **Fe.** à limbe elliptique, obovale, mucroné au sommet, de 3-8 x 1-3,5 cm, coriace, glabre, 3-nervé à la base. **Infl.** axillaires ou ramiflores, de 1-2 cm de haut. **Fl.** 5-mères, à corolle de ± 8 mm de long, blanche. **Fr.** globuleux, de 5-12 cm de diam., orangés ou jaunes, à peau ligneuse, pulpe à saveur douce.

Savanes et forêts claires. − Du Congo au Transvaal.

La pulpe jaunâtre des gros fruits (*mabumi*) est comestible. Les pamplemousses (*Citrus x paradisi*) sont désignées par le même nom.

Strychnos spinosa Lam. − Pl. 119   *nbumi, kala nkonki*

Arbuste ou petit arbre de 1-6 m de haut; écorce grise, fissurée superficiellement; rameaux souvent pourvus d'épines droites ou récurvées. **Fe.** opposées, parfois ternées, à limbe orbiculaire, ovale, arrondi à aigu au sommet, de 1,4-9,5 x 1,2-7,5 cm, 3-5-nervé à la base. **Infl.** terminales, ombellées, de 1,5-5 cm de haut. **Fl.** 5-mères, corolle de 4-5 mm de long, blanche. **Fr.** globuleux, de 7-11 cm de diamètre, à peau dure; graines dans une pulpe jaune.

Savanes. − Du Sénégal au Cap, îles Comores, Madagascar, Seychelles, Maurice.

Strychnos variabilis De Wild. — Pl. 117

Arbre de 3-12 m de haut; rameaux distinctement lenticellés, densement pubescents-hirsutes à l'état jeune. **Fe.** à pétiole de 1-2 mm de long, à limbe étroitement ovale, arrondi à la base, aigu, acuminé au sommet, de 3-9 x 1-3,5 cm, éparsement pubescent en dessus. **Infl.** terminales, contractées, de 1,5-3,5 de haut. **Fl.** 5-mères, corolle de 4,5-6,5 de long, blanche. **Fr.** ellipsoïdaux, de 1,5-2,5 x 1,2-2 cm, à peau mince.

Recrûs forestiers et forêts secondaires. — Congo, Zaïre (Bas-Congo, Kasai, Forestier central). Outre les espèces décrites ci-dessus, existent dans la région : *S. angolensis* Gilg (Pl. 115), *S. floribunda* Gilg (Pl. 117), *S. gossweileri* Exell, arbustes lianeux de la forêt.

LYTHRACÉES

Herbes souvent aquatiques ou palustres, arbustes ou arbres. **Fe.** généralement opposées, plus rarement verticillées, subopposées ou alternes, à bord entier; stipules absentes ou présentes (2 à plusieurs), petites. **Infl.** axillaires ou terminales, en cymes ou ombelles, ou fl. solitaires. **Fl.** hermaphrodites, actinomorphes ou rarement zygomorphes, 4-6-mères; calice tubulaire ou campanulé; pétales chiffonnés dans le bouton; étamines 4-8 ou nombreuses; ovaire supère. **Fr.**: capsules 2-6-loculaires.

Dans la région, la flore indigène ne comprend que des représentants herbacés de cette famille principalement tropicale. Outre l'espèce décrite, on cultive les arbustes suivants : *Cuphea ignea* A.DC. et *Lagerstroemia indica* L.

Lagerstroemia speciosa (L.) Pers. — Pl. 120

       syn. *L. flos-reginae* Retz.

Arbre atteignant 25 m de haut. **Fe.** opposées, subopposées à alternes, à limbe ovale-elliptique, obtus ou courtement acuminé, de 11-15 x 5,5-8,5 cm, coriace. **Infl.**: panicules terminales atteignant 35 cm de long. **Fl.** de 5-7,5 cm de diamètre; calice à 12 sillons; pétales 6, onguiculés, à bord ondulé, mauves ou roses; étamines nombreuses. **Fr.**: capsules globuleuses ou oblongues, de 2,5-3 cm de long.

Arbre planté pour l'ombrage et ses fleurs très voyantes. — Originaire de l'Asie tropicale.

MALPIGHIACÉES

Lianes, quelquefois arbustes dressés, munis de poils médifixes. **Fe.** opposées, rarement alternes, parfois verticillées, simples, parfois munies de glandes à la base du limbe ou sur le pétiole; stipules absentes ou présentes. **Infl.** axillaires ou terminales, généralement en racèmes. **Fl.** hermaphrodites; sépales 5, libres ou soudés, persistants, souvent munis de glandes; pétales 5, libres, entiers ou à bord denté; étamines 10. **Fr.** se séparant à maturité en segments ailés indéhiscents, ou capsules.

Cette famille essentiellement lianeuse ne comprend qu'un genre arbustif dans la région. En outre on cultive *Malpighia glabra* L., arbuste à fruits comestibles, *cerise des Antilles*.

Acridocarpus longifolius (G. Don) Hook. f. — Pl. 121

Arbuste ou liane de 1-6 m de haut. **Fe.** alternes, à limbe ovale, aigu à arrondi à la base, acuminé ou arrondi-caudé au sommet, de 8-30 x 3-12 cm, muni à la base de 2-4 glandes. Infl. en racèmes terminaux de 7-20 cm de long. **Fl.**: boutons de ± 2 cm de diam., jaunes; bractéoles dépourvues de glandes; calice muni d'une glande; pétales onguiculés, de ± 10 x 6 mm. **Fr.** à 2 carpelles, à aile de 3-6 x 1,7-2 cm, entourant chaque carpelle jusqu'à la base, rose.

Forêts ripicoles. — Du Libéria à l'Angola.

Une deuxième espèce arbustive existe dans la région : *A. vanderystii* Wilczek; celle-ci se reconnaît par des bractéoles munies d'une glande à la base.

MALVACÉES

Herbes robustes et ± ligneuses, moins fréquemment arbustes ou petits arbres, à poils étoilés ou à poils à base bulbeuse, souvent transformés en aiguillons. **Fe.** alternes, à limbe entier ou palmatilobé, à nervation généralement palmée; stipules présentes. **Infl.** en gloméroles axillaires, ou réunies en racèmes terminaux ou fleurs solitaires. **Fl.** hermaphrodites, actinomorphes, souvent munies d'un calicule à la base; sépales 5; pétales 5; étamines nombreuses, leurs filets soudées en un tube entourant le pistil; sommet du style divisé, exsert du tube staminal; ovaire supère. **Fr.** capsulaires ou formés de segments rangés en verticille autour d'une colonne centrale dont ils se séparent à maturité.

La famille est représentée dans la région par des nombreux sousarbustes et des herbes, annuelles ou vivaces. Le genre *Hibiscus* est le plus important et certaines espèces sont sous-ligneuses et peuvent atteindre 3 m de haut, e.a: *H. cannabinus* L., *H. mechovii* Garcke, *H. physaloides* Guillemin & Perrottet (Pl. 122) et *H. rostellatus* Guillemin & Perrottet. Plusieurs espèces sont cultivées pour leurs feuilles ou leurs fruits consommés en légumes.

Gossypium barbadense L.   *cotonnier; gusu*

Arbuste atteignant 3 m de haut. **Fe.** à limbe de ± 10 cm de diam., généralement 3-5-lobé, découpé jusqu'à 2/3, à lobes triangulaires, glabre; stipules présentes. **Fl.** axillaires solitaires; calicule de 3 grandes bractéoles cordiformes, libres entre elles, à bords dentés-laciniés; corolle jaune. **Fl.** capsules à 3 carpelles; graines portant des longs poils cotonneux.

Souvent planté près des cases dans les villages ou devenu subspontané dans la végétation rudérale. — Introduit depuis longtemps d'Amérique du Sud.

Hibiscus rosa-sinensis L.   *hibiscus*

Arbuste pouvant atteindre 3-4 m de haut. **Fe.** largement ovales, de 6-7,5 x 5-6 cm, à bord denté, à 5 nervures à la base. **Fl.** solitaires dans les aisselles supérieures, à pédoncule atteignant 12 cm de long; calicule de bractéoles séparées, linéaires de 1,5-2 cm de long, moins longs que les lobes du calice; corolle souvent rouge, mais couleur et dimensions des pétales variables suivant les cultivars; parfois fleurs doubles; styles 5.

Planté dans les jardins pour ses fleurs décoratives. — Originaire d'Asie, probablement de Chine.

Un autre arbuste ornemental du même genre a été introduit : *Hibiscus schizopetalus* (Mast.) Hook.f.; ses pétales sont profondément découpés.

Malvaviscus arboreus Cav. − Pl. 123

Arbuste de 2-3 m de haut. **Fe.** à pétiole velu sur la face adaxiale, à limbe à bord crénelé-denté, de 10-15 x 4-5,5 cm, 5-nervé à la base. **Fl.** pendante, à calicule de 7-12 bractéoles étroites; corolle rouge, ne s'étalant pas; styles 10. **Fr.**: carpelles charnus, réunis en une fausse baie.

Cultivé dans les jardins. − Originaire du sud des Etats Unis.

MÉLASTOMATACÉES

Herbes, arbustes ou arbres. **Fe.** opposées, simples; limbe à bord entier ou crénelé, généralement à 2-4 nervures latérales, se terminant vers le sommet, souvent reliées par de nombreuses nervures transversales, ± parallèles; stipules absentes. **Infl.** en cymes. **Fl.** actinomorphes, hermaphrodites; calice en tube ou en cloche, libre ou soudé à l'ovaire, à lobes caducs ou persistants; anthères à connectif souvent pourvu d'un appendice; ovaire généralement infère. Fr. capsules ou baies, généralement incluses dans le calice persistant.

Sauf les espèces décrites, existent spontanément dans la région : *Dinophora spenneroides* Benth. (Pl. 125), *Spatandra blakeoides* (G.Don) Jacq.-Fél. (Pl. 126) et *Warneckea sapinii* (De Wild.) Jacq.-Fél., arbustes et arbres de la forêt. En outre, on cultive : *Medinilla magnifica* Lindl. et *Miconia calvescens* DC., arbustes ornementaux.

Bellucia axinanthera Triana   *néflier de Costa Rica*

Arbre atteignant 10 m de haut; jeunes rameaux quadrangulaires pourvus de moëlle. **Fe.** à 2 paires de nervures secondaires montant au sommet, dont une près du bord, à bord entier, de 20-30 x 10,5-19 cm, discolores. **Infl.** cymes pauciflores à l'aisselle des feuilles, également sur le tronc. **Fl.** à calice à 6 lobes obtus; corolle blanche; étamines jaunes; ovaire infère. **Fr.**: baies surmontées du calice persistant, globuleux, de 3-4 cm de diamètre, jaune pâle.

Arbre fruitier introduit, devenu subspontané le long des rivières Nsele, Ndjili et Lukaya. − Originaire d'Amérique centrale.

Dichaetanthera africana (Hook. f.) Jacq.-Fél. − Pl. 124

syn. *Sakersia africana* Hook. f.

Arbre de 9-15 m de haut; rameaux à section carrée, les jeunes densement couverts de poils raides. **Fe.** à limbe elliptique, aigu au sommet, arrondi à la base, de 8-15 x 3-6 cm, muni de poils raides sur les deux faces; nervures secondaires 4, s'élevant jusqu'au sommet; nervures tertiaires transversales nombreuses et parallèles. **Infl.** en panicules terminales de cymes, lâches, de ± 10 cm de long. **Fl.** 4-mères, à calice en forme de coupe, glabre; pétales mauves. **Fr.**: capsules à calice accrescent, de 7-8 mm de long.

Forêts ripicoles. − De la Sierra Leone au Zaïre et à l'Angola.

Deux autres espèces, *D. corymbosa* (Cogn.) Jacq.-Fel. et *D. strigosa* (Cogn.) Jacq.-Fel., existent dans la région et vivent dans le même milieu.

Memecylon myrianthum Gilg

Arbre de 4-8 m de haut; rameaux à section ± carrée. **Fe.** elliptiques, aigues à la base, acuminées au sommet, de 3,5-7 x 2,5-5 cm, nervures latérales pennées mais peu visibles. **Infl.** généralement solitaires aux noeuds feuillés ou défeuillés, en forme de cymes, de 2,5-3 cm de haut. **Fl.** à calice de 1-2 mm, pétales bleus. **Fr.** globuleux de 6-8 mm de diamètre.

Forêts marécageuses. − Gabon, Zaïre, Uganda, Tanzanie, Angola, Zambie.

Existent également dans la région: *Memecylon dasyanthum* Engl., *M. gilletii* De Wild. et *M. laurentii* De Wild., arbres et arbustes de la forêt.

MÉLIACÉES

Arbres ou arbustes, généralement dressés, rarement sarmenteux; écorce souvent odorante, parfois à faible exsudat laiteux (*Guarea, Trichilia*). **Fe.** alternes, composées-pennées ou simples; stipules absentes. **Infl.** généralement axillaires, panicules de cymes ou cymes simples ou fleurs fasciculées, rarement fleurs solitaires. **Fl.** hermaphrodites ou unisexuées, actinomorphes, 4-5-mères; calice en forme de cupule ou sépales libres; pétales libres ou partiellement soudés; étamines 8-10, libres ou à filets soudés en tube; ovaire supère. **Fr.**: capsules ou drupes; graines ailées ou non et alors parfois arillées.

Sauf les genres et espèces décrits ci-dessous, existe spontanément dans la région: *Heckeldora staudtii* (Harms) Staner, arbuste de la forêt. En outre, on a introduit : *Azadirachta indica* A. Juss. et *Cedrela odorata* L., le *cèdre acajou.* − Les *Méliacées* constituent de loin la famille la plus riche en arbres de valeur. Elles comprennent, entre autres, les "*acajous d'Afrique*" (*Khaya* spp. et *Entandrophragma* spp., introduits à Kisantu), dont le bois est très apprécié.

Carapa procera DC.   *bula nima*

Arbre atteignant 30 m de haut. **Fe.** composées pennées, groupées à l'extrémité des rameaux; pétiole et rachis de 25-150 cm de long; folioles 5-9 paires, opposées, à limbe oblancéolé-oblong, aigu à arrondi à la base, apiculé au sommet, de 16-55 x 5-15 cm, coriace, légèrement discolore, glabre. **Infl.** en panicules lâches atteignant 75 cm de long. **Fl.** petites, de 2,5-3,5 mm de large, blanc rosé, odorantes. **Fr.**: capsules globuleuses ou rhomboïdes de ± 10 cm de diam., mucronées au sommet, déhiscentes par 5 valves.

Forêts primaires. − Du Sénégal à l'Angola; Amérique du Sud tropicale.

Entandrophragma angolense (Welw.) C. DC.

tiama (nom commerc.); *nzau nti* (à Kimvula)

Arbre atteignant 50 de haut à cime hémisphérique. **Fe.** à 8-18 folioles, opposées ou subopposées, à limbe obovale-oblong, cunéé à la base, obtus au sommet, de 7-28 x 3-8,5 cm, glabre sauf la nervure médiane en dessous; nervures secondaires 9-12 paires, s'anastomosant, légèrement ou peu proéminentes en dessous. **Infl.** en panicules de 13-40 cm de long. **Fl.** verdâtres; pétales 5 de 5 mm de long; tube staminal présent. **Fr.**: capsules fusiformes, de 11-22 x 3,5-5 cm, à déhiscence basale; graines ailées.

Forêts primaires. − De la Guinée à l'Ouganda et l'Angola.

Guarea cedrata (A. Chev.) Pellegr.   *bossé* (nom commerc.)

Arbre atteignant 40 m de haut; cime globuleuse; empattements à la base; à forte odeur de cèdre à la coupe. **Fe.** paripennées, parfois imparipennées, à 6-15 folioles oblongues-elliptiques, cunéiformes à subarrondies et asymétriques à la base, acuminées au sommet, de 16-20 x 4-5 cm. **Infl.** en fascicules de 2,5-7 cm de long, à rachis pubérulent. **Fl.** ocre, à parfum pénétrant; pétales

4-5, de 5-7 mm de long. **Fr.**: capsules globuleuses de 4,5-5,5 cm de diam.; graines réniformes complétement entourées d'un arille orange.

Forêts primaires. − De la Côte d'Ivoire à l'Ouganda et au Zaïre.

Une autre espèce du même genre existe dans la région : *Guarea thompsonii* Sprague & Hutch., également arbre de la forêt primaire.

Lovoa trichilioides Harms   *noyer d'Afrique* (nom commerc.)

Arbre atteignant 45 m de haut. **Fe.** pari- ou imparipennées; folioles 5-15, à limbe obovale, aigu à la base, obtus à acuminé au sommet, de 5-25 x 2-10 cm, glabre; nervures secondaires 15-20 paires, assez proéminentes. **Infl.** en panicules corymbiformes, atteignant 25 cm de haut. **Fl.** 4-mères; pétales de 4,5-6 mm de long, blancs, parfumés; tube staminal cylindrique. **Fr.** capsules prismatiques de 4-7 x 1-1,5 cm, à déhiscence apicale.

Forêts primaires. − Du Sierra Leone à l'Ouganda et à l'Angola.

Melia azedarach L.   *lilas de Perse*

Arbuste à petit arbre de 4-10 m de haut. **Fe.** 2-3 pennées, atteignant 25 cm de long; folioles 3-9 par penne; limbe ovale, asymétrique à la base, denté sur les bords. **Infl.** en panicules de cymes. **Fl.** à 5 pétales, de 6-8 mm de long, bleu lilas; tube staminal d'environ 7 mm de long; anthères 10. **Fr.**: drupes ellipsoï-des de 1-1,5 cm de long.

Planté dans les avenues, les jardins et aussi dans les villages. − Originaire de l'Inde et du SW asiatique.

Une espèce d'arbre spontané dans la région, *Melia bombolo* Welw. (Pl. 127), est assez rare.

Trichilia gilletii De Wild. − Pl. 128   *kituti*

Arbre atteignant 25 m de haut, muni de légers contreforts à la base; à légère odeur de cèdre, exsudant un latex blanc crème à la coupe. **Fe.** imparipennées à 7 foiloles, rarement paripennées; folioles, opposées à alternes, à limbe obovale-oblong, aigu à la base, acuminé au sommet, de 5-22 x 2,5-9 cm; nervures secondaires 8-15 paires. **Infl.** en panicules de racèmes à rachis de 2-15 cm de long. **Fl.** hermaphrodites et fleurs ♂; pétales de 8-10 mm de long, blancs. **Fr.** capsules déhiscentes par 2-3 valves, de ± 2 cm de long, gris beige, tomenteuses; graines noires, enveloppées par un arille rouge.

Forêts de terre ferme. − Zaïre (Mayombe, Bas-Congo, Kasai, Forestier central).

Trichilia welwitschii C. DC. − Pl. 129

Arbre atteignant 30 m de haut; à odeur de cèdre, exsudant un latex blanc crème à la coupe. **Fe.** imparipennées, rarement pennées; folioles opposées ou alternes, 11-15; limbe obovale-oblong, obtus et asymétrique à la base, acuminé au sommet, de 5,5-29 x 1,5-7,5 cm, très courtement mais très densement pubescent en dessous; nervures 10-25 paires, fortement proéminentes en dessous. **Infl.** axillaires en racèmes fasciculés, de 5-18 cm de long. **Fl.** hermaphrodites et fleurs ♂ à pétales de 7-10 mm de long, blanc verdâtre. **Fr.** capsules 2-4-lobées, de ± 15 mm de long; graines complétement enrobées dans un arille rouge.

Forêts. − Du Cameroun à l'Angola.

Existe aussi dans la région : *Trichilia gilgiana* Harms, arbre de la forêt.

Turraea cabrae De Wild. & Th. Dur. − Pl. 130

Arbuste sarmenteux. **Fe.** simples, alternes; limbe obovale, obtus à la base, acuminé et souvent 3-5-lobé au sommet, de 4-15 x 2,5-7 cm. **Infl.** axillaires, en cymes ombelliformes à 4-10 fleurs. **Fl.** à pétales linéaires de 5-38 mm de long, blancs; tube staminal de 22-30 mm de long. **Fr.** capsules de 6-10 mm de diam. déhiscentes par 5 valves.

Forêts secondaires, recrûs. − Du Nigéria à l'Ouganda et l'Angola.

Une seconde espèce existe dans la région: *Turraea vogelii* Benth., arbuste de la forêt.

Turraeanthus africana (Welw.) Pellegr.

Arbre atteignant 35 m de haut. **Fe.** alternes, imparipennées, à pétiole fortement épaisi à la base, de 5-10 cm de long, à rachis de 4-60 cm de long, ± quadrangulaire, densement pubérulent-rouille à l'état jeune; folioles 12-13, alternes, ovales-oblongues, arrondies et asymétriques à la base, se terminant souvent en acumen spatulé, de 6-29 x 2,5-6 cm, nervures secondaires 15-30 paires. **Infl.** en panicules atteignant 30 cm de long, pubérulent-ferrugineux. **Fl.** blanches ou jaune crême, à pétales soudés en tube de 1,5-2 cm de long, tube staminal dépassant la fleur épanouie de ± 4 mm. **Fr.**: capsules subglobuleux de ± 3 cm de diam., s'ouvrant en 4 valves.

Forêts primaires. − De la Côte d'Ivoire à l'Angola et l'Ouganda.

MÉLIANTHACÉES

Arbres ou arbustes. **Fe.** alternes, composées-imparipennées, à rachis souvent ailé, à stipules intrapétiolaires. **Infl.** en racèmes terminaux. **Fl.** hermaphrodites ou unisexuées, légèrement zygomorphes; calice à 4-5 sépales, soudés à la base; pétales 4-5, libres, munis d'un onglet, légèrement inégaux; étamines 4-6, à filets libres ou soudés; ovaire supère. **Fr.** capsules à 4-5 valves.

Une espèce rare dans la région existe à Mvuazi: *Bersama acutidens* Hiern, arbuste de la forêt.

MÉNISPERMACÉES

Herbes volubiles, lianes, rarement arbustes. **Fe.** alternes, simples, sans stipules. **Infl.** de formes diverses ou fleurs solitaires, axillaires ou cauliflores. **Fl.** unisexuées, portées sur des individus différents; fleurs ♂ à sépales 3-12 ou plus, libres ou légèrement soudés; pétales 1-6 ou absents, libres ou légèrement soudés; étamines 3-6 ou nombreuses; fleurs ♀ à périanthe semblable; carpelles libres. **Fr.** apocarpes à monocarpes charnus.

La famille est très commune dans la région, mais surtout représentée par des espèces lianeuses. Une espèce arbustive, *Penianthus longifolius* Miers (Pl. 131), est à rechercher; elle est connue de Gimbi et de Kiyaka.

MIMOSACÉES

Arbres, arbustes, lianes, rarement herbes, parfois munis d'épines et aiguillons présents. **Fe.** alternes, bipennées, parfois transformées en phyllodes. Infl. en épis ou capitules. **Fl.** actinomorphes; pétales libres ou soudés en tube; étamines souvent nombreuses, libres ou à filets soudés en tube. **Fr.**: gousses.

Sauf les espèces décrites et citées ci-dessous, existe spontanément dans la région: *Tetrapleura tetraptera* (Schum. & Thonn.) Taubert (Pl. 147); cette espèce est aussi cultivée. — Dans les parcs et jardins on trouve: *Adenanthera pavonina* L. (Pl. 134), *Calliandra haematocephala* Hassk., *C. surinamensis* Benth. (Pl. 135) et *Inga edulis* Martius. Récemment a été introduit dans les cultures en couloirs: *Calliandra calothyrsus* Meissner.

Acacia auriculiformis A. Cunn.

Arbuste très ramifié, à branches retombantes. **Fe.** simples falciformes (en fait ce sont des phyllodes, formés par le pétiole applati et étalé) 13-17 x 2-4 cm. **Infl.** en épis ramifiés. **Fl.** petites, de 2,5 mm de long, jaunes, odorantes. **Fr.**: gousses enroulées à bord ondulé; graines à arille rougeâtre.

Plante introduite pour le reboisement. — Originaire d'Australie.
Une espèce proche *Acacia mangium* Willd., présentant les mêmes phyllodes, est d'introduction récente. — Dans les jardins on trouve: *A. farnesiana* (L.) Willd., arbuste de 2-4 m de haut, à épines droites, à capitules de petites fleurs jaunes.

Albizia adianthifolia (Schum.) W. Wight var. *adianthifolia*   *mulu*

Arbre de 5-10 m de haut, à cime aplatie; écorce très crevassée. **Fe.** à pétiole muni dans la moitié supérieure d'une glande cupuliforme; pennes 4-8 paires: folioles 5-14 paires, à limbe rhombique de 7-17 x 4-9 mm, densement pubescentes. **Infl.** en capitules. **Fl.** corolle blanche; étamines à filets unis en tube beaucoup plus long que la corolle. **Fr.**: gousses aplaties, tomenteuses.

Savanes. — Région soudano-zambézienne.

Albizia adianthifolia (Schum.) W. Wight   *nkasakasa*
var. *intermedia* (De Wild.& Th. Dur.) J.-F. Villiers

syn. *A. gummifera* (J.F. Gmel.) C.A. Sm. var. *ealaensis* (De Wild.) Brenan; *A. intermedia* De Wild. & Th. Dur.

Arbre de 15-20 m de haut, à cime aplatie; écorce grisâtre. **Fe.** à pétiole muni dans la moitié inférieure d'une glande; pennes 5-7 paires; folioles 8-17 paires, les latérales rhombiques, sessiles, à insertion se faisant à 1-2 mm de leur angle de base, les jeunes pubérulentes, ensuite glabrescentes en dessus. **Fr.**: gousses glabres.

Forêts secondaires. — Nigeria, Cameroun, Gabon, Soudan, Zaïre, Angola.

Albizia chinensis (Osbeck) Merr.

syn. *A. stipulata* Boivin

Arbre de 6-14 m de haut. **Fe.** à pétiole muni dans la moitié inférieure d'une grosse glande; pennes 5-20 paires; folioles 12-45 paires, linéaires, de 6-13 x 2-3 mm, à nervure principale marginale; stipules grandes, de 1,5 x 1,5 cm plus auricule de 8 mm, rapidement caduques. **Fl.** blanc jaunâtre.

Essence introduite pour le reboisement. — Originaire d'Australie.

Albizia lebbeck (L.) Benth. — Pl. 133

Arbre de 5-15 m de haut; cime en dôme; écorce gris argenté. **Fe.** à pétiole muni vers la base d'une glande; pennes 2-3(-4) paires; folioles 4-8 paires, à sommet arrondie, légèrement asymétriques, glabres. **Fl.** blanches. **Fr.**: gousses de 15-30 x 3-5 cm, papyracées à subcoriaces, jaunâtres, luisantes.

Arbre planté dans les avenues et les parcs. — Originaire de l'Asie tropicale.

Outre les espèces décrites ci-dessus existent dans la région: *Albizia ferruginea* (Guillemin & Perrottet) Benth. (Pl. 132) et *A. versicolor* Oliver.

Cathormion altissimum (Hook. f.) Hutch. & Dandy − Pl. 136

syn. *Arthrosamanea altissima* (Hook. f.) G. Gilbert & Boutique

Arbre de 5-35 m de haut; cime étalée. **Fe.** à 5-7 paires de pennes; folioles 11-22, de 7-16 x 2-6 mm, plus large vers la base, auriculées de deux côtés. **Infl.**: des globules. **Fl.** blanches. **Fr.**: gousses falciformes ou circinées, de 10-20 x 1,3-2 cm, ± régulièrement lobées et se désarticulant à maturité.

Forêts ripicoles. − De la Sierra Leone à la Rép. centrafr. et au Zaïre.

Cathormion obliquifoliatum (De Wild.) G. Gilbert & Boutique

Arbre de 25-30 m de haut; cime régulière; écorce lisse, grisâtre. **Fe.** à rachis muni de glandes à l'insertion des paires de pennes; 2-3 paires de pennes; rachis subailé, muni de glandes à l'insertion des paires de folioles supérieures; folioles rhombiques et asymétriques; nervure primaire en diagonale. **Infl.** en capitules. **Fr.**: gousses falciformes, de 5-10 x 1,2-1,4 cm, à peine étranglées entre les graines, se désarticulant à maturité.

Forêts ripicoles. − Congo, Zaïre (Bas-Congo, Forestier central).

Dichrostachys cinerea (L.) W. Wight & Arn.

nsende nvanga

subsp. *platycarpa* (W. Bull) Brenan & Brummitt − Pl. 137

Arbuste à petit arbre à rameaux courts transformés en épines. **Fe.** à rachis muni de glandes stipitées au niveau de l'insertion des pennes; pennes 5-19 paires; folioles 15-30 paires, ne dépassant pas 1 mm de large, aigues au sommet. **Infl.** en épis solitaires ou geminés, avec fleurs hermaphrodites dans la partie apicale et fleurs stériles dans la partie basale. **Fr.**: gousses agglomérées, contortées ou spiralées.

Savanes. − Afrique tropicale, Asie tropicale jusqu'en Australie.

Entada abyssinica A. Rich. − Pl. 138

nsiensie

syn. *Entadiopsis abyssinica* (A. Rich.) G. Gilbert & Boutique

Arbuste à petit arbre, de 3-8 m de haut, à cime étalée. **Fe.** à 6-20 paires de pennes; folioles 25-50 paires, de 6-12 x 1-3 mm. **Infl.** en racèmes, en épis solitaires ou groupées par 2-4. **Fl.** petites, odorantes. **Fr.**: gousses droites, aplaties, de 15-40 x 4-8 cm, se segmentant à maturité en articles uniséminés.

Savanes. − De Côte d'Ivoire à l'Angola et de l'Ethiopie au Zimbabwe.

Leucaena leucocephala (Lam.) de Wit − Pl. 139

syn. *L. glauca* auctt.

Arbre jusqu'à 9 m. **Fe.** à rachis parfois muni d'une glande au niveau de la paire de pennes inférieures; pennes 2-6 paires; folioles 9-17 paires, oblongues-lancéolées, de 7-18 x 1,5-5 mm; . **Infl.** en capitules de fleurs blanc crême. **Fr.**: gousses aplaties, de 8-18 x 1,8-2,1 cm, brunes.

Arbre introduit jadis pour l'ombrage dans les plantations et actuellement employé pour les cultures en couloirs.

Mimosa pellita Willd. var. *pellita* — Pl. 140   *kikoke*
    syn. *Mimosa pigra* auct. non L.

Buisson ou arbuste atteignant 4 m de haut, aiguillonné; rameaux procombants. **Fe.** bipennées; folioles 25-40 paires, de 4-6 x 0,6-1 mm, sétuleuses en dessous. **Infl.** en capitules axillaires. **Fl.** roses ou mauve pâle. **Fr.**: gousses groupées au sommet du pédoncule, de 3,5-8 x 0,8-1,2 cm, densement sétuleuses, séparées en articles à maturité.

Espèce sociale des bords des eaux et des bancs de sable. — Tropiques du monde entier.

Un autre buisson fort épineux, parfois sarmenteux ou prostré, *Mimosa invisa* Colla, a été importé accidentellement et est devenu une peste pour les pâturages dans les environs de Mvuazi.

Newtonia leucocarpa (Harms) G. Gilbert & Boutique
Arbre atteignant 40 m de haut; cime large; écorce se desquamant; exsudat visqueux. **Fe.** munies de glandes aux insertions des pennes; pennes 10-12 paires; folioles 20-40 paires, linéaires, subarrondies au sommet, de 5-7 x 1 mm, glabres. **Infl.** en racèmes spiciformes. **Fl.** petites, de 3 mm de long. **Fr.**: gousses coriaces, glabres, de 25-30 x 1,5-2,2 cm; gr. aplaties et ailées, de 8-11 x 2 cm.

Groupements forestiers. — Gabon, Zaïre (Mayombe, Bas-Congo, Kasai).

Parkia bicolor A. Chev. — Pl. 141
Arbre atteignant 30 m de haut, à contreforts ailés; couronne large et plutôt aplatie. **Fe.** à pétiole muni de glandes entre la moitié et la base; rachis ± ailé, avec glandes entre les insertions des pennes supérieures; pennes 12-22 paires; folioles 10-32 paires, asymétriquement elliptiques-oblongues, de 5-9 x 1,2-2,5 mm, à base inégale. **Infl.** en capitules. **Fl.** de 5-6 mm de long, rouge-orange. **Fr.**: gousses groupées sur le capitule persistant, aplaties, de 23-37 x 2,5-4,5 cm.

Groupements forestiers. — De la Sierra Leone au Gabon; Zaïre (Mayombe, Bas-Congo, Forestier central).

Pentaclethra eetveldeana De Wild. & Th. Dur. — Pl. 142, 144
nseka, nsambu
Arbre atteignant 30 m; cime en dôme. **Fe.** à 9-16 paires de pennes; folioles 15-30 paires (foliole basale souvent solitaire), rhomboïdes, à base asymétrique, de 8-13 x 2-3,5 mm. **Infl.** en épis ou panicules d'épis. **Fl.** de 4 mm de long. **Fr.**: gousses ligneuses, de 15-20 x 3-4 cm, légèrement falciformes; graines de 2,5-2 cm, brun rougeâtre foncé.

Forêts secondaires. — Gabon, Cabinda, Zaïre (Mayombe, Bas-Congo, Forestier central).

Pentaclethra macrophylla Benth. — Pl. 143, 144   *ngansi*
Arbre atteignant 25 m de haut; cime en dôme dense; poils étoilés épars. **Fe.** à 9-16 paires de pennes; folioles 13-20 paires, rhomboïdes asymétriques, de 8-20 x 4-8 mm. **Infl.** en panicules d'épis. **Fl.** de 5-6 mm de long, jaunes et à forte odeur. **Fr.**: gousses ligneuses, ridées longitudinalement, de 65 x 7-10 cm; graines de 6-7 x 3,5 cm, brun rougeâtre.

Forêts secondaires. — Du Sénégal à l'Angola.

Piptadeniastrum africanum (Hook. f.) Brenan — Pl. 145   *singasinga*
       syn. *Piptadenia africana* Hook. f.

Arbre atteignant 45 m de haut; contreforts ailés, souvent ramifiés; couronne plate et large. **Fe.** à 10-12 paires de pennes; folioles 26-60 paires, à limbe rhombique, asymétrique linéaire, de 7,5 x 1,5 mm. **Infl.** en panicule terminale. **Fl.** de 3-3,5 mm de long, jaunâtres ou blanches. **Fr.**: gousses aplaties, subligneuses, de 12,5 x 1,6-3,2 cm; graines ailées, 3-9,5 x 1,3-2,5 cm.

Groupements forestiers. — Du Siera Leone à l'Angola et l'Ouganda.

Samanea leptophylla (Harms) Brenan & Brummitt — Pl. 146   *nsyesi*
       syn. *Cathormion leptophyllum* (Harms) Keay;
         Arthrosamanea leptophylla (Harms) G. Gilbert & Boutique

Arbre atteignant 25 m de haut; cime en plateau. **Fe.** à pétiole muni d'une glande cupulaire; rachis ± aplati; pennes 12-34 paires; folioles 15-37 paires, asymétriquement oblongues, de 3-4,5 x ± 1 mm. **Infl.** en capitules fasciculés par 2-4. **Fl.** de 7,5 mm de long, blanches parfumées. **Fr.**: gousses indéhiscentes ou se fragmentant en morceaux irréguliers, brunes à noires.

Forêts secondaires. — Rép. centrafr., Zaïre (Bas-Congo, Kasai, Bas-Katanga).
Une espèce exotique, *Samanea saman* (Jacq.) Merr. ou *arbre à pluie*, est planté comme arbre d'avenue.

MORACÉES

Arbres ou arbustes, quelquefois herbes, le plus souvent à latex blanc. **Fe.** alternes, simples; stipules le plus souvent enveloppant le bourgeon, caduques et laissant une cicatrice annulaire sur les rameaux. **Infl.** toujours unisexuées, disposées en capitules, disques ou réceptacles globuleux quasi fermés (figues). **Fl.** ♂ à périgone de 4-2 segments libres ou ± soudés; étamines 1-4; fleurs ♀ à ovaire supère ou infère, à 2 carpelles, 1-loculaire à 1 ovule. **Fr.**: akènes, baies ou drupes, petits, mais souvent réunis en faux-fruits ± volumineux.

Outre les genres et les espèces décrits ci-dessous existent dans la région: *Antiaris toxicaria* (Rumph. ex Pers.) Lesch. subsp. *welwitschii* (Engl.) C. Berg var. *welwitschii* (Pl. 148; syn. *A. welwischii* Engl.) et *Treculia obovoidea* M.E. Br.

Artocarpus altilis (Parkinson) Fosberg — Pl. 149
       syn. *A. incisa* L. f.   *arbre à pain; kikwa ki santu Petelo*

Arbres atteignant 35 m de haut, à couronne large et rameaux épais portant à leur extrémité des bouquets de feuilles. **Fe.** à pétiole de 5-10 cm de long; limbe largement elliptique ou obovale, pinnatifide à 3-5 lobes de chaque côté de la nervure médiane, atteignant 40 x 30 cm; stipules longues de 10-25 cm, entièrement amplexicaules. **Infl.** ♂ axillaires cylindriques, de 25 x 1,5 cm; inflorescences ♀ souvent cauliflores, ellipsoïdes à globuleuses. **Fr.** (infrutescences) de 15-30 cm de diamètre couvertes d'excroissances coniques pointues (mais absentes dans les formes dépourvues de graines).

Cultivé pour ses feuilles décoratives et pour ses fruits comestibles. — Originaire d'Asie tropicale. Une seconde espèce cultivée a été introduite dans la région: *Artocarpus heterophyllus* Lam. (Pl. 149; syn. *A. integrifolia* auctt.), le *jacquier*; ses gros fruits allongés poussent sur le tronc et les grosses branches; la pulpe, quoique d'une odeur repoussante, et les graines sont comestibles.

Bosqueiopsis gilletii De Wild. & Th. Dur.   *nkento nkenda*

Arbre de 15-20 m de haut, à latex jaunâtre; bourgeons terminaux de 4-5 mm de long. **Fe.** à limbe elliptique ou obovale, atténué vers le bas, le plus souvent arrondi vers le haut et se rétrécissant brusquement en un acumen légèrement courbé, de 6-14 x 2,5-7 cm, glabre, assez coriace, à 2 nervures latérales remontantes. **Infl.** axillaires, subsessiles à réceptacle discoïde ou hémisphérique; inflorescences ♂ de 3-6 mm de diamètre; inflorescences bisexuées de 5-10 mm de diamètre. **Fl.** unisexuées; fleur ♀ unique à style 2-fide dépassant les fleurs ♂. **Fr.** (infrutescences) subglobuleux à ellipsoïdes, 2 cm de diamètre.

Forêts primaires ou secondaires. − Congo, Zaïre, Tanzanie, Mozambique.

Ficus asperifolia Miq. − Pl. 150   *kikuya, kuya*

syn. *F. urceolaris* Hiern; *F. storthophylla* Warb.

Arbustes, souvent sarmenteux, ou lianes. **Fe.** à pétiole de 0,5-2 cm de long; limbe elliptique, habituellement ± asymétique, de 3-23 x 1,5-12 cm, sommet acuminé, base aiguë à obtuse, bord denté à subentier, parfois lobé, scabre sur les deux faces; une paire de nervures basales; stipules caduques. **Infl.** et infrutescenses: figues solitaires ou par paires, globuleuses de 0,5-1,5 cm de diamètre, jaune orangé à rouge violacé à maturité; ostiole saillant à bractées apparentes.

Forêts rivulaires, forêts secondaires. − De la Sierra Leone au Congo et au Zaïre. − Les feuilles sont employées comme papier émeri.

Ficus conraui Warb.

Arbre, arbuste, liane ou épiphyte. **Fe.** à pétiole de 1,5-2,5 cm de long; limbe étroitement elliptique à obovale, longuement acuminé au sommet, cunéiforme à la base, de 15-22 x 4-7 cm, subcoriace, glabre; nervures secondaires s'écartant de la nervure primaire de 60-90°; stipules de 1,5-3 cm de long, persistantes. **Figues** axillaires, solitaires ou par paires, sessiles, globuleuses de 1,2-1,5 cm de diamètre, rouge foncé; ostiole bilabié, légèrement proéminent sans bractées externes.

Forêts denses humides. − De la Sierra Leone jusqu'en Ouganda et au Zaïre.

Ficus elastica Roxb. − Pl. 153   *caoutchouc*

Arbuste à petit arbre, de 4-5 m de haut; racines aériennes présentes. **Fe.** à pétiole de 4-5,5 cm de long; limbe brillant, largement elliptique, à sommet acuminé, à base obtuse, de 11-25 x 7-14 cm, coriace, glabre; nervures latérales serrées et parallèles; stipules longues et rougeâtres, caduques. **Figues** sessiles et ellipsoïdes, de ± 14 x 6 mm.

Culivé pour son feuillage. − Originaire d'Asie tropicale.

Ficus lutea Vahl − Fig. 5 (p. 49)   *bubu*

syn. *F. vogelii* (Miq.) Miq.

Arbustes épiphytes ou arbres atteignant 20 m de haut. **Fe.** à pétiole de 1,5-13 cm de long, épais de 2-4 mm; limbe elliptique à oblong-obovale, à sommet courtement acuminé, à base obtuse, de 7-20 x 3-10 cm, coriace, pubescent sur la face inférieure; nervures secondaires s'écartant de la nervure primaire de 45-55°, nervation intersécondaire en alvéoles. **Figues** axillaires, solitaires ou par 2-4 à l'aisselle des feuilles, sessiles, subglobuleuses, atteignant 1-1,3 cm de diamètre, tomenteuses; ostiole bilabié, légèrement proéminent.

Galeries forestières; planté dans les villages. — Largement répandu en Afrique tropicale, atteignant les îles du Cap Vert, l'Ethiopie, le Natal, Madagascar et les Seychelles.

Ficus sur Forssk. — Pl. 156

syn. *F. capensis* Thunb.; *F. mallotocarpa* Warb.

Arbre atteignant 25 m de haut. **Fe.** à pétiole de 1-7 cm de long, à limbe elliptique à ovale, ou parfois suborbiculaire, de 4-20 x 3-13 cm, à sommet acuminé à aigu, à base obtuse, tronquée ou subcordée, bord denté ou entier, face supérieure pubérulente seulement sur la base et la moitié inférieure de la nervure médiane et la partie proximale des nervures latérales inférieures, ou glabre, parfois courtement scabre, face inférieure tomenteuse ou glabre. **Figues** 1-3 sur les rameaux ramifiés défeuillés et le tronc; pédoncule de 0,5-2 cm de long; réceptacle obovoïde à subglobuleux de 2-3 cm de diamètre, puberulent blanc jaunâtre.

L'espèce, très largement répandue, est très variable dans la forme, les dimensions des feuilles, la présence et la densité de la pubescence. — Forêts rivulaires, forêts secondaires. — Du Sénégal à l'Ethiopie et vers le Sud jusqu'à l'Afrique du Sud.

Ficus thonningii Blume — Pl. 157   *nsanda*

syn. *F. hochstetteri* (Miq.) A. Rich.; *F. persicifolia* Warb.

Arbre atteignant 15 m de haut, arbuste ou épiphyte. **Fe.** à pétiole de 1-6 cm de long; limbe elliptique à obovale, à sommet acuminé ou obtus, à base aiguë, arrondi ou subcordé, de 3-12 x 1,5-6 cm, à bord entier, ± coriace, glabre. **Figues** par paires à l'aisselle des feuilles ou parfois sous les feuilles, sessiles ou sur un pédoncule atteignant 1 cm de long; réceptacle globuleux à ellipsoïde, de 0,5-1,5 cm en diam., glabre ou pubérulent.

Forêts; souvent planté dans les villages. — Largement répandu en Afrique tropicale, atteignant l'Ethiopie, l'Angola et l'Afrique du Sud.

Ficus tremula Warb. subsp. *kimuenzensis* (Warb.) C. Berg — Pl. 158

syn. *F. kimuenzensis* Warb.

Arbuste terrestre ou épiphyte muni de racines aériennes. **Fe.** à pétiole de 1,7-4 cm de long; limbe ovale, acuminé au sommet, cordé à la base, de 5-8 x 3-3,5 cm, papyracé, glabre; nervures secondaires s'écartant de la nervure primaire de 65-90°. **Figues** en fascicules sur les rameaux âgés défeuillés, globuleux-ellipsoïdes, de ± 1,5 cm de diamètre; ostiole poriforme, sans bractées externes.

Recrûs forestiers, forêts marcageuses. — Du Sud-Est de Nigeria au Zaïre et en Angola.

Outre les espèces décrites ci-dessus existent dans la région: *Ficus artocarpoides* Warb., *F. barteri* Sprague, *F. bubu* Warb. (Pl. 151), *F. craterostoma* Mildbr. & Burr. (Pl. 152; syn. *F. luteola* De Wild.), *F. cyathistipula* Warb., *F. exasperata* Vahl, *F. jansii* Boutique, *F. mucuso* Ficalho, *F. natalensis* Hochst. (syn. *F. excentrica* Warb.), *F. ottoniifolia* (Miq.) Miq. (syn. *F. gilletii* Warb.), *F. ovata* Vahl var. *octomelifolia* (Warb.) Mildbr. & Burret, *F. polita* Vahl (Pl. 154), *F. recurvata* De Wild. (Pl. 155), *F. subcostata* De Wild., *F. trichopoda* Baker (syn. *F. congensis* Engl.), *F. umbellata* Vahl, *F. vogeliana* (Miq.) Miq. (Pl. 159; syn. *F. seretii* Lebrun

& Boutique) et *F. wildemaniana* Warb. (Pl. 160). Parmi les espèces introduites cultivées dans la région on trouve: *Ficus bengalensis* L. et *F. lyrata* Warb. (syn. *F. pandurata* Sander).

Milicia excelsa (Welw.) C. Berg — Pl. 161

kambala (nom commerc.); *nkamba*

syn. *Maclura excelsa* (Welw.) Bureau; *Chlorophora excelsa* (Welw.) Benth. & Hook.

Arbre dioïque, de 30-50 m de haut, sans contreforts; couronne hémisphérique; latex crémeux. **Fe.** de deux types: celles des jeunes plants et rejets à pétiole de 1-2,5 cm de long, à limbe ovale, apiculé, de 9-12 x 4-8 cm, à bord finement denté, pubescent en dessous; feuilles adultes à pétiole de 3-6 cm de long, à limbe largement elliptique, de 10-25 x 7-15 cm, souvent cordé à la base, à peine acuminé au sommet, à bord entier ou à peine ondulé, pubescent ou glabre; nervures secondaires se bifurcant vers le bord. **Infl.** axillaires sur les rameaux feuillus, les ♂ de 7-18 x 0,5 cm, les ♀ de 2-3 x 1 cm; stigmates saillants, de 8 mm de long. **Infr.** ± charnues, de 3,5-5 x 1,5 cm. **Fr.**: akènes de 2 mm de long.

Forêts denses humides, forêts secondaires; souvent respecté dans les défrichements. — De la Guinée Bissau à l'Ethiopie, l'Angola et le Mozambique. — Le bois excellent pour l'ébénisterie est appelé parfois le *"chêne d'Afrique"*.

Morus alba L. var. *indica* (L.) Bureau

mûrier

Arbuste ou petit arbre de 2-4 m de haut. **Fe.** polymorphes; pétiole de 2-3 cm de long; limbe ovale, longuement acuminé au sommet, arrondi à la base, ou profondement trilobé et à lobe médian rétréci à la base, de 5-15 x 3-8 cm, à bord denté; une paire de nervures basales ascendantes. **Infl.** ± allongées: les ♂ de 10-12 mm de long, les ♀ de 7-9 mm de long. **Fl.**: périgone ♂ à 4 segments, poilus à la base; périgone ♀ à segments velus au sommet; style de 1,5 mm de long, s'ouvrant en 2 branches de 2 mm de long. **Infrut.** ellipsoïde, charnu, noir à maturité.

Planté pour ses fruits comestibles; utilisé ailleurs pour l'élevage de vers à soie. — Originaire d'Asie tropicale.

Treculia africana Decne. subsp. *africana* var. *africana*

nsungi

Arbre atteignant 35 m de haut. **Fe.** à limbe elliptique ou ovale, atténué ou arrondi et asymétrique à la base, parfois subcordé, apiculé au sommet, de 12-45 x 7-20 cm, coriace, à bords ondulés. **Infl.** caulinaires ou axillaires, sphériques; capitules ♂ de 4-7 cm de diamètre; fleurs ♂ à périgone de 7-9 mm de long; étamines 2; bractées interflorales à sommet pelté; inflorescences ♀ solitaires ou par paire, sur des rameaux courts sur des branches âgées ou sur le tronc. **Infrut.** de 35 cm de diamètre, jaunes, hérissées de stigmates noirs, durcis, de 8 mm de long. **Fr.**: akènes de 12-15 mm de long.

Forêts primaires marécageuses, galeries forestières. — Du Sénégal à l'Angola et de l'Ouganda au Mozambique. — Les graines sont mangées crues ou grillées et très recherchées.

Trilepisium madagascariense DC. — Pl. 162

nsekeni

syn. *Bosqueia angolensis* Ficalho

Arbre atteignant 35 m de haut, à contreforts faibles; monoïque; bourgeon terminal aigu, de 7-12 mm de long. **Fe.** à limbe elliptique, atténué vers le bas, arrondi vers le haut, mais brusquement acuminé, de 6-14 x 3-6 cm, assez coriace; nervures basales ascendantes; stipules complètement amplexicaules et soudées. **Infl.** bisexuées, discoïdes, de 8-10 mm de diamètre; involucre 6-8-lobé, ciliolé. **Fl.** ♂ sans périanthe, réduites aux étamines, très nombreuses, de 2-3 mm de long; unique fleur ♀ centrale, à style de 6 mm de long, bifide. **Infr.** ovoïdes ou ellipsoïdes, légèrement obliques, de 2-2,5 x 1,5-1,8 cm; réceptacle charnu, bleu foncé à maturité. **Fr.:** akènes à péricarpe lie de vin.

Forêts primaires ou secondaires, souvent le long des cours d'eau. — De la Guinée à l'Ethiopie, l'Angola, le Natal, Madagascar et îles Seychelles.

MYRISTICACÉES

Arbres monoïques ou dioïques, parfois élevés. **Fe.** alternes, penninerves, quelquefois munies de points translucides; stipules absentes. **Infl.** capituliformes ou formées de fleurs réunies sur des réceptacles groupées en racèmes ou en panicules. **Fl.** unisexuées, à périgone 3-4 lobé; fleurs ♂ à 2-20 étamines; filets soudés en colonnette; fleurs ♀ à ovaire supère 1-loculaire garni de 1 ovule. **Fr.** à péricarpe charnu déhiscent en 2 valves; graines à arille coloré généralement rouge vif, mince ou épais et souvent découpé en lanières.

Coelocaryon preussii Warb. — Pl. 164

Arbre atteignant 35 m de haut, dioïque, à cime pyramidale; écorce à liquide blanchâtre à la coupe. **Fe.** à limbe obovale-oblong, à base obtuse, à sommet subarrondi, brusquement acuminé, de 15-25 x 6-8 cm, subcoriace, glabre; nervation tertiaire non apparente. **Infl.** axillaires, les ♂, formées d'ombelles disposées en panicules de 8-10 cm de long, ombelles entourées d'un involucre tôt caduc, les ♀ semblables atteignant 15 cm de long à 20-30 fleurs groupées. **Fl.** ♂ de 1-3 mm de long. **Infr.** portant 1-3 fruits, ellipsoïdes, à périgone accrescent à la base, de 3,5-4,5 x 2,5-3 cm, de couleur jaune à maturité; péricarpe épais entourant la graine noire et brillante, munie d'un arille lacinié rouge.

Forêts denses de terre ferme. — Nigeria du Sud, Cameroun, Rép. centrafr., Gabon, Congo, Zaïre. Une seconde espèce existe dans la région: *Coelocaryo botryoides* Vermoesen.

Pycnanthus angolensis (Welw.) Exell — Pl. 165   *kilomba*

Arbre atteignant 30 m de haut; branches rassemblées au sommet et ± perpendiculaires au tronc; jeunes rameaux tomenteux; écorce à exsudat rougeâtre à la coupe. **Fe.** à pétiole de 1,5-2 cm de long; limbe oblong, cordé à la base, graduellement acuminé au sommet, de 20-30 x 6-11 cm; tomentum amarante persistant à la face inférieure. **Infl.** bisexuées en panicules axillaires ou naissant sur les rameaux défeuillés, de 10-15 cm de long, densement tomenteuses, à nombreuses fleurs sessiles. **Fl.** ♂ à périgone trilobé, à colonne staminale; **Fl.** ♀ à lobes du périgone largement ovoïdes. **Fr.** pubérulents à l'état jeune, puis glabres, de 3-4 x 2,5-3 cm; exocarpe charnu s'ouvrant en deux valves; graine à arille rose.

Forêts secondaires, de terre ferme ou marécageuses. — Zaïre, Angola, Tanzanie.

Staudtia kamerunensis Warb. var. ***gabonensis*** (Warb.) Fouilloy

syn. *S. gabonensis* Warb. *nsusu menga*

Arbre atteignant 35 m de haut; cime étagée; écorce à exsudat rouge sang à la coupe. **Fe.** à limbe ovale-elliptique, arrondi à cunéiforme à la base, acuminé à apiculé au sommet, de 8-16 x 2-5 cm, subcoriace et glabre; nervures secondaires à peine distinctes. **Infl.** ♂ en capitules axillaires subsphériques, de 5-7 mm de diamètre. **Fl.** ♂ à périgone trilobé; anthères 3. **Infl.** ♀ semblables. **Fl.** ♀ à périgone de 1-1,5 mm de long. **Fr.** ellipsoïdes de 2-3,5 x 2-2,5 cm, tomenteux à l'état jeune, devenant glabre, jaunes à maturité; péricarpe rouge vif à l'intérieur; graines à arille rouge, légèrement découpée au sommet.

Forêts primitives de terre ferme et galeries forestières. – Cameroun, Gabon, Congo, Zaïre.

MYRSINACÉES

Arbres, arbustes ou lianes. **Fe.** alternes, rarement opposées, simples, à limbe généralement pourvu de glandes résinifères translucides; stipules absentes. **Infl.** en glomérules, fascicules, racèmes ou panicules. **Fl.** hermaphrodites ou unisexuées, actinomorphes, 4-5-mères, petites; calice à segments libres ou soudés à la base; corolle à pétales soudés, rarement libres; étamines fixées à la base des pétales ou à la gorge du tube formé par la corolle; filets présents, partiellement libres ou soudés, ou absents; ovaire supère ou semi-infère (*Maesa*), 1-loculaire; ovules peu nombreux ou nombreux. **Fr.**: drupes ou baies.

Outre l'espèce décrite ci-dessous existent dans la région: *Ardisia batangaensis* Taton et *A. staudtii* Gilg.

Maesa lanceolata Forssk. var. ***golungensis*** Hiern – Pl. 163

Arbuste ou petit arbre de 2-10 m de haut. **Fe.** à pétiole de 1,5-4,5 cm de long; limbe ovale à elliptique, cunéiforme ou obtus à la base, acuminé au sommet, de 5-22 x 2-12 cm, denté surtout dans les 3/4 supérieurs, glabre, papyracé; canaux laticifères fréquents. **Infl.** en panicules axillaires, de 4-21 cm de long; axes et pédicelles pubescents. **Fl.** blanches; calice à sépales de 0,6-1,2 mm ; corolle soudée à la base, de 1,5-2,5 mm de long, tube de 0,5-0,7 mm de long, lobes de 1,4 de long. **Fr.** subglobuleux de 2,5-5 mm de diamètre, parfois striés longitudinalement; dents du calice persistants.

Recrûs forestiers. – Afrique tropicale; Afrique du Sud; Madagascar.

MYRTACÉES

Arbres ou arbustes. **Fe.** opposées à subopposées, rarement alternes, simples, à ponctuations translucides; stipules absentes; nervures secondaires souvent très rapprochées et ± parallèles entre elles. **Fl.** hermaphrodites, parfois unisexuées, actinomorphes; calice à tube réceptaculaire soudé à l'ovaire, 4-5 lobé; pétales 4-5, libres ou ± connés, caducs; étamines très nombreuses, à filets libres ou soudés en tube, ou groupées en plusieurs faisceaux; ovaire infère à semi-infère, généralement à 2-5 loges; ovules 1 à nombreux. **Fr.**: baies ou drupes ou capsules déhiscentes; lobes du calice souvent persistants.

Outre les genres et espèces décrits ci-dessous existe dans la région: *Callistemon speciosus* (Sims) DC., petit arbre ornemental, introduit d'Australie.

Eucalyptus citriodora Hook. *eucalyptus*

Arbre de 20-30 m de haut; écorce se desquamant irrégulièrement, laissant un tronc lisse et tacheté. **Fe.** alternes, au moins sur les rameaux florifères; limbe étroitement lancéolé, légèrement falciforme, de 12,5-13,5 x 1,5-1,8 cm, vert franc, concolore, à forte odeur de citron; points glanduleux à la face inférieure. **Infl.** axillaires en panicules corymbiformes; boutons floraux par 7-13, pédicellés, non verruqueux. **Fl.** blanches de moins de 2 cm de long; sépales très petites; pétales formant un opercule caduc. **Fr.**: capsules ovoïdes ou en forme d'urne, d'environ 1 cm de long; valves incluses.

Espèce ornementale, souvent employée pour les reboisements. − Originaire d'Australie.

De nombreuses espèces du genre *Eucalyptus* ont été introduites dans la région; citons les plus communs: *E. deglupta* Blume, *E. robusta* Smith et *E. saligna* Smith.

Eugenia congolensis De Wild. & Th. Dur.

Arbuste de 3-4 m de haut. **Fe.** opposées; limbe elliptique, cunéiforme à la base, obtus au sommet, de 3,5-9,5 x 1-3,5 cm, glabre. **Infl.**: fascicules 2-4-flores. **Fl.** blanches, à pédicelle grêle, de 3,5-10 mm de long; tube réceptaculaire de 1-1,2 mm de long; lobes du calice de 1,7-2 mm de long; pétales de 3-4 mm de long. **Fr.**: baies globuleuses de ± 6 mm de diamètre.

Bords du Fleuve, entre les rochers, en zone inondable. − Congo, Zaïre (Bas-Congo, Kasai, Forestier Central, Lac Mobutu), Burundi, Angola.

Deux autres espèces existent dans la région, une spontanée: *Eugenia demeusei* De Wild., et une introduite: *Eugenia uniflora* L., le *cerisier de Cayenne*.

Melaleuca leucadendron L.

Arbre de 6-20 m de haut; écorce gris blanchâtre, se détachant par feuillets minces superposés. **Fe.** alternes à limbe étroitement elliptique, de 6-9 x 1-1,5 cm, glabre; 3-5 nervures longitudinales s'élevant jusqu'au sommet du limbe et décurrentes sur le pétiole. **Infl.**: épis terminaux. **Fl.** blanches. **Fr.**: capsules sessiles, de 4 mm de haut.

Planté pour l'ornementation ou le reboisement. − Originaire d'Asie tropicale.

Psidium guajava L. *goyavier; fulunta*

Arbuste à petit arbre, de 6-10 m de haut; jeunes rameaux quadrangulaires, densement pubérulents, glabrescents; écorce lisse, se détachant en grandes plaques. **Fe.** à limbe elliptique, arrondi à la base, arrondi à ± aigu au sommet, de 4,5-14 x 2,2-8 cm, pubérulent à pubescent en dessous; nervures secondaires 12-16 paires imprimées en dessus. **Infl.** en cymes 1-3-flores. **Fl.** blanches, parfumées; calice fermé dans le bouton, se fendant en segments; pétales de 10 mm de long au moins. **Fr.**: baies jaunes, globuleuses ou en forme de poire, surmontées du calice persistant, de 3-6 cm de diamètre; chair rose.

Arbre fruitier introduit et subspontané. − Originaire d'Amérique tropicale.

Une autre espèce à fruits comestibles a été introduite au Jardin botanique de Kisantu: *Psidium cattleianum* Sabine.

Psidium guineense Swartz   *faux goyavier*
> syn. *P. araça* Raddi

Arbuste de 1,5-4 m de haut; jeunes rameaux arrondis et pubescents. **Fe.** à limbe elippitique, obtus à arrondi au sommet, obtus à la base, de 10,5-12,5 x 6-7,5 cm, pubescents en dessous; nervures secondaires 7-10 paires. **Infl.** en cymes pédicellées, 3-flores, de 6 cm de haut. **Fl.** blanches. **Fr.**: baies globuleuses à obovoïdes, de 3-4 cm de diamètre, pubérulentes à l'état jeune; chair blanche.

Arbuste fruitier introduit et subspontané, surtout au environs de Kisantu. — Originaire vraisemblablement d'Amérique tropicale quoique le nom spécifique lui attribue une origine africaine.

Syzygium guineense (Willd.) DC. subsp. *guineense*   *kikulu, nkulu*

Arbuste à arbre atteignant 20 m de haut. **Fe.** à limbe elliptique-ovale, atténué-acuminé au sommet, cunéiforme à la base, de 3,7-12 x 1-5 cm, glabre; nombreuses nervures latérales. **Infl.** en cymes de 5-10 cm de long, à ramifications étalées, ± grêles. **Fl.** à bouton généralement de moins de 2,5 mm de large; tube réceptaculaire de 4-5 mm de long avec le pédicelle; lobes du calice à peine distincts; pétales blanches de 2-3 mm de long; étamines de 5-6 mm de long. **Fr.** globuleux à ellipsoïdes, de 8-12 mm de diamètre.

Forêts maréc. ou sèches. — Largement répandu en Afr. trop. jusqu'en Ethiopie et en Afr. du Sud.

Syzygium guineense (Willd.) DC. subsp. *macrocarpum* (Engl.) F. White

nkisu

Arbuste à petit arbre; écorce rugueuse, s'écaillant en plaques brun foncé. **Fe.** à pétiole de 10-45 mm de long; limbe ovale à largement elliptique, cunéiforme à la base, acuminé à arrondi au sommet, de 7,5-15 x 3,5-7,5 cm, rigide-coriace; réseau de nervures tertiaires saillant en dessous. **Infl.** en cymes terminales et axillaires, de 12-18 cm de long. **Fl.** à boutons de 4-5 mm de large; tube réceptaculaire de 6-10 mm de long avec le pédicelle; pétales de 3,5-5 mm de long; étamines de 5-7,5 mm de long. **Fr.** ± globuleux, de 12-30 mm de diamètre, pourpres.

Forêts claires, savanes. — Afrique tropicale. — Les fruits sont comestibles.

Syzygium malaccense (L.) Merr. & Perry   *pommier de Malaisie*
> syn. *Eugenia malaccensis* L.

Arbre de 6-8 m de haut; jeunes rameaux quadrangulaires. **Fe.** à limbe obovale, acuminé au sommet, obtus à arrondi à la base, de 20-27 x 8-9,5 cm, coriace. **Infl.** sur le vieux bois. **Fl.** à pétales roses, libres, de 1-2 cm de long; étamines rouge pourpre. **Fr.** ressemblant à une pomme allongée, à peau blanche à l'état jeune, rouge à maturité; chair blanche entourant une seule graine.

Arbre introduit, qui donne plusieurs fois par an des fruits; en plus il est décoratif par sa forme et son feuillage. — Originaire de Malaisie.

Plusieurs autres espèces de *Syzygium* appartiennent à la flore spontanée de la région: *S. congolense* Amshoff (Pl. 166), *S. cordatum* Sond. (Pl. 167), *S. gilletii* De Wild. (Pl. 168), *S. guineense* (Willd.) DC. subsp. *huillense* (Hiern) F. White et *S. owariense* (P. Beauv.) Benth.; d'autres espèces ont été introduites pour leurs fruits ou pour leurs épices: *S. aromaticum* (L.) Merr. & Perry (syn. *Caryophyllus aromaticus* L.), le *giroflier*, *S. cumini* (L.) Skeels (syn. *Eugenia jambolana* Lam.), *S. jambos* (L.) Alston (syn. *Eugenia jambos* L.), le *pommier-rose*.

NYCTAGINACÉES

Herbes, sous-arbustes ou arbustes, parfois lianeux, quelquefois épineux. **Fe.** alternes ou opposées, simples; stipules absentes. **Infl.** terminales ou axillaires, en cymes, en panicules, ou fleurs solitaires. **Fl.** hermaphrodites ou unisexuées, actinomorphes, souvent entourées de bractées libres ou soudées formant un involucre, vertes ou colorées; périgone simple, 5-mère et à tépales soudés; étamines 1-30; ovaire supère, 1-carpellaire, 1-loculaire; ovule solitaire. **Fr.**: akènes enfermés dans la base persistante du calice et souvent garnis de glandes visqueuses.

Bougainvillea spectabilis Willd.   *bougainvillier*
Arbuste sarmenteux. **Fe.** alternes; épines à l'aisselle des feuilles; limbe ovale à suborbiculaire, aigu ou acuminé au sommet, obtus ou arrondi à la base, de 3-5 x 1,8-4 cm, pubérulent en dessous. **Infl.** à 3 bractées persistantes formant un involucre coloré. **Fl.** blanc jaunâtre; périgone soudé, de 1,5-3 cm de long, 5-6-lobé au sommet, pubérulent; étamines 7-8, à filets soudés à la base. **Fr.**: akènes entourés d'un périgone accrescent, fusiforme, 5-côtelé.
Cultivé partout dans la région pour former des haies. — Originaire du Brésil.
Une seconde espèce fort semblable a été introduite: *Bougainvillea glabra* Chois.

OCHNACÉES

Arbres ou arbustes. **Fe.** alternes, simples, à nervation pennée, à stipules souvent caduques. **Infl.** en panicules ou en racèmes, ou fleurs solitaires ou fasciculées. **Fl.** hermaphrodites, actinomorphes; sépales 4-5, libres, souvent accrescents; pétales 4-5, libres, caducs; étamines nombreuses ou 10; anthères s'ouvrant longitudinalement ou par pore apical; ovaire supère, à 3-5(-10) carpelles, souvent libres à la base; ovules 1 à plusieurs; styles soudés. **Fr.**: carpelles charnus (drupéoles) restant séparés sur un réceptacle élargi, ou fruits capsulaires.

Campylospermum dybovskii Van Tiegh.
Arbuste de 2-7 m de haut. **Fe.** à limbe étroitement elliptique à étroitement obovale, arrondi à cunéiforme à la base, acuminé au sommet, de 16-33 x 4-10 cm, coriace, à bord denté ou non. **Infl.**: racèmes groupés en panicules terminales, atteignant 30-40 cm de long, à cymules 1-7-flores. **Fl.** épanouies de 20-25 mm de diamètre; sépales de 6-8 mm de long, devenant rouge; pétales jaunes de 8-12 mm de long, caducs; étamines 10, filets courts à subnuls; anthères volumineuses, ridées transversalement, s'ouvrant par pores terminaux; gynécée à 5 carpelles libres, 1-ovulés; styles soudés à la base. **Fr.**: 5 drupéoles noires sur un réceptacle entouré des sépales.
Forêts rivulaires, forêts marécageuses. — Côte d'Ivoire, Nigeria, Cameroun, Gabon, Congo, Zaïre.
Plusieurs espèces appartiennent à la flore locale: *Campylospermum bukobense* (Gilg) Farron, *C. densiflorum* (De Wild. & Th. Dur.) Farron, *C. descoingsii* Farron, *C. elongatum* (Oliv.) Van Tiegh., *C. engama* (De Wild.) Farron, *C. laeve* (De Wild. & Th. Dur.) Farron, *C. laxiflorum* (De Wild. & Th. Dur.) Van Tiegh., *C. reticulatum* (P. Beauv.) Farron var. *turnerae* (Hook. f.) Farron, *C. strictum* (Van Tiegh.) Farron et *C. vogelii* (Hook. f.) Farron var. *poggei* (Engl.) Farron.

Ochna afzelii Oliver

kidimbi, ngo nti

syn. *O. welwitschii* Rolfe

Arbuste ou petit arbre de 3-8 m de haut; jeunes rameaux à écorce noirâtre abondamment lenticellée. **Fe.** à limbe obovale ou elliptique, cunéiforme à la base, obtus, aigu ou acuminé au sommet, de 3-15 x 1-6 cm, à bord crénelé; nervation proéminente sur la face supérieure. **Infl.** en fascicules ou courts racèmes, 2-6-flores. **Fl.** à sépales de 4-6 mm de long; pétales jaunes, onguiculés, de 5-13 mm de long; étamines nombreuses; anthères à déhiscence longitudinale; ovaire à 6-8 carpelles; style de 3-7 mm de long, entier. **Fr.** à sépales accrescents atteignant 18 mm de long; drupéoles ovoïdes de 6-9 x 4-7 mm.

Savanes, forêts claires. − De la Guinée jusqu'en Ouganda, Tanzanie, Zambie et Angola.

D'autres espèces spontanées existent dans la région: *Ochna latisepala* (Van Tiegh.) Bamps, *O. membranacea* Oliver et *O. pulchra* Hook. f.

Rhabdophyllum arnoldianum (De Wild. & Th. Dur.) Van Tiegh.

var. ***arnoldianum*** − Pl. 169

kikomba, mpakasa, mvuma

Arbre à petit arbre de 3-10 m de haut. **Fe.** à limbe étroitement elliptique, cunéiforme-aigu à la base, longuement acuminé au sommet, de 7,5-13 x 2,5-4 cm, à bord entier, ondulé; nervures secondaires nombreuses, serrées et droites. **Infl.** en racèmes pendants, de 8-18 cm de long, composés de 20-nombreuses fleurs. **Fl.** de 10-12 mm de diamètre; sépales de 4-6 mm de long; pétales de 4-6 mm de long, ne dépassant pas les sépales; anthères volumineuses, ridées transversalement, à pores terminaux. **Fr.** à sépales persistants ou accrescents; drupéoles réniformes, de 6-9 x 5-6 mm.

Recrûs forestiers, forêts secondaires, forêts marécageuses. − Cameroun, Rép. centrafr., Soudan, Gabon, Congo, Zaïre. − Utilisé pour faire des balais.

Une seconde espèce est commune dans la région: *Rhabdophyllum welwitschii* Van Tiegh.

OLACACÉES

Arbres ou arbustes; épines quelquefois présentes. **Fe.** alternes, simples, à bord entier; stipules absentes. **Infl.** axillaires ou se trouvant sur les rameaux défeuillés, en racèmes, fascicules, glomérules ou cymes. **Fl.** le plus souvent hermaphrodites, parfois unisexuées, actinomorphes, très petites; calice à bord 3-6-denté; pétales 3-6, libres ou diversement soudés; étamines libres, en même nombre ou plus nombreuses que les pétales; staminodes absents ou présents; ovaire supère à infère et enfoui dans le disque, 1-5 loculaire. **Fr.**: drupes ou fausses drupes suite à l'accrescence du calice ou à l'accroissement du disque.

Outre les genres et les espèces décrits ci-dessous existent dans la région: *Coula edulis* Baill. var. *cabrae* (De Wild. & Th. Dur.) Léonard et *Strombosiopsis tetrandra* Engl.

Aptandra zenkeri Engl. − Pl. 170

Arbuste ou petit arbre de 10-15 m de haut; dioïque. **Fe.** à limbe elliptique, cunéiforme ou obtus à la base, aigu et mucronulé au sommet, à bord récurvé-ondulé, de 5-17 x 2-6 cm, vert olive; nervures secondaires 5-7 paires, anastomosées assez loin de la marge. **Infl.** en racèmes courts, solitaires ou groupés par 2. **Fl.** 4-mères, vertes; calice petit, cupuliforme; pétales de 4 mm de long, à sommet en forme de cuiller; glandes épaisses alternipétales; fleurs ♂: tube staminal; anthères soudées en une couronne; fleurs ♀ à tube staminal muni d'anthères atrophiées. **Fr.**: drupes ellipsoïdes, de 1,5-3 x 1-1,6 cm, bleu foncé et sous-tendues par un calice accrescent, étalé, à bords ondulés, charnu, rose saumon, atteignant 11 cm de diamètre.

Forêts denses de terre ferme. — De la Côte d'Ivoire à l'Angola.

Heisteria parvifolia Smith — Pl. 171.

Arbuste ou arbre de 10-20 m de haut; ramilles faiblement bi-ailées selon 2 lignes opposées. **Fe.** à limbe elliptique ou elliptique-oblong, cunéiforme à ± arrondi à la base, longuement acuminé au sommet, légèrement récurvé sur les bords, de 6-25 x 2,5-12 cm; nervure médiane sillonnée en dessous; canaux laticifères visibles à la face inférieure. **Infl.** en fascicules axillaires. **Fl.** hermaphrodites, pentamères, blanchâtres ou verdâtres; sépales deltoïdes, soudés sur 2/3 de leur longueur; pétales soudés à la base de 2-2,5 mm de long, caducs; étamines 10 en 2 cycles; ovaire 10-lobulé. **Fr.**: drupes oblongues, blanches, de 1-1,2 x 0,6-0,7 cm, à 5 sépales rouges accrescents.

Recrûs forestiers, forêts inondables. — Largement répandu du Sénégal à l'Angola.

Olax gambecola Baill. — Pl. 172   *kiwaya*
syn. *O. viridis* Oliver; *Ptychopetalum alliaceum* De Wild.

Arbuste de 1-2 m de haut; ramilles vertes, légèrement ailées ou cylindriques. **Fe.** à limbe largement ou étroitement elliptique, cunéiforme ou obtus à la base, longuement acuminé au sommet, de 7-17 x 3-7 cm; nervures proéminentes à la face inférieure. **Infl.** en racèmes solitaires ou 2-4-fasciculées, de 1-3 cm de long, à rachis aplati; fleurs disposées en zig-zag sur les faces étroites du rachis. **Fl.** hermaphrodites, pentamères, blanches ou jaunâtres; calice cupuliforme, de 1 mm de diamètre, non accrescent, persistant sous le fruit; 3 étamines fertiles et 5 staminodes. **Fr.**: drupes rouges, globuleuses de 7-10 mm de diamètre.

Galeries forestières, forêts primitives et remaniées. — De la Sierra Leone jusqu'en Angola et en Ouganda.

Olax wildemanii Engl.

Arbuste de 2-4 m de haut; ramilles vertes, nettement ailées, densement feuillées. **Fe.** ± sesiles; limbe ovale, obtus ou arrondi à la base, graduellement acuminé au sommet, récurvé sur les bords, de 2,5-7 x 0,8-3 cm, papyracé, vert olive. **Infl.** en racèmes solitaires de 1-2,5 cm de long ou fleurs solitaires; rachis portant les fleurs sur ses faces larges. **Fl.**: boutons oblongs de ± 5 mm de long; calice cupuliforme de 1-1,5 mm de diamètre, accrescent; pétales 5 de 4-5 mm de long; 5 étamines fertiles et 3 staminodes. **Fr.**: drupes de 1,2-1,5 cm de diamètre, enveloppées par un calice accrescent, vésiculeux, jaune.

Galeries forestières, forêts de plateaux. — Zaïre (Bas-Congo, Kasai).

Deux autres espèces de ce genre existent dans la région: *Olax latifolia* Engl. et *Olax subscorpioidea* Oliv.

Ongokea gore (Hua) Pierre — Pl. 173   *ntuti*

Arbre atteignant 40 m de haut. **Fe.** à limbe elliptique, cunéiforme et légèrement décurrent à la base, acuminé au sommet, récurvé sur les bords, de 4-11 x 2-5 cm; nervure primaire proéminente, les secondaires très effacées. **Infl.** en panicules d'ombelles, de 5-15 cm de long. **Fl.**: boutons verts, cylindriques, renflés au sommet; fleurs hermaphrodites, 4-mères; pétales de ± 3 mm de long; glandes épaisses, situées entre les pétales et les étamines; tube staminal de ± 2,5 mm de long; anthères soudées en une couronne; stigmate légèrement pointu, dépassant à peine le tube staminal. **Fr.**: drupes ± globuleuses, de 2-4 cm de diamètre, enveloppées du calice vert, de 1-2 mm d'épaisseur, très coriaces, à exocarpe lisse, jaune; mésocarpe charnu à odeur typique qund il se fermente.

Forêts primitives de terre ferme, forêts inondables. − De la Côte d'Ivoire au Zaïre. − Ses graines contiennent une huile purgative, l'huile de Boleko, et ont fait jadis l'objet d'un commerce.

Strombosia grandifolia Benth.

Arbuste ou arbre de 7-25 m de haut; rhytidome lisse, se desquamant en plaques laissant des cicatrices pourpres. **Fe.** à pétiole canaliculé, de 1-3 cm de long; limbe ovale-elliptique, aigu ou courtement acuminé au sommet, cunéiforme ou arrondi à la base, de 7-30 x 3-16 cm, coriace, luisant à la face supérieure; nervures secondaires régulièrement arquées; nervures tertiaires distinctes, fines, parallèles. **Infl.** formées de fleurs groupées en fascicules axillaires multiflores sur un coussinet gris blanchâtre persistant. **Fl.** hermaphrodites, 5-mères; sépales petits; pétales de 2-3 mm de long; filets soudés aux pétales; ovaire semi-infère ou infère. **Fr.** ovoïdes ou ellipsoïdes, de 1,7 x 1,2 cm, complètement entourés, sauf au sommet, par un tissu réceptaculaire charnu.

Forêts denses de terre ferme, forêts périodiquement inondées. − Du Bénin au Zaïre.

OLÉACÉES

Arbres, arbustes ou lianes. **Fe.** opposées, verticillées, rarement alternes, simples ou composées; stipules absentes; domaties parfois présentes à l'aisselle des nervures latérales à la face inférieure du limbe. **Infl.** en cymes groupées en panicules, parfois réduites à quelques fleurs. **Fl.** hermaphrodites, rarement unisexuées, actinomorphes; calice ± tronqué ou 4-denté; pétales généralement 4 ou 5-8, réunis en un tube; étamines 2; ovaire supère à semi-infère, 2-loculaire; ovules 2 dans chaque loge. **Fr.**: drupes, baies ou capsules.

Outre le genre et les espèces décrits ci-dessous existe dans la région: *Olea welwitschii* (Knobl.) Gilg & Schellenb. (Pl. 176).

Chionanthus mildbraedii (Gilg & Schellenb.) Stearn − Pl. 175

syn. *Olea mildbraedii* (Gilg & Schellenb.) Knobl.; *Linociera latipetala* M. Taylor

Arbuste à petit arbre de 5-8 m de haut. **Fe.** à limbe obovale à étroitement elliptique, acuminé au sommet, cunéiforeme ou ± tronqué-cordé à la base, de 9-20 x 2-9 cm, pourvu de domaties axillaires pubescentes à la face inférieure. **Infl.** en thyrses lâches axillaires ou terminaux, de 4-10 cm de long, pauciflores. **Fl.** à pédicelle grêle, de 5-23 mm de long, épaissi vers le sommet; 4 sépales soudés, corolle à tube de 1,5-2,5 mm de long, à 4 lobes de 4-7 mm de long, violacés ou jaunâtres; 2 étamines à anthères de 2 x 0,5-1 mm. **Fr.**: drupes ellipsoïdes, rouge-pourpre à maturité, atteignant 2,5 x 2 cm.

Forêts humides, bords de cours d'eau. — Cameroun, Congo, Zaïre, Ethiopie, Ouganda, Kenya, Tanzanie.

Une seconde espèce existe dans la région: *Chionanthus mannii* (Solered.) Stearn subsp. *congesta* (Baker) Stearn (Pl. 174; syn. *Linociera congesta* Baker).

OPILIACÉES

Arbres, arbustes ou lianes. **Fe.** alternes, simples, à bord entier; stipules absentes. **Infl.** axillaires, en racèmes ou en ombelles. **Fl.** hermaphrodites, actinomorphes; calice très petit; pétales 4-5, libres ou ± soudés; étamines 4-5, opposées aux pétales, libres ou soudés à la base des pétales; ovaire supère ou semi-infère, 1-loculaire; ovule solitaire. **Fr.**: drupes.

Rhopalopilia pallens Pierre — Pl. 177

Arbuste de 1-4 m de haut; ramilles, jeunes feuilles, inflorescences et fruits finement pubérulents jaunâtres. **Fe.** à limbe assez variable, ovale ou elliptique, à base cunéiforme ou arrondi, à sommet acuminé, de 4-18 x 1,5-7 cm, assez souvent jaune verdâtre à la face inférieure; nervures secondaires au nomnre de 4-7 paires. **Infl.** en courtes grappes solitaires ou fasciculées, de ± 10 mm de long. **Fl.** 4-mères, jaune verdâtre; réceptacle garni de 4 dents obtuses; pétales ovales-triangulaires; étamines plus courtes que les pétales; gros disque à 4 lobes soudés entre eux et au réceptacle; ovaire enfoncé dans le réceptacle et le disque. **Fr.**: drupes ellipsoïdes, de 1,2-1,8 x 0,7-0,9 cm, sillonnées longitudinalement.

Recrûs forestiers, forêts secondaires, galeries forestières. — Cameroun, Gabon, Zaïre.

OXALIDACÉES

Herbes ou rarement arbustes à petits arbres. **Fe.** composées-pennées ou composées-digitées, alternes ou groupées en rosette; stipules présentes ou absentes. **Infl.** cymeuses, souvent en pseudo-ombelles, parfois uniflores, parfois réunies en panicules. **Fl.** hermaphrodites, actinomorphes; sépales 5, libres ou soudés à la base; pétales 5, courtement onguiculés, libres ou brièvement soudés vers la base; étamines 10; ovaire supère, 5-loculaire, à placentation axile; ovules 1 à nombreux par loge. **Fr.**: capsules, parfois baies.

Averrhoa carambola L.   *carambolier; pakapaka* (à Kinshasa)

Arbuste ou petit arbre de 6-10 m de haut. **Fe.** alternes, composées-imparipennées, à 5-11 folioles alternes; limbe ovale, asymétrique, surtout dans les folioles latérales, courtement acuminé au sommet, obtus à arrondi à la base, la foliole terminale atteignant 10 x 3,5 cm, discolore. **Infl.** en panicules de cymes, atteignant 7 cm de long. **Fl.** à 5 sépales et 5 pétales roses; étamines 10 dont 5 stériles. **Fr.**: baies munies de 3-5(-7) côtes longitudinales très saillantes, ellipsoïdes, de ± 8 x 5 cm, jaune doré.

Arbre introduit à fruits comestibles, mais acides. — Originaire de Malaisie.

Une seconde espèce, *Averrhoa bilimbi* L., a également été introduite, mais plus rarement; elle a des baies cylindriques à côtes peu saillantes.

PANDACÉES

Arbres ou arbustes dioïques. **Fe.** alternes, simples, à bord entier, crénelé ou denté, penninerves; stipules persistantes ou caduques. **Infl.** axillaires, supra-axillaires, terminales ou caulinaires, en fascicules ou en racèmes. **Fl.** unisexuées, actinomorphes, petites; calice 5-lobé; pétales 5; étamines 5, 10 ou 15, parfois inégales; fl. ♀ parfois à staminodes; ovaire supère, 2-5 loculaire, à 1 ovule par loge. **Fr.**: drupes, rarement capsules; graines 2-4 (-5).

Panda oleosa Pierre, arbre connu du Mayombe, est cultivé au Jardin botanique de Kisantu; ses graines oléagineuses sont fort appréciées.

Microdesmis puberula Planch. — Pl. 178

Arbuste de 3-6 m de haut, parfois lianiforme; ramilles et pétioles pubescents. **Fe.** à limbe ovale à elliptique, acuminé au sommet, souvent asymétrique à la base (cunéiforme d'un côté, arrondi de l'autre), de 5-15 x 2-6 cm, à bord denté ou subentier, pubescent puis ± glabrescent sauf le long des nervures à la face inférieure. **Infl.** en fascicules insérés à quelques mm au-dessus de l'aisselle des feuilles, les ♂ multiflores, les ♀ pauciflores. **Fl.** ♂ à pédicelle de 3-9 mm de long; sépales 5, de 1,5-2 mm de long; pétales 5, libres, de 2,5-3 mm de long; étamines 5, à filet élargi-épaissi, ressemblant à une glande, encastré dans les lobes du rudiment d'ovaire; fleurs ♀ à calice et corolle identique à ceux des fleurs ♂; ovaire 2-loculaire. **Fr.**: drupes globuleuses-subconiques, de 10-12 x 9-11 mm, à exocarpe rouge.

Très commun en recrûs et forêts remaniées. — Du Nigeria du Sud au Nord de l'Angola et à l'Ouganda. — Une seconde espèce existe dans la région: *Microdesmis haumaniana* J. Léonard. (Pl. 178)

PANDANACÉES

Arbres ou arbustes, souvent à racines-échasses, dioïques. **Fe.** en 4 rangées ou spiralées et en touffe au sommet des rameaux, engainantes à la base et épineuses sur le bord et la nervure médiane. **Infl.** en panicules d'épis denses, entourés de bractées en forme de spathes ou de feuilles. **Fl.** unisexuées à périanthe rudimentaire ou absent; fleurs ♂ à nombreuses étamines à filets libres ou soudés; fleurs ♀ à staminodes présents ou absents; ovaire supère, 1-loculaire; ovules 1 à nombreux. **Fr.** composés oblongs ou globuleux; carpelles mûrs ligneux, drupacés ou bacciformes.

Pandanus butayei De Wild.   *kenge* (kongo); *maleke* (ngala)

Arbre atteignant 10 m de haut et 10 cm de diamètre, soutenu par des racines-échasses épineuses. **Fe.** atteignant 2 m de long et 6 cm de large; nervure médiane à épines dirigées vers le sommet à la face inférieure et sur le bord du limbe. **Infl.** ♂ de ± 32 cm de long, pourvu de 9-10 épis atteignant 14 x 2,2 cm. **Fl.** ♂ de 15 mm de long, à 10-12 étamines portées par un androphore et composées d'un filet de 4 mm de long et d'une anthère de 1,4 mm de long. **Infr.** composées, de 16-20 x 10-13 cm, à nombreuses drupes lignifiées; bractées 9-10, les inférieures atteignant 42 x 6,5 cm, à appendice terminal atteignant 10 cm de long; drupes de 4,5-5 cm de long, 5-6 angulaires, à partie libre largement conique.

Berges et lits de rivières à courant d'eau rapide. — Zaïre (Bas-Congo). — Ses feuilles servent à faire des nattes solides et flexibles, qui portent le nom de "mfubu".

Le genre *Pandanus* est insuffisamment étudié et mérite une révision; nous maintenons provisoirement *P. butayei*, décrit sur du matériel de Lemfu. Une ou plusieurs espèces pourraient être présentes.

Pandanus veitchii Mast. & Moore

Arbuste de 3-4 m de haut, ramifié, soutenu par des racines-échasses à l'état adulte. **Fe.** coriaces à bords jaune crème, de 60-90 x 5-7,5 cm.

Souvent planté à Kinshasa, spécimens juvéniles cultivés en pots, ressemblant alors à une *Agavacée*, s'en distinguant par les épines sur la nervure médiane à la face inférieure. — Originaire de Polynésie.

Une autre espèce caractérisée par un feuillage vert et des ramifications régulières est cultivée au Jardin botanique de Kisantu: *Pandanus utilis* Bory.

PHYTOLACCACÉES

Herbes ou arbustes, quelquefois grimpants, monoïques ou dioïques. **Fe.** alternes, simples, à bord entier; stipules absentes. **Infl.** terminales, axillaires ou oppositifoliées, en épis, racèmes ou panicules. **Fl.** unisexuées ou hermaphrodites; périgone à 5-10 segments; étamines 3-30 ou plus, à filets libres ou soudés à la base, insérées sur un disque charnu; ovaire supère, à 4-12 carpelles libres ou soudés; ovule 1 par carpelle. **Fr.:** baies ou capsules.

Phytolacca dodecandra L'Hérit. — Pl. 179   *tidi*

Arbuste sarmenteux ou liane de 3-7 m de haut, dioïque; rameaux anguleux, striés longitudinalement. **Fe.** à pétiole grêle de 1-5 cm de long; limbe ovale ou elliptique, aigu et souvent mucroné au sommet, cunéiforme ou arrondi à la base qui est décurrente et souvent asymétrique, de 4-15 x 2-10 cm, légèrement charnu, à 4-7 nervures secondaires légèrement arquées. **Infl.** terminales, mais paraissant opposées aux feuilles, en racèmes spiciformes, de 18-25 cm de long. **Fl.** blanches; tépales de 1,5-3 mm de long, libres, réfractés à maturité; fleurs ♂ à ± 15 étamines dressées, à filets de 1-5 mm de long; à anthères de 0,5-1 mm de long; à 5 carpelles stériles; fleurs ♀ à 8-15 courtes étamines stériles; carpelles 5(8), soudés à la base. **Fr.:** baies de ± 5 mm de diamètre, à 5(8) carpelles pourpres à maturité.

Toute l'Afrique intertropicale; Afrique du Sud; Madagascar. — Recrûs forestiers; souvent planté en haies à Kinshasa. — Les feuilles cuites sont consommées comme légume.

Une autre espèce assez rare a été introduite: *Phytolacca americana* L.; elle se distingue par des inflorescences ne dépassant pas les feuilles, par des fleurs hermaphrodites à 10 étamines et 10 carpelles.

PINACÉES

Arbres monoïques. **Fe.** linéaires ou en forme d'aiguilles, simples ou groupées par 2, 3 ou 5 sur un rameau court et sous-tendues par une gaine membraneuse. **Cônes** ♂ axillaires à écailles portant chacune 2 sacs polliniques à la face inférieure; cônes ♀ terminales à écailles portant 2 ovules attachés près de la base à la face inférieure; écailles devenant ligneuses à maturité, portant 2 graines munies d'une aile membraneuse.

Pinus caribaea Morelet   *pin*
     syn. *P. hondurensis* Sénéclauze

Arbre de 15-30 m de haut; à écorce fissurée, se désquamant par plaques; à couronne arrondie et irrégulière, formée de peu de branches. **Fe.:** aiguilles assez rigides, brillantes, de 15-20 cm de long, généralement réunies par 3 (rarement par 4 ou 5), entourées à la base d'une gaine de 10-12 mm de long, rassemblées en bouquets au sommet des rameaux. **Cônes** ♂ nombreux, cylindriques, de 1,5-3 cm de long, réunis en glomérules; cônes ♀ plutôt petits, mais de taille variable (5-14 cm de long).

Arbre à croissance rapide, introduit pour le reboisement. — Originaire de l'Amérique centrale. De nombreuses espèces tropicales et subtropicales de *Pinus* ont été introduits dans les projets de reboisement à Kasangulu et Kinzono; citons *P. canariensis* C. Smith, *P. khasya* Royle, *P. oocarpa* Schiede et *P. patula* Schlecht. & Cham.

PIPÉRACÉES

Arbustes, lianes ou herbes, parfois succulents. **Fe.** alternes, rarement opposées ou verticillées, à pétiole engainant ou non. **Infl.** axillaires ou opposées aux feuilles, en épis solitaires ou groupés. **Fl.** unisexuées ou hermaphrodites, nues, petites, situées à l'aisselle d'une bractée généralement peltée abritant l'ovaire et les étamines; étamines 1-6; ovaire supère à 1-6 carpelles, 1-loculaire, à 1 ovule. **Fr.:** baies ou drupes.

Piper umbellatum L. — Pl. 180   *kilembe ki mfinda*
Arbuste de 1,5-2 m de haut, pourvu de racines-échasses; à odeur de menthe. **Fe.** à pétiole de 6-30 cm de long; limbe suborbiculaire, profondément cordé à la base, brièvement acuminé au sommet, à ponctuations translucides, de 12-17 x 18-20 cm; à 11-13 nervures digitées. **Infl.** en 2-7 épis, de 4-6 cm de long, dressés, disposés en ombelle sur un pédoncule axillaire. **Fr.:** baies trigones, de ± 0,75 cm de long, noircissant à maturité.

Galeries forestières, recrûs forestiers. — De la Guinée à l'Angola et en Tanzanie; pantropical originaire d'Amérique. — Les feuilles, à goût aromatique poivré, sont mangées en légumes.

PLUMBAGINACÉES

Herbes, plus rarement arbustes ou lianes. **Fe.** alternes, simples, à bord entier; stipules absentes. **Infl.** en épis, en capitules ou en panicules. **Fl.** hermaphrodites, 5-mères, actinomorphes; calice à lobes soudés au moins à la base, garnis de 4 à 10 crêtes longitudinales, souvent membraneux entre les segments; corolle à pétales soudés; étamines 5, opposées aux pétales et insérées ou non sur la corolle; ovaire supère, 1-loculaire; ovule 1. **Fr.:** drupes ou capsules, incluses dans le calice persistant.

Plumbago auriculata Lam.
     syn. *P. capensis* Thunb.
Arbuste ± sarmenteux, atteignant 2,5 m de haut. **Fe.** subsessiles à courtement pétiolées, alternes, mais semblant gloméruleuses aux noeuds par la présence de rameaux courts; à limbe obovale ou elliptique, à sommet obtus, à base atténuée et décurrente dans le pétiole, de 4,5-6 x 1,2-2 cm, discolore. **Infl.**

en épis terminaux, à les fleurs munies de 3 bractées. **Fl.** à calice tubulaire, 5-côtelé, 5-denté, de 1-1,2 cm de long; poils glanduleux stipités rassemblés au sommet des dents; corolle bleu pâle, à tube étroit, de 25-30 mm de long, et à lobes étalés, de 10-14 mm de long; étamines libres; ovaire 1-loculaire; style 1, à 5 lobes stigmatiques. **Fr.**: capsules entourées par le calice persistant; graine 1.

Planté pour ses fleurs ornementales et pour former des haies. — Originaire du Cap.

POACÉES (GRAMINÉES)

Herbes annuelles ou vivaces, rarement plantes arborescentes (bambous); chaumes articulés, à entrenoeuds pleins ou creux, à noeuds toujours pleins. **Fe.** alternes, formées d'une gaine et d'un limbe, rarement sessiles; limbe linéaire, souvent articulé sur la gaine, parallélinerve; gaine prolongée du côté interne par une ligule membraneuse, quelquefois réduite à une frange de cils. **Infl.** ♂, ♀, hermaphrodites ou polygames, en épis, racèmes ou panicules; les axes portant des "épillets", sessiles ou pédicellés, formés de 2 bractées (ou "glumes") qui enferment de une à plusieurs fleurs disposées de chaque côté de l'axe ("rachéole") de l'épillet; chaque fleur est enfermée elle-même par 2 bractéoles ("glumelles"), dénommées "lemma" et "palea", callus souvent présent à la base de l'épillet ou de la fleur; glumes et glumelles quelquefois aristées. **Fl.** généralement hermaphrodites, quelquefois ♂, ♀ ou stériles; périanthe formé de 2(-3) "glumellules" ou "lodicules", hyalines ou charnues; étamines 3, dont les anthères, attachées par leur milieu, se balancent en extrémité de minces filets; ovaire supère, 1-loculaire et 1-ovulé; (1-) 2 (-3) stigmates généralement plumeux. **Fr.**: caryopse avec péricarpe mince adné à la graine.

Bambusa vulgaris Wendl.   *bambou; matutu*

Chaumes ligneux, dressés, atteignant 10 m de haut et 10 cm de diamètre, rassemblés en touffe; tiges creuses sauf aux noeuds; entre-noeuds de 30-40 cm; rameaux nombreux. **Fe.** à limbe brusquement rétréci en faux pétiole et articulé avec la gaine, étroitement elliptique-oblong, de 20-28 x 2-3,5 cm, vert pâle au dessus et vert bleuté en dessous; nervure principale ± jaune et saillante en dessous. **Infl.** en panicules composées de glomérules d'épillets; ces derniers tous semblables à 2 ou plusieurs fleurs. **Fl.** hermaphrodites ou imparfaites, glumes généralement 2, parfois plus; étamines 6; ovaire hirsute au sommet, avec style allongé, entier ou divisé.

Les bambous sont monocarpiques et fleurissent rarement. — Planté dans les parcs et les jardins; employé pour consolider les talus de routes. — Originaire de Java. — Un cultivar, 'Aureo-variegata', à tiges jaunes striées de vert existe également dans la région.

Aucun bambou n'appartient à la flore locale; dans les montagnes de l'est du Zaïre et au Shaba existent des espèces spontanées. Des bambous géants, comme p.e. *Gigantochloa afer* Kurtz, ont été planté à Kisantu et à Kinshasa.

PODOCARPACÉES

Arbres ou arbustes, généralement dioïques, à canaux résinifères. **Fe.** spiralées, simples, écailleuses ou linéaires à étroitement elliptiques, uninerves. **Cônes** ♂ formés d'écailles spiralées, les écailles fertiles portant deux sacs polliniques sur la face inférieure; cônes ♀ à 1-2 écailles fertiles; ovules solitaires, dressés ou renversés, quelquefois enfouis dans un tégument secondaire se développant à partir des écailles du cône. **Graines** solitaires ou géminées, insérées sur un réceptacle charnu.

Deux espèces du genre *Podocarpus* ont été introduites avec succès au Jardin botanique de Kisantu: *P. latifolius* (Thunb.) Mirb. (syn. *P. milanjianus* Rendle), origaire des régions montagneuses de l'Afrique tropicale, et *P. polystachyus* R. Br., originaire de l'Himalaya.

POLYGALACÉES

Herbes, arbustes, petits arbres ou lianes. **Fe.** alternes, simples; stipules présentes ou absentes. **Infl.** en racèmes, épis ou panicules; bractées et bractéoles présentes. **Fl.** hermaphrodites, asymétriques; sépales 5, libres ou les 2 antérieures soudés, les 2 latéraux (ailes) souvent plus développés et ayant l'aspect de pétales; pétales 5, dont les 2 latéraux souvent avortés ou réduits, soudés à la gouttière formée par les filets des étamines; étamines 8, plus rarement 6, 5 ou 4, à filets soudés en gouttière, ou libres; ovaire à 2 loges, plus rarement à 1-5 loges; ovule généralement 1 par loge. **Fr.:** capsules, samares ou baies.

Carpolobia alba G. Don — Pl. 181

syn. *C. glabrescens* Hutch. & Dalz.

Arbuste ou petit arbre atteignant 10 m de haut, à rameaux courtement pubescents à glabrescents et pourvu d'une petite glande d'un côté ou des 2 côtés près de l'insertion des pétioles. **Fe.** à pétiole de 1-3 mm de long; limbe ovale ou obovale, arrondi ou obtus à la base, acuminé au sommet, de 5-14 x 2-7 cm, papyracé. **Infl.** en racèmes axillaires, solitaires ou parfois par 2, 2-5-flores, de ± 1 cm de long. **Fl.** blanc-jaunâtre; sépales 5, libres et inégaux; pétales 5, soudés à la base de la goutière formée par les filets soudés des étamines; étamines 5; ovaire 3-loculaire, à 1 ovule par loge. **Fr.:** baies orangées, globuleuses-trilobées, de ± 1,8 cm de diamètre; graines laineuses.

Galeries forestières, forêts secondaires. — De l'Afrique tropicale occidentale à l'Angola. — Fruits comestibles.

Securidaca longepedunculata Fresen. — Pl. 121   *nsunda*

Arbuste atteignant 4-5 m de haut; jeunes rameaux pubescents. **Fe.** à limbe elliptique ou oblong, à sommet obtus ou arrondi, à base obtuse ou arrondie, de 2,5-3,5 x 1,5-2 cm, glabre ou très courtement pubérulent sur la face inférieure. **Infl.** en racèmes supra-axillaires ou terminaux, multiflores, atteignant 15 cm de long. **Fl.** roses à violettes; sépales 5: 3 subégaux, de 3-6 mm de long, 2 latéraux grands et pétaloïdes (ailes); pétales 3 ou 5, dont 2 très réduits; étamines 8, à filets ± longuement soudés en gouttière; ovaire généralement 1-loculaire; 1 ovule. **Fr.:** samares de 5-7 cm de long.

Savanes arbustives. − Afrique tropicale occidentale, Afrique orientale depuis le Soudan jusqu'à l'Afrique du Sud.

Deux variétés existent dans la région: var. *longipedunculata* et var. *parvifolia* Oliv.; cette dernière est caractérisée par des jeunes pousses courtes, raides, étalées, densement pubescentes, devenant épineuses.

PROTÉACÉES

Arbres, arbustes ou sous-arbustes. **Fe.** alternes, entières ou divisées; stipules absentes. **Infl.** en épis ou racèmes avec bractées caduques ou en capitules munis d'un involucre de bractées coriaces et persistantes. **Fl.** unisexuées ou hermaphrodites; périgone pétaloïde à 4 segments, colorés, tubuleux dans le bouton, à base élargie autour de l'ovaire; segments ± séparés à l'anthèse; étamines 4, opposées aux segments avec filets soudés aux segments, rarement libres; ovaire supère, 1-loculaire à 1 ou plusieurs ovules 1 ou plus. **Fr.**: drupes, akènes, capsules ou follicules.

Faurea saligna Harv.   *munkela*
        var. *gilletii* (De Wild.) Hauman
Arbuste ou petit arbre atteignant 10 m de haut; écorce subéreuse, très rugueuse, profondément crevassée. **Fe.** alternes, entières; limbe étroitement elliptique, à base cunéiforme et décurrent dans le pétiole ailé de ± 1 cm de long, à sommet aigu, de 8-18 x 1,8-3 cm, glabre; nervures secondaires inclinées de 45° sur la médiane et s'anastomosant en une nervure marginale. **Infl.** terminales, florifères presque depuis la base, de 8-18 x 1,5-2 cm. **Fl.** 4-mères, à périgone tubuleux dans le bouton, de 10-12 mm de long, dont 3 mm pour la partie renflée, pubescent, puis s'ouvrant longitudinalement et se séparant en deux lèvres; ovaire 1-ovulé, couvert de poils jaunes. **Fr.**: akènes globuleux, hérissés de longs poils.
Savanes arborées. − Largement répandu dans la région zambézienne.
Une seconde espèce existe dans la région: *Faurea lucida* De Wild.

Grevillea robusta A. Cunn. − Pl. 182   *chêne argenté*
Arbre pouvant atteindre 20 m de haut et 30 cm de diamètre; écorce grise, fissurée. **Fe.** à pétiole de 1,5-2 cm de long; limbe profondement découpé (bipinnatiséqué) se terminant en segments aigus, de 19-23 x 11-12 cm, discolore, argenté en dessous. **Infl.** en racèmes unilatéraux de 14-15 cm de long. **Fl.** à périgone tubuleux, orange à gorge rouge pourpre, de 1,2-1,6 cm de long, tomenteux à l'extérieur, se fendant au début de l'anthèse; ovaire hirsute, style long, coudé, dont la partie médiane faisant saillie par la fente de périgone. **Fr.**: follicules brun foncé ou noirs, à bec recourbé; graines 1-2, ailées.
Planté comme arbre d'avenue. − Originaire d'Australie et Nouvelle-Calédonie.

Protea petiolaris Engl.   *nsokila*
Arbuste de 2,5-3 m de haut. **Fe.** presque toutes falciformes, à limbe formant un angle de 30-40° avec le pétiole, étroitement elliptiques ou obovales, de 9-12 x 2-3 cm, arrondi ou aigu au sommet, très longuement atténué et décurrent vers le bas, assez coriace, brillant; nervures très fines, la médiane

peu marquée, les secondaires formant avec celle-ci un angle très aigu; pétiole de 1,5-4 cm de long. **Infl.** en capitules étalés de 8-10 cm de diamètre; involucre brun clair, à bractées ciliées, velues vers le bas. **Fl.** à périgone blanc de ± 4 cm de long, tubuleux à base élargie en bouton, épanoui et fendu jusqu'à la base à l'anthèse (en commençant par le milieu); style dépassant peu le périgone. **Fr.**: akènes de 7 mm de long, couverts de longs poils.

Savanes arbustives. — Zaïre (Bas-Congo, Kasai, Haut-Katanga), Angola, Zambie, Tanzanie.

PUNICACÉES

Arbustes à petits arbres; rameaux souvent à extrémités épineuses. **Fe.** opposées, sans stipules. **Fl.** hermaphrodites, réunies par 1-5 aux extrémités de rameaux axillaires; réceptacle ou tube du calice campanulé, à 5-7 sépales coriaces, persistant sur le fruit; pétales 5-7, insérés au sommet du réceptacle; étamines nombreuses, tapissant l'intérieur du réceptacle; ovaire infère, 3-7-loculaire; ovules nombreux. **Fr.**: baies sphériques à peau épaisse; graines entourées d'une pulpe juteuse.

Le *grenadier, Punica granatum* L., est rarement cultivé dans la région; c'est un arbre fruitier originaire de la région Méditerranéenne.

RHAMNACÉES

Arbres, arbustes, parfois sarmenteux, quelquefois munis de vrilles ou d'épines. **Fe.** alternes, opposées ou fasciculées, simples, stipulées, parfois munies de glandes. **Infl.** en cymes ou fascicules réunis en racèmes ou panicules. **Fl.** hermaphrodites, rarement unisexuées, actinomorphes; calice en forme de réceptacle ou de disque, à 4-5 lobes; pétales 4-5, ou nul, munis d'un onglet ± long; étamines 5, libres, opposées aux pétales; ovaire supère à infère, 2-4-loculaire; ovules 1(-2) par loge. **Fr.**: drupes, polyakènes ou polydrupes.

Outre l'espèce décrite ci-dessous existent dans la région, quoique rares: *Lasiodiscus fasciculiflorus* Engl. (Pl. 184) et *L. mannii* Hook. f. (Pl. 184); *Colubrina arborescens* (Mill.) Sarg. a été introduit au Jardin botanique de Kisantu.

Maesopsis eminii Engl. — Pl. 183   *kingembu*

Arbre moyen d'environ 35 m de haut; écorce fissurée longitudinalement; cime régulière à branches étalées horizontalement; rameaux jeunes tomentelleux. **Fe.** alternes à l'extrémité des rameaux, devenant subopposées à opposées sur les rameaux adultes; stipules de 4 mm de long, tôt caduques; limbe elliptique-obovale, arrondi à la base, aigu au sommet, de 8-15 x 3-5 cm, muni sur le bord de 6-8 dents arrondies pourvues d'une petite glande, tomenteux sur les nervures à la face inférieure; glandes à l'aisselle de quelques nervures secondaires; réseau serré de nervures tertiaires horizontales et parallèles. **Infl.** en cymes axillaires, bipares, de 2-4 cm de long. **Fl.** hermaphrodites, 5-mères; calice à dents triangulaires de 2 mm de long; pétales de 1 mm de diamètre; étamines 5, logées dans les pétales. **Fr.**: drupes mûres noires, obovoïdes, de 2,5 x 1,5 cm.

Forêts secondaires; essence à croissance rapide utilisée dans les reboisements. — Du Liberia jusqu'en Ouganda et en Angola.

RHIZOPHORACÉES

Arbres, arbustes ou géofrutex. **Fe.** opposées ou alternes, parfois verticillées, simples; stipules situées entre les pétioles, caduques. **Infl.** axillaires, en cymes, fascicules, épis ou fleurs solitaires. **Fl.** hermaphrodites, 4-5-mères, actinomorphes; 3-14 sépales ± soudés à la base; pétales libres, entiers ou laciniés; étamines 2-4(5) fois aussi nombreuses que les pétales, libres ou soudées à la base; ovaire supère ou infère, 2-4-loculaire, à 2 ovules par loge. **Fr.**: baies, drupes ou capsules; graines souvent arillées.

Outre le genre et les espèces décrits ou énumérés ci-dessous existe dans la région: *Anisophyllea polyneura* Floret.

Cassipourea congoensis DC.

Arbuste de 4-6 m de haut; rameaux épaissis à l'insertion des feuilles et crête interpétiolaire présente; rameaux densement couverts de lenticelles allongées. **Fe.** opposées, à stipules de 6-8 mm de long; limbe elliptique à obovale, obtus à arrondi à la base, courtement acuminé au sommet, de 4-11 x 3-7 cm, à bord entier ou courtement serreté. **Infl.** en fascicules axillaires, multiflores. **Fl.** 5-mères; calice extérieurement pubescent, grisâtre, à tube campanulé plus court que les lobes; lobes brunâtres et striés longitudinalement à la face interne, de 3 mm de long; pétales blancs, s'élargissant vers le haut, frangés dans le tiers supérieur, de 6-7 mm de long; étamines 20; style glabre de 3 mm de long. **Fr.**: capsules obovoïdes, glabres, de 5 x 4 mm, surmontées du style persistant.

Forêts rivulaires et formations plus ouvertes inondables, bancs de sable. — Du Sénégal à la Rép. centrafr. et au Zaïre.

Une autre espèce existe dans la région: *Cassipourea barteri* (Oliv.) N.E. Br.

ROSACÉES

Arbres, arbustes ou herbes. **Fe.** alternes ou rarement opposées, simples ou composées, quelquefois munies de dents portant des glandes; stipules généralement présentes, parfois soudées au pétiole. **Fl.** hermaphrodites et actinomorphes; réceptacle plan, convexe ou concave; calice à 5(-4) sépales, doublé quelquefois d'un calicule; pétales 5(-4) ou absents; étamines nombreuses, parfois 10 ou moins; filets le plus souvent libres; carpelles 1 ou plus, quequefois très nombreux, libres ou diversement soudés entre eux ou partiellement au réceptacle; ovules 2 ou plus par carpelle. **Fr.**: follicules, akènes, baies ou drupes, les akènes quelquefois sur un réceptacle charnu.

Eriobotrya japonica (Thunb.) Lindl.   *néflier du Japon, bibassier*

Arbre de 5-6 m de haut; cime arrondie; rameaux à tomentum roux. **Fe.** alternes, courtement pétiolées ou sessiles; limbe elliptique à obovale, à base cunéiforme, à sommet aigu, de 11,5-21 x 3-7 cm, à bord fortement denté, vert foncé et brillant à la face supérieure, laineux-roux à la face inférieure. **Infl.** terminales en panicules, de 11-13 cm de long, très tomenteuses. **Fl.** blanches de 1,8 cm de diamètre; calice à 5 lobes, persistant au sommet du fruit; pétales 5, larges et onguiculés; étamines environ 20; ovaire infère, 2-5-

loculaire, à 2 ovules par loge; styles 2-5. **Fr.**: une baie jaune pyriforme de 3-4 cm de long; quelques grosses graines à l'intérieur.

Arbre fruitier introduit à Kisantu en 1898. − Originaire de Chine.

RUBIACÉES[1]

Arbres, arbustes, lianes ou herbes vivaces ou annuelles. **Fe.** opposées ou verticillées, simples, à limbe généralement entier; domaties souvent et galles bactériennes parfois présentes; stipules le plus souvent interpétiolaires, entières, bilobées ou divisées. **Infl.** souvent en cymes, terminales ou axillaires, ou fleurs solitaires. **Fl.** hermaphrodites, actinomorphes; calice à sépales soudés en un tube, surmonté de 4-10 lobes ou dents; pétales (3-)4-6(-12), soudés en un tube; étamines à filet inséré sur la corolle, en nombre égal à celui des lobes et alternant avec ceux-ci; ovaire infère (supère chez *Gaertnera*), formé généralement par 2 carpelles et souvent 2-loculaire; ovules 1, 2 ou plusieurs par loge. **Fr.**: baies, drupes, capsules ou fruits indéhiscents.

Les genres et espèces suivants non décrits ou énumérés ci-dessous sont aussi présents dans la région: *Aulacocalyx jasminiflora* Hook. f., *Calycosiphonia spathicalyx* (K. Schum.) Robbrecht [syn. *Coffea spathicalyx* K. Schum.], *Chassalia ansellii* (Hiern) K. Schum., *Corynanthe paniculata* Welw. *Cremaspora triflora* (Thonn.) K. Schum., *Massularia acuminata* (G. Don) Hoyle (Pl. 195), *Nichallea soyauxii* (Hiern) Bridson, *Pausinystalia macroceras* (K. Schum.) Beille, *Rytigynia gracilipetiolata* (De Wild.) Robyns, *R. mutabilis* Robyns, *R. setosa* Robyns et *Trichostachys microcarpa* K. Schum.

Aidia micrantha (K. Schum.) F. White

Arbuste à petit arbre de 1,8-6(9) m de haut. **Fe.** à stipules triangulaires de 3-9 mm de long; limbe elliptique, cunéiforme à la base, acuminé au sommet, de 10-20 x 3-7,5 cm; domaties en cryptes. **Infl.** solitaires pseudo-axillaires apparaissant à un noeud sur deux (l'inflorescence ou l'infructescence semble opposée à une feuille "solitaire"). **Fl.** 5-mères; corolle de couleur variable, souvent en partie verdâtre et en partie rougeâtre, à gorge soyeuse; préfloraison contortée. **Fr.** globuleux de ± 7 mm de diamètre, à 2 loges à nombreuses graines.

Forêts. − Cameroun, Gabon, Congo, Zaïre.

Aoranthe cladantha (K. Schum.) Somers − Pl. 185
     syn. *Porterandia cladantha* (K. Schum.) Keay

Arbre atteignant 30 m de haut. **Fe.** à grandes stipules, entières, foliacées, ovales-oblongues, obtuses au sommet, atteignant 3(-5) x 1,5(-2,5) cm; pétiole de 10-25(-40) mm de long; limbe obovale, atteignant 42 x 20 cm ou même plus, ± arrondi au sommet. **Infl.** en petits fascicules pseudo-axillaires, souvent aussi sur des anciens rameaux défeuillés. **Fl.** 5-mères; calice et corolle soyeux-argenté extérieurement; préfloraison contortée. **Fr.** subglobuleux, de ± 2 cm de diamètre, subcharnus, oranges, à nombreuses graines.

Forêts. − Nigeria, Cameroun, Rép. centrafr., Gabon, Congo, Zaïre.

Deux autres espèces existent dans la région: *Aoranthe castaneofulva* (S. Moore) Somers [syn. *Porterandia castaneofulva* (S. Moore) Keay] et *A. nalaensis* (De Wild.) Somers [syn. *Porterandia nalaensis* (De Wild.) Keay] − Pl. 185.

---

[1] par E. Robbrecht et L. Pauwels

Bertiera racemosa (G. Don) K. Schum. *kolo di munsala*

Arbuste, parfois un peu sarmenteux, de 2-6 m de haut. **Fe.** à limbe elliptique de 12-25 x 5-11 cm, à base un peu cunéiforme, à sommet brièvement acuminé, discolore. **Infl.** terminales sur les rameaux latéraux ± horizontaux, pendantes, fortement allongées et ressemblant à un épi, atteignant plus de 15 cm de long. **Fl.** à corolle blanche, à lobes étroits atteignant 15 mm de long; préfloraison contortée. **Fr.**: baies subglobuleuses, atteignant environ 10 mm de diamètre, brunâtres, contenant de nombreuses graines anguleuses de 1 mm de diamètre.

Bords de marais ou de cours d'eau. − De la Sierra Leone au Zaïre.

Quatre autres espèces existent dans la région: *Bertiera laurentii* De Wild., *B. letouzeyi* N. Hallé, *B. lujae* De Wild., *B. subsessilis* Hiern var. *congolana* (De Wild. & Th. Dur.) N. Hallé *"kigunsi"*.

Chazaliella macrocarpa Verdc.

Arbuste de 1-2,5 m de haut. **Fe.** à stipules triangulaires, atteignant 7 mm de long; limbe elliptique à base cunéiforme et sommet acuminé, de 13-22 x 4,5-8,5 cm. **Infl.** terminales en petits glomérules condensés. **Fl.** blanchâtres, 5-mères; corolle à gorge très poilue; préfloraison valvaire; hétérostylie (formes longi- et brévistyles). **Fr.**: drupes rouge bordeaux, tronquées au sommet, à disque un peu déprimé, contenant 2 noyaux hémi-ellipsoïdes, convexes sur la face externe.

Forêts primaires et secondaires, galeries forestières. − Gabon, Congo, Zaïre.

Quatre autres taxons, difficiles à distinguer, existent dans la région: *Chazaliella coffeosperma* (K. Schum.) Verdc. subsp. *longipedicellata* Verdc., *C. obovoidea* Verdc. subsp. *longipedunculata* Verdc. et subsp. *rhytidophloea* Verdc. et *C. oddonii* (De Wild.) Petit & Verdc.

Coffea canephora Fröhner *caféier "Robusta"*

Arbuste ou petit arbre de 2-12 m de haut, à "port de caféier" caractéristique. **Fe.** à stipules triangulaires, la plupart réduites ou déchirées sur les rameaux fructifères; limbe elliptique à obovale, acuminé au sommet, cunéiforme à la base, de 16-21 x 7-10 cm. **Infl.** en fascicules axillaires. **Fl.** 5-6-mères, blanches odorantes; corolle à tube de 9-14 mm de long, lobes de 9-14 mm de long; préfloraison contortée; anthères des étamines exsertes. **Fr.** rouge foncé à maturité, ellipsoïdes de ± 10-12 x 7-8 mm, contenant deux "grains de café" caractérisés par un sillon longitudinal qui partage leur face plane.

Forêts secondaires. − Toute la Région Guinéo-Congolaise.

Une seconde espèce de caféier spontané existe dans la région, notamment *Coffea liberica* Hiern. Les deux espèces sont souvent cultivées.

Colletoecema dewevrei (De Wild.) Petit *mbendimbendi* (à Kimvula)

Arbre atteignant 12 m de haut, rarement arbuste. **Fe.** à limbe obovale, de 9-18 x 3-10 cm, brillant en dessus. **Infl.** axillaires en glomérules. **Fl.** petites, odorantes, 5-mères; corolle blanche ou jaunâtre; préfloraison valvaire. **Fr.**: drupes mûres comprimées, d'environ 15 x 10 mm, un peu côtelées, d'abord vineuses puis violettes ou noirâtres, contenant un seul noyau extrèmement dur, 2-loculaire (chaque loge contenant 1 graine allongée).

Recrûs forestiers, galeries forestières. − Cameroun, Gabon, Congo, Zaïre.

Commitheca liebrechtsiana (De Wild. & Th. Dur.) Bremek. — Pl. 186

Buisson ou arbuste atteignant 3(-4) m de haut. **Fe.** à limbe elliptique, cunéiforme à la base, à acumen de 10-15 mm, souvent ± arqué; stipules triangulaires de 2-4 mm de long. **Infl.** lâches à 5 fleurs. **Fl.** 6-mères, vert clair; corolle ouverte de 6-9 mm de diamètre, avec une touffe de poils blancs dans la gorge; préfloraison valvaire; ovaire à 3-4 loges. **Fr.** charnus, globuleux, de 5-7 mm de diamètre; nombreuses graines de 1 mm de long.

Forêts marécagueses ou forêts périodiquement inondées. — Cameroun, Gabon, Congo, Zaïre.

Craterispermum schweinfurthii Hiern

ntata nkedinga, muntomantoma

syn. *C. laurinum* auct. non (Poir.) Benth.; *C. congolanum* De Wild. & Th. Dur.; *C. dewevrei* De Wild. & Th. Dur.

Arbuste ou petit arbre atteignant tout au plus 15 m de haut. **Fe.** à limbe ± elliptique de 6-15 x 2-6,5 cm, coriace, glabre, à bords enroulés; stipules triangulaires. **Infl.** axillaires en glomérules sur un pédoncule de 2-10 mm. **Fl.** petites à corolle blanche; préfloraison valvaire; style bifide. **Fr.** charnus, sessiles, subsphériques, d'environ 7 mm de diamètre, pourvu d'une seule graine à dépression apicale.

Forêts. — Congo, Zaïre.

Il n'est pas certain que l'espèce voisine *C. laurinum* (Poir.) Benth. est présente dans la région; elle se caractérise par un plus long pédoncule et des fruits courtement mais clairement pédicellés. Deux autres espèces sont facilement distinguées: *C. cerinanthum* Hiern, par ses inflorescences plus lâches, et *C. inquisitorium* Wernh. (syn. *C. brieyi* De Wild.) par ses pédoncules de (20-)30-60 mm de long, portant une inflorescence bifurquée formée de deux axes ressemblant à un épi.

Crossopteryx febrifuga (G. Don) Benth. — Pl. 187   *kigala*

Arbuste ou petit arbre bas-branchu de 2-5 m de haut. **Fe.** opposées, rarement ternées; limbe ± elliptique à obovale, à base et sommet arrondi, de 5-9 x 3-4,5 cm, densement pubescent en dessous, coriace. **Infl.** terminales, denses, composées de nombreuses petites fleurs. **Fl.** à corolle blanchâtre souvent lavé de rose; préfloraison valvaire. **Fr.**: capsules caractérisés par une cicatrice circulaire au sommet indiquant la position du calice caduc, s'ouvrant par 2 valves à maturité; nombreuses graines à aile fimbriée.

Savanes; très commun. — Largement répandu en Afrique tropicale.

Dictyandra arborescens Hook. f. — Pl. 188

Arbuste ou petit arbre atteignant 10 m de haut. **Fe.** à stipules triangulaires; anisophyllie fréquente (feuilles d'une paire de taille sensiblement différente); limbe de 12-25 x 4-9 cm. **Infl.** terminales. **Fl.**: boutons floraux soyeux-argentés; calice à lobes ovales d'environ 10 mm de long, à bord enroulé du côté recouvrant; préfloraison contortée; corolle blanche, à tube d'environ 10 mm de long et à lobes deux fois plus longs que le tube. **Fr.** sphériques, subcharnus, contenant un grand nombre de graines noires brillantes.

Forêts. — De la Guinée jusqu'en Angola et Ouganda.

Une autre espèce, *Dictyandra congolana* Robbrecht (Pl. 189), a été récolté dans les environs de Kinshasa. Elle est caractérisée par ses grandes stipules largement ovales, dans lesquelles les infloresences en glomérule sont cachées.

Gaertnera paniculata Benth. *kimbodi*

Arbre ou arbuste atteignant 18 m de haut. **Fe.** à stipules interpétiolaires soudées en une gaine de plus de 10 mm de long; limbe elliptique, de 10-15 x 4-8 cm. **Infl.** terminales très lâches, atteignant 20 cm de diamètre. **Fl.** à corolle blanche, à préfloraison valvaire; ovaire à 2 loges à 1 seul ovule ascendant. **Fr.** charnu, violet foncé à maturité, à 2 graines, rarement à 1 graine.

Forêts secondaires. — De la Guinée jusqu'au Zaïre et à la Zambie.

Trois autres *Gaertnera* existent dans la région: *G. bracteata* Petit var. *glabrifolia* Petit, *G. leucothyrsa* (K. Krause) Petit et *G. longevaginalis* (Hiern) Petit (Pl. 192). Elles sont toutes trois caractérisées par une inflorescence nettement plus condensée.

Gardenia imperialis K. Schum. — Pl. 190

Arbuste ou petit arbre de 3-12(-20) m de haut; bourgeons à sécrétion cireuse abondante, recouvrant les jeunes feuilles; feuilles en touffes au bout des rameaux. **Fe.** à limbe de 15-40 x 8-20 cm, possédant deux oreillettes myrmécophiles à leur base; stipules cylindriques, à bord échancré. **Fl.** 5-mères; corolle blanche et maculée de rouge, très grande (plus de 20 cm de long), à préfloraison contortée. **Fr.** cylindriques, de 5-7 x 3-5 cm, contenant de nombreuses graines aplaties dans une pulpe.

Forêts marécageuses, galeries forestières. — Du Sénégal jusqu'en Angola et au Zimbabwe.

On distingue deux sous-espèces: subsp. *imperialis* et subsp. *physophylla* (K. Schum.) Pauwels; les deux sont représentées dans la région.

Gardenia ternifolia Schumach. & Thonn. *kilemba nzau*
　　　subsp. ***jovis-tonantis*** (Welw.) Verdc. var. ***jovis-tonantis***
　　　　syn. *G. jovis-tonantis* (Welw.) Hiern

Arbuste de 1-4 m de haut; tronc et branches à écorce ocre brun, devenant souvent poudreuse; branches ternées, souvent courtes, ressemblant parfois à des épines. **Fe.** ternées; limbe de 5-9 x 2-6 cm, à base cunéiforme, à sommet obtus ou arrondi, coriace, entièrement glabre sauf les domaties. **Fl.** solitaires 9-12-mères, très odorantes; calice tronqué ou lobé; corolle d'abord blanche, virant ensuite au jaune pâle, à tube cylindrique long de 4-6 cm; préfloraison contortée; ovaire 1-loculaire, à 6-7 placentas pariétaux. **Fr.** secs, à paroi dure et fibreuse, ellipsoïdes et de 4,5-6 x 2,5-3 cm, ou subglobuleux et de 3,5-4,5 cm de diamètre; tube calycinal persistant; nombreuses graines aplaties dans une pulpe jaunâtre.

Savanes. — Du Mali juqu'au Mozambique.

Deux autres *Gardenia* spontanés de la région, *Gardenia leopoldiana* De Wild. (Pl. 191) et *G. vogelii* Planchon var. *seretii* (De Wild.) Pauwels [syn. *G. seretii* (de Wild.) De Wild.] sont caractérisées par des fruits étroitement cylindriques. *G. augusta* (L.) Merr., le "gardénia" des horticulteurs, souvent à fleurs doubles, est cultivé dans les jardins de la région.

Heinsia crinita (Afz.) G. Tayl. — Pl. 193 *kinkete, kibwa*
　　　　syn. *H. pulchella* K. Schum.

Arbuste de 1-6 m de haut; jeunes rameaux pubescents bruns. **Fe.** à limbe elliptique, de 6-13 x 3-6 cm; stipules interpétiolaires profondément bilobées. **Fl.** à corolle verdâtre à blanche, à tube d'environ 20 mm de long et à lobes de la même longueur; préfloraison imbriquée; gorge à pilosité jaune; calice à 5(6) lobes foliacés. **Fr.** globuleux atteignant 15 mm de diamètre, subchar-

nus, surmontés par un calice persistant à lobes foliacées, contenant de nombreuses graines d'environ 1 mm de diamètre à tégument réticulé brun.
Recrûs forestiers. – De la Guinée à l'Angola.

Ixora coccinea L.   *ixora*

Arbuste de petite taille. **Fe.** sessiles, à limbe ovale, arrondi ou cordé à la base et arrondi au sommet, de 4-9 x 2-4,5 cm. **Infl.** en corymbes terminales. **Fl.** 4-mères, rouges; préfloraison contortée; corolle à long tube étroit d'environ 4 cm de long, à lobes elliptiques beaucoup plus courts; style bifide exsert. **Fr.**: drupes rouges ± bilobées, 2-loculaires, à 2 graines.
Fréquemment cultivé, souvent taillé en haies. – Originaire de l'Inde et de Chine.
Une seconde espèce cultivée dans la région est un arbuste plus grand, à fleurs plus pâles (rouge saumon) et feuilles acuminées. Il s'agit probablement d'*Ixora javanica* (Bl.) DC.
En plus deux espèces spontanées existent dans la région: *Ixora brachypoda* DC. (erronément appelée *I. odorata* Hook. f. par des nombreux auteurs) et *I. laxiflora* Sm. (le dernier connu en Zaïre seulement du Plateau des Bateke).

Leptactina leopoldi-secundi Büttner – Pl. 194   *kisiamuna*

Arbuste de 1-3 m de haut, parfois sarmenteux; rameaux velus brun roux. **Fe.** à stipules ± orbiculaires, brusquement élargies au-dessus de la base; limbe largement elliptique à orbiculaire, de 6-12 x 4-7 cm. **Fl.** à corolle verdâtre à blanche, à tube étroit de plus de 10 cm de long et à lobes contortés atteignant plus de 5 cm de long. **Fr.** oblongs d'environ 20 x 10 mm, à 10 côtes longitudinales saillantes, surmontés des sépales foliacés, subcharnus, contenant un grand nombre de graines noires brillantes.
Recrûs forestiers, forêts secondaires. – Gabon, Congo, Rép. centrafr., Zaïre (Bas-Congo, Forestier Central).

Leptactina liebrechtsiana De Wild. & Th. Dur.   *kisiamuna*

Buisson de 1-2 m de haut; rameaux glabres. **Fe.** à stipules triangulaires; limbe elliptique de 7-11 x 2,5-5 cm. **Fl.** solitaires; tube de la corolle de 3,5-5 cm de long, lobes de ± la même longueur; préfloraison contortée. **Fr.** oblongs jaunes, d'environ 17 mm de long, surmontés de sépales foliacés, sub-charnus, contenant un grand nombre de graines noires brillantes.
Savanes, forêts claires. – Zaïre (Bas-Congo, Kasai).
Une espèce voisine, *L. pynaertii* De Wild., est un arbuste plus grand à fruits plus longs.
Les *Leptactina* ont des fruits comestibles.

Mitragyna stipulosa (DC.) O. Kuntze   *nlongu*
      syn. *Hallea stipulosa* (DC.) Leroy

Arbre pouvant atteindre 30 m de haut. **Fe.** à stipules énormes pouvant atteindre 5 cm de long, ± ovales, à nervation en éventail; limbe foliaire ± orbiculaire, très grand, pouvant atteindre 40 cm de long. **Infl.** en panicules terminales de capitules sphériques. **Fl.** petites, blanches; préfloraison valvaire. **Fr.**: capsules s'ouvrant en 4 valves.
Forêts marécageuses. – De la Gambie jusqu'en Angola.

plupart sont des vraies lianes, caractérisées par le même type de "feuilles" attractives, rouges ou blanches, que *Pseudomussaenda*. Ces inflorescences ont une valeur décorative.

Psilanthus lebrunianus (Germain & Kessler) Bridson
syn. *Coffea lebruniana* Germain & Kessler

Arbuste de 1,5-2,5 m de haut; jeunes rameaux bruns se désquamant longitudinalement. **Fe.** elliptiques, de 5-10 x 2-4,5 cm, à long acumen élargi en spatule arrondie au sommet; domaties en cryptes. **Fl.** solitaires ou par 2-3 à la fois terminales et axillaires; fleurs 5-mères, blanches, à étamines insérées en dessous de la gorge et à style très court non exsert; préfloraison contortée. **Fr.**: drupes d'abord blanches, devenant rouge grenat à noirâtres à maturité, bilobées, d'environ 8 x 10 mm, à constriction nette entre les deux loges sphériques qui contiennent chacune 1 graine.

Forêts. — Congo, Zaïre (Bas-Congo, Kasai, Forestier Central).
La région connaît une seconde espèce, *Psilanthus mannii* Hook. f., à fruits nettement plus grands, surmonté de 5 grands lobes calicinaux foliacés.

Psychotria calva Hiern *kibofula*

Arbuste de 0,5-8 m de haut. **Fe.** à limbe elliptique, cunéiforme à la base, aigu au sommet, de 8-20 x 2-10 cm, glabre sur les deux faces, à galles bactériennes linéaires le long de la nervure médiane (visible comme épaississements plus foncés que le limbe); stipules triangulaires, le sommet entier ou courtement biapiculé. **Infl.** terminales très ramifiées, de 5-10 cm de long. **Fl.** 4-5-mères, blanches, hétérostyles; préfloraison valvaire. **Fr.**: drupes rouges contenant 2 noyaux à 5-6 côtes sur la face externe.

Forêts, galeries forestières. — Du Sénégal jusqu'au Zaïre (Mayombe, Bas-Congo, Kasai, Bas-Katanga, Forestier Central, Ubangi-Uele). — Ses feuilles se mangent en légume.

Psychotria djumaensis De Wild.

Arbuste ou petit arbre de 1,5-9 m de haut. **Fe.** à pétiole de 0,5-4 cm de long; limbe à base subcordée à cunéiforme, à sommet aigu, de 3-20 x 1,5-12 cm, glabre, à l'exception des nervures ± pubérulentes à la face inférieure; galles bactériennes absentes. **Infl.** en panicules terminales très lâches de 8-20 cm de long. **Fl.** 5-mères, blanches, hétérostyles; préfloraison valvaire. **Fr.**: drupes rouges contenant 2 noyaux semi-globuleux, convexes à la face extérieure.

Forêts marécageuses, galeries forestières. — De la Guinée jusqu'au Zaïre et en Angola.

Psychotria kimuenzae De Wild.

Arbuste ou sous-arbuste de 0,5-3 m de haut. **Fe.** à limbe elliptique, cunéiforme à la base, acuminé au sommet, de 7-18 x 3-10 cm, pubérulent sur la face inférieure; galles bactériennes ponctiformes (visibles comme des points foncés); stipules triangulaires biacuminées au sommet. **Fl.** 4-mères, blanches; préfloraison valvaire. **Infl.** terminales très ramifiées, de 4-10 cm de long. **Fr.**: drupes rouges contenant 2 noyaux à 5-6 côtes sur la face externe.

Forêts, galeries forestières. — Congo, Zaïre (Mayombe, Bas-Congo, Kasai, Forestier Central).
De nombreuses autres espèces que celles décrites ci-dessous existent dans la région, notamment: *Psychotria auxopoda* Petit, *P. avakubiensis* De Wild. (Pl. 204), *P. brassii* Hiern, *P. callensii* Petit, *P. cyanopharynx* K. Schum. (Pl. 205; *kito ki nkombo*), *P. dermatophylla* (K. Schum.) Petit, *P. gilletii* De Wild., *P. laurentii* De Wild., *P. leptophylla* Hiern, *P. succulenta* (Hiern) Petit, *P. verschuerenii* De Wild. var. *reducta* Petit, *P. vogeliana* Benth.

Psydrax arnoldiana (De Wild.) Bridson   *ntutulu*
        syn. *Canthium arnoldianum* (De Wild.) Hepper

Arbre pouvant atteindre 40 m de haut; tiges creuses, parfois habitées par des fourmis; branches longues, horizontales, avec un aspect de feuilles composées. **Fe.** à limbe étroitement elliptique, ± arrondi à la base, acuminé au sommet, de 7-14 x 3-5 cm; stipules étroitement triangulaires, atteignant 1 cm de long. **Infl.** en glomérules vraiment axillaires. **Fl.** à très mauvaise odeur; corolle jaune verdâtre, à préfloraison valvaire; long style exsert à stigmate mitriforme. **Fr.**: drupes globuleuses d'environ 5 mm de diamètre, contenant 2 noyaux.

Forêts. − De la Côte d'Ivoire jusqu'à la Rép. centrafr. et au Zaïre (Bas-Congo, Forestier Central).

Trois autres espèces dans la région, ainsi qu'une du genre voisin *Keetia*: *Psydrax gilletii* (De Wild.) Bridson (syn. *Plectronia gilletii* De Wild.), *Psydrax palma* (K. Schum.) Bridson [syn. *Canthium oddonii* (De Wild.) Evrard], *Psydrax subcordata* (DC.) Bridson (syn. *Canthium glabriflorum* Hiern) et *Keetia ripae* (De Wild.) Bridson (syn. *Canthium ripae* De Wild.).

Rothmannia octomera (Hook.) Fagerlind − Pl. 206

Arbuste atteignant 5-6 m de haut; jeunes tiges, pétioles et limbes à pilosité dense grise. **Fe.** à limbe elliptique à obovale, de 9-29 x 5-11 cm. **Infl.**: fleurs solitaires érigées, pourvues de trois feuilles à leur base (c.-à-d. fleur terminale sur un axe raccourci à 2 noeuds dont le supérieur ne porte qu'une feuille). **Fl.** de grande taille, 7-8-mères, blanches; calice à dents linéaires; corolle à tube jaunâtre de 14-19 cm de long et à lobes triangulaires de 2,5-7 cm de long; préfloraison contortée. **Fr.** ± secs, allongés atteignant 11 cm de long, vert noir, striés de macules pâles.

Forêts secondaires, recrûs forestiers. − Cameroun, Rép. centrafr., Gabon, Zaïre.

De nombreuses autres espèces existent dans la région: *Rothmannia hispida* (K. Schum.) Fagerlind, *R. libisa* N. Hallé, *R. liebrechtsiana* (De Wild. & Th. Dur.) Keay, *R. longiflora* Salisb., *R. lujae* De Wild., *R. munsae* (Hiern) Petit subsp. *megalostigma* (Wernh.) Somers (syn. R. megalostigma (Wernh.) Keay), *R. talbotii* (Wernh.) Keay, *R. whitfieldii* (Lindl.) Dandy.

Sarcocephalus latifolius (Smith) Bruce − Pl. 135
                                                  kienga, kilolo ki kienga
        syn. *Nauclea latifolia* Smith; *Sarcocephalus esculentus* Sabine

Arbuste de 1-5 m de haut. **Fe.** à limbe largement elliptique ou ± orbiculaire, à sommet arrondi, à base ± cordée, de 7-19 x 6-14 cm; stipules triangulaires courtement biapiculées au sommet. **Infl.** terminales en capitules très denses, sphériques, solitaires, composés de nombreuses fleurs blanchâtres soudées par leurs ovaires. **Fr.** composé globuleux pouvant atteindre la taille d'une orange, formé de la soudure d'un grand nombre de petits fruits, à surface crevassée en rayon d'abeille.

Savanes sur sols lourds; très commun. − Du Sénégal jusqu'à l'Ouganda et l'Angola.

L'espèce voisine *Sarcocephalus pobeguinii* Pellegrin [syn. *Nauclea pobeguinii* (Pellegrin) Petit] est un grand arbre de la forêt marécageuse. Une troisième espèce voisine, *Nauclea gilletii* (De Wild.) Merrill [syn. *Sarcocephalus gilletii* De Wild.] a été décrite sur du matériel récolté à Kimuenza et n'a pas été retrouvée depuis lors; son identité est à revoir.

Stipularia africana P. Beauv. — Pl. 207

Herbe sous-ligneuse à arbuste de 0,5-4 m de haut. **Fe.** à pétiole de 2-4 cm de long; limbe de 11-20 x 6-11 cm, fortement discolore, tomenteux blanc en dessous; grandes stipules rouges triangulaires atteignant 3 cm de long et de large. **Infl.** en glomérules vraiment axillaires de petites fleurs entièrement encloses dans un grand involucre 4-lobé, rouge ou rose. **Fl.** blanches, 5-mères. **Fr.**: baies pourpres, 3-5-loculaires, à nombreuses graines minuscules.
Marais herbeux. — De la Sierra Leone au Zaïre.
La seule autre espèce du genre, *S. elliptica* Hiern (Pl. 207), existe dans la région. Son involucre est 2-3-lobé et couvert d'un revêtement tomentelleux.

Tarenna laurentii (De Wild.) Garcia

Arbuste de 2-6 m; rameaux glabres. **Fe.** à limbe étroitement elliptique à obovale, cunéiforme à la base, acuminé au sommet, de 8-14 x 2,5-4,5 cm; stipules interpétiolaires courtement triangulaires, soudées entre elles à la base, à surface vernissée. **Infl.** terminales, lâches, multiflores. **Fl.** 5-mères à parfum délicieux; calice glabre; corolle blanche ou blanchâtre; préfloraison contortée; style en massue mince longuement exsert. **Fr.** charnus globuleux, orangés, contenant jusqu'à 15 graines rousses de 2,5 mm de long, pourvues d'une petite cavité à leur face interne.
Recrûs forestiers, forêts secondaires. — Cameroun, Rép. centrafr., Gabon, Zaïre.

Tricalysia coriacea (Benth.) Hiern subsp. *coriacea* — Pl. 209

Arbuste atteignant 8 m de haut; jeunes rameaux, pétioles et stipules glabres. **Fe.** à limbe de 6-20 x 3-8 cm, à domaties en crypte ou nulles; stipules soudées en gaines pourvues d'une dent interpétiolaire de 1-5 mm de long. **Fl.** (6-)7-8(-9)-mère; calice tronqué; corolle généralement rose, de 8-18 mm de long; préfloraison contortée; ovaire à 4-7 ovules par loge. **Fr.** rouges de 6-10 mm de diamètre; calice persistant et ± accrescent; 2-5(-7) graines par loge.
Galeries forestières, forêts marécageuses. — Du Ghana à l'Angola et de la Tanzanie au Mozambique.
Deux espèces voisines existent dans la région: *Tricalysia biafrana* Hiern et *T. hensii* De Wild.; cette dernière espèce est limitée aux rives du Fleuve; elle est caractérisée par des feuilles plus petites et par la pubescence des stipules et des pétioles.

Tricalysia crepiniana De Wild. & Th. Dur.

Arbuste ou arbre atteignant tout au plus 20 m de haut; tiges et feuilles à poils courts apprimés. **Fe.** à limbe elliptique ou obovale, de 7-20 x 3-7,5 cm; domaties nulles ou en touffe de poils; stipules soudées en gaine pourvue d'une dent interpétiolaire de 6-9 mm de long. **Fl.** 5-mère; calice à lobes aigus de 1,5-3 mm de long, se recouvrants; corolle blanche de 7-10 mm de long à touffe de poils dans la gorge; préfloraison contortée; ovaire 2-loculaire, à 7-17 ovules dans chaque loge. **Fr.** d'abord blancs, pourpres à noirâtres à maturité; 6-15 graines dans chaque loge.
Forêts primaires ou secondaires. — Cameroun, Congo, Zaïre (Mayombe, Bas-Congo, Kasai, Forestier Central, Ubangi-Uele), Angola. — Deux autres espèces de la région sont fort voisines de *Tricalysia crepiniana*, mais se distinguent par leurs poils érigés. *T. filiformi-stipulata* (De Wild.) Brenan à feuilles à base arrondie ou cordée, *T. welwitschii* K. Schum. (Pl. 211) à feuilles à base cunéiforme. Chez une troisième espèce voisine, *T. bequaertii* De Wild. (Pl. 208), les lobes du calice sont moins développés et ne se recouvrent pas.

Tricalysia pallens Hiern — Pl. 210

syn. *T. longistipulata* (De Wild. & Dur.) De Wild. & Dur.

Arbuste ou petit arbre de 1-7(-12) m; jeunes rameaux pubescents. **Fe.** à limbe étroitement obovale, de 6-11 x 1,5-4 cm; domaties en cryptes; stipules soudées en gaine pourvue d'une dent interpétiolaire de 2-7 mm de long. **Fl.** (4-)5-6-mères; corolle blanche ou verdâtre, de 5-14 mm de long; préfloraison contortée; ovaire 2-loculaire, à 2(3) ovules par loge. **Fr.** rouges de 6-10 mm de diamètre; calice persistant; 1-2 graines par loge.

Forêts secondaires, recrûs. — Du Ghana au Zaïre et du Kenya au Mozambique.

Une dernière espèce de *Tricalysia* de la région, *T. bifida* De Wild., a des fleurs pleiomères beaucoup plus grandes et des fruits atteignant 15 mm de diamètre. Une espèce de la région était placée anciennement dans le genre *Tricalysia*, *Sericanthe roseoides* (De Wild. & Th. Dur.) Robbrecht (syn. *Tricalysia roseoides* De Wild. & Th. Dur.); elle possède de nombreuses galles bactériennes dans le limbe foliaire.

RUTACÉES

Arbres, arbustes, parfois à aiguillons et épines. **Fe.** alternes, simples ou composées-imparipennées; pétiole et rachis parfois ailés; stipules absentes; limbe souvent criblé de ponctuations translucides. **Infl.** en panicules ou cymes, axillaires ou terminales. **Fl.** actinomorphes, hermaphrodites ou unisexuées, 4-5-mères; pétales libres; étamines 4-8 ou 5-10, généralement libres; disque intrastaminal présent; ovaire supère à carpelles soudés. **Fr.** charnus (drupes ou baies) ou secs (follicules, capsules).

Outre les genres et espèces décrits ci-dessous existent dans la région: *Citropsis articulata* (Spreng.) Swingle & Kellerman (syn. *C. gilletiana* Swingle & Kellerman) et *Vepris nobilis* (Del.) Mziray (syn. *Teclea nobilis* Del.). — Ont été introduits: *Casimiroa edulis* Llav. & Lex., *Clausena anisata* (Willd.) Oliv. (Pl. 214) et *Murraya paniculata* (L.) Jack (syn. *M. exotica* L.).

Citrus aurantiifolia (Christm.) Swingle   *limettier; dingama*

Arbres ou arbustes; rameaux jeunes pourvus à l'aisselle des feuilles d'une épine droite, devenant inermes avec l'âge. **Fe.** alternes, 1-foliolées; pétiole pourvu d'un élargissement aliforme; limbe à ponctuations translucides, dégageant une odeur caractéristque après froissement. **Infl.** axillaires, en courts racèmes corymbiformes ou fleurs solitaires. **Fl.** hermaphrodites ou ♂, d'au maximum 2,5 cm de diamètre; calice à 4-5 sépales; pétales 5; étamines 4 à 10 fois aussi nombreux que les pétales; disque épais; ovaire à nombreuses loges; ovules 4-8 par loge. **Fr.**: baies de 3-6 cm de long, ovoïes, à peau verte peu épaisse, à loges contenant un tissu pulpeux très acide; graines nombreuses.

Originaire d'Indonésie ou des Indes.

Citrus aurantium L.   *bigaradier, oranger amer; dizonga*

Comme l'espèce précédente, mais à fruits orange à peau ± rugeuse, à pulpe très amère mais à zeste très aromatique, de 5-7 cm de diamètre; pétiole largement ailé; limbe de ± 11 x 4,5 cm; arbre épineux atteignant 10 m de haut à cime arrondi.

Originaire de S.E. asiatique.

Citrus limon (L.) Burm. f.   *citronnier; lala di ngani*
Comme *C. aurantiifolia*, mais à fruits jaunes avec une excroissance ±
conique au sommet, de 7-15 x 5-7 cm; pulpe très acide; boutons floraux
maculés de rouge; arbre de 3-6 m de haut à fortes épines rigides; pétiole
marginé, non ailé; petit arbre de 2-7 m de haut à épines courtes et épaisses.
Originaire du S.E. asiatique.

Citrus maxima (Burm.) Merrill   *pomelo; nbumi*
        syn. *Citrus grandis* (L.) Osbeck
Comme *C. aurantiifolia*, mais à gros fruits jaunes, solitaires, globuleux ou en
forme de poire, de 10-30 cm de diamètre; peau jaune épaisse; pulpe jaune ou
rose; rameaux et feuilles pubescents; pétiole largement ailé; limbe ovale-
elliptique, aigu au sommet, cordé à la base; arbre atteignant 5,5 m à cime
arrondi; èpines fines courbées, ou absentes.
Originaire de Thaïlande et de Malaisie. — Les noms français "pamplemoussier" et "pomelo" sont
parfois confondus.

Citrus x paradisi Macfad.   *pamplemoussier, grapefruit; nbumi*
Comme *C. aurantiifolia*, mais à gros fruits jaunes de 9-13 cm de diamètre,
en fascicules; rameaux et feuilles glabres; pétiole largement ailé; limbe
largement elliptique, de 8-10 x 5-6 cm, glabre; grand arbre à cime arrondi.
Origine non connue; probablement un hybride entre *C. maxima* et *C. sinensis*.

Citrus reticulata Blanco   *mandarinier; dindeleni*
Comme *C. aurantiifolia*, mais à fruits plus larges que hauts, souvent
déprimés au sommet dans la partie centrale, à peau se détachant facilement;
pétiole étroitement ailé ou marginé; limbe étroitement elliptique, de 4-8 x
1,5-5 cm, à bord légèrement crénelé; arbuste ou petit arbre épineux, à cime
étroite.
Originaire de Vietnam probablement.

Citrus sinensis Osbeck   *oranger doux; lala, lalansa, didiya*
Comme *C. aurantiifolia*, mais à fruits à peau orange lisse et pulpe douce, à
nombreuses graines, parfois absentes dans certaines variétés cultivées; rameaux jeunes anguleux, souvent avec des fortes épines; pétiole étroitement
ailé, de 1-1,5 cm de long; limbe elliptique, de 8,5-10 x 4-5 cm.
L'oranger commun, le plus cultivé dans la région. — Originaire de Chine ou du Vietnam.
Outre les espèces décrites ci-dessus existe dans la région: *Citrus medica* L., le *cédratier*.

Zanthoxylum gilletii (De Wild.) Waterman   *nkonko nkumanga*
        syn. *Fagara gilletii* De Wild.; *F. macrophylla* (Oliv.) Engl.; *F. macrophylla* var.
        preussii Engl. ex De Wild.
Arbres pouvant atteindre 35 m de haut; tronc épineux sur toute sa hauteur,
garni dans sa partie inférieure de grosses épines coniques; feuillage rassemblé
en bouquets étoilés au sommet de l'arbre. **Fe.** atteignant 1,5 m de longueur;
pétiole et rachis garnis d'aiguillons assez nombreux; folioles ± 20 paires
subopposées vers le haut ou alternes vers le bas et 1 foliole terminale;
folioles dissymétriques, sessiles ou subsessiles; limbe elliptique ou oblong,

cunéé ou arrondi à la base, acuminé au sommet, de 20-30 x 5-11 cm; glandes près de la nervure médiane à la base; nervure médiane garnie de quelques aiguillons. **Infl.** en panicules. **Fl.** 5-mères; fleurs ♂ à 5 étamines; disque épais ovoïde 5-lobé; fleurs ♀ à 5 staminodes, à disque très court et à 1 carpelle. Infrutescences pourpres. **Fr.**: follicule solitaire globuleux, de ± 4 mm de diamètre; graine 1, bleu métallique.

Groupements forestiers. − Afrique de l'ouest, Zaïre, Soudan, Zambie, Zimbabwe et Angola. Trois autres espèces existent dans la région: *Zanthoxylum laurentii* (De Wild.) Waterman (Pl. 212; syn. *Fagara laurentii* De Wild.), *Z. leprieurii* Guill. & Per. [Pl. 213; syn. *F. leprieurii* (Guill. & Perr.) Engl.] et *Z. thomense* (Engl.) A. Chev. (syn. *F. thomense* Engl.; *F. welwitschii* Engl.; *F. altissima* Engl.).

SAPINDACÉES

Arbres, arbustes ou lianes. **Fe.** alternes, simples ou composées, 3-foliolées (*Allophylus*) ou paripennées, sans stipules, ou rarement imparipennées (*Paullinia, Cardiospermum*) et alors stipules présentes. **Infl.** terminales ou axillaires, souvent caulinaires, en racèmes ou panicules de cymes, à axes parfois transformés en vrilles. **Fl.** unisexuées, les fleurs des deux sexes souvent réunies dans une même inflorescence, actino- ou zygomorphes; pétales 4-5, rarement plus, parfois absents, libres, présentant une écaille à la base du limbe; fleurs ♂ à 9-12 étamines, libres; disque en général extrastaminal et très développé; fleurs ♀ à ovaire supère à carpelles soudés entièrement ou seulement à la base. **Fr.** déhiscents ou non, et dans ce cas baies ou drupes; graines souvent enveloppées d'un arillode.

Outre les genres et espèces décrits ci-dessous existent dans la région: *Chytranthus stenophyllus* Gilg var. *stenophyllus*, *C. stenophyllus* Gilg var. *gerardii* (De Wild.) Hauman, et *Radlkofera calodendron* Gilg (Pl. 217). Sont introduits dans la région: *Harpullia cupanioides* Roxb., *Litchi chinensis* Sonn. (syn. *Nephelium litchi* Cambess.), *Melicocca bijuga* L. et *Sapindus saponaria* L. Une espèce du Kivu et du Shaba, *Dodonaea viscosa* (L.) Jacq., a été récolté à Kisantu; il s'agit probablement d'une introduction.

Allophylus africanus P. Beauv. f. *acuminatus* Hauman − Pl. 215

kinsamba

Arbuste ou arbre pouvant atteindre 20 m de haut. **Fe.** 3-foliolées, discolores, à pétiole de 4-6 cm de long; foliole médiane à limbe obovale, cunéiforme à la base, nettement acuminé au sommet, de 7-12 x 3,5-7 cm, parfois crénelé ou denté dans la moitié supérieure, glabre. **Infl.** terminales ou axillaires, ramifiées, de 7-15 cm de long. **Fl.** blanches à 4 sépales d'environ 1,8 mm de long; pétales 4 d'environ 1,2 mm de long, pourvus à la face interne d'une écaille ± velue; disque unilatéral; fleurs ♂ à 8 étamines; fleurs ♀ à ovaire à 2 carpelles, soudés à la base. **Fr.** drupes rouges, subglobuleuses, de 4-6 mm de diamètre.

Recrûs forestiers. − Zaïre (Mayombe, Bas-Zaïre, Kasai, Bas-Shaba, Forestier central)
Une autre forme de la même espèce, *Allophylus africanus* P. Beauv. f. *mawabensis* (Gilg) Hauman, et une seconde espèce, *Allophylus schweinfurthii* Gilg, sont représentées dans la région.

Blighia welwitschii (Hiern) Radlk. *nkusunkusu*

Arbres à faibles contreforts, atteignant 40 m de haut. **Fe.** 3-4-juguées; pétiole très étroitement ailé; folioles basales plus petites que les suivantes; limbe ovale-oblong, aigu ou arrondi à la base, acuminé, de 6-20 x 3-8 cm, assez coriace, glabre; nervure médiane en creux à la face supérieure. **Infl.** en racèmes axillaires ♂ ou ♀ de 4-10 cm de long. **Fl.** unisexuées, à sépales ovales de 1,5 mm de long; pétales de 2-3 mm de long; disque ± lobé; étamines 8-10, dépassant la corolle dans les fleurs ♂; ovaire 3-gone, à 3 loges 1-ovulées. **Fr.** capsules à valves ± charnues, 3-lobées et 3-ailées, à 3 loges, dont souvent 1 ou 2 stériles, orange; graines de 2-3 x 1,2-1,5 cm, pourpre foncé, à base entourée d'un arillode charnu, jaune.

Forêts primaires sèches de plateau, forêts secondaires. — Du Liberia à l'Angola. — Les fruits broyés servent aux pêcheurs comme stupéfiant pour les poissons (*mbwalu nkusu*).

Eriocoelum microspermum De Wild. — Pl. 216

Arbre atteignant 25 m de haut. **Fe.** en général 3-juguées; pétiole de quelques mm de long ou nul; folioles opposées ou subopposées, les médianes et supérieures à pétiolule robuste de 4-8 mm de long; limbe elliptique, à base aigue et sommet acuminé, de 12-35 x 5-13 cm, assez coriace, glabre; folioles inférieures subsessiles, assez caduques, souvent de taille réduite. **Infl.** terminales ou subterminales en panicules de racèmes spiciformes; axes couverts d'un court tomentum roux. **Fl.** ♂ à sépales de 1,5 mm de long; pétales blancs, de 5,5 x 1,2 mm; écailles à deux lobes; disque en collerette, à bords ondulés; étamines de 5 mm de long; rudiment de pistil. **Fl.** ♀ à pétales de 3-4 mm de long; étamines de 2 mm de long; pistil de 5 mm de long; ovaire à poils roux. **Fr.**: capsules globuleuses, déprimées au sommet, de 1,2-1,8 x 1,5-2,5 cm; péricarpe lignifié, brun et velouté à l'état sec; graines brun foncé à arillode rouge.

Forêts inondables, galeries forestières. — Cameroun, Congo, Zaïre, Angola.

Haplocoelum intermedium Hauman

Arbuste de 2-5 m de haut. **Fe.** 4-7-juguées; pétiole de 5-15 mm de long; rachis étroitement ailé-anguleux, de 5-7 cm de long, pubérulent; folioles alternes, rhombiques, à base asymétrique à sommet 2-lobulé, de 2,5-5 x 1-2 cm, les folioles supérieures jusqu'à 2 fois plus longues que les inférieures, glabres. **Infl.** axillaires, en cymes de 1 cm de long. **Fl.** actinomorphes, unisexuées; sépales 5-6; pétales absents; étamines 5-6; ovaire à 3 loges 1-ovulées. **Fr.**: baies subsphériques de 12-15 mm de diamètre, orange; graine 1.

Forêts de plateau. — Zaïre (Mayombe, Bas-Zaïre, Kasai, Bas-Shaba).

Nephelium lappaceum L. *ramboutan, poilus* (à Kisantu)

Arbre de 10-20 m. **Fe.** 2-3-jugées à folioles alternes à subopposées; pétiole de 3,5-5,5 cm; rachis de 4-10 cm de long; folioles elliptiques à obovales, à sommet aigu à arrondi, 6-18 x 4-7 cm. **Infl.** terminales en panicules de racèmes spiciformes, de 12-30 cm de long. **Fl.**: calice à 4-6 sépales; parfois pétales nuls; fl. ♀ à 3 carpelles dont un seul se développe. **Fr.** indéhiscents jaune rouge, globuleux de ± 3 cm de diamètre, couverts de poils épineux mous de ± 1 cm de long; graine 1, entourée d'un arille pulpeux, charnu, blanchâtre.

Arbre fruitier qui fournit un fruit comparable par la saveur à celui du *litchi*. − Originaire d'Asie tropicale.

Pancovia laurentii (De Wild.) De Wild.

Arbre pouvant atteindre 20 m de haut. **Fe.** en rosette à l'extrémité des rameaux, paripennées, 10-12-juguées; pétiole cylindrique, robuste, de 10-18 cm de long, fortement renflé à la base, laissant une cicatrice de ± 1 cm de diamètre; rachis de 20-40 cm de long; folioles subopposées; limbe oblong, également atténué vers la base et le sommet apiculé, de 12-24 x 2,5-5 cm, ± coriace, glabre. **Infl.** en général caulinaires, simples, en faux épis de cymules, ou ramifiées et pouvant atteindre 30 cm de long. **Fl.** à calice de 7 mm de long; pétales 4 de 7-8 mm de long; écailles digitées; étamines 7-8. **Fr.** trigone, de 25 x 30 mm, chaque carpelle muni d'une aile de 3 mm; péricarpe charnu, épais de 5 mm, glabre, orangé.

Forêts primaires, galeries forestières. − Cameroun, Gabon, Congo, Zaïre. − Fruits comestibles.

SAPOTACÉES

Arbres ou arbustes, à latex blanc. **Fe.** alternes, simples, à bord entier; stipules présentes mais vite caduques, ou absentes. **Infl.** en glomérules ou fascicules, axillaires ou insérées sur le vieux bois, ou fleurs solitaires. **Fl.** hermaphrodites, rarement ♀ uniquement; pétales 4-8, soudés, parfois pourvus d'appendices; étamines insérées sur les pétales; ovaire supère. **Fr.** baies ou plus rarement capsules; graines à tégument coriace et brillant.

Outre les genres et espèces décrits ci-dessous existent dans la région: *Autranella congolensis* (De Wild.) A. Chev., *Donella pruniformis* (Engl.) Aubr. & Pellegr., *D. ubangiensis* (De Wild.) Aubr., *D. welwitschii* (Engl.) Aubr. & Pellegr., *Gambeya perpulchra* (Hutch. & Dalz.) Aubr. & Pellegr., *G. subnuda* (Bak.) Pierre, *Lasersisia seretii* (De Wild.) Liben (syn. *Pachystela seretii* De Wild.), *Manilkara adolphi-friederici* (Engl. & Kr.) H.J. Lam. (syn. *M. multinervis* Baker), *Vincentella ovatostipulata* (De Wild.) Aubr. & Pellegr. et *Wildemaniodoxa laurentii* (De Wild.) Aubr. & Pellegr. − Le *sapotillier, Manilkara zapota* (L.) van Royen (syn. *Achras zapota* L.), arbre à fruits excellents a été introduit au Jardin botanique de Kisantu.

Gambeya lacourtiana (De Wild.) Aubr. & Pellegr.   *mubamfu*
syn. *Chrysophyllum lacourtianum* De Wild.

Arbre atteignant 30 m de haut. **Fe.** oblongues, acuminées, cunéiformes à la base, de 11-36 x 4,5-12,5 cm, glabres; pétiole de 2-3 cm de long, canaliculé; limbe luisant en dessus, mat en dessous; réseau de nervures tertiaires perpendiculaires aux nervures secondaires. **Fl.** groupées à l'aisselle des feuilles; calice 3,5-4 mm de long; corolle de 3,5 mm de long, à lobes de 1 mm et à tube de 2,5 mm; étamines insérées vers la base du tube; ovaire velu à 5 loges. **Fr.** ovoïdes à subglobuleux, environ 10 x 7 cm, rouges ou orangés veloutés; graines de 2-3,5 x 1,5-1,8 x 1 cm, carénées, à cicatrice oblongue proéminente.

Forêts denses humides. − Cameroun, Gabon, Congo, Zaïre. − Fruits comestibles.

Manilkara obovata (Sabine & G. Don) J.H. Hemsley *nimu*
syn. *Manilkara lacera* Baker

Arbuste ou petit arbre. **Fe.** à pétiole de 10-15 mm de long; à limbe suborbiculaire, arrondi et plus ou moins émarginé au sommet, cunéiforme à la base, de 4-12 x 2-8 cm, coriaces, feutrées en dessous (poils apprimés, argentés, gris ou fauves); nombreuses et fines nervures latérales, peu apparentes en général. **Fl.** axillaires par 2-5; sépales 3 + 3, ovales triangulaires, long d'environ 5 mm, écailleux extérieurement; lobes de la corolle 6; staminodes laciniés; ovaire à 9-13 loges uniovulées. **Fr.** ellipsoïdes, jaunes ou rouges, de 15-22 x 8 mm, contenant plusieurs graines; graines elliptiques, plates, brunes, à cicatrice basiventrale.
Forêts ripicole le long du Fleuve. — De la Sierra Leone jusqu'au Zaïre et l'Angola.

Pachystela brevipes (Baker) Baker
Arbre de 8-10 m à tronc cannelé. **Fe.** à stipules filiformes persistantes, de 1-2 cm de long; limbe obovale allongé, acuminé au sommet, longuement cunéiforme à la base. de 10-22 x 3,5-7 cm; nervure médiane et nervures secondaires saillantes; nervilles effacées. **Fl.** en fascicules immédiatement en dessous des touffes de feuilles terminales; calice de 3,5-4 mm de long, lobes ovales, tomenteux-apprimés extérieurement; corolle de 5-6 mm de long; lobes deux fois plus longs que le tube; staminodes nuls ou irrégulièrement présents; étamines 5; ovaire tomenteux à 5 loges 1-ovulées. **Fr.** ellipsoïdes, de 2-2,5 cm de long, jaunes et contenant 1 graine ellipsoïde longue de 2 cm environ, à cicatrice très large.
Forêts ripicoles, galeries forestières. — Toute l'Afrique intertropicale.
Une seconde espèce existe dans la région: *Pachystela msolo* (Engl.) Engl. (syn. *Pseudopachystela lastourvillensis* Pellegr.).

Synsepalum dulcificum (Schum.) Baill. — Pl. 179
Arbuste de 3-5 m. **Fe.** elliptiques à obovales, obtuses au sommet, atténuées à la base qui est arrondie, glabres, de 5-15 x 2-4 cm; nervures saillantes en dessous; pétiole de 5 mm. **Fl.** blanches en fascicules axillaires; calice en forme d'entonnoir, pubescent ferrugineux, à 5 lobes courts; corolle de 5-7 mm de long; étamines de 2,4 mm; staminodes de 2 mm; ovaire pubescent. **Fr.** ovoïdes, glabres, d'environ 2 cm de long, rouges.
Forêts ripicoles. — Du Ghana à la Rép. centrafr. et le Zaïre. — Fruits comestibles qui rendent sucré tout ce qu'on mange par après.
Une seconde espèce existe dans la région: *Synsepalum stipulatum* (Radlk.) Engl.

Zeyherella longepedicellata (De Wild.) Aubr. & Pellegr.
Arbre atteignant 15 m de haut, à racines aériennes. **Fe.** oblongues, obtuses au sommet, cunéiformes à la base, de 12-30 x 4-8 cm; nervure médiane déprimée dessus, proéminente dessous; nervures secondaires et tertiaires nombreuses et parallèles formant un angle presque droit à la médiane, effacées sous un tomentum ferrugineux; pétiole de 2-3 cm de long. **Fl.** fasciculées sur les vieux rameaux; sépales tomenteux ferrugineux; lobes de la corolle ovales, de 3 mm de long; tube de 0,5 mm; étamines 5; staminodes nuls; ovaire hirsute à 5 loges.
Forêts ripicoles, forêts marécageuses. — Zaïre (Bas-Zaïre et Forestier central au bord du Fleuve).

SCROPHULARIACÉES

Herbes ou arbustes, rarement petits arbres; plantes parfois hémiparasites sur racines. **Fe.** alternes, opposées ou verticillées, simples; stipules absentes. **Fl.** hermaphrodites, le plus souvent zygomorphes; étamines souvent 4 ou 2, rarement 5, parfois la cinquième représentée par un staminode; filets libres; ovaire supère à 2 loges; ovules nombreux. **Fr.** capsule ou baie, à nombreuses graines.

La seule plante ligneuse connue dans la région est: *Russelia equisetiformis* Schlechtend. & Cham. (syn. *R. juncea* Zucc.), arbuste introduit du Mexique, décoratif par ses rameaux retombants, couverts de fleurs rouges. Ses feuilles sont réduites à des écailles disposées en verticilles.

SCYTOPÉTALACÉES

Arbres; rameaux parfois ailés. **Fe.** alternes, simples à bord entier, sans stipules. **Infl.** en panicules terminales, racèmes axillaires ou fasciculées sur le vieux bois. **Fl.** hermaphrodites, actinomorphes; pétales 3-10, libres ou soudés à la base; étamines nombreuses, libres ou soudées vers la base; ovaire supère à 3-6 loges, ovules 2 par loge. **Fr.:** capsules ou drupes.

Outre l'espèce décrite ci-dessous existent dans la région: *Oubanguia africana* Baill. (Pl. 223) et *Scytopetalum pierreanum* (De Wild.) Van Tieghem (Pl. 224).

Brazzeia congoensis Baill.

Arbuste à petit arbre, de 4-10 m de haut. **Fe.** subsessiles, à limbe elliptique à obovale, cunéiforme et légèrement asymétrique à la base, acuminé au sommet, de 5-9 x 2,5-4,5 cm, entier ou légèrement ondulé, coriace, glabre; nervures latérales 4-5 de chaque côté de la médiane. **Infl.** en fascicules caulinaires, pluriflores. **Fl.** roses; calice en coupe à bord entier; pétales (3)4(5), atteignant 2 mm de long; ovaire déprimé-globuleux, 4-7 loculaire. **Fr.:** capsules de 1,5-2,5 cm de diamètre, luisantes, rouges à maturité, s'ouvrant par 5-6 valves.

Forêts marécageuses et périodiquement inondées. — Cameroun, Rép. centrafricaine, Congo, Zaïre (Bas-Congo, Kasai, Forestier central, Ubangi-Uele).

SIMAROUBACÉES

Arbres ou arbustes, à écorce amère. **Fe.** alternes, composées pari- ou imparipennées; pétiole et rachis finement cannelés ou subailés; stipules absentes. **Infl.** généralement en panicules. **Fl.** hermaphrodites ou unisexuées, actinomorphes, 3-7-mères; pétales libres;, étamines 4-18; filets à écaille à la base; ovaire supère à carpelles soudés ou libres. **Fr.:** drupes ou capsules.

Deux espèces non signalées ci-dessous ont été introduites dans la région: *Brucea sumatrana* Roxb. et *Picramnia pentandra* Sw.

Quassia africana (Baill.) Baill. — Pl. 226 *munkadinkadi*

Arbuste atteignant ± 4 m de haut. **Fe.** à pétiole de 4-10 cm de long, muni de 2 fines crêtes sur le bord; rachis de 7-14 cm de long, ± étanglé à l'insertion des folioles; folioles 5-7, opposées, sessiles; limbe obovale, cunéiforme à la

Leptonychia multiflora K. Schum. — Pl. 225
Arbuste à petit arbre de 7-8 m de haut. **Fe.** à pétiole de 8-12 mm de long;
limbe ovale-elliptique, arrondi ou légèrement cunéiforme à la base, acuminé
au sommet, de 12-20 x 4-8 cm; nervures 5-7 paires, pourvues de domaties
glabres ou légèrement pubescentes; nervures basales curvilignes; stipules
rapidement caduques. **Infl.** en cymes axillaires. **Fl.** à sépales de 8-10 mm de
long, pubérulents; pétales de 1,5 mm de long; tube staminal portant 5 groupes
de 2 étamines et 2 longs staminodes filiformes, alternant avec 5 courts
staminodes filiformes; ovaire densément hirsute, 5-loculaire. **Fr.**: capsules de
1-1,5 cm de diamètre, vert glauque à vert doré, tomentelleuses, loculicides;
graines 1-3, atteignant 13 mm de long, noires, brillantes, à arille rouge.
Forêts de terre ferme, recrûs forestiers. — Cameroun, Zaïre (Bas-Zaïre, Kasai, Forestier central).

Sterculia bequaertii De Wild. — Pl. 228   *mvungela mfinda* (à Mvuazi)
Arbre de 30-35 m de haut, à contreforts aliformes. **Fe.** entières; stipules
rapidement caduques; pétiole de 4-7 cm de long; limbe obovale, cordé à la
base, courtement acuminé au sommet, de 11-20 x 8-18 cm, éparsement
pubérulent; nervures basales 7. **Infl.** en panicules axillaires, de 6-11 cm de
long, densement pubescentes, brun roussâtres. **Fl.** à calice de ± 5 mm de
long, à 5-6 lobes; fleurs ♂ à androphore; anthères réunies en tête globuleuse;
fleurs ♀ et hermaphrodites à ovaire subglobuleux, à 4 carpelles cohérents à
2 rangées de 4-5 ovules. **Fr.**: follicules 2-4, à stipe de 1,5 cm de long, ellipsoïdes, apiculés, de 7 x 3 cm, tomenteux-brunâtres; graines noires, luisantes.
Forêts denses humides, forêts secondaires. — Gabon, Zaïre (Mayombe, Bas-Zaïre, Kasai,
Forestier central).

Sterculia tragacantha Lindl. — Pl. 228   *nkondo mfinda*
Arbuste de 5-6 m de haut ou arbre atteignant 25 m de haut; fût parfois muni
de contreforts ailés. **Fe.** entières, groupées à l'extrémité des rameaux; stipules
rapidement caduques; pétiole de 4-7 cm de long; limbe obovale-elliptique,
arrondi à subcordé à la base et courtement acuminé au sommet, de 10-20 x
5-12 cm, tomenteux-ferrugineux à la face inférieure; nervures basales 3, 5.
Infl. en panicules axillaires, de 7-13 cm de long, densement pubescentes-
roussâtres. **Fl.** à calice de 7-10 mm de long, munis à l'extérieur de poils étoilés; fleurs ♂ à androphore; anthères réunies en tête hémisphérique; fleurs ♀
et hermaphrodites à ovaire de 5 carpelles cohérents à 2 rangées de 4 ovules.
Fr.: follicules généralement 5, de 6-8 x 2,5-3 cm, tomenteux-fauves; graines
noires, luisantes; arille jaunâtre.
Forêts denses humides, galeries forestières, recrûs. — De la Guinée à l'Angola, la Zambie, et la
Tanzanie.

Theobroma cacao L.   *cacaoyer*
Arbre de 5-10 m de haut. **Fe.** à stipules caduques; pétiole de 3-4 cm de long;
limbe obovale, atténué au sommet en un acumen, arrondi à la base, glabre,
papyracé, de 20-35 x 7-15 cm, discolore; nervures ± 10 paires; réseau de
nervilles bien apparent en dessous. **Infl.** en glomérules 2-5 flores, cauliflores,
ou fleurs solitaires. **Fl.** blanc rosé, éparsement pubérulentes; sépales soudés
à la base, de 8 mm de long; pétales libres, à appendice, de ± 9 mm de long;

étamines 5, alternant avec de longs staminodes; ovaire pentagonal, à 5 loges 10-12-ovulées. **Fr.** bacciforme, ovoïde-fusiforme, de 10-15 x 8-10 cm, à 10 sillons longitudinaux, orange à jaune à maturité; graines de ± 2 x 1 cm, immergées dans une pulpe blanchâtre, d'un goût agréable légèrement acidulé.

Plante cultivée en grand dans des plantations, parfois dans les parcelles. — Originaire d'Amérique tropicale. — Elle fournit la fève de cacao, base de la fabrication du chocolat.

STRÉLITZIACÉES

Plantes herbacées de grande taille ou arbres. **Fe.** alternes se trouvant dans un seul plan, à pétioles s'enboîtant les uns dans les autres; limbe à nervation parallèle très serrée. **Infl.** en épis, soutenus par des spathes; grandes bractées présentes. **Fl.** hermaphrodites ou unisexuées, généralement zygomorphes; tépales extérieurs généralement 3, libres; tépales intérieurs 3 ou moins, libres ou soudés; étamines 6, dont souvent une stérile, libres; ovaire infère à 3 loges; ovules nombreux par loge. **Fr.**: capsules.

Ravenala madagascariensis Sonn. — Pl. 74   *arbre des voyageurs*
Arbre atteignant 30 m de haut. **Fe.** dans un seul plan au sommet de la tige, formant un éventail; limbe de 2 m de long ou plus. **Infl.** latérale comptant une dizaine de bractées distiques renfermant chacune de nombreuses fleurs. **Fl.** hermaphrodites, blanches, à deux cycles de tépales.

Arbre planté dans les parcs pour sa forme décorative. — Originaire de Madagascar. — Les bases des pétioles permettent l'accumulation d'une certaine quantité d'eau.

TAXODIACÉES

Arbres monoïques. **Fe.** persistantes ou caduques, en forme d'aiguilles ou d'écailles, généralement alternes. **Cônes** unisexuées, à écailles disposées en spirale; écailles du cône ♂ portant 2-9 sacs polliniques à la face inférieure; écailles du cône ♀ soudées chacune à une bractée, devenant ligneuses, portant 2-12 ovules à la face supérieure.

Plusieurs espèces de cette familles ont été intoduites au Jardin botanique de Kisantu e.a.: *Cryptomeria japonica* (L. f.) D. Don et *Taxodium mucronatum* Ten.

THÉACÉES

Arbres ou arbustes. **Fe.** alternes, simples, à bord denté. **Infl.** en cymes ou souvent fleurs solitaires. **Fl.** hermaphrodites, actinomorphes; pétales 5-7 à très nombreux, libres ou ± soudés; étamines nombreuses, à filets libres ou soudés en faisceaux; ovaire supère à 2-10 carpelles soudés. **Fr.**: capsules, baies ou drupes parfois entourées par le calice accrescent.

Le *théier*, *Camellia sinensis* (L.) O. Kuntze, se touve dans les collections du Jardin botanique de Kisantu.

THYMÉLAEACÉES

Arbres, arbustes, géofrutex ou lianes. **Fe.** opposées ou alternes, simples, parfois asymétriques, à bord entier, sans stipules. **Infl.** axillaires ou terminales, en fascicules, en ombelles, en capitules toujours involucrés, ou fleurs solitaires. **Fl.** hermaphrodites, actinomorphes, 4-5-mères, à tube floral généralement bien développé; sépales généralement plus courts que le tube; pétales insérés au sommet du tube, généralement petits et bifides; étamines en 1 ou 2 verticilles; ovaire supère, à 1 ou 2-5 loges; 1 ovule par loge. **Fr.**: drupes ou capsules.

Outre les genres et espèces décrits et énumérés ci-dessous existe dans la région: *Peddiea fischeri* Engl. (Pl. 231).

Dicranolepis disticha Planch. — Pl. 229

Arbuste de 0,6-2 m de haut; jeunes rameaux pubescents. **Fe.** à pétiole de 1-3 mm de long; limbe asymétrique, cunéiforme à la base, acuminé au sommet, de 3-10 x 1,5-4 cm, discolore, à face inférieure éparsement couvert de poils apprimés; nervures secondaires ± 18 paires et parallèles. **Fl.** solitaires ou par groupes de 2-8, odorantes; pédicelle de ± 1 mm de long; tube floral de 23-30 x 0,7-1,5 mm; sépales de 6,5-10 mm x 2-3,5 mm; pétales blancs, parfois jaunes, 2-fides jusqu'à la base, de 4,5-8 x 0,7-2,5 mm, parfois légèrement découpés; étamines insérées au sommet du tube floral; ovaire stipité; disque charnu. **Fr.** globuleux à ovoïde, atteignant 1 cm de long, surmonté du tube floral.

Forêts secondaires, recrûs forestiers. — De la Guinée au Zaïre.

Trois autres espèces sont présentes dans la région: *Dicranolepis baertsiana* De Wild. & Th. Dur. subsp. *baertsiana*, *D. buchholzii* Engl. & Gilg (Pl. 229) et *D. soyauxii* Engl.

Octolepis decalepis Gilg — Pl. 230

Arbuste de 2-4 m, à écorce lenticellée. **Fe.** à pétiole de 3-8 mm de long; limbe étroitement oblong, arrondi à la base, aigu à longuement acuminé au sommet, de 5,5-25 x 2,5-9 cm, papyracé; à face inférieure glabre. **Fl.** axillaires, solitaires ou en fascicules, 4-5-mères; sépales de 5-7 x ± 3 mm; pétales réduits à 10 lobes, de 1-2,5 x 1 mm, densément velus; étamines de 3,5 ou de 6,5 mm de long; ovaire globuleux, à 4 loges. **Fr.**: capsules globuleuses, de 1-1,3 cm de diamètre, couvertes d'un tomentum court de couleur fauve.

Galeries forestières. — De la Guinée au Zaïre.

TILIACÉES

Arbres, arbustes ou herbes, souvent à poils étoilés. **Fe.** alternes, simples; limbe à bord souvent denté, parfois profondément lobé; nervation pennée ou palmée. **Infl.** en panicules, cymes ou glomérules. **Fl.** hermaphrodites, rarement unisexuées, actinomorphes; sépales 4-5; pétales 4-5, libres; étamines nombreuses, libres ou groupées en faisceaux; ovaire supère, à carpelles soudés, rarement libres, 2-5-loculaire. **Fr.** inermes ou aiguillonnés, drupes, baies ou capsules, parfois follicules.

Outre les genres et espèces décrits et énumérés ci-dessous existe dans la région: *Christiana africana* DC. (Pl. 232).

Clappertonia ficifolia (Willd.) Decne.

Arbuste de 0,8-3 m de haut, à poils étoilés. **Fe.** stipulées; limbe ovale à oblong, 3-5 lobé chez les feuilles inférieures, arrondi à subcordé à la base, arrondi au sommet, de 4-15 x 1,2-12 cm, irrégulièrement denté, pubérulent et scabre en dessus, tomentelleux en dessous; nervures basales 5 ou 7. **Infl.** en panicules atteignant 15 cm de long. **Fl.** mauves, de 5-8 cm de diamètre; sépales atteignant 36 x 6 mm; pétales onguiculés, atteignant 30 x 20 mm; étamines fertiles 16; ovaire 4-8-loculaire. **Fr.**: capsules de 3-7 x 1,8-2,5 cm, entièrement couvertes d'aiguillons mous.

Savanes marécageuses, marais. − De la Guinée jusqu'en Ouganda et au Mozambique.

Une seconde espèce est commune dans la région: *Clappertonia polyandra* (K. Schum.) Becherer (Pl. 233). Elle est facilement distinguée par les capsules à aiguillons disposés sur des ailes longitudinales.

Desplatsia subericarpa Bocq.

Arbuste à petit arbre atteignant 8 m de haut. **Fe.** à stipules 3-6-fides, persistantes; pétiole enflé dans la partie supérieure; limbe ovale-oblong, cordé à subcordé et asymétrique à la base, longuement acuminé au sommet, de 7-25 x 2,5-9,5 cm, obscurement denté, papyracé; les 2 nervures basales atteignant parfois la ½ du limbe; domaties formées de poils longs à l'aisselle des nervures latérales. **Infl.** en cymes ombelliformes, de ± 4 cm de long. **Fl.** à pédicelle de 10-20 mm de long; sépales de 10-15 mm de long, parsemés de poils longs; pétales de 4-4,5 x 1 mm; tube staminal présent; ovaire 5-7-loculaire. **Fr.** oblongs-ellipsoïdes, déprimés aux extrémités, côtelés, de 6-10 x 5-6 cm.

Forêts denses, bords de rivières. − De la Sierra Leone au Gabon et au Zaïre.

Une seconde espèce est présente dans la région: *Desplatsia dewevrei* (De Wild. & Th. Dur.) Burret (Pl. 234). Elle est aisément reconnue par ses limbes foliaires grossièrement dentés et ses fruits plus grands (10-25 x 10-20 cm).

Glyphaea brevis (Spreng.) Monachino

Arbuste de 3-5 m de haut. **Fe.** à limbe ovale, arrondi à la base, acuminé au sommet, de 5-25 x 1,5-14 cm, denté, papyracé; les 2 nervures basales atteignant la ½ du limbe. **Infl.** en cymes. **Fl.** jaunes, atteignant 4,5 cm de diamètre; sépales de ± 20 mm de long, tomenteux à l'extérieur; pétales de 15-20 x 5 mm; étamines nombreuses, à filets courtement soudés en groupes à la base; ovaire 8-10-loculaire. **Fr.**: capsules fusiformes, apiculées au sommet, sillonnées, de 3-7 x 1-2 cm.

Recrûs forestiers, bords de rivières. − De la Guinée Bissau au Gabon et au Zaïre, jusqu'en Ouganda.

Grewia barombiensis K. Schum.

Arbuste lianescent de 5-6 m de haut; ramilles tomenteuses à poils étoilés-fauves. **Fe.** à stipules digitées et ± persistantes; limbe ovale, arrondi à subcordé à la base, acuminé au sommet, de 7-24 x 3-11,5 cm, éparsement pubescent, à poils étoilés en dessous; les 2 nervures basales atteignant la ½ de limbe. **Infl.** en panicules terminales, de 3,5-15 cm de long; bractées involucrales 3-lobées. **Fl.** blanc rose; sépales de 6 mm de long; pétales de ±

1,2 x 1 mm; ovaire 3-loculaire. **Fr.**: drupes obovoïdes, comprimées, de 2,5-3,5 x 1,3-1,5 cm.

Recrûs forestiers, galeries forestières. — Côte d'Ivoire, Nigeria du Sud, Cameroun, Gabon, Zaïre, Angola.

Deux autres espèces sont présentes dans la région: *Grewia floribunda* Mast. (Pl. 235) et *G. pubescens* P. Beauv.

ULMACÉES

Arbres ou arbustes. **Fe.** alternes, simples, à nervation pennée ou le plus souvent munies de 3-5 paires de nervures à la base, très fréquemment asymétriques, à stipules rapidement caduques. **Infl.** en fascicules de glomérules ou de cymes ramifiés, ou encore fleurs solitaires. **Fl.** unisexuées ou hermaphrodites, à périanthe simple, à 4-5 segments, libres ou courtement soudés; fleurs ♂ à étamines en même nombre que les segments; ovaire supère à 1 carpelle, 1-loculaire, à 1 ovule. **Fr.** sec ailé (samare) ou drupe.

Celtis gomphophylla Bak.   *kibolongo*
     syn. *C. durandii* Engl.

Arbre dioïque ou polygame, atteignant 20 m de haut; à contreforts et longues racines traçantes superficielles. **Fe.** à limbe ovale, de 8-14 x 3-4 cm, très atténué vers le sommet et longuement acuminé, papyracé, à bord entier; nervures basales n'atteignant pas la ½ du limbe. **Fl.** ♂ en glomérules de 1-1,5 cm de long; les ♀ ou hermaphrodites en fausses ombelles; tépales 5 libres; étamines 5; ovaire sessile; style à 2 branches simples. **Fr.**: drupes nombreuses et ovoïdes, de ± 4 mm de long, surmontées des stigmates persistants.

Forêts de terre ferme. — Cameroun, Zaïre (Mayombe, Bas-Congo, Forestier central, Ubangi-Uele, Lacs Edouard et Kivu), Tanzanie, Angola.

Plusieurs autres espèces du genre existent dans la région: *Celtis milbraedii* Engl., *C. wightii* Planch. (syn. *C. prantlii* Engl.; *C. brownii* Rendle) et *C. zenkeri* Engl.

Trema orientalis (L.) Blume — Pl. 236   *mundia nuni*
     syn. *T. guineensis* (Schum. & Thonn.) Ficalho

Arbuste de 4-5 m, plus rarement arbre; écorce à lenticelles très nombreuses, couverte dans les parties jeunes d'une pubescence courte et dense. **Fe.** à limbe papyracé, ovale, aigu au sommet, souvent légèrement cordé à la base, de 6-16 x 2-6 cm; à bord denté; à face inférieure parfois couverte de poils blancs; deux nervures basales latérales présentes. **Infl.** cymeuses à l'aisselle de toutes les feuilles des rameaux jeunes. **Fl.** ♂, ♀ et hermaphrodites mélangées; tépales 5; étamines 5; ovaire sessile. **Fr.**: drupes noires, globuleuses, de 8-10 mm de diam.

Recrûs forestiers. — Toute l'Afrique tropicale et Madagascar.

VERBÉNACÉES

Arbres, arbustes, lianes ou herbes; tiges et rameaux souvent quadrangulaires, à protubérances parfois transformées en épines à l'insertion des feuilles (*Clerodendrum*); stipules absentes. **Fe.** opposées ou disposées en verticilles, simples ou composées-digitées. **Infl.** en épis, racèmes ou corymbes. **Fl.**

hermaphrodites, parfois unisexuées, actinomorphes ou zygomorphes; calice avec ou sans tube, 2-4-5-lobé; corolle à pétales soudées, à 4-5 lobes; étamines (2-)4(-5), inégales; ovaire supère, à 2-4 loges; 1 ovule par loge. **Fr.** ressemblant à des drupes.

Outre les genres et espèces décrits et énumérés ci-dessous appartiennent à la flore locale: *Clerodendrum angolense* Gürke, *C. fuscum* Gürke, *C. myricoides* (Hochst.) Vatke var. *camporum* Gürke, *Premna angolensis* Gürke, *P. congolensis* Moldenke et *P. matadiensis* Moldenke; l'arbuste ornemental *Holmskioldia sanguinea* Retz. a été introduit à Kisantu.

Duranta repens L.

Arbuste atteignant 5-6 m de haut, à branches épineuses ou non, retombantes. **Fe.** opposées, simples; limbe elliptique à obovale, cunéiforme à la base, aigu au sommet, de 2,5-5 x 1,5-3 cm, denté dans la ½ supérieure. **Infl.** en racèmes terminaux ou à l'aiselle des feuilles supérieures. **Fl.** à calice en tube, 5-denté, à dents beaucoup plus petites que le tube; corolle zygomorphe, à tube plus long que le calice, lilas, odorante. **Fr.**: drupes globuleuses, de ± 5 mm de diamètre, entourées du calice accrescent, jaunes.

Introduit dans les jardins comme plante de haies défensives. − Originaire de l'Amérique du Sud tropicale.

Gmelina arborea Roxb. − Pl. 237

Arbre atteignant 8 m de haut, à bois très léger; ramilles quadrangulaires à nombreuses lenticelles. **Fe.** à pétiole de 5-15 cm; limbe largement ovale, tronqué à subcordé à la base, aigu au sommet, de 13-24 x 10-18 cm, à bord entier, à face inférieure courtement tomenteuse et discolore; glandes présentes à l'aisselle des nervures basales. **Infl.** en panicules subterminales. **Fl.** à calice denté de ± 3 mm de long, tomenteux extérieurement; corolle zygomorphe atteignant 4,5 cm de long, jaune à gorge brun jaune. **Fr.**: drupes obovoïdes, de 3,5 x 2,5 cm.

Arbre à croissance rapide, introduit pour la production de bois d'allumettes. − Originaire de l'Inde et de Malaisie.

Lantana camara L.

Arbuste atteignant 1-2 m de haut, à rameaux munis d'aiguillons courbés vers le bas. **Fe.** opposées, simples; limbe ovale à base arrondi et légèrement décurrent sur le pétiole, de 5-7 x 3-4 cm, à bord denté, rugueux; 2 nervures latérales subopposées, ascendantes. **Infl.** axillaires, subglobuleuses. **Fl.** unisexuées, zygomorphes; calice 4-denté; corolle 4-5-lobée, à tube cylindrique de ± 10 mm de long, de couleur blanche, rose, lilas ou jaune orange; étamines 4; ovaire supère 2-loculaire. **Fr.**: drupes obovoïdes, de 4 mm de long, noires.

Introduit, mais devenu subspontané dans les jachères et aux abords de villages. − Les fruits sont appréciés par les enfants. − Originaire du Brésil.

Une espèce spontanée dans la région existe également: *Lantana trifolia* L. (syn. *L. mearnsii* Moldenke).

Lippia multiflora L. − Pl. 237   *bulukutu*

Sous-arbuste de 1-3 m, à tiges cannelées. **Fe.** verticellées par 3 ou opposées, simples; limbe étroitement elliptique, de 9,5-11,5 x 2-3 cm, à bord denté, luisant à la face supérieure; nervures 9-10 paires arquées; feuilles parfumées à odeur de menthe. **Infl.** à fleurs nombreuses, en épis globuleux devenant ± cylindriques et réunis en corymbes; bractées obtuses, courtement mucronnées, de ± 2 mm de long, tomenteuses. **Fl.** petites, de ± 3 mm de long, dépassant à peine les bractées; corolle bilabiée, blanche à gorge jaune; étamines 4 insérées dans la gorge, à anthères sessiles.

Savanes. — De la Guinée jusqu'en Ouganda et au Zaïre. — Feuilles employées pour faire du thé.

Tectona grandis L. *teck*

Arbre de 10-20 m de haut; souvent bas branchu; ramilles quadrangulaires. **Fe.** opposées reliées par une crête interpétiolaire; limbe largement elliptique, à base cunéiforme, décurrent sur le pétiole, de 22-75 x 13-35 cm; face inférieure densément tomenteuse-fauve, discolore. **Infl.** en cymes étagées, terminales, atteignant 32 cm de long; bractées et bractéoles persistantes. **Fl.** à calice 5-7 lobé, de ± 5 mm de long, tomenteux; corolle 5-6 lobée, ± 6 mm de long, glabre, blanche ou bleue; étamines 5-6, exsertes; ovaire 4-loculaire, à 1 ovule par loge. **Fr.** drupe subglobuleuse, atteignant 1,5 cm, entouré du calice renflé, atteignant 3 cm de long.

Arbre planté pour son bois précieux, mais ne formant pas de fûts dégagés dans la région. — Originaire de l'Asie du Sud-Est.

Vitex congolensis De Wild. & Th. Dur. — Pl. 238

Arbre de 4-7 m de haut, à ramilles tomenteuses-fauves. **Fe.** opposées, composées-digitées à 5 folioles; folioles sessiles, obovales, cunéiforme à la base, acuminées au sommet, de 9-11 x 3-5 cm (pour la foliole médiane), à bord entier ou légèrement ondulé, à face inférieure densément tomenteuse-fauve et discolore. **Infl.** en cymes axillaires atteignant 10 cm de long. **Fl.** à calice en forme de cloche, 5-lobé, de ± 4 mm de long, tomenteux; corolle bilabiée, de ± 8 mm de long, violette; ovaire 4-loculaire, à 1 ovule par loge. **Fr.** drupes ellipsoïdes, de ± 9 x 5,5 mm, noirâtres, munies à la base du calice persistant.

Savanes et recrûs forestiers. — Zaïre (Mayombe, Bas-Congo, Kasai, Bas-Shaba, Forestier central, Ubangi-Uele, Haut-Shaba).

Vitex doniana Sweet — Pl. 238 *fiolongo*

syn. *V. cuneata* Schumach. & Thonn.; *V. cienkowskii* Kotschy & Peyr.

Arbre atteignant 10 m de haut. **Fe.** opposées ou par trois, composées-digitées, à 5 folioles, à limbe obovale, arrondi ou courtement acuminé au sommet, aigu à la base, de 7-15 x 5-8 cm (pour la médiane), à bord entier, glabre; pétiolule de 0,5-3 cm de long; nervures latérales 7-10 paires. **Infl.** en cymes axillaires, à axes légèrement pubescents. **Fl.** à calice en forme de cloche, pubescent, de 2-5,5 mm de long, à 5 dents; corolle pubescente de 0,6-1,3 cm de long, blanche ou mauve. **Fr.**: drupes ellipsoïdes, arrondies-tronquées aux 2 extrémités, de 1-2 x 0,5-1,5 cm, glabres, noirâtres, munies du calice persistant.

Forêts ripicoles, forêts secondaires. — Toute l'Afrique tropicale et les îles Comores.

Vitex madiensis Oliv. − Pl. 238 *kifilu*

Arbuste de 1,5-3 m de haut, à ramilles hirsutes à l'état jeune. **Fe.** opposées ou par trois, composées-digitées, à 3 folioles; folioles à limbe obovale, arrondi à courtement acuminé au sommet, à bord denté dans le 1/3 supérieur, de 7-15 x 4-10 cm (pour la médiane), hirsute à la face inférieure. **Infl.** en cymes axillaires, atteignant 24 cm de long. **Fl.** à calice campanulé, densement velu, de 3 mm de long; corolle de 6 mm de long, velue extérieurement, violette. **Fr.**: drupes atteignant 1,5 cm de long, noirâtres, munies du calice persistant.

Savanes. − De la Guinée juqu'en Ouganda et au Mozambique.

Plusieurs autres espèces du genre *Vitex* sont présentes dans la région: *V. cuspidata* Hiern, *V. djumaensis* De Wild. et *V. ferruginea* Schumach. & Thonn.

VIOLACÉES

Herbes, arbustes ou arbres. **Fe.** alternes, souvent à bord denté; stipules caduques ou persistantes. **Infl.** en fascicules, racèmes ou panicules, ou fleurs solitaires. **Fl.** hermaphrodites ou unisexuées, actinomorphes ou zygomorphes; sépales 5; pétales 5, égaux ou inégaux; étamines 5, à filets libres ou soudés, prolongés ou non par un appendice; ovaire supère, 1-loculaire; ovules 1 à nombreux. **Fr.**: capsules.

Rinorea angustifolia (Thouars) Baill.
      subsp. ***engleriana*** (De Wild. & Th. Dur.) Grey-Wilson
        syn. *R. gracilipes* Engl.; *R. ardisiiflora* non (Oliv.) Kuntze sensu stricto

Arbuste à petit arbre de 4-8 m de haut, à jeunes rameaux tomenteux. **Fe.** à stipules de 2,5-3,5 mm de long; pétiole de 4-7 mm de long; limbe étroitement à largement elliptique, de 3,3-14 x 1,5-6,5 cm, cunéiforme à arrondi à la base, longuement acuminé au sommet, généralement crénelé. **Infl.** en racèmes axillaires, solitaires, de 3,5-6,5 cm de long. **Fl.** blanches, de 7,5 mm de long; anthères à connectif muni d'un appendice foliacé triangulaire-aigu, décurrent presque jusqu'à la base de l'anthère; ovaire hirsute ou glabre. **Fr.**: capsules ovoïdes-trilobées, surmontées du vestige du style.

Galeries forestières. − Cameroun, Gabon, Zaïre, Angola, Ouganda.

Rinorea oblongifolia (C.H. Wright) Chipp − Pl. 241 *nkuta kani*

Arbuste à petit arbre atteignant 13 m de haut, à jeunes rameaux glabres. **Fe.** à stipules rapidement caduques; pétiole de 1,5-5 cm de long, faiblement épaissi aux 2 extrémités; limbe obovale, de 14-28 x 4-10 cm, cunéiforme à subarrondi à la base, acuminé au sommet, à bord crénelé, papyracé à subcoriace, glabre sur les 2 faces. **Infl.** en panicules terminales, de 5-10 cm de long. **Fl.** jaunes, de 5-7 mm de long; sépales suborbiculaires, de 2,5-4 mm de long; pétales de 4,5-5 mm de long, obtus au sommet; anthères à connectif muni d'un appendice foliacé ovale, non ou peu décurrent. **Fr.**: capsules ovoïdes-trilobées, de 2,2 x 1,6 cm, légèrement grenues à aspect de mosaïque.

Forêts ripicoles, galeries forestières. − De la Guinée jusqu'en Ouganda et au Zaïre.

Rinorea welwitschii (Oliv.) Kuntze

Arbuste à arbre de 1,5-6 m de haut, à rameaux jeunes glabres à pubescents-hirsutes. **Fe.** à stipules rapidement caduques; pétiole de 10-30 mm de long, faiblement épaissi aux 2 extrémités; limbe obovale, cunéiforme à la base, acuminé au sommet, de 9-15 x 3-7 cm, obscurément crénelé, discolore, à nombreuses petites glandes sur la face inférieure, pubescent sur les nervures ou sur toute la surface. **Infl.** en panicules terminales de 6-12 cm de long. **Fl.** jaunes, de 5-6 mm de long; sépales ovales, inégaux de 1,5-3,5 mm de long; pétales de 4 mm de long; anthères à connectif muni d'un appendice foliacé décurrent jusqu'à la base de l'anthère. **Fr.**: capsules ovoïdes-trilobées, de 12-17 mm de long, pubescentes, lisses.

Forêts primitives de terre ferme, forêts rivulaires, galeries. — De la Sierra Leone à la Rép. centrafricaine, Angola et Zambie.

Plusieurs autres espèces sont présentes dans la région: *Rinorea brachypetala* (Turcz.) Kuntze var. *brachypetala* (Pl. 240), *R. comperei* Taton, *R. dentata* (P. Beauv.) Kuntze, *R. ilicifolia* (Oliv.) Kuntze var. *ilicifolia, R. sapinii* De Wild., *R. seleensis* De Wild. et *R. subglandulosa* De Wild.

VOCHYSIACÉES

Arbres, arbustes ou lianes. **Fe.** opposées ou verticillées, simples; stipules petites ou absentes. **Infl.** en racèmes ou panicules de cymes, pourvues de bractées. **Fl.** hermaphrodites, asymétriques; calice gamosépale à 5 lobes inégaux; corolle à 1-5 pétales, inégaux; étamine 1, accompagnée ou non de staminodes; ovaire supère ou adné au réceptacle et alors ± infère, 1-3 loculaire et à 1-plusieurs ovules par loge. **Fr.** capsules ou akènes ailées; ailes formées par les sépales accrescents.

Erismadelphus exsul Mildbr. — Pl. 239

Arbre de 25-30 m de haut, à fût cylindrique. **Fe.** opposées, simples; à stipules réduites à des excroissances ponctiformes; pétiole épais, de 5-15 mm de long et noirâtre à l'état sec; limbe obovale, cunéiforme à la base, obtus à acuminé au sommet, à bords entiers, de 5-18 x 3-8 cm, coriace, glabre; reticulation fine et apparente sur les deux faces. **Infl.** en panicules terminales, subcorymbeuses, de 10-25 cm de long, à ramifications opposées; bractées obliquement sessiles, réniformes, de 7-8 x 8-10 mm, finement tomentelleuses et fauves. **Fl.** sessiles,; calice jaune verdâtre à lobes inégaux; pétales blancs, subégaux de ± 10 mm de longs; une étamine fertile; staminodes présents. **Fr.**: akènes incluses dans le calice globuleux, de ± 8 mm de diamètre, et entourées des 5 lobes ailés du calice persistant; ailes antérieures de 5-6 x 2-2,5 cm; ailes latérales de ± 1,5 x 0,5 cm; aile postérieure de ± 2,5 x 1,5cm.

Forêts primaires, périodiquement inondées ou de terre ferme. — Nigeria du Sud, Cameroun, Gabon, Zaïre.

PLANCHES

Les planches suivantes donnent des illustrations d'une sélection d'arbres et arbustes de la région de Kinshasa-Brazzaville. Bon nombre d'entre elles sont originales; quelques-unes de celles-ci ont été mises à notre disposition par l'A.G.C.D. (Administration Générale de la Coopération au Développement, Bruxelles). Les autres sont reprises de diverses sources, surtout:

Bulletin du Jardin botanique de l'Etat
    & Bulletin du Jardin botanique national de Belgique [Bull.]
Flore du Congo belge et Ruanda-Urundi [F.C.B.]
Flore du Congo, du Rwanda et du Burundi [F.C.R.B.]
Flore d'Afrique centrale (Zaïre, Rwanda, Burundi) [F.A.C.]
Flore du Gabon [Fl. Gabon]
Flore du Parc national Albert, Spermatophytes (par W. Robyns) [P.N.A.]
Meded. Landbouwhogeschool Wageningen
    & Agricult. Univ. Wageningen Papers [Wag. Papers]

Les sigles [ ] repris ci-dessus sont utilisés pour indiquer la source des illustrations.

Les illustrations donnent le plus souvent le port d'une partie de l'arbre ou de l'arbuste, p. ex. un rameau végétatif, un rameau fleuri ...; celui-ci est représenté x 1/2, sauf indication contraire. Les détails (fleurs, fruits, graines ...) sont généralement agrandis, sans que nous en donnions ici l'agrandissement exact.

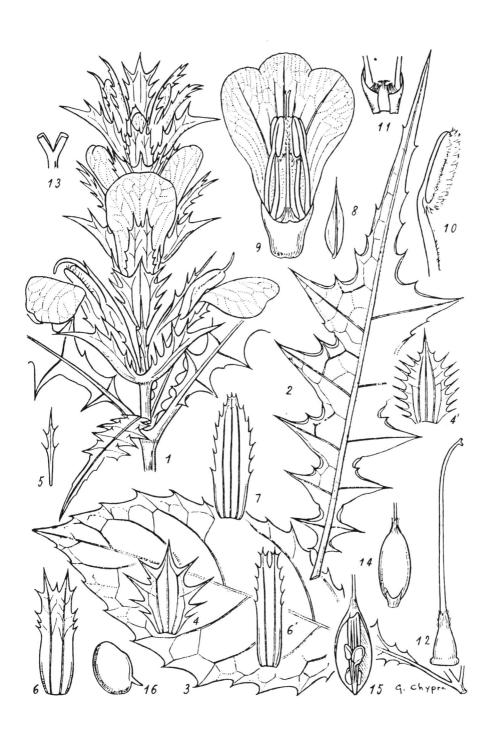

1 — **Acanthus montanus** (Acanthacées)

1, inflorescence; 2, 3, feuille; 4, 5, bractées et bractéoles; 6-13, détails de la fleur (6-8 segments du calice, 9 corolle, 10 anthère, 12 pistil, 13 stigmate); 14, 15, fruit et sa coupe; 16, graine.   *Repris de Fl. Gabon* **13**.

2 — ***Adhatoda claessensii*** (1-8) & ***A. buchholzii*** (9-15)

(Acanthacées)

1 & 9, rameaux fleuris; 2 & 11, fleur; 3-6 & 12-15, détails des fleurs (3, 12 calice et pistil, 4, 13 corolle étalée, 5, 14 anthère, 6, 15 pistil); 7, fruit; 8, graine; 10, inflorescence.

Repris de Fl. Gabon ***13***.

3 — ***Rungia grandis*** (Acanthacées)

1, rameau fleuri; 2, 3, bractée et bractéole; 4-8', détails de la fleur (4 calice, 5, 6 corolle, 7 étamine, 8 pistil, 8' disque); 9, fruit après déhiscence; 10, graine. *Repris de Fl. Gabon 13.*

4 — ***Thomandersia congolana*** (1-14) & ***T. butayei*** (15-26)
(Acanthacées)

1, 15, rameau fleuri; 2, 16, sommet d'une feuille; 3-10 & 17-23, boutons floraux, fleurs et détails (5calice, 7 coupe de la fleur, 8, 21 anthère, 10, 23 pistil, 20 corolle étalée); 12, 24, valve du fruit (vue interne); 13, 25, calice fructifère; 14, 26, graine.

Repris de Fl. Gabon 13.

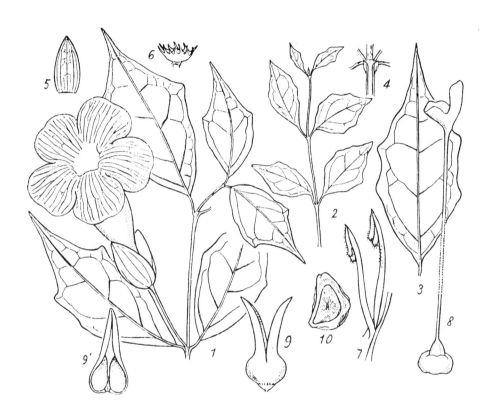

5 — *Thunbergia erecta* (Acanthacées)

1, rameau fleuri; 2, rameau stérile; 3, feuille; 4, noeud; 5, 6, bractéole et calice; 7, étamines; 8, pistil; 9, 9', fruit et une valve; 10, graine.   *Repris de Fl. Gabon 13*.

6 — ***Whitfieldia elongata*** (Acanthacées)

1, sommet fleuri; 2, 3, coupes de la base de la fleur et de la corolle; 4, 5, fruit, 5 après déhiscence; 6, graine.   *Repris de Fl. Gabon 13.*

7 − *Dracaena camerooniana* (Agavacées)

1, rameau fleuri (x 2/3); 2, base d'un rameau; 3, inflorescence; 4, fragment d'une inflorescence.

*Repris de Wag. Papers **84-1***.

10 — **Dracaena fragrans** (Agavacées)

1, inflorescence (x 2/3); 2, feuille (x 2/3).   *Repris de Wag. Papers 84-1.*

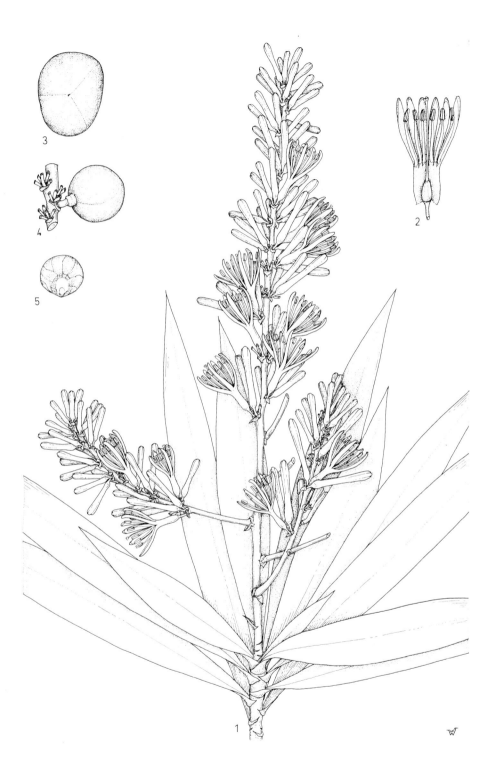

11 — _Dracaena mannii_ (Agavacées)

1, inflorescence (x 2/3); 2, fleur ouverte; 3, 4, fruit; 5, graine.

*Repris de Wag. Papers **84-1**.*

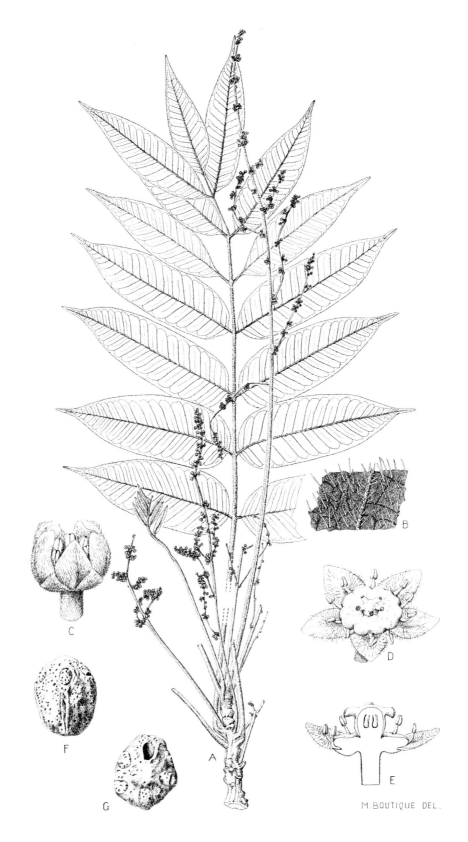

12 — ***Antrocaryon nannanii*** (Anacardiacées)

A, rameau fleuri; B, portion de foliole (face inférieure); C, D, fleur ♂ et ♀; E, fleur ♀ en coupe; F, G, deux vues d'un noyau. *Repris de F.C.B. 9.*

13 − ***Pseudospondias microcarpa*** (Anacardiacées)

A, rameau fleuri; B, C, fleur ♂ et sa coupe; D, fleur ♀; E, coupe de l'ovaire; F, drupe; G, noyau.

Repris de F.C.B. 9.

14 — *Sorindeia gilletii* (Anacardiacées)

A, rameau fleuri; B, bouton floral; C, fleur ♂ (2 pétales enlevés); D, fleur ♀ en coupe.

Repris de F.C.B. **9**.

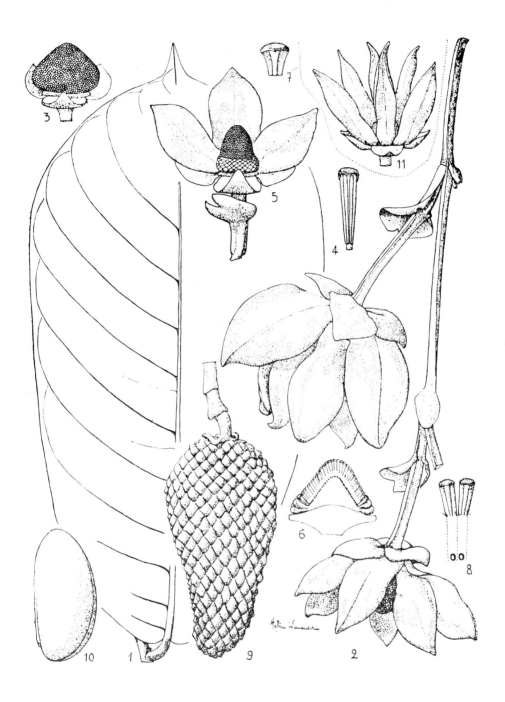

15 — *Anonidium mannii* (Annonacées)

1, feuille (x 2/3); 2, inflorescence (x 2/3); 3, 4, fleur ♂ (pétales enlevés) et étamine; 5, 6, 7, fleur hermaphrodite, coupe du réceptacle et étamine; 8, carpelles; 9, fruit; 10, graine; 11, fleur de la var. *brieyi*.   *Repris de Fl. Gabon 16.*

16 — *Cleistopholis patens* (Annonacées)

A, rameau fleuri; B, fleur et C-E, détails (coupe, étamine, coupe d'un carpelle); F, fruit; G, graine; H, baie biseminée, coupes. *Repris de F.C.B. 2.*

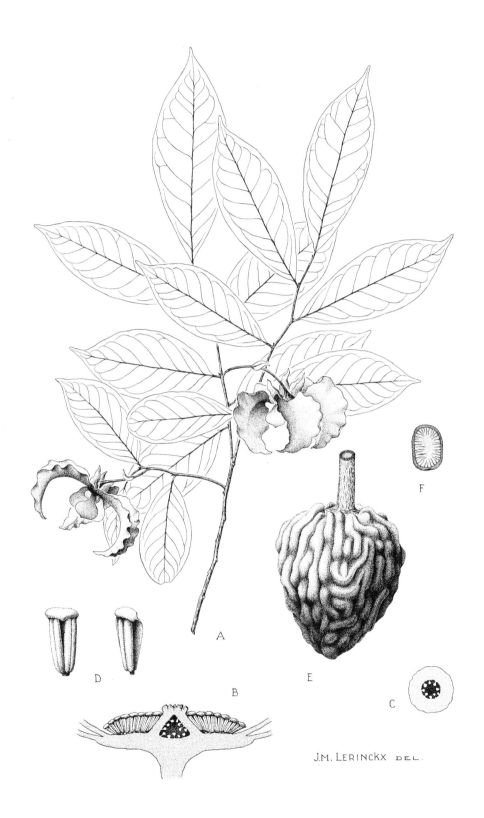

J.M. LERINCKX DEL.

17 — *Monodora angolensis* (Annonacées)

A, rameau fleuri; B-D fleur, coupe longitudinale et détails (C coupe de l'ovaire, D étamines);
E, fruit; F, graine, coupe.   *Repris de F.C.B.* **9**.

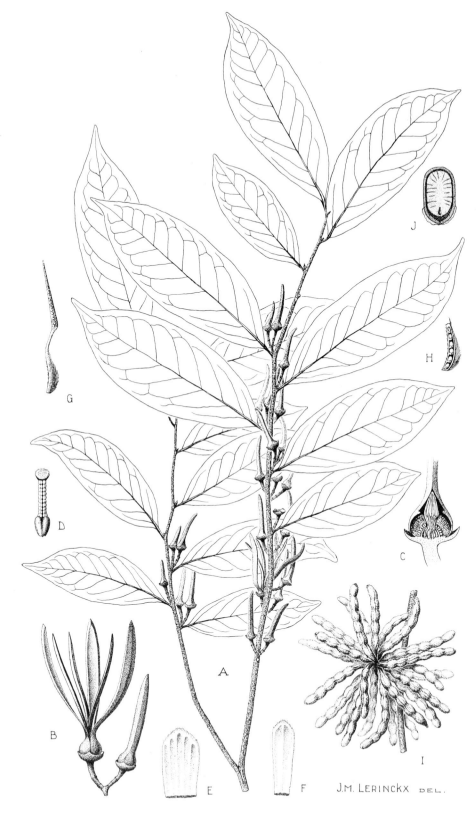

18 — *Xylopia aethiopica* (Annonacées)

A, rameau fleuri; B-H, bouton floral, fleur et détails (C coupe de la base, D étamine, E, F staminodes, G, H carpelle et coupe); I, fruit; J, graine, coupe. *Repris de F.C.B. 2.*

19 — *Alstonia congensis* (Apocynacées)

1, feuilles verticillées; 2, sommet d'une feuille; 3, inflorescence; 4-6, fleur et détails (5 corolle étalée, 6 pistil); 7, fruit; 8, graine.   *Repris de Wag. Papers 79-13*.

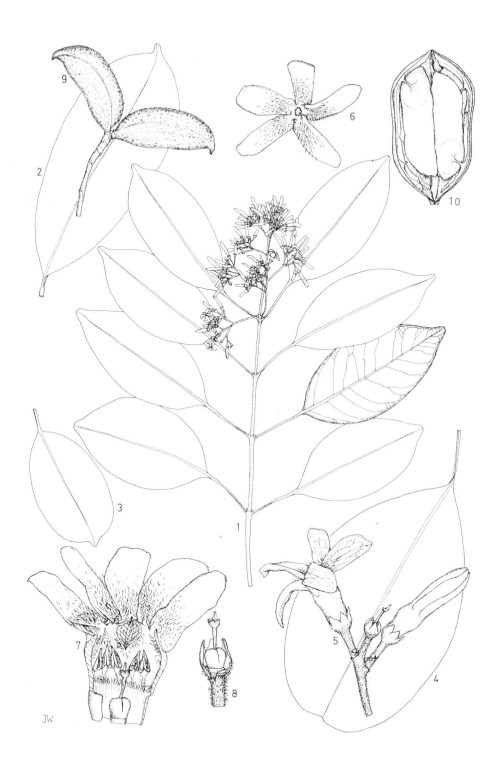

20 — *Diplorhynchus condylocarpon* (Apocynacées)

1, rameau fleuri (x 2/3); 2-4, feuilles; 5-8, bouton floral, fleur et détails (6 corolle vue de haut, 7 fleur étalée, 8 pistil); 9, fruit; 10, fruit ouvert, avec 2 graines.

*Repris de Wag. Papers **80-12**.*

21 — *Funtumia africana* (Apocynacées)

1, rameau fleuri (x 2/3); 2, domatie; 3-4, fleur et sa coupe; 5, fruit ouvert; 6, coupe transversale du fruit; 7, détail du bec; 8, détail de la graine. *Repris de Wag. Papers 81-16.*

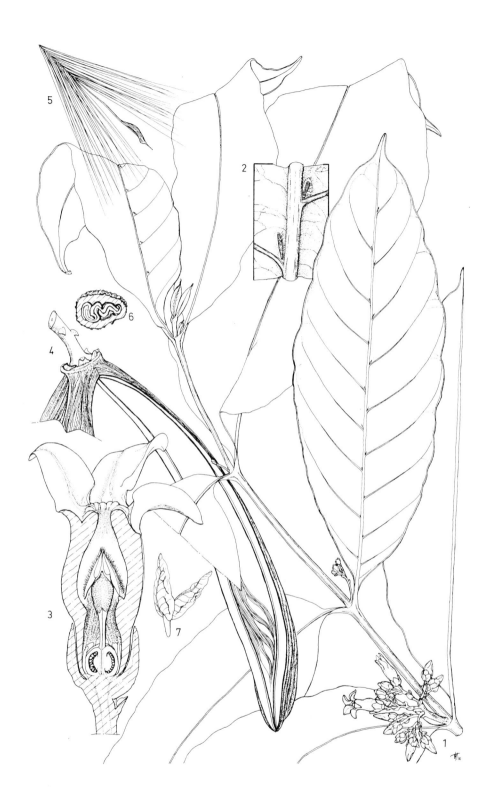

22 — *Funtumia elastica* (Apocynacées)

1, rameau fleuri (x 2/3); 2, domaties; 3, coupe longitudinale d'une fleur; 4, fruit ouvert; 5, 6, graine et sa coupe; 7, embryon.

*Repris de Wag. Papers **81-16**.*

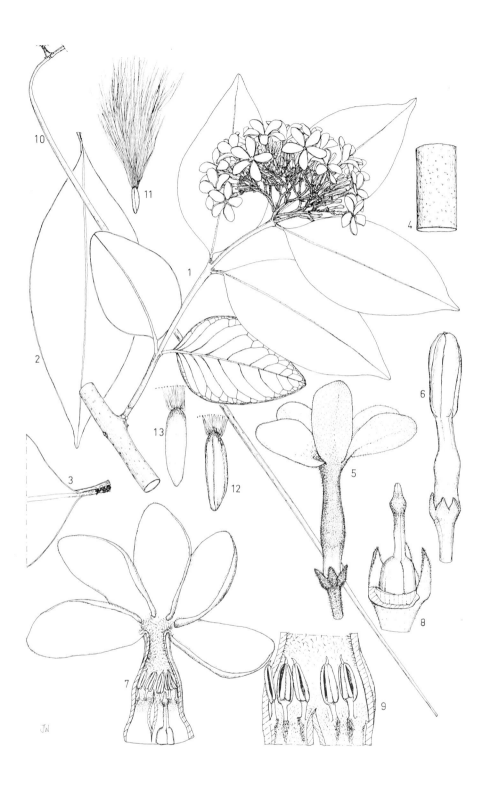

23 — *Holarrhena floribunda* (Apocynacées)

1, rameau fleuri (x 2/3); 2, 3, feuille et base; 4, partie de rameau; 5-9, fleur, bouton floral et détails (7 corolle étalée, 8 calice et pistil, 9 étamines); 10, fruit; 11-13, graine et détails.

Repris de Wag. Papers 81-2.

24 — ***Malouetia bequaertiana*** (Apocynacées)

1, rameau fleuri (x 2/3); 2-4, fleur et sa coupe; 5, fruit; 6, graine.

*Repris de Wag. Papers **85-2***.

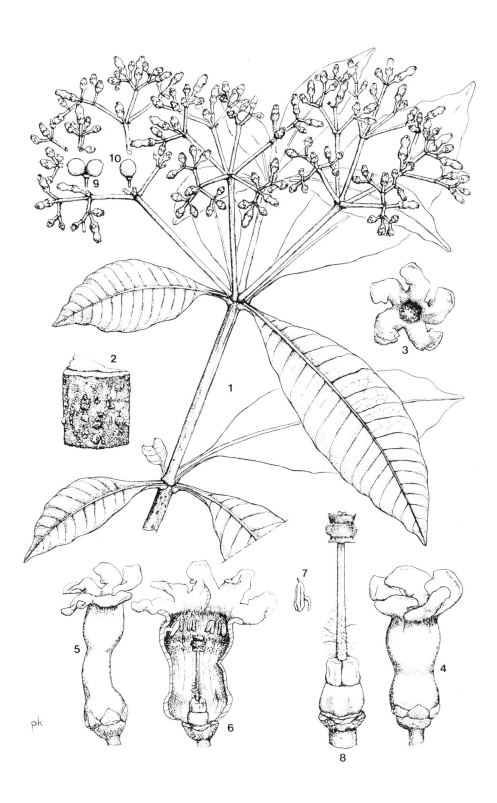

25 — ***Rauvolfia vomitoria*** (Apocynacées)

1, rameau fleuri (x 2/3); 2, écorce; 3-8, fleurs et détails (6 corolle étalée, 7 étamine, 8 pistil);
9, 10, fruits.

Repris de Bull. 61.

26 — *Strophanthus welwitschii* (Apocynacées)

1, rameau fleuri (x 2/3); 2, feuille; 3, coupe d'une fleur; 4, fruit après enlèvement d'un follicule; 5, graine. *Repris de Wag. Papers 82-4.*

27 — *Thevetia peruviana* (Apocynacées)

A, rameau fleuri (x 4/5); B, fruit.

Original.

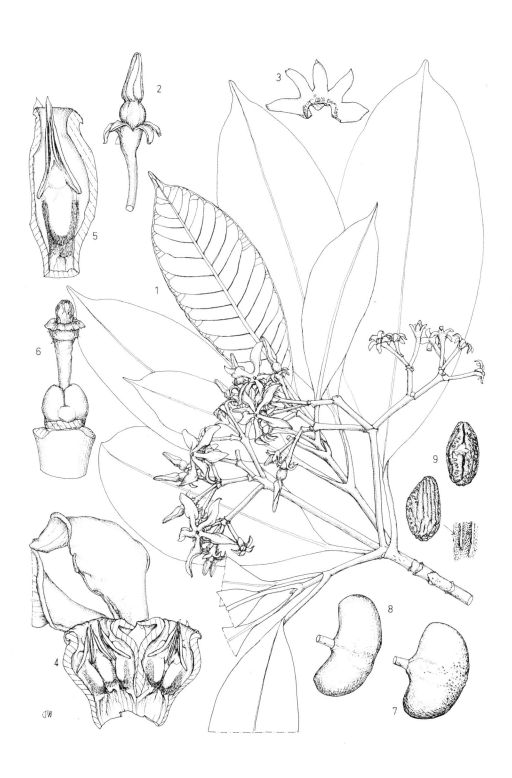

28 — *Voacanga chalotiana* (Apocynacées)

1, rameau fleuri (x 2/3); 2, bouton floral; 3-6, détails de la fleur (3 calice et 4 corolle étalées, 5 étamine, 6 pistil); 7-8, fruit; 9, graines.   *Repris de Wag. Papers 85-3.*

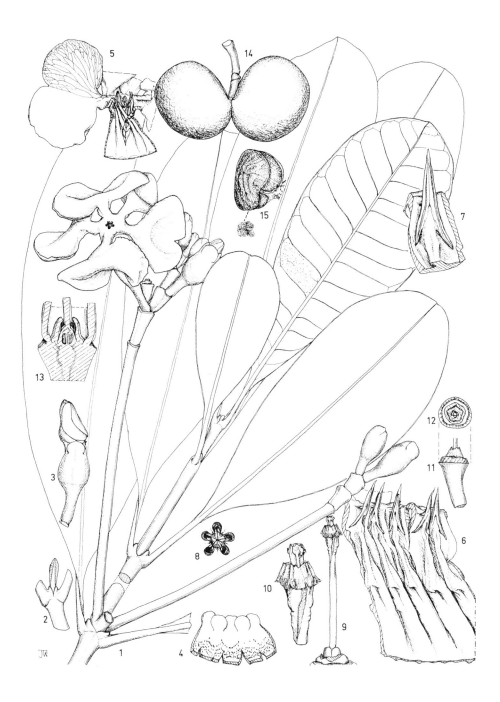

29 — *Voacanga thouarsii* (Apocynacées)

1, rameau fleuri (x 2/3); 2, sommet de rameau; 3-13, bouton floral et détails de la fleur (4 face interne du calice, 5, 6 corolles étalées, 7 étamine, 8 gorge de la corolle, 9 pistil, 10 son sommet, 11 sa base, 13 base de la fleur en coupe); 14, fruit; 15, graine.

Repris de Wag. Papers 85-3.

D.E

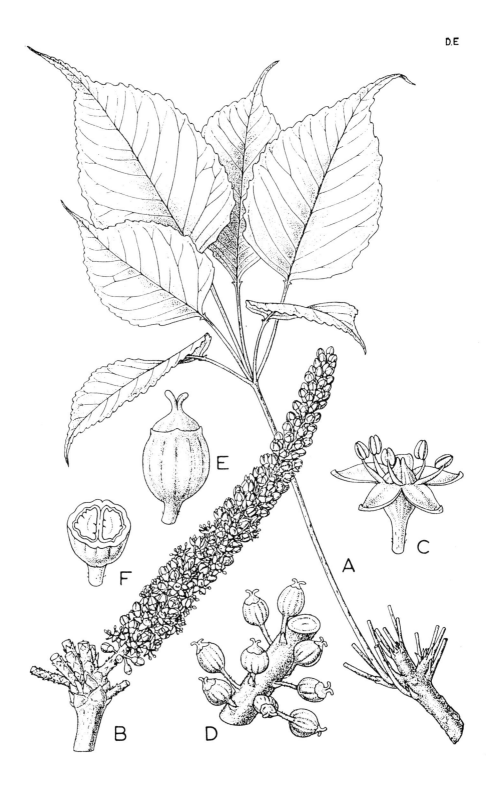

30 — *Cussonia angolensis* (Araliacées)

A, sommet de rameau et feuille; B, inflorescence; C, fleur; D, partie d'inflorescence; E, F, fruit et sa coupe.

Repris de Consp. Fl. Angol. 4.

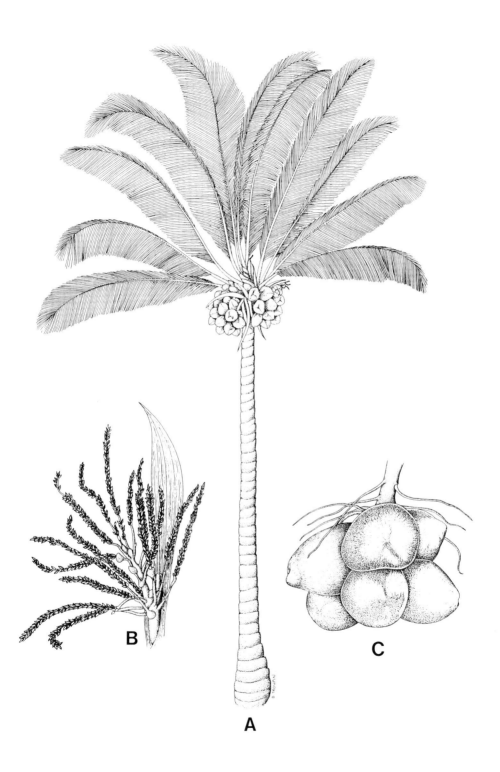

31 — **Cocos nucifera** (Arécacées)

A, port de l'arbre; B, inflorescence; C, infrutescence.

Illustration A.G.C.D.

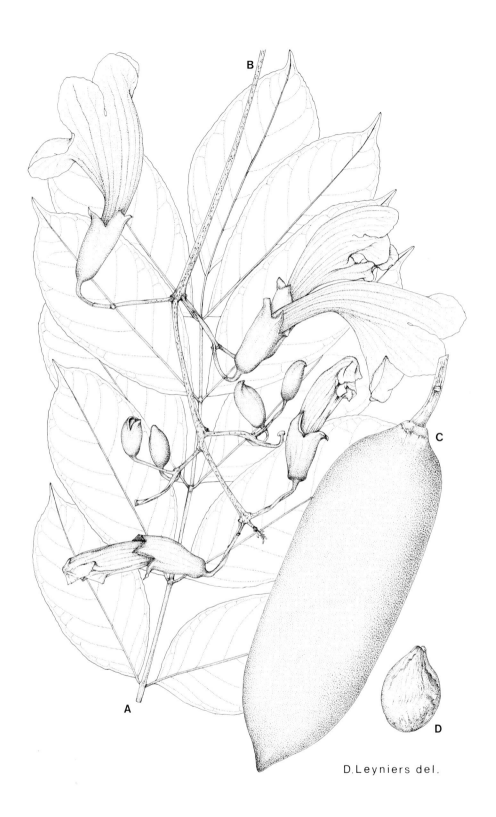

D.Leyniers del.

34 − ***Kigelia africana*** (Bignoniacées)

A, partie supérieure d'une feuille; B, fragment d'inflorescence; C, fruit jeune; D, graine.

Repris de F.A.C.

D.Leyniers del.

35 — **Newbouldia laevis** (Bignoniacées)

A, rameau fleuri; B, fleur; C, coupe de l'ovaire; D, capsule; E, graine.   *Repris de F.A.C.*

B

A

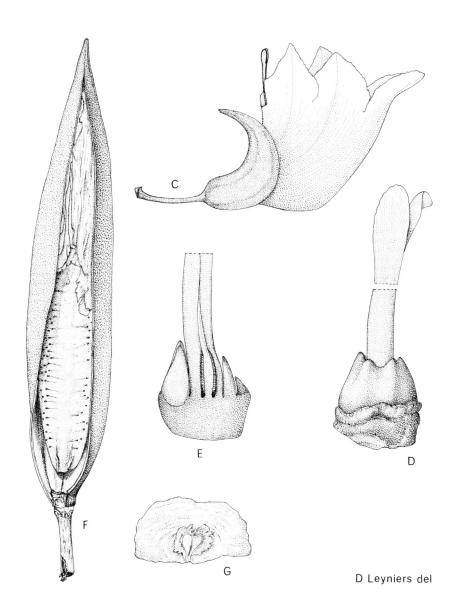

C

E

D

F

G

D Leyniers del

36 — *Spathodea campanulata* (Bignoniacées)

A, fragment de rameau; B, inflorescence; C, fleur; D, disque et pistil; E, ovaire et disque en coupe longitudinale; F, fruit; G, graine.   *Repris de F.A.C.*

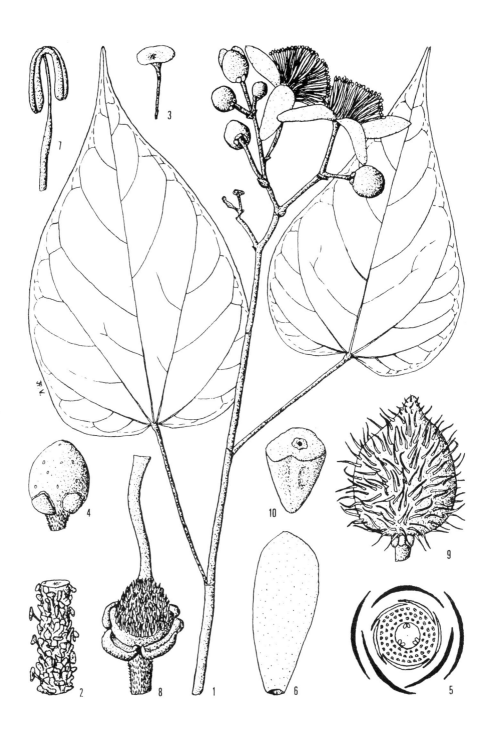

37 — *Bixa orellana* (Bixacées)

1, rameau fleuri (x 2/3); 2, 3, détail d'un rameau jeune et poil pelté; 4, bouton floral; 5, diagramme floral; 6-8, détails de la fleur (6 pétale, 7 anthère, 8 pistil); 9, 10, fruit et graine.

Repris de Fl. Gabon 22.

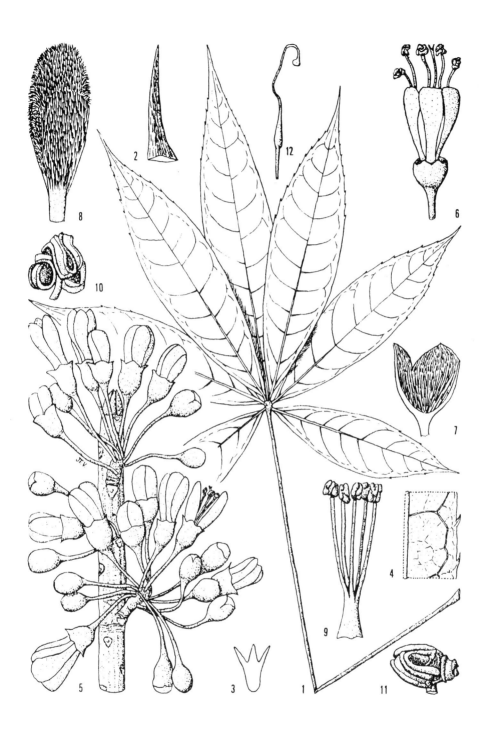

38 — *Ceiba pentandra* (Bombacacées)

1, feuille (x 2/3); 2, stipule; 3, coupe du pétiolule; 4, détail de la nervation; 5, inflorescences; 6-12, fleur et détails (7 sépales, 8 pétale, 9 colonne staminale, 10, 11 anthère, 12 pistil).

Repris de Fl. Gabon 22.

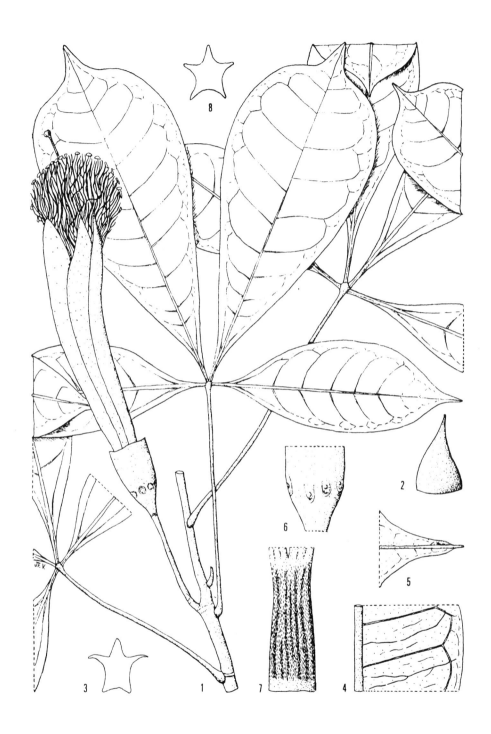

39 — ***Rhodognaphalon lukayense*** (Bombacacées)

1, rameau fleuri (x 2/3); 2, stipule; 3, coupe du pétiolule; 4, détail de la nervation; 5, sommet du limbe foliaire; 6, détail de la base de la fleur; 7, colonne staminale.

Repris de Fl. Gabon 22.

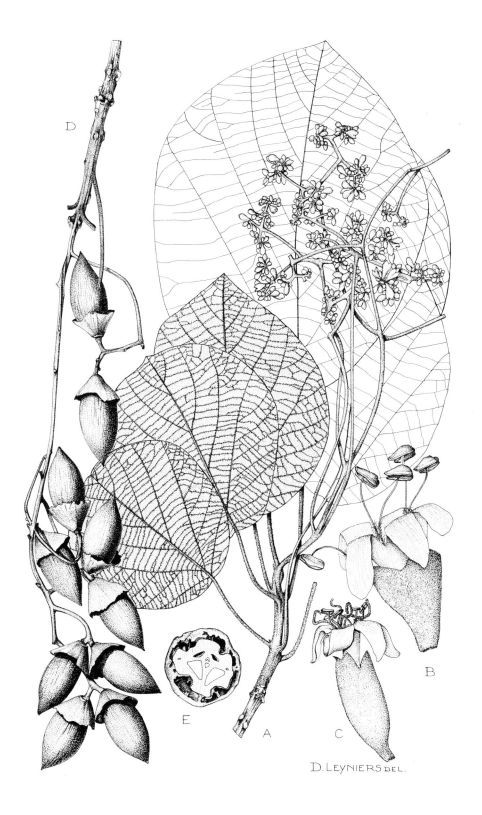

40 — *Cordia millenii* (Boraginacées)

A, rameau fleuri (x 2/3); B, C, fleur ♂ et ♀; D, infrutescence; E, coupe du fruit.

Repris de F.C.R.B.

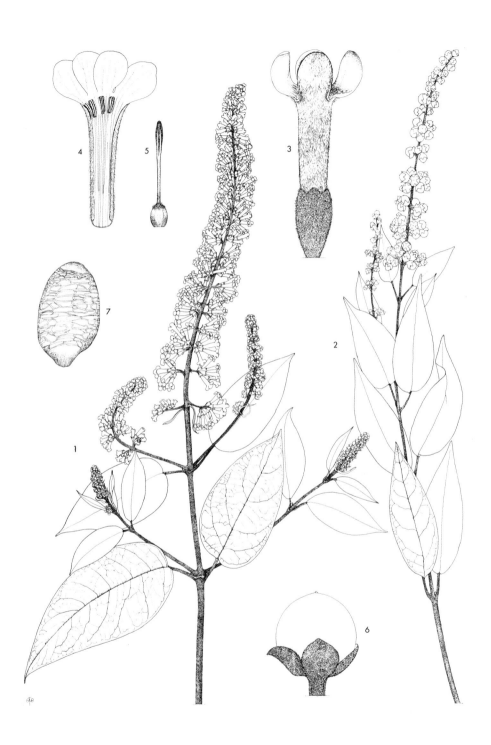

41 — ***Buddleja madagascariensis*** (Buddléacées)

1, 2, rameau fleuri et fructifère; 3, 4, fleur et corolle étalée; 5, pistil; 6, 7, fruit et graines.

*Repris de Wag. Papers **79-6**.*

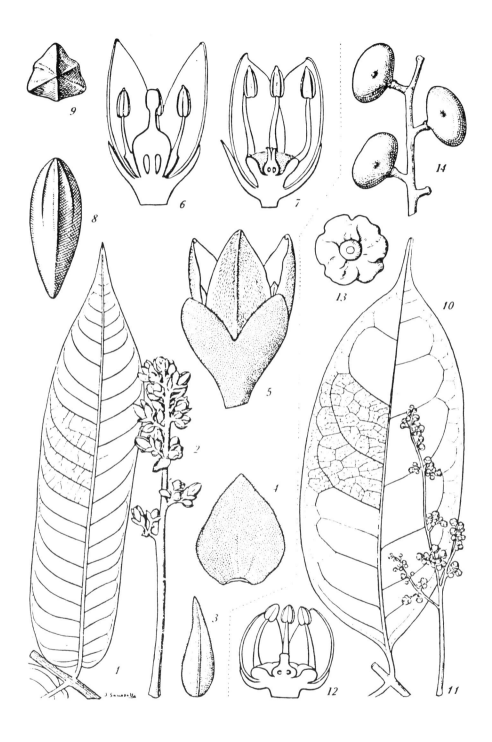

42 — *Canarium schweinfurthii* (1-9) & *Santiria trimera* (10-14)
(Burséracées)

1, 10, foliole; 2, 11, inflorescence; 3, 4, bractées; 5, fleur; 6, 7, 12, coupe de fleurs ♂ et hermaphrodites; 8, 9, noyau, deux vues; 13, disque vu de dessus; 14, fragment de rameau fructifère. *Repris de Fl. Gabon 3.*

43 — *Anthonota macrophylla* (Caesalpiniacées)

A, rameau fleuri; B, fleur; C, partie de la corolle et androcée étalés; D, coupe de l'ovaire; E, F, gousse et graine.

Repris de F.C.B. **3**.

J.M. LERINCKX DEL.

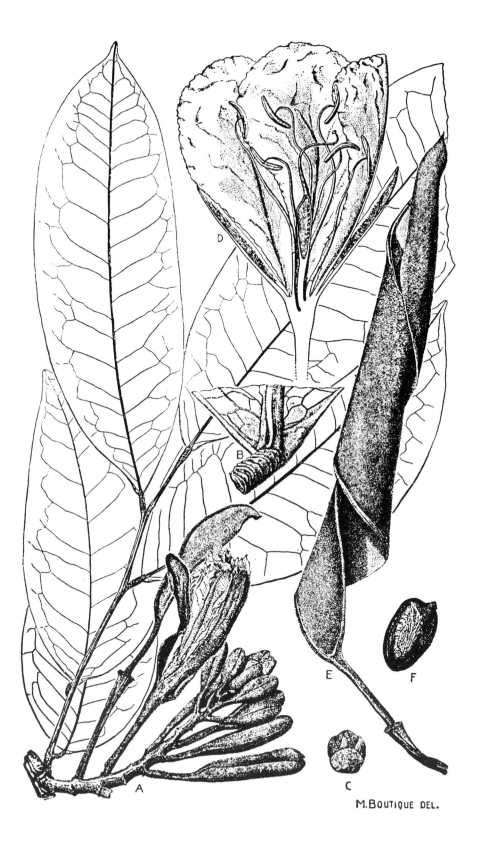

44 — **_Baikiaea insignis_** (Caesalpiniacées)

A, rameau fleuri; B, base d'une foliole à renflement; C, bouton floral; D, fleur en coupe
longitudinale; E, F, gousse et graine.   *Repris de F.C.B. 3*

45 — *Cassia mannii* Oliv. (Caesalpiniacées)

A, rameau fleuri avec jeunes feuilles; B, feuille adulte; C, sommet d'une jeune inflorescence;
D, coupe longitudinale d'une fleur; E, F, gousse et graine. *Repris de F.C.B. 3.*

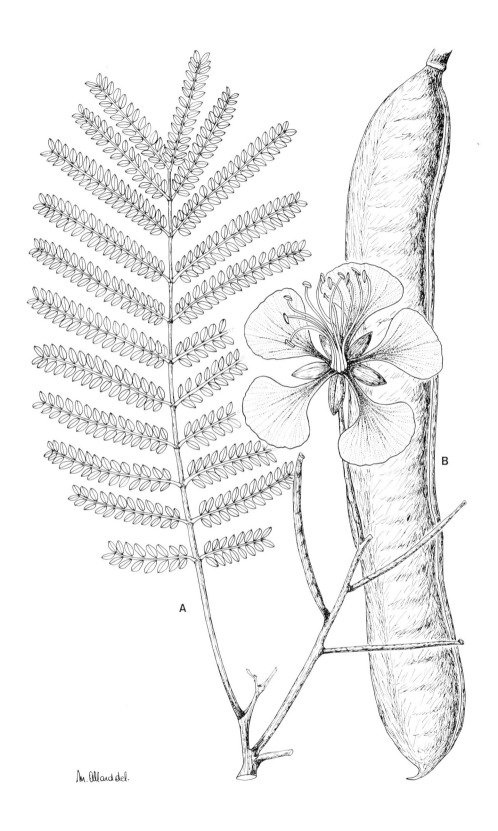

46 — _Delonix regia_ (Caesalpiniacées)

A, rameau fleuri; B, gousse.

Original.

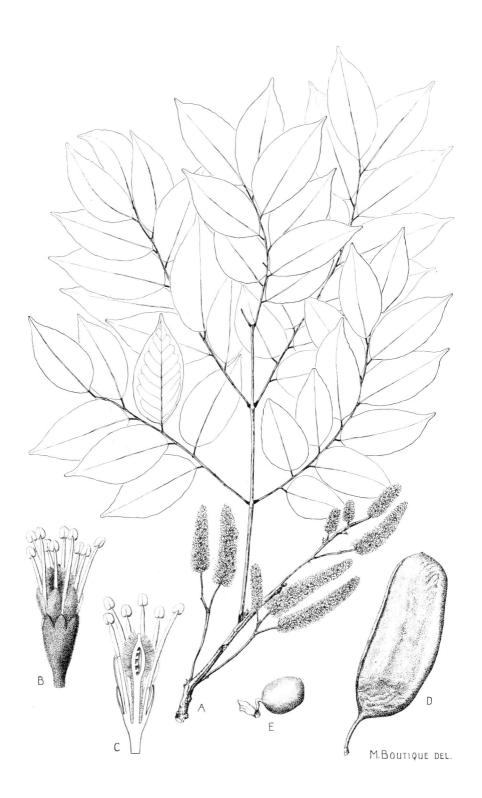

48 — **_Erythrophleum suaveolens_** (Caesalpiniacées)

A, rameau fleuri; B, C, fleur et sa coupe longitudinale; D, E, gousse et graine.

Repris de F.C.B. 3.

49 — _Guibourtia demeusei_ (Caesalpiniacées)

1, rameau fleuri (x 2/3); 2, bouton; 3, 4, fleur et pistil; 5, infrutescence.

Repris de Fl. Gabon **15.**

50 — *Oddoniodendron micranthum* (Caesalpiniacées)

1, 2, feuille 3-foliolée et détail de la nervation; 3, inflorescence; 4, fleur; 5, pétale vu de l'intérieur; 6, pistil.

Repris de Fl. Gabon **15.**

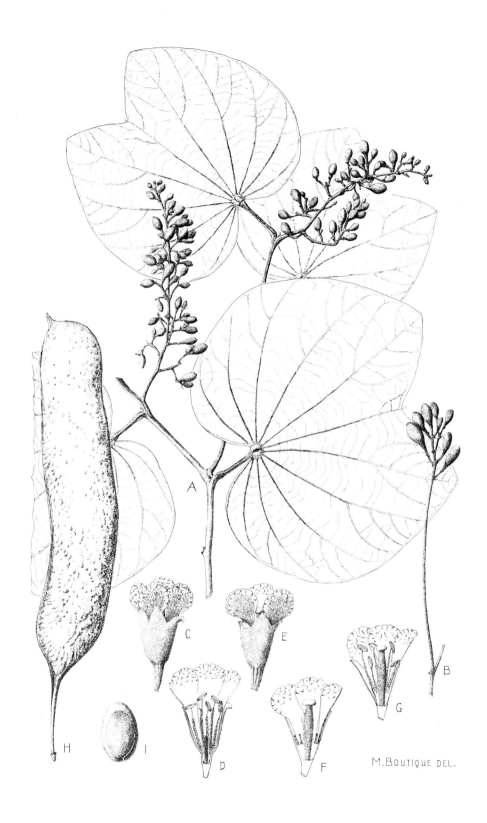

51 − *Piliostigma thonningii* (Caesalpiniacées)

A, rameau fleuri; B, inflorescence ♀; C, E, fleur ♂ et ♀; D, F, G, coupe longitudinale de fleur ♂, ♀ et hermaphrodite; H, I, gousse et graine.   *Repris de F.C.B.* **3**.

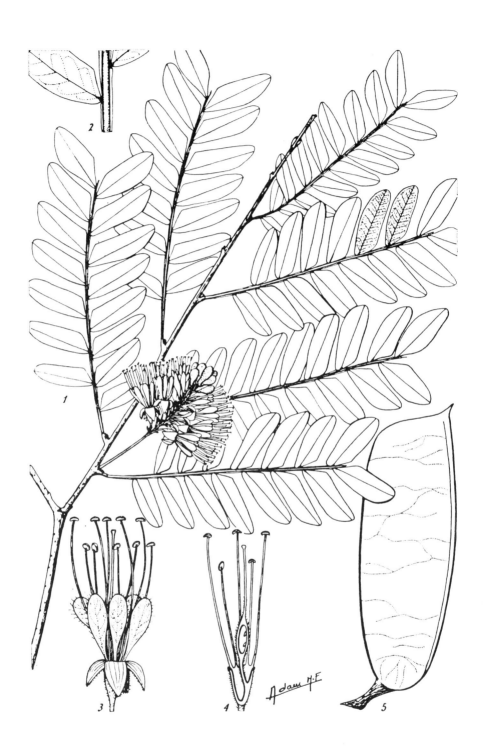

52 — **Scorodophleus zenkeri** (Caesalpiniacées)

1, rameau fleuri (x 2/3); 2, détail de la feuille; 3, 4, fleur et sa coupe longitudinale; 5, gousse.

Repris de Fl. Gabon 15.

53 — *Tetraberlinia polyphylla* (Caesalpiniacées)

1, rameau fleuri (x 2/3); 2, bractée; 3, fleur; 4-8, détails de fleur (4 sépales, 5 petits pétales, 6, 6' grand pétale, 7 base des filets, 8 pistil).   *Repris de Fl. Gabon 15.*

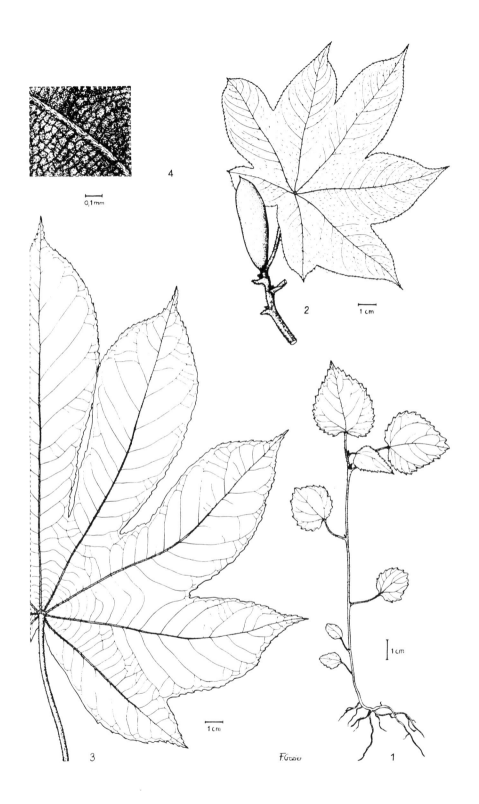

0,1 mm

4

2

1 cm

3

1 cm

F.Crozier

1 cm

1

56 — *Musanga cecropioides* (Cécropiacées)

1, plantule; 2, 3 jeune feuille avec stipule et détail; 4, pubescence de la face inférieure du limbe.

Repris de Fl. Gabon 26.

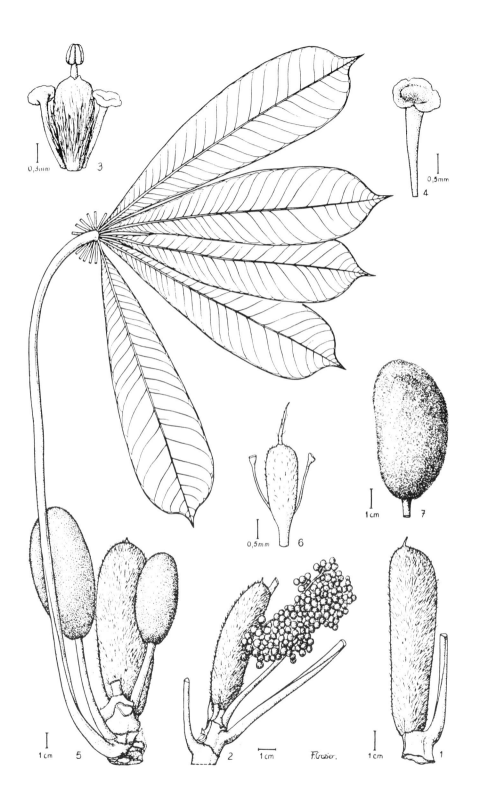

57 — *Musanga cecropioides* (Cécropiacées)

1, stipule; 2, inflorescence ♂; 3, fleur ♂; 4, bractée; 5, rameau fleuri ♀; 6, fleur ♀; 7, inflorescence.

Repris de Fl. Gabon 26.

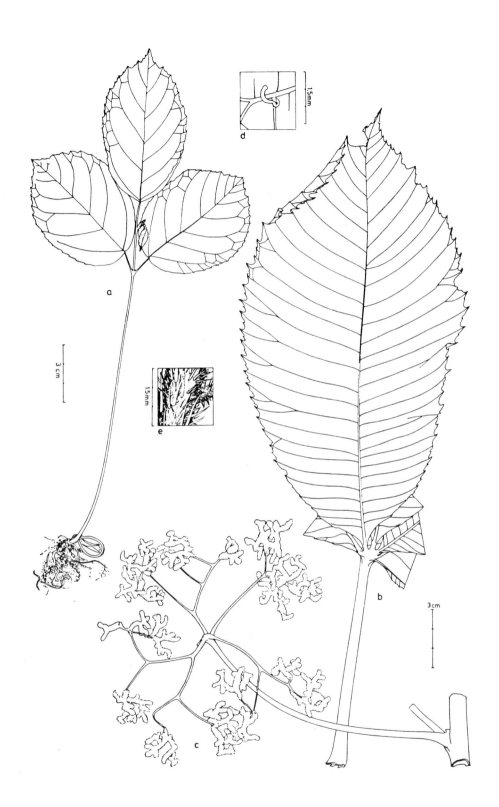

58 — *Myrianthus arboreus* (Cécropiacées)

a, plantule; b, feuille; c, inflorescence ♂; d, glande sur feuille; e, pubescence du limbe foliaire.

Repris de Fl. Gabon 26.

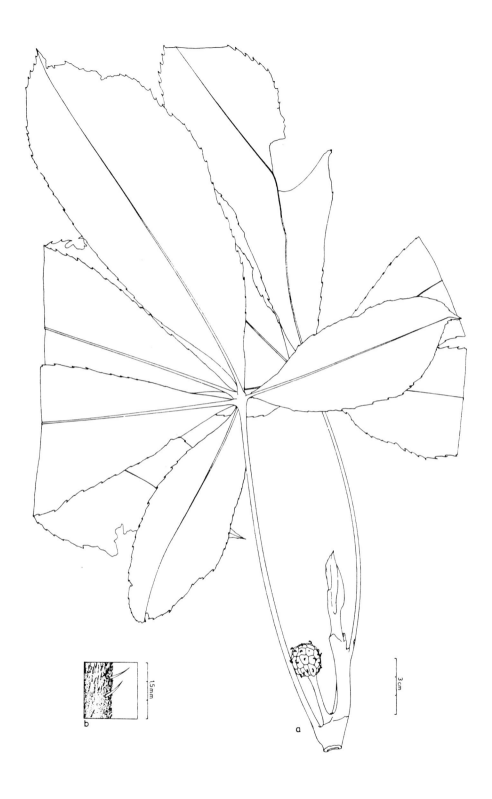

59 — **Myrianthus arboreus** (Cécropiacées)

a, rameau fleuri ♀; b, pubescence de la tige.   *Repris de Fl. Gabon 26.*

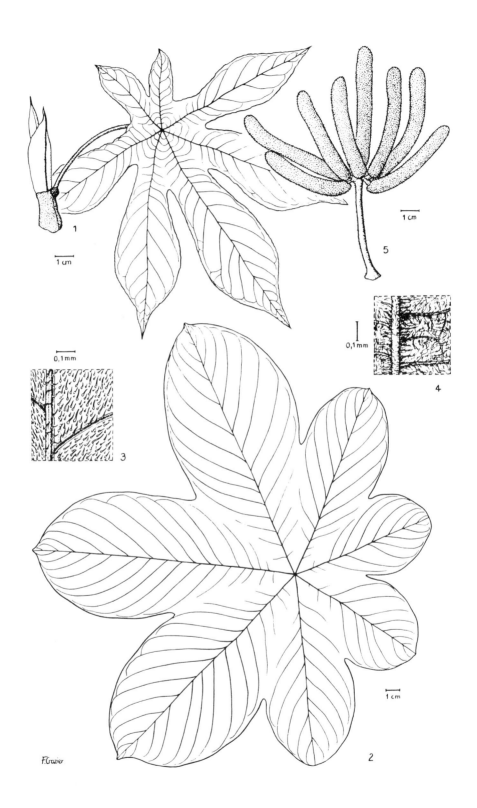

60 — *Cecropia peltata* (Cécropiacées)

1, jeune feuille et stipule; 2, feuille adulte; 3, 4, pubescence supérieure et inférieure du limbe foliaire; 5, inflorescence ♂. *Repris de Fl. Gabon 26.*

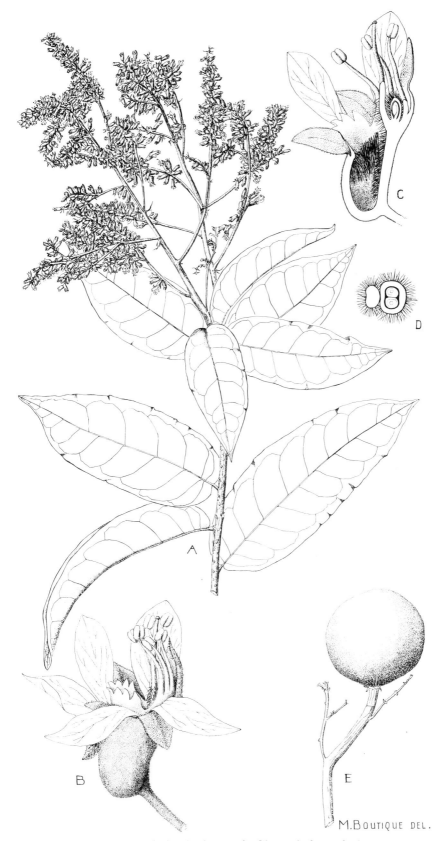

61 — *Magnistipula butayei* (Chrysobalanacées)

A, rameau fleuri; B, C, fleur et sa coupe longitudinale; D, coupe de l'ovaire; E, fruit.

Repris de F.C.B. 3.

M.BOUTIQUE DEL.

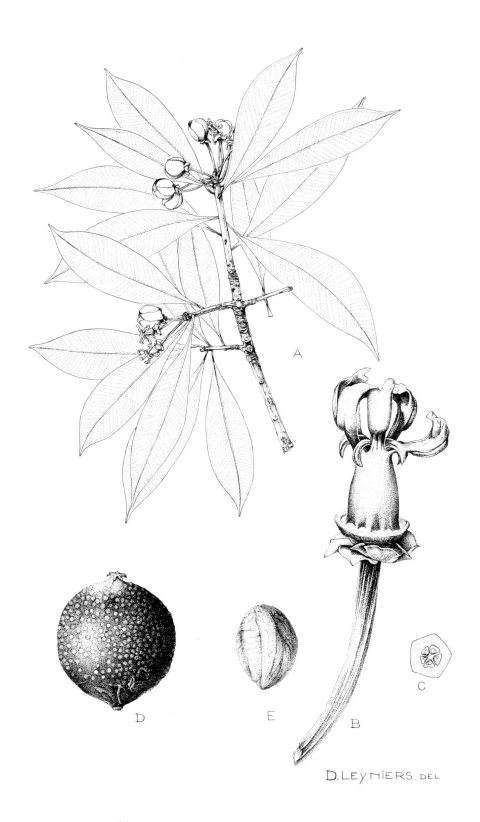

66 — *Symphonia globulifera* (Clusiacées)

A, rameau fleuri; B, fleur, pétales enlevés; C, coupe de l'ovaire; D, E, fruit et graine.

Repris de F.C.R.B.

67 – **Ritchiea aprevaliana** (A, B; Capparidacées)
& **Combretum psidioides** (C-F; Combrétacées)

A, D, rameau fleuri; B, infrutescence; C, rameau feuillé; E, F, fruit et sa coupe.   *Original.*

C

A

M. Allard del.

B

68 − *Quisqualis indica* (Combrétacées)

A, rameau fleuri; B, C, fruit de profil et de face.

Original.

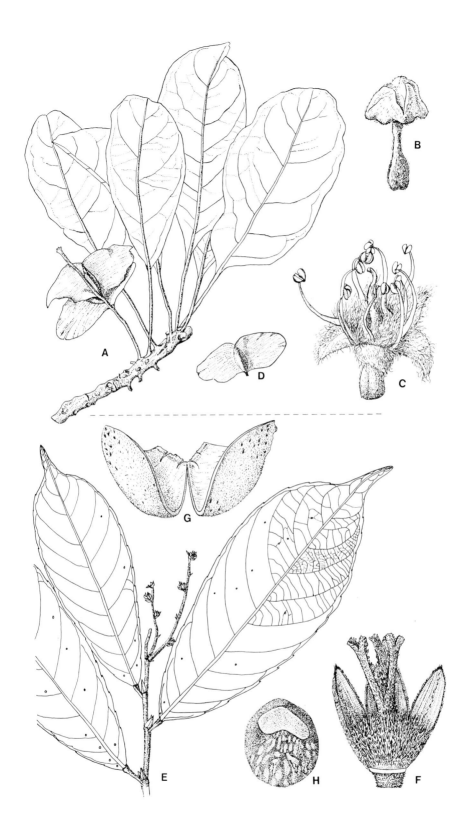

69 — *Terminalia superba* (Combrétacées)
& *Necepsia zairensis* var. *zairensis* (Euphorbiacées)

A, rameau fructifère; B, bouton; C, fleur hermaphrodite; D, fruit; E, rameau fleuri; F, fleur
♀, 2 sépales ôtés; G, coque bivalve; H, graine.   *A-D, original; E-H, repris de Bull. 56.*

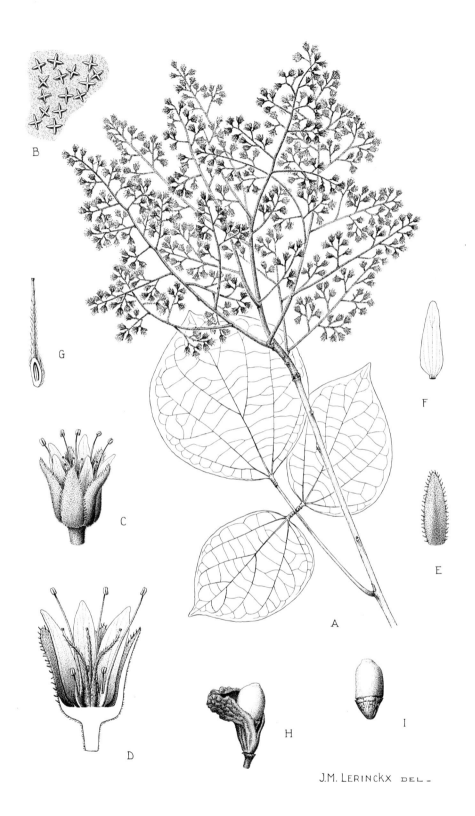

B, G, C, F, E, A, D, H, I

J.M. LERINCKX DEL_

70 — *Agelaea pentagyna* (Connaracées)

A, rameau fleuri; B, poils étoilés sur la face inférieure du limbe; C, D, fleur et sa coupe longitudinale; E, F, sépale et pétale; G, coupe d'un carpelle; H, fruit (follicule); I, graine arillée.   *Repris de F.C.B. 3.*

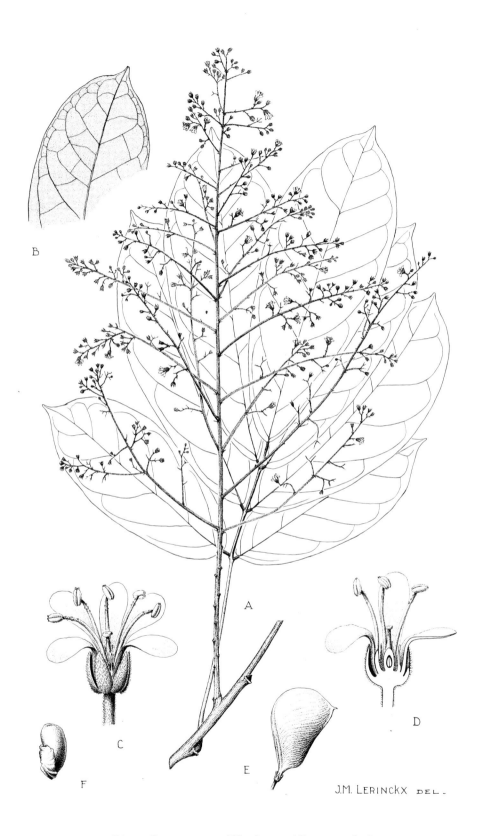

71 — *Connarus griffonianus* (Connaracées)

A, rameau fleuri; B, face inférieure du limbe foliaire; C, D, fleur et sa coupe longitudinale;
E, fruit (follicule); F, graine arillée.   *Repris de F.C.B. 3.*

M.BOUTIQUE DEL.

72 — **Manotes griffoniana** (Connaracées)

A, rameau fleuri; B, C, fleur et sa coupe longitudinale; D, E, carpelle, coupes longitudinales de profil et de face; F, fruit (follicules); G, graine avec endocarpe.   *Repris de F.C.B. 3.*

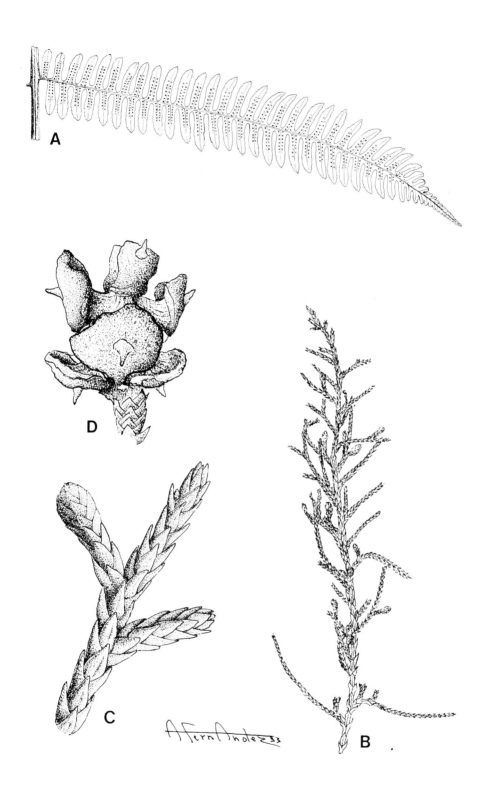

73 — *Cyathea camerooniana* (A; Cyathéacées)
& *Cupressus lusitanica* (B-D; Cupressacées)

A, penne d'une fronde; B, C, rameau à feuilles écailleuses et détail; D, cône ♀.   *Original.*

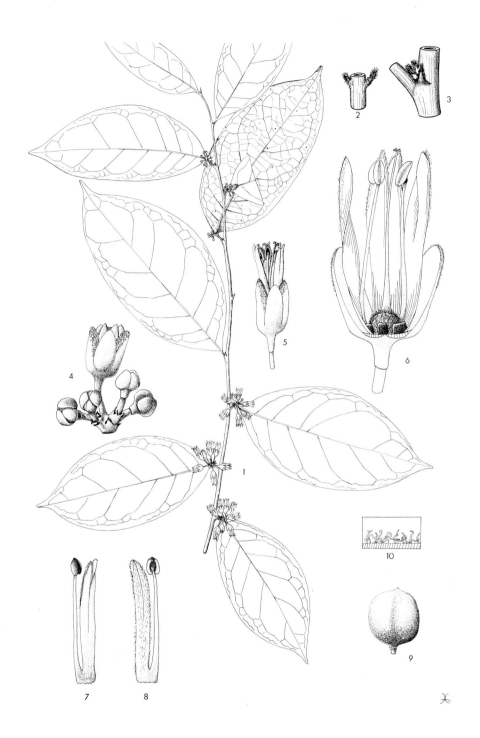

76 — ***Dichapetalum thollonii*** (Dichapétalacées)

1, rameau fleuri; 2, stipules; 3, aisselle montrant stipule et bourgeon; 4, partie d'inflorescence; 5, 6, fleur avec détail après enlèvement partiel de sépales et pétales; 7, 8, deux vues d'un pétale avec étamine; 9, 10, fruit et détail de sa pubescence. *Repris de Wag. Papers **81-10**.*

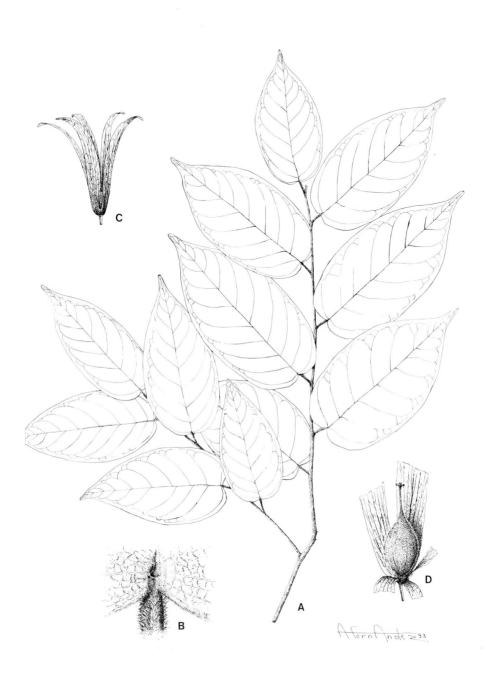

77 — *Marquesia macroura* (Diptérocarpacées)

A, rameau; B, base d'une feuille, face supérieure, montrant le pétiole poilu, une glande basale, et les nervilles en réseau; C, D, fruit et détail après enlèvement partiel du calice accrescent.

Original.

78 — _Diospyros conocarpa_ (Ebénacées)

A, rameau fleuri; B, coupe d'une corolle ♂ avec étamines; C, fleur ♀, un lobe du calice ôté;
D, calice et bractée d'une fleur ♀; E, F, fruits; G, H, graine et coupe. *Repris de F.A.C.*

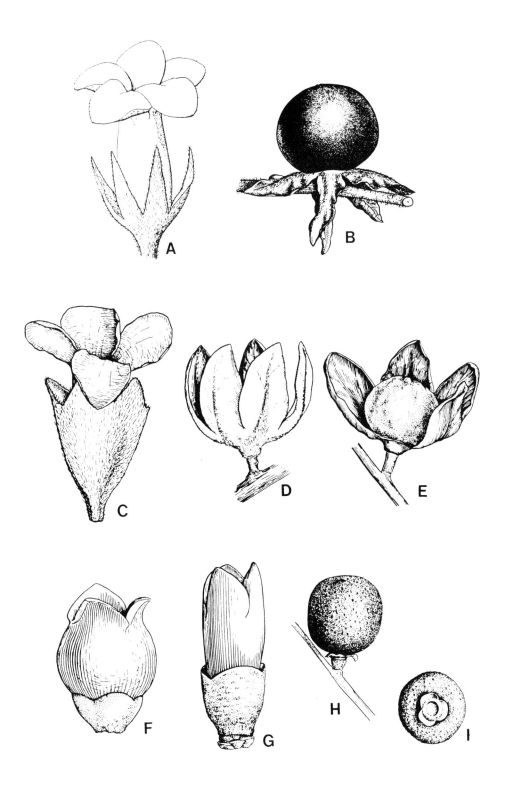

79 — ***Diospyros pseudomespilus*** subsp. ***brevicalyx*** (A, B),
D. boala (C-E) & ***D. iturensis*** (F-I)
(Ebénacées)

A, C, F, fleur ♂; B, E, H, I, fruit (un lobe du calice ôté en E); D, calice fructifère; G, fleur ♀.

Repris de F.A.C.

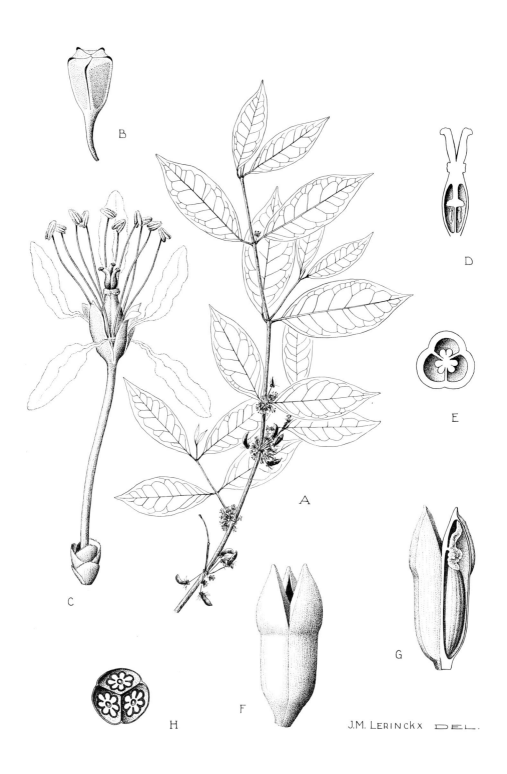

80 — *Aneulophus africanus* (Érythroxylacées)

A, rameau flori- et fructifère; B, bouton floral; C, fleur; D, E, coupes de l'ovaire; F, G, H, capsule et coupes.

Repris de F.C.B. 7.

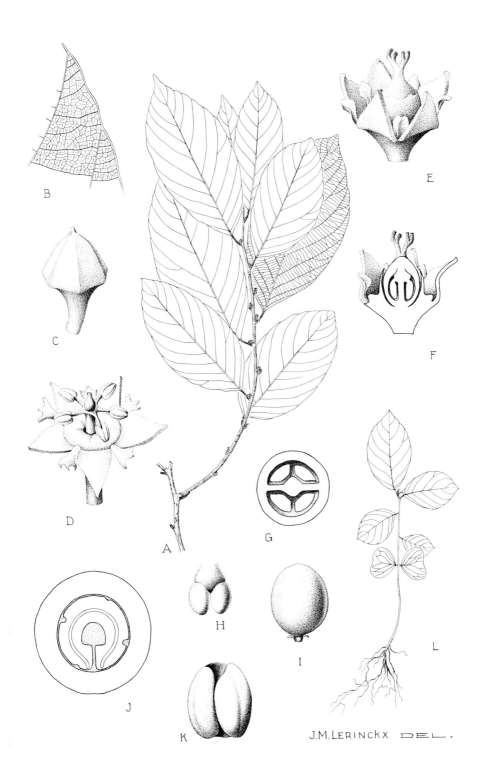

81 — *Bridelia ripicola* (Euphorbiacées)

A, rameau fleuri; B, détail nervation; C, D, bouton et fleur ♂; E, F, fleur ♀ et coupe; G, coupe de l'ovaire; H, ovules; I, J, fruit et coupe; K, graine; L, plantule. *Repris de F.C.B. 8*.

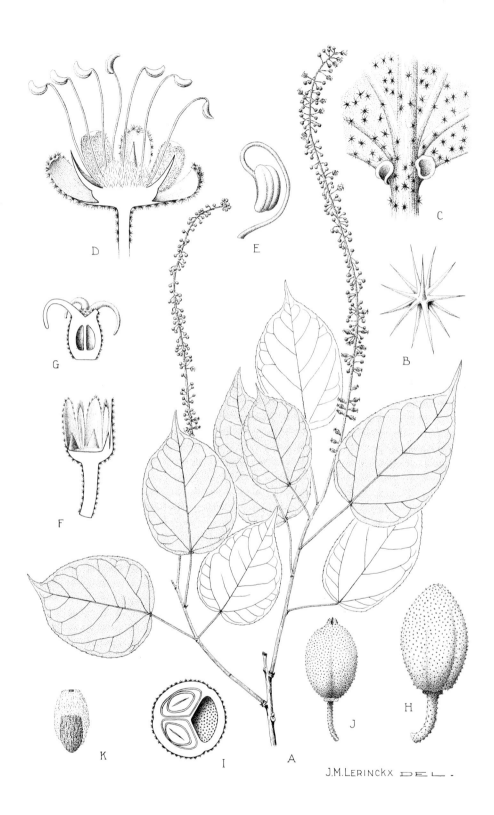

J.M.LERINCKX DEL.

82 — *Croton sylvaticus* (Euphorbiacées)

A, rameau fleuri; C, base de la feuille avec glandes et poils étoilés (détail en B); D, fleur ♂
en coupe; E, étamine jeune; F, G, fleur ♀, coupe longitudinale (ovaire séparé); H, J, baie à
l'état frais et sec; I, idem, coupe; K, graine. *Repris de F.C.B. 8.*

83 — *Cyttaranthus congolensis* (Euphorbiacées)

A, rameau fleuri; B, base d'une feuille avec glandes; C, D, boutons ♂; E, fleur ♂; F, fleur ♀; G, pistil, stigmates ôtés; H, I, fruit et graine.   *Repris de F.C.B. 8.*

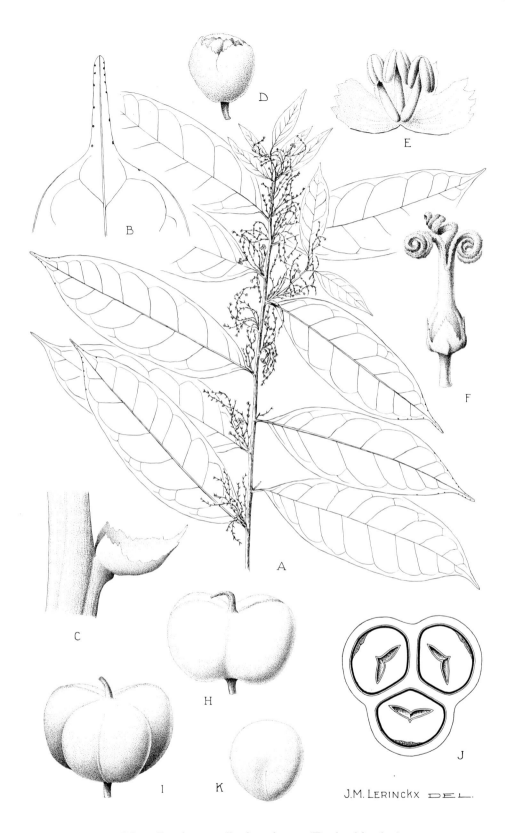

84 — ***Duvigneaudia inopinata*** (Euphorbiacées)

A, rameau fleuri; B, sommet d'une feuille, à glandes marginales; C, bractée sous-tendant un
glomérule; D, E, bouton et fleur ♂ avec calice étalé; F, fleur ♀; H, I, J, fruits et coupe; K,
graine.   *Repris de F.C.B. 8.*

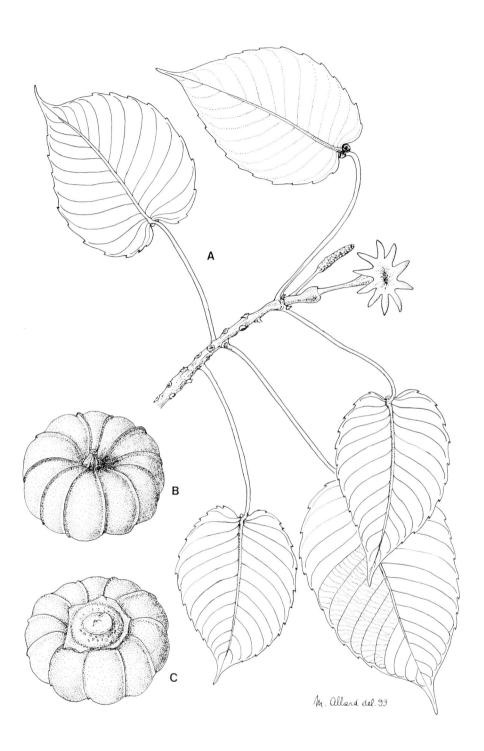

85 – *Hura crepitans* (Euphorbiacées)

A, rameau fleuri (inflorescence comprenant une fleur ♀ et une portion ♂ spiciforme); B, vue apicale et basale d'un fruit.   *Original.*

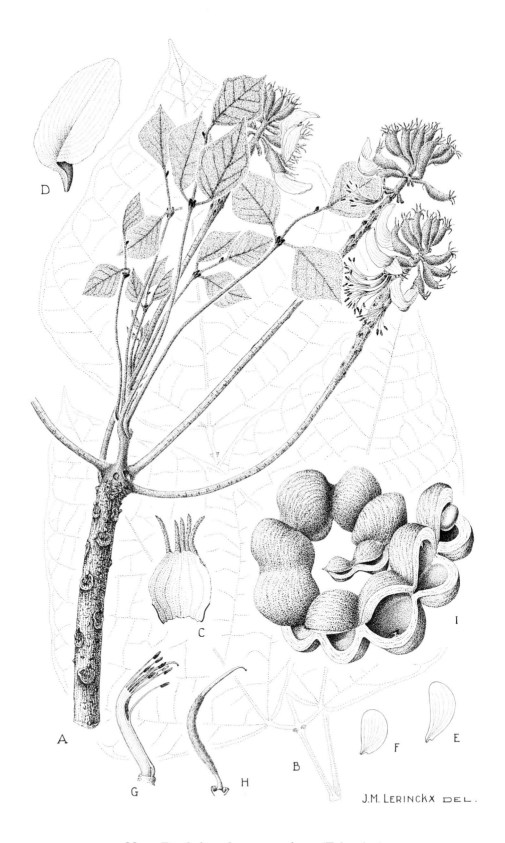

J.M. LERINCKX DEL.

88 – *Erythrina droogmansiana* (Fabacées)

A, rameau fleuri; B, feuille; C-H, détails de la fleur (C calice étalé, D étendard, E aile, F pièce de la carène, G androcée, H gynécée); I, gousse et graine. *Repris de F.C.B. 6.*

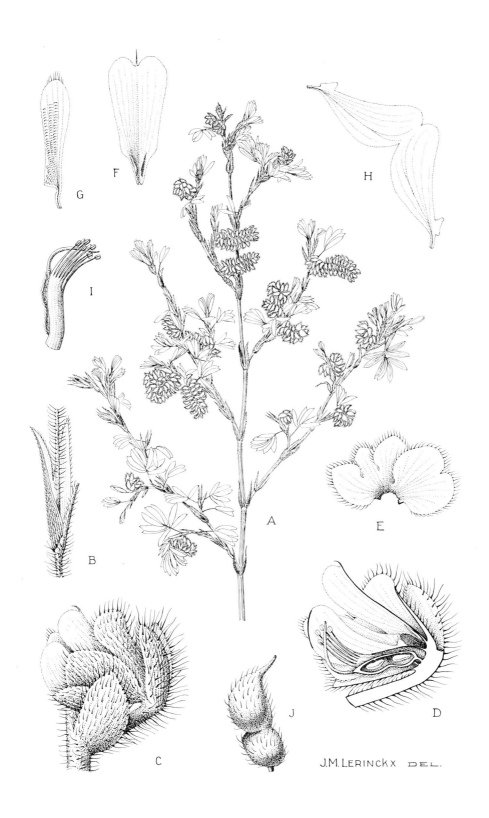

89 — *Kotschya strobilantha* (Fabacées)

A, rameau fleuri; B, stipule; C, D, fleur et coupe; E-I, détails de la fleur (E calice étalé, F étendard, G aile, H carène, I androcée et gynécée); J, gousse.　　　*Repris de F.C.B. 5.*

90 — **_Millettia drastica_** (Fabacées)

A, rameau fleuri; B, fleur et détails (C, D calice en coupe et androcée, celui-ci coupé en D, E étendard, F aile, G carène); H, axes de l'inflorescence montrant les insertions des pédicelles; I, gousse.

Repris de F.C.B. 5.

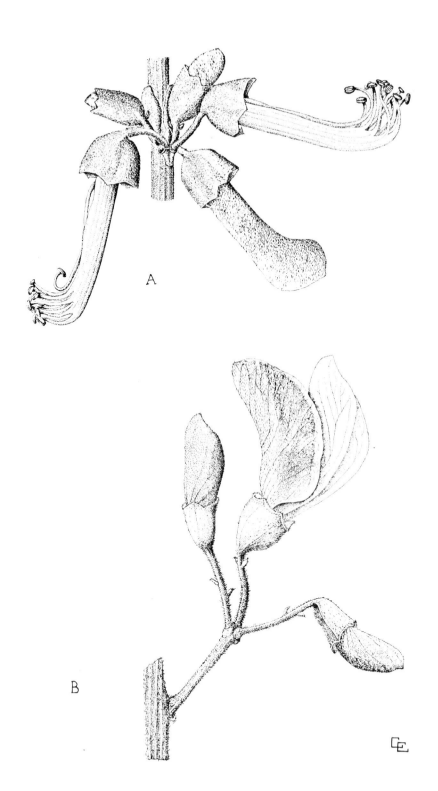

91 – *Millettia drastica* (A) & *M. eetveldeana* (B)
(Fabacées)

Inflorescences (2 corolles tombées en A). *Repris de F.C.B. 5.*

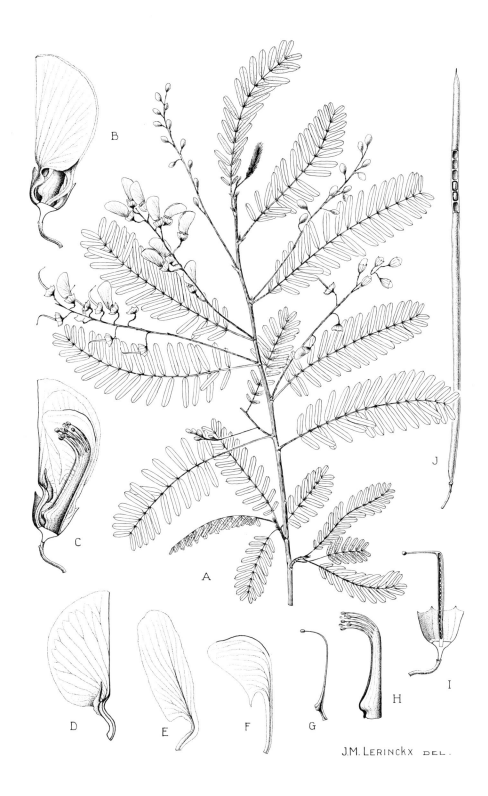

B

C

A

D E F G H I

J

J.M. LERINCKX DEL.

92 − *Sesbania sesban* (Fabacées)

A, rameau fleuri; B, C, fleur (moitié du calice enlevé) et coupe; D-I, détails de la fleur (D moitié d'étendard, E aile, F pétale de la carène, G étamine, H androcée, I calice et gynécée en coupe); J, gousse, une partie en coupe. *Repris de F.C.B. 5.*

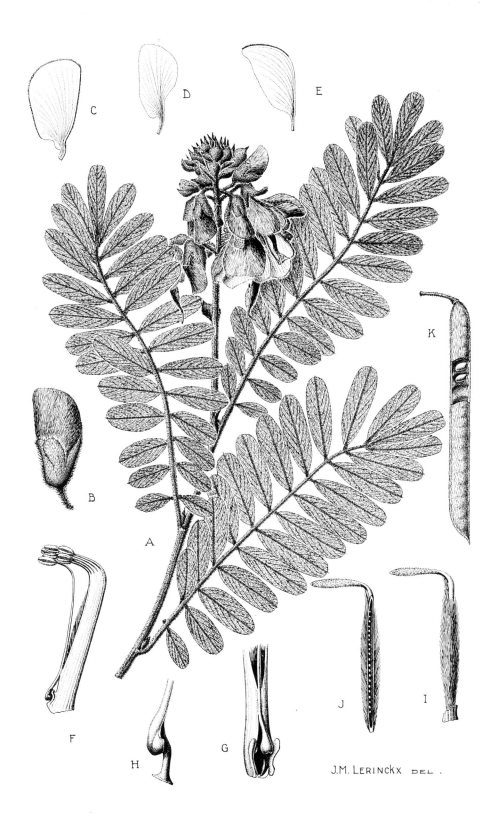

93 — _Tephrosia vogelii_ (Fabacées)

A, rameau fleuri; B, bouton floral; C-J, détails de la fleur (C moitié d'étendard, D aile, E pétale de la carène, F-H androcée et sa base, I, J gynécée et coupe); K, gousse, une partie en coupe.   _Repris de F.C.B._ **5**.

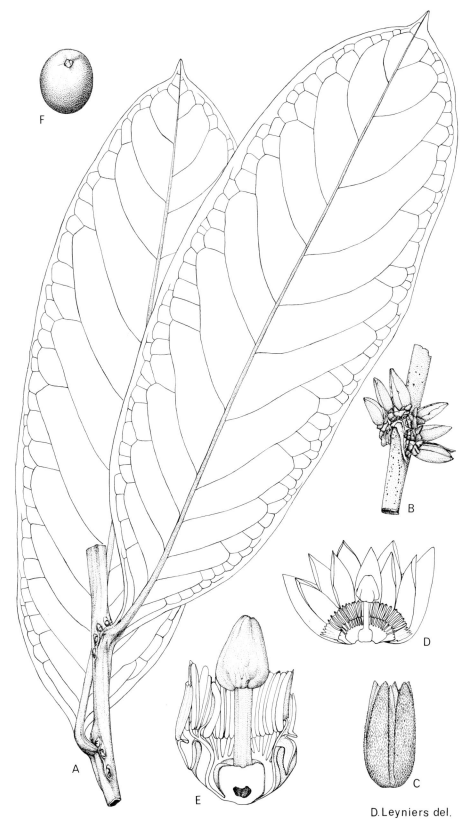

94 — **Barteria nigritiana** subsp. **fistulosa** (Flacourtiacées)
A, rameau avec boutons floraux; B, inflorescence; C-E, bouton floral (D étalé, E coupe avec sépales et pétales ôtés); F, fruit.

Repris de F.A.C.

D. Leyniers del.

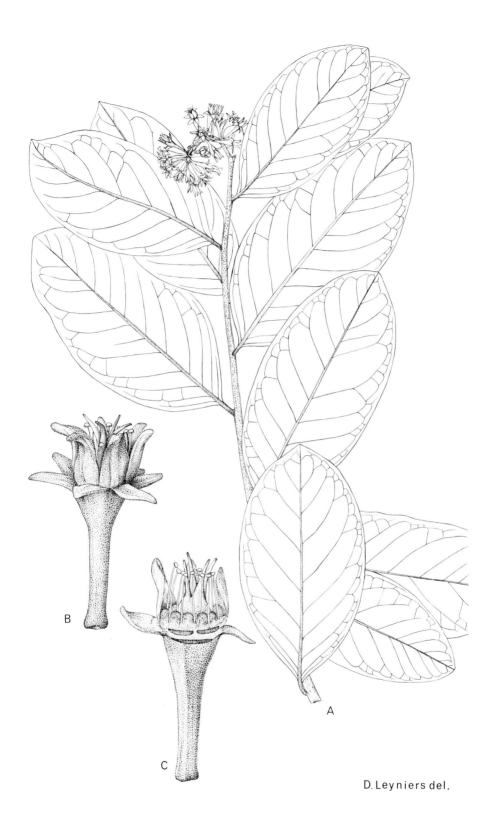

D. Leyniers del.

95 — *Byrsanthus brownii* (Flacourtiacées)

A, rameau fleuri; B, C, fleur (1 sépale et 2 pétales ôtés en C).   *Repris de F.A.C.*

96 — *Caloncoba glauca* (Flacourtiacées)

A, rameau fleuri; B, étamine; C, D, fruit et coupe.

Repris de F.A.C.

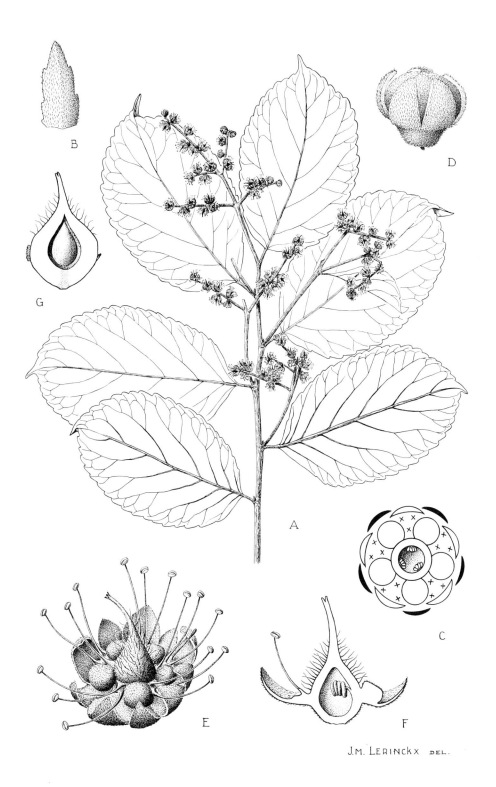

J.M. LERINCKX DEL.

97 — _Homalium abdessammadii_ (Flacourtiacées)

A, rameau fleuri; B, stipule; C-F, diagramme floral, bouton floral, fleur et coupe; G, fruit en coupe et graine. _Original._

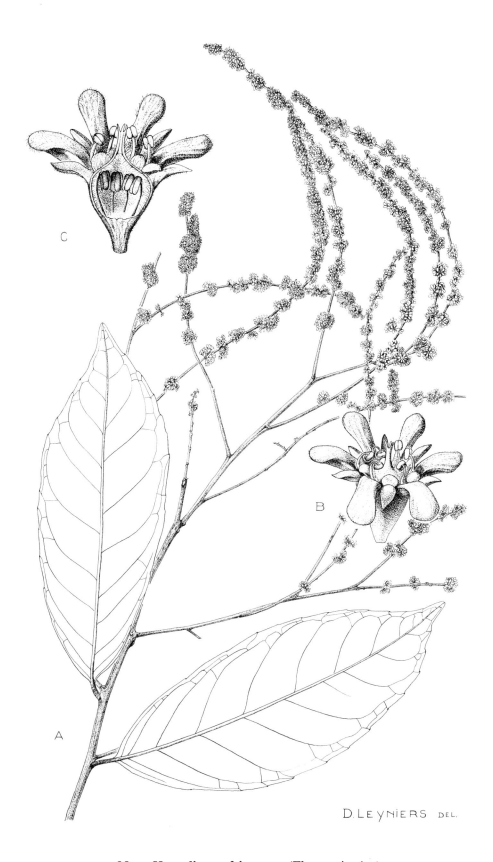

98 — _Homalium africanum_ (Flacourtiacées)

A, rameau fleuri; B, C, fleur et coupe.

Repris de F.A.C.

99 — ***Homalium longistylum*** (Flacourtiacées)

A, rameau fructifère; B, C, fleur et coupe; D, fruit.   *Repris de F.A.C.*

100 — ***Ophiobotrys zenkeri*** (Flacourtiacées)

A, rameau fructifère; B, fleur; C, coupe de l'ovaire; D, fruit.   *Repris de F.A.C.*

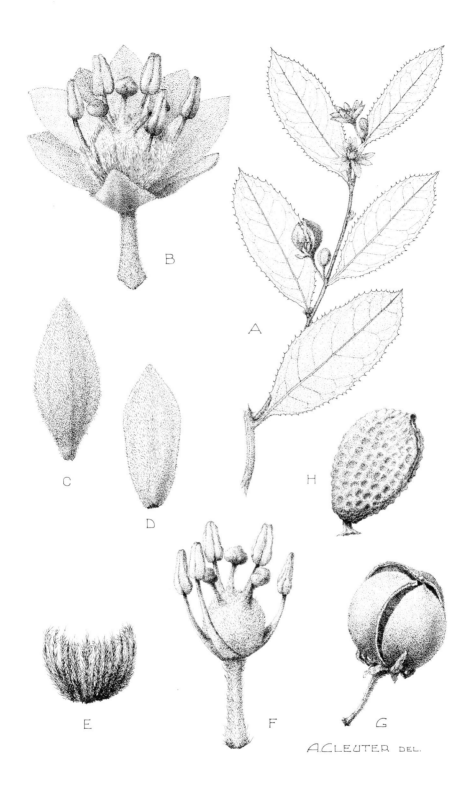

101 — *Paropsia brazzeana* (Flacourtiacées)

A, rameau fleuri; B, fleur (2 pétales ôtés); C-F, détails de la fleur (C sépale, D pétale, E couronne, F androcée et gynécée); G, H, fruit et graine.   *Repris de F.A.C.*

102 — *Hua gabonii* (Huacées)

A, rameau fructifère après déhiscence des capsules; B, partie de rameau fleuri; C-G, détail de la fleur (C, E coupes, D pétale, F, G étamine); H, fruit; I, graine.   *Repris de F.C.B. 10.*

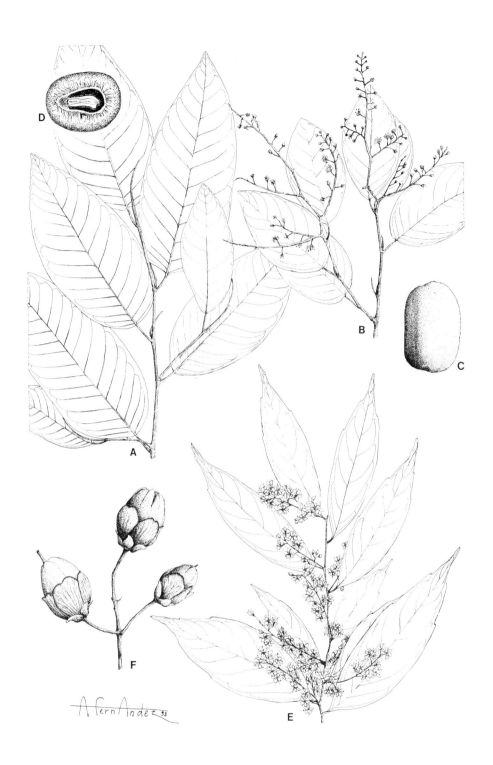

103 — *Irvingia smithii* (A-D; Irvingiacées) &
Ochthocosmus congolensis (E-F; Ixonanthacées)

A, rameau végétatif (voir les capuchons stipulaires courbés); B, E, rameau fleuri; C,D, drupe
et sa coupe; F, partie d'infrutescence (trois capsules).   *Original.*

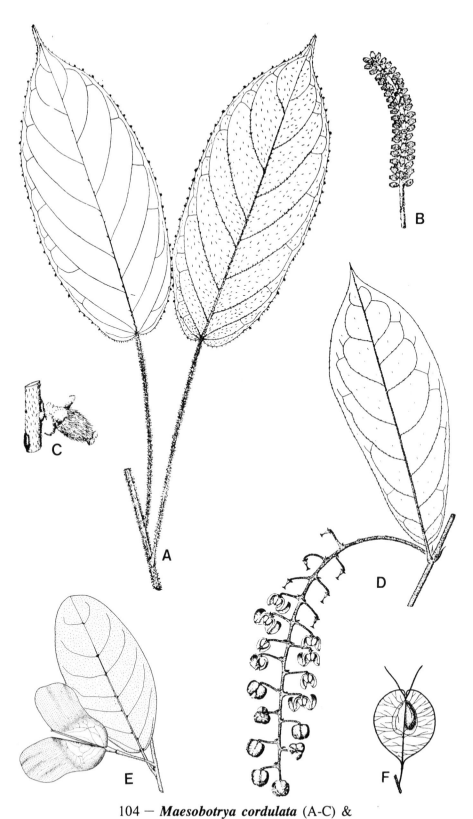

104 — ***Maesobotrya cordulata*** (A-C) &
Thecacoris trichogyne (D) (Euphorbiacées);
Hymenocardia acida (E) & ***H. ulmoides*** (F) (Hymenocardiacées)

A, rameau végétatif; B, inflorescence ♀; C, fleur ♀; D, rameau fructifère; E, ramille fructifère.
Repris de Bull. 17 (A-C) & F.A.C. (E-F); D original.

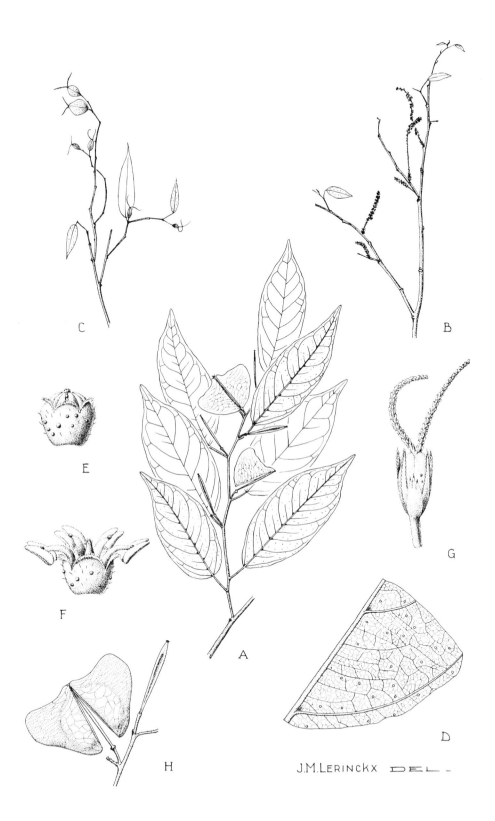

C

B

E

F

A

G

D

H

J.M.LERINCKX DEL

105 — *Hymenocardia ripicola* (Hyménocardiacées)
A, rameau fructifère; B, C, rameau fleuri ♂ et ♀; D, face inférieure d'un limbe foliaire, montrant glandes; E, F, bouton et fleur ♂; G, fleur ♀; H, fruit séparé en 2 coques.

Repris de F.A.C.

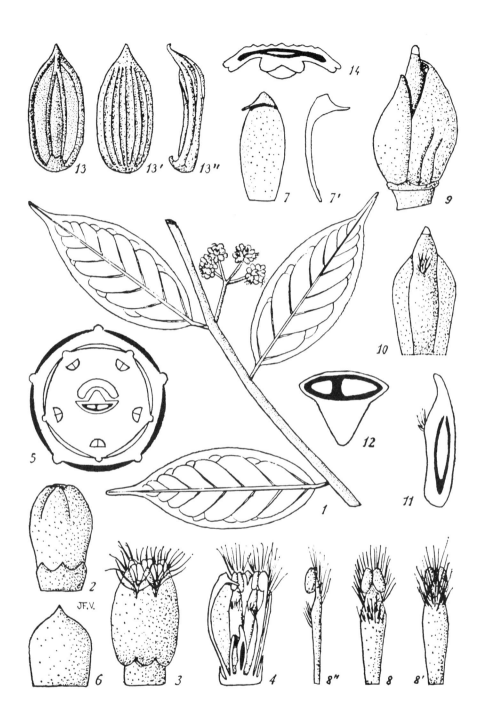

106 — ***Lasianthera africana*** (Icacinacées)

1, rameau fleuri (x 1/3); 2-4, bouton floral, fleur, coupe et diagramme; 6-12, détails de la fleur (6 sépale, 7 pétale, 8 étamine, 9 ovaire et disque, 10-12 ovaire et coupes); 13, 14, fruit et coupe.   *Repris de Fl. Gabon 20*.

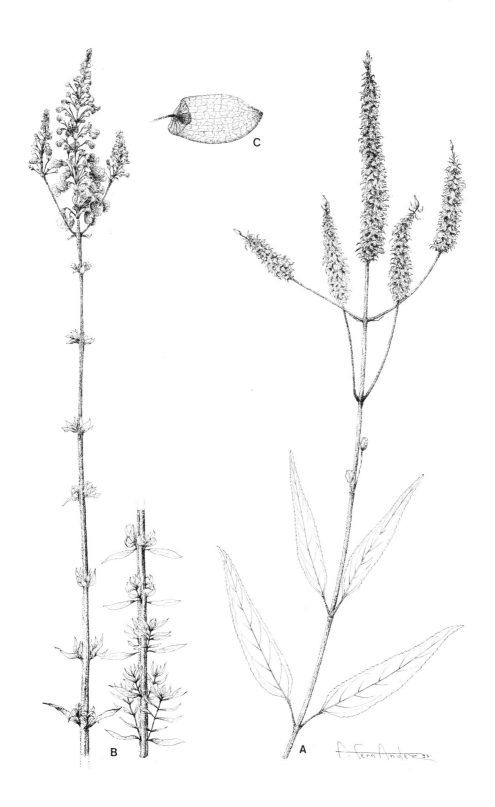

107 — ***Leocus africanus*** (A) &
Plectranthastrum rosmariniifolium (B, C)
(Lamiacées)

A, B, rameau fleuri; C, fruit entouré du calice accrescent.   *Original.*

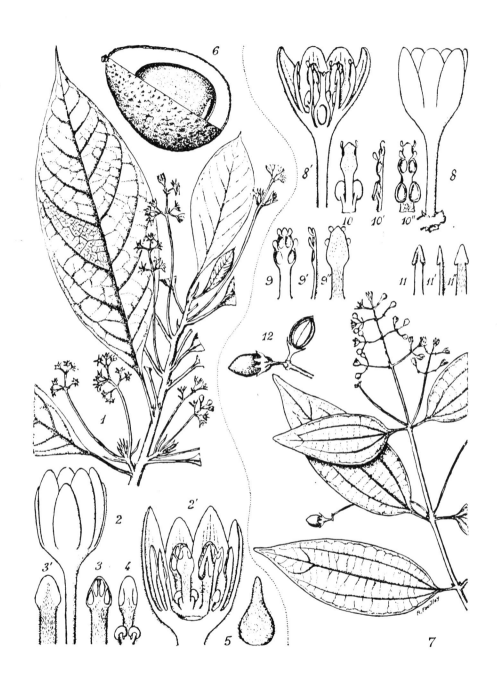

108 – *Persea americana* (1-6) & *Cinnamomum verum* (7-12)
(Lauracées)

1, 7, rameau fleuri; 2, 2', 8, 8', fleur et sa coupe; 3-4 & 9-11, étamines et staminodes; 5, pistil; 6, fruit, un quart enlevé; 12, fruit et sa coupe. *Repris de Fl. Gabon 10*.

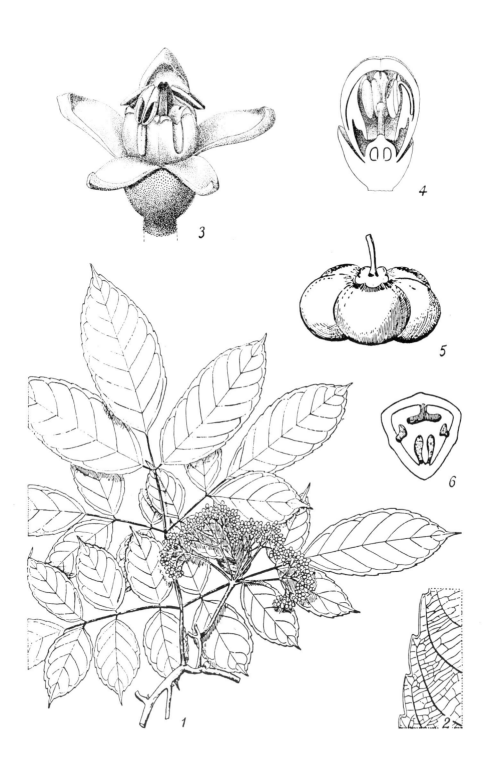

109 — *Leea guineensis* (Leeacées)

1, rameau fleuri; 2, détail du bord du limbe; 3, 4, fleur et coupe de son bouton; 5, fruit; 6, coupe de la graine.

*Repris de Fl. Gabon **14** et F.C.B.*

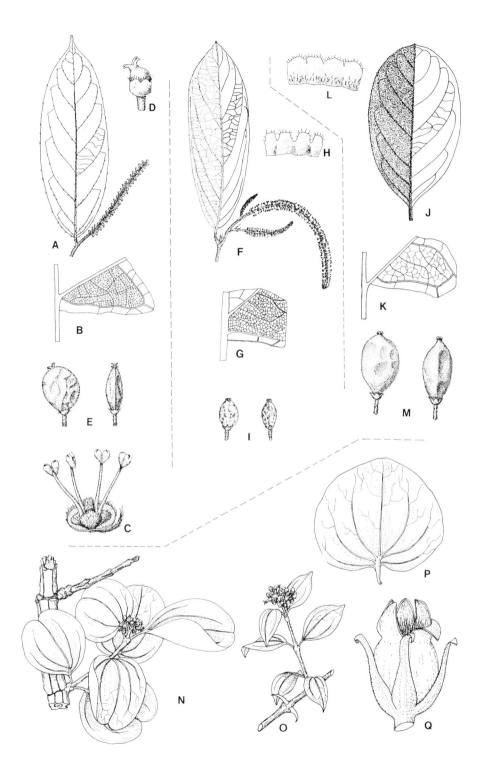

116 — *Antidesma rufescens* (A-E), *A. membranaceum* (F-I) &
A. venosum (J-M) (Euphorbiacées);
Strychnos cocculoides (N-Q; Loganiacées)

A, rameau fleuri ♀; B, G, K, réseau de nervilles sur la face inférieure du limbe (K après grattage des poils); C, fleur ♂; D, fleur ♀; E, I, M, fruits vus de face et de profil; F, rameau fleuri ♂; H, L, calice ♀ étalé; J, feuille, face inférieure avec une moitié du limbe indumentée; N, O, rameaux fleuris; P, feuille; Q, fleur.

Repris de Bull. 58 (A-M) &
Wag. Papers (N-Q)

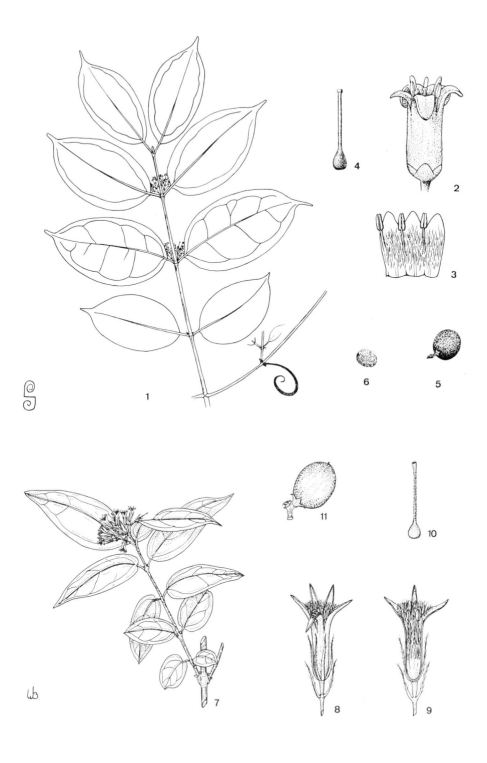

117 — *Strychnos floribunda* (1-6) & *S. variabilis* (7-11)
(Loganiacées)

1, 7, rameaux fleuris; 2, 8, 9, fleurs et coupe; 3, portion de corolle étalée; 4, 10, pistils; 5, 11, fruits; 6, graine.

Repris de Wag. Papers

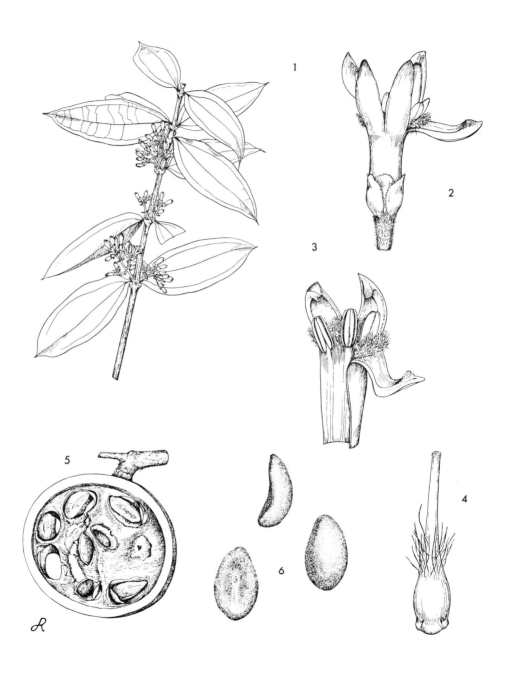

118 — ***Strychnos pungens*** (Loganiacées)

1, rameau fleuri; 2, 3, fleur et portion de la corolle étalée; 4, pistil; 5, fruit; 6, trois vues d'une graine.

Repris de Wag. Papers

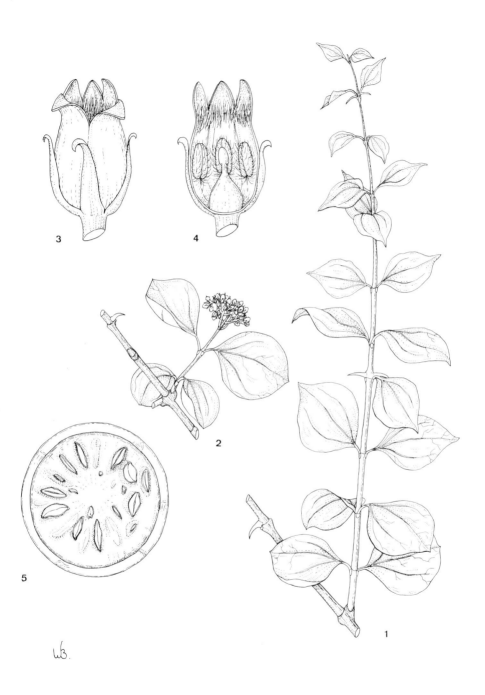

119 − **Strychnos spinosa** (Loganiacées)

1, rameau; 2, rameau fleuri; 3, 4, fleur et sa coupe; 5, fruit en coupe.

Repris de Wag. Papers

M. Allard del.

120 − *Lagerstroemia speciosa* (Lythracées)

A, rameau fructifère (jeunes fruits); B, fleur vue de haut; C, partie d'infrutescence avec 2 fruits, dans celui de droite une valve enlevée pour montrer la columelle centrale.   *Original.*

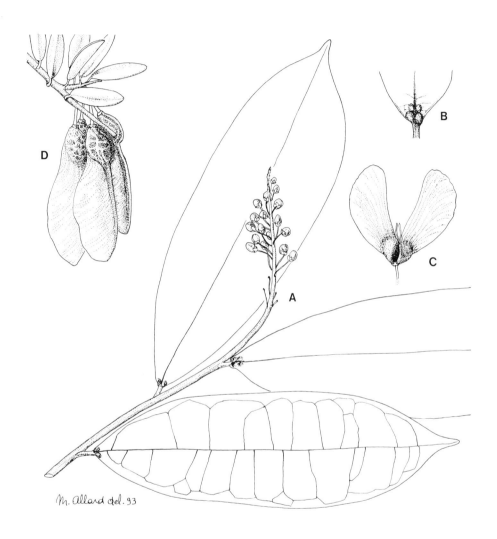

121 — *Acridocarpus longifolius* (A-C; Malpighiacées)
& *Securidaca longipedunculata* (D; Polygalacées)

A, rameau fleuri (fleurs en bouton); B, base du limbe foliaire montrant des glandes; C, fruit;
D, rameau fructifère.   *Original.*

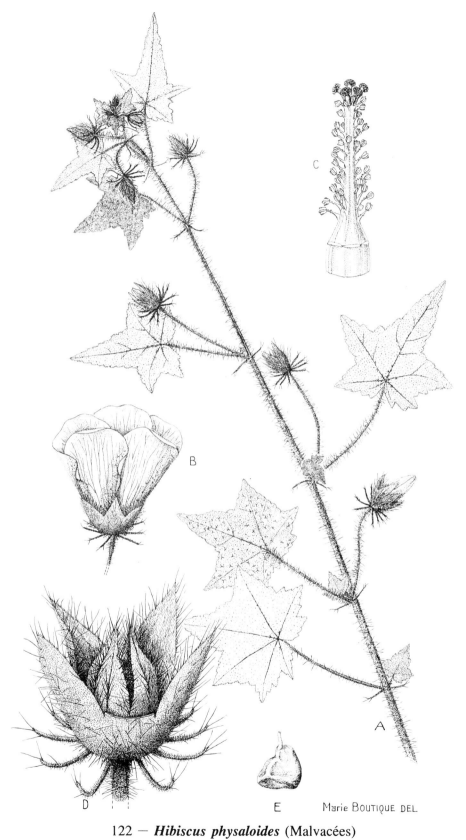

122 — *Hibiscus physaloides* (Malvacées)

A, rameau fleuri; B, fleur; C, androcée entourant le pistil (sommet divisé visible); D, fruit; E, graine.

Repris de F.C.B.

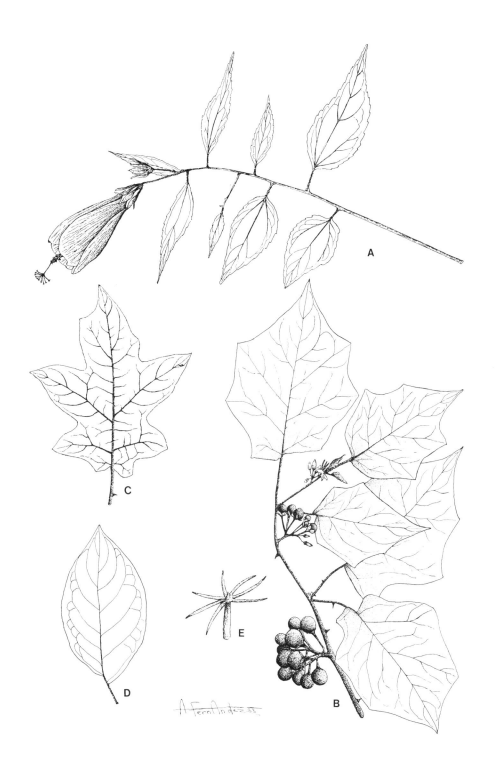

123 — ***Malvaviscus arboreus*** (A; Malvacées)
& ***Solanum torvum*** (B-E; Solanacées)

A, rameau fleuri (x 1/2); B, rameau avec fleurs et fruits (x 1/3); C, D, autres types de feuilles;
E, poil étoilé du tige.   *Original.*

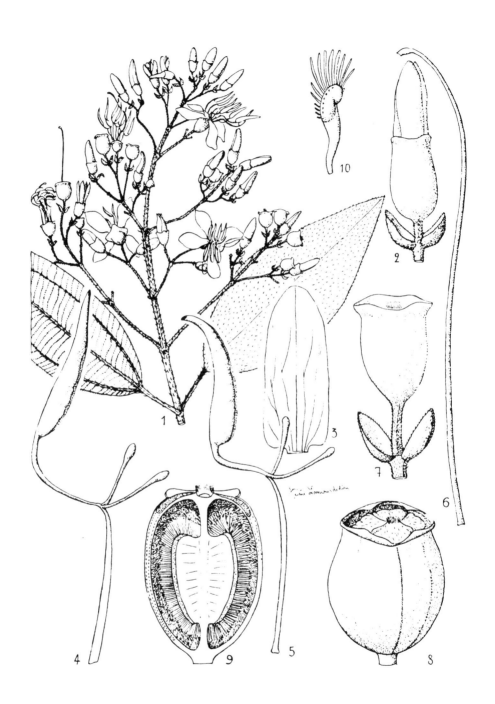

124 — ***Dichaetanthera africana*** (Mélastomatacées)

1, sommité fleurie (x 2/3); 2, bouton floral; 3-6, détails de la fleur (3 pétale, 4, 5 étamines, 6 style); 7, jeune fruit; 8, 9, fruit et sa coupe; 10, graine.   *Repris de Fl. Gabon 25.*

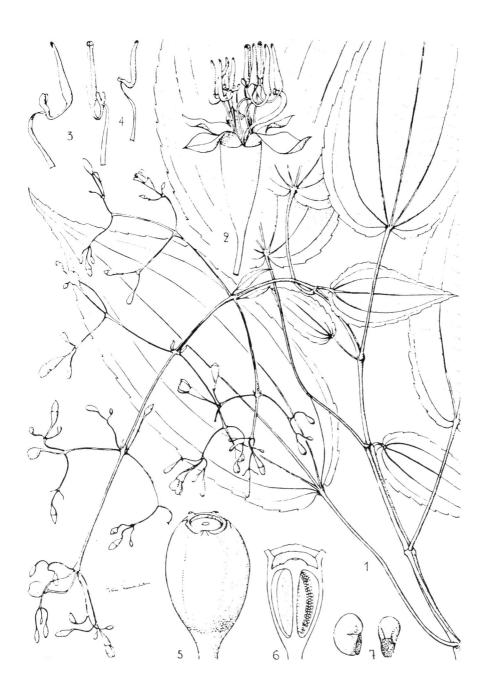

125 — *Dinophora spenneroides* (Mélastomatacées)

1, rameau fleuri (x 2/3); 2-4, fleur et ses étamines; 5, 6, fruit et sa coupe; 7, graine.

Repris de Fl. Gabon **25.**

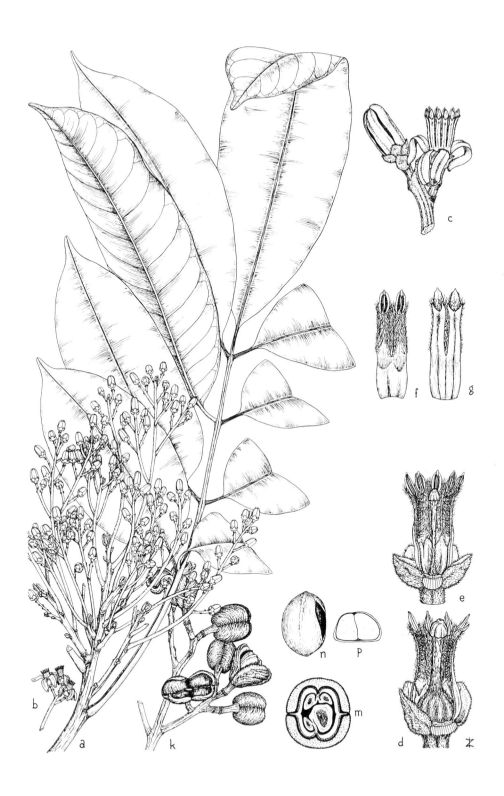

128 — *Trichilia gilletii* (Méliacées)

a, rameau fleuri; b, portion d'inflorescence; C, bouton floral et fleur ♂; d-g, détails de fleurs (d fleur ♀ en coupe, e idem ♂, f, g, intérieur et extérieur du tube staminal); k, infrutescence; m, jeune fruit en coupe; n, p, graine et sa coupe. *Repris de Wag. Papers 68-2.*

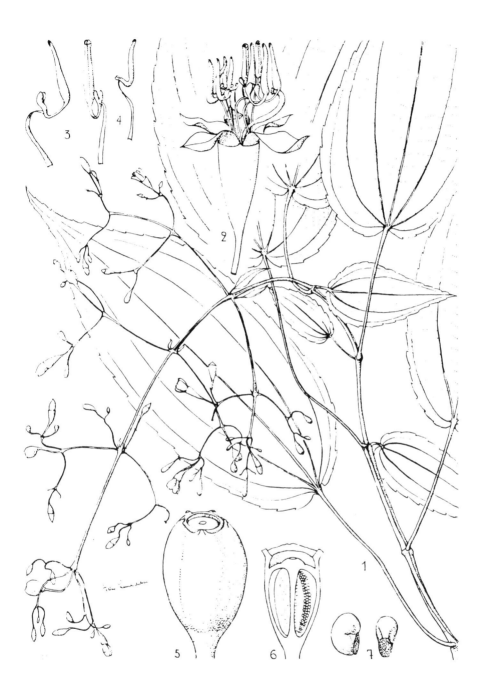

125 — ***Dinophora spenneroides*** (Mélastomatacées)

1, rameau fleuri (x 2/3); 2-4, fleur et ses étamines; 5, 6, fruit et sa coupe; 7, graine.

Repris de Fl. Gabon **25**.

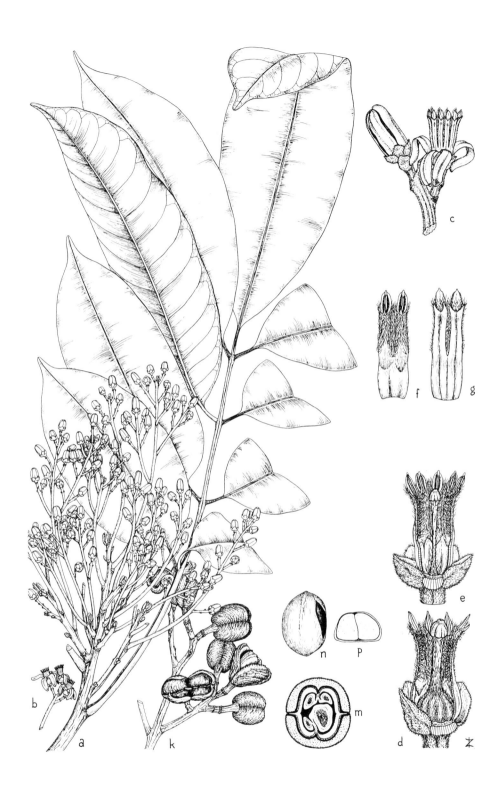

128 – *Trichilia gilletii* (Méliacées)

a, rameau fleuri; b, portion d'inflorescence; C, bouton floral et fleur ♂; d-g, détails de fleurs
(d fleur ♀ en coupe, e idem ♂, f, g, intérieur et extérieur du tube staminal); k, infrutescence;
m, jeune fruit en coupe; n, p, graine et sa coupe. *Repris de Wag. Papers 68-2.*

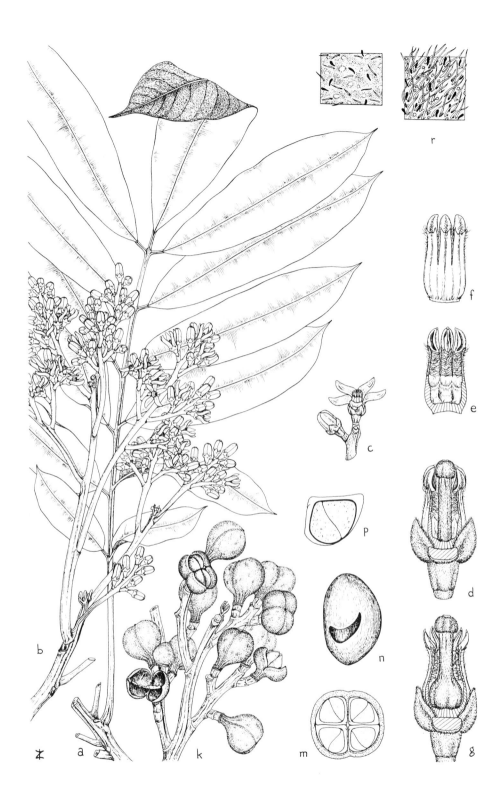

129 — *Trichilia welwitschii* (Méliacées)

a, feuille; b, rameau fleuri ♂; c, portion d'inflorescence ♂; d-g, détails de fleurs (d fleur ♂ en coupe, e, f, intérieur et extérieur du tube staminal, g fleur ♀ en coupe); k, portion d'infrutescence; n, p, graine et sa coupe; r, variation de la pubescence de la face inférieure des folioles.

Repris de Wag. Papers **68-2**.

130 — *Turraea cabrae* (Méliacées)

A, rameau fleuri; B, C, fleur et coupe de sa base; D-F, coupes de sommets de tubes staminaux; G, H, fruit et sa coupe.

Repris de F.C.B. 7.

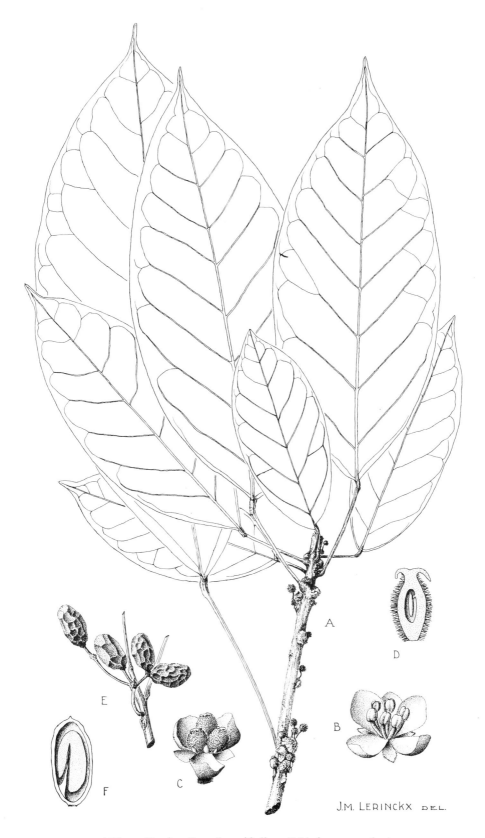

131 — *Penianthus longifolius* (Ménispermacées)

A, rameau fleuri ♂; B, fleur ♂; C, fleur ♀; D, coupe d'un carpelle; E, infrutescence; F, fruit
en coupe.   *Repris de F.C.B. 2.*

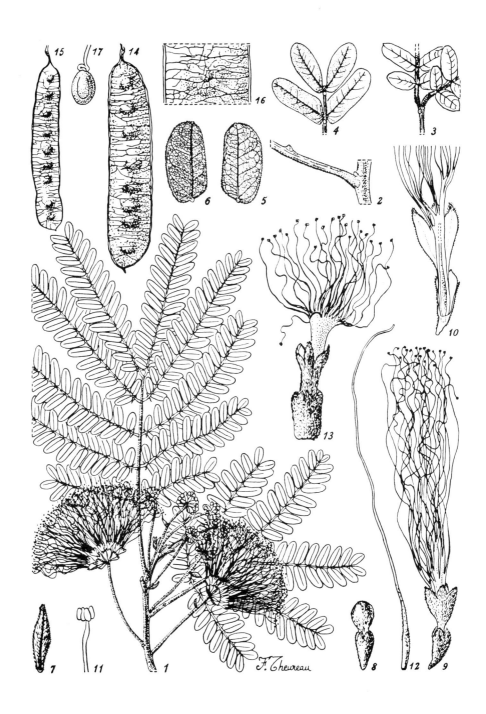

132 — ***Albizzia ferruginea*** (Mimosacées)

1, rameau fleuri (x 2/3); 2-4, glandes sur les feuilles; 5, 6, foliole; 7-10, bractéole, bouton floral, fleur basilaire et sa coupe; 11, anthère; 12, pistil; 13, fleur sommitale; 14-17, gousses, détail de l'exocarpe et graine. *Repris de Fl. Gabon 31.*

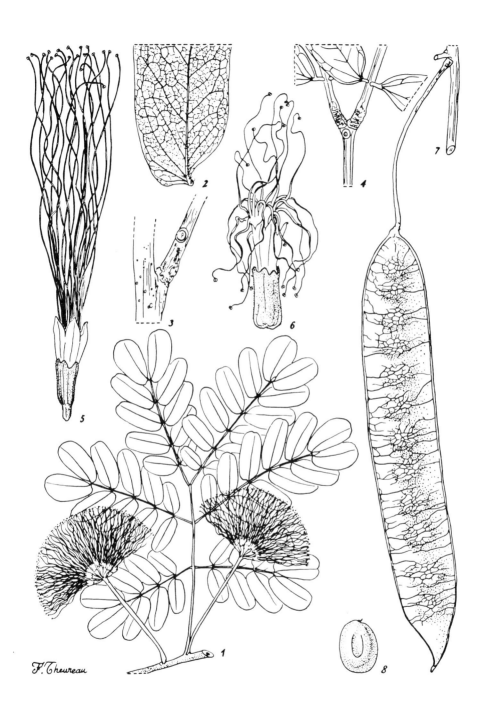

133 — **Albizzia lebbeck** (Mimosacées)

1, rameau fleuri (x 4/5); 2, foliole; 3, 4, base du pétiole et sommet du rachis; 5, 6, fleur basilaire et sommitale; 7, 8, gousse et graine.   *Repris de Fl. Gabon 31.*

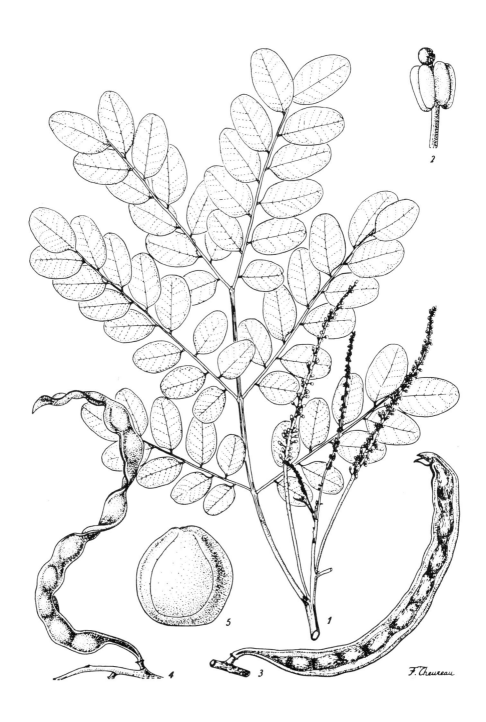

134 − **Adenanthera pavonina** (Mimosacées)

1, rameau fleuri (x 4/5); 2, étamine; 3, 4, gousse; 5, graine.   *Repris de Fl. Gabon 31.*

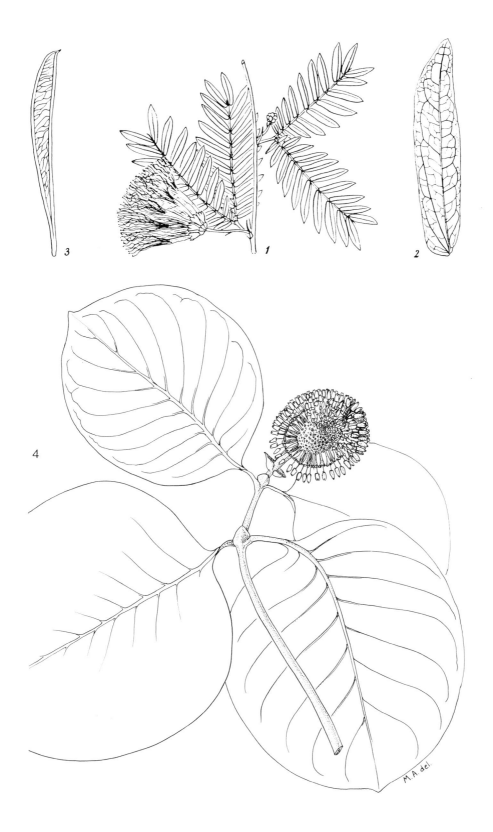

135 — *Calliandra surinamensis* (1-3; Mimosacées)
& *Sarcocephalus latifolius* (4; Rubiacées)

1, 4, rameau fleuri (x 1); 2, foliole; 3, gousse.

1-3 repris de Fl. Gabon 31; 4 original.

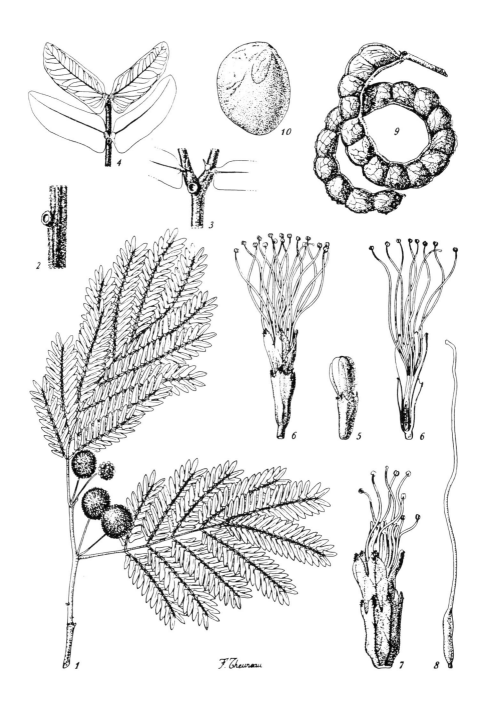

136 — ***Cathormion altissimum*** (Mimosacées)

1, 4, rameau fleuri (x 1); 2, 3, pétiole et rachis; 4, sommet d'une penne; 5, bouton floral; 6, fleur basilaire et sa coupe; 7, fleur sommitale; 8, pistil; 9, 10, gousse et graine.

Repris de Fl. Gabon **31**.

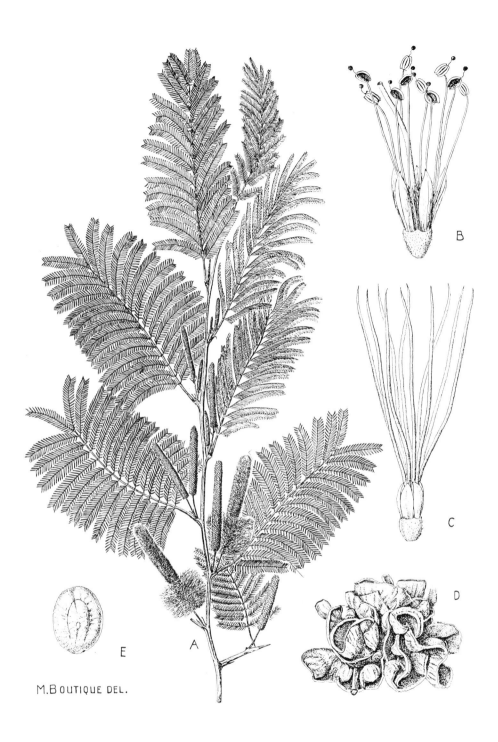

M.BOUTIQUE DEL.

137 — *Dichrostachys platycarpa* subsp. *platycarpa*
(Mimosacées)

A, rameau fleuri; B, fleur hermaphrodite; C, fleur stérile; D, gousses agglomérées; E, graine.

D'après F.C.B. 3.

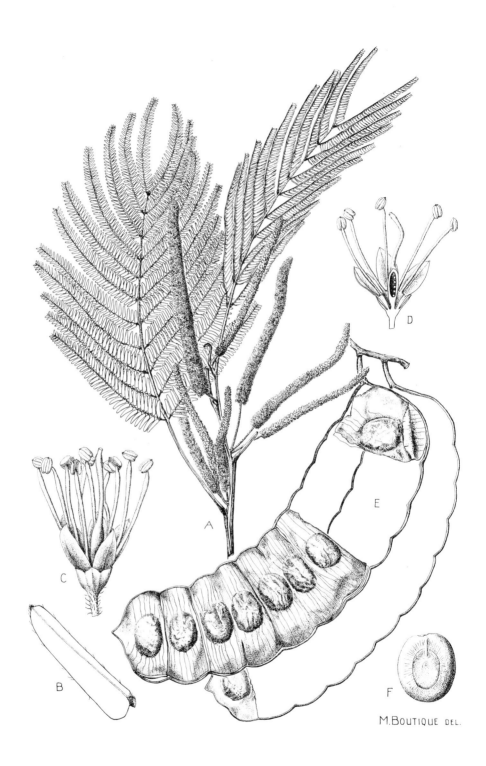

138 — ***Entada abyssinica*** (Mimosacées)

A, rameau fleuri; B, foliole; C, D, fleur et sa coupe; E, gousses se décomposant en articles;
F, graine.

Repris de F.C.B. 3.

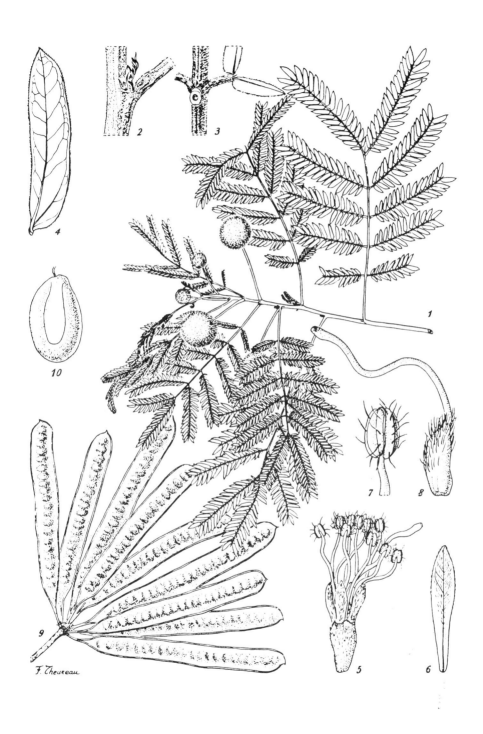

139 − *Leucaena leucocephala* (Mimosacées)

1, rameau fleuri (x 4/5); 2, noeud; 3, sommet du pétiole; 4, foliole; 5-8, fleur et détails (6 pétale, 7 étamine, 8 pistil); 9, gousses; 10, graine. *Repris de Fl. Gabon 31.*

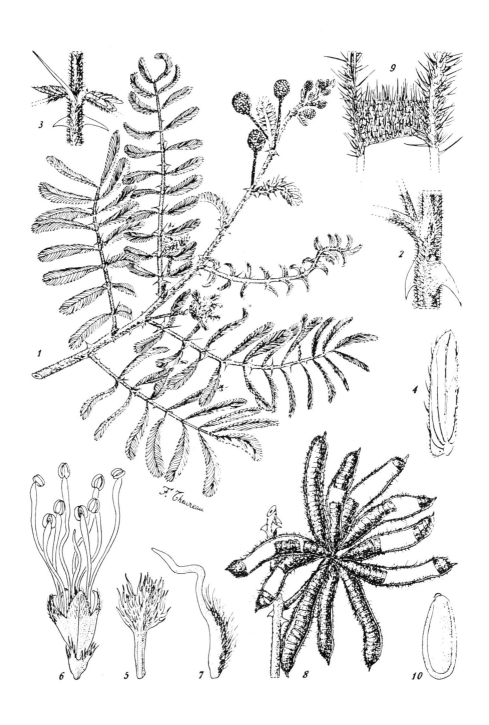

140 — ***Mimosa pellita*** var. ***pellita*** (Mimosacées)

1, rameau fleuri (x 1); 2, stipule; 3, rachis; 4, foliole; 5, bractéole; 6, fleur; 7, pistil; 8, 9, gousses et détail de l'exocarpe; 10, graine. *Repris de Fl. Gabon 31.*

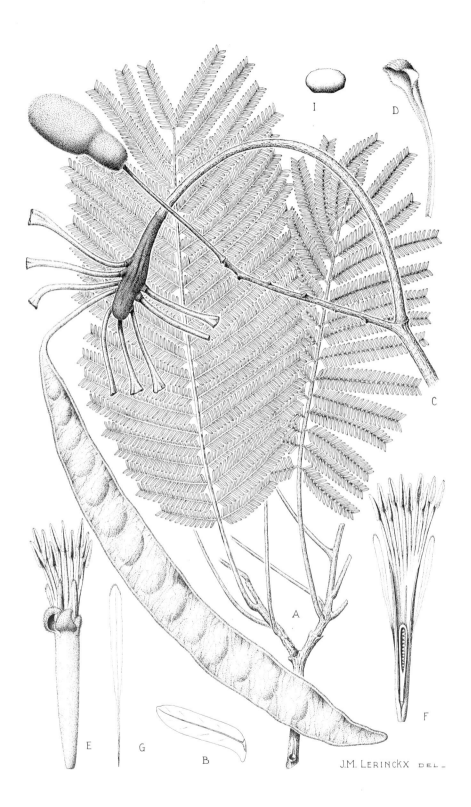

141 — *Parkia bicolor* (Mimosacées)

A, rameau feuillé; B, foliole; C, rameau portant une inflorescence et une infrutescence (1 gousse, les autres ôtées); D, bractée; E, F, fleur et sa coupe; G, pétale; I, graine.

Repris de F.C.B. 3.

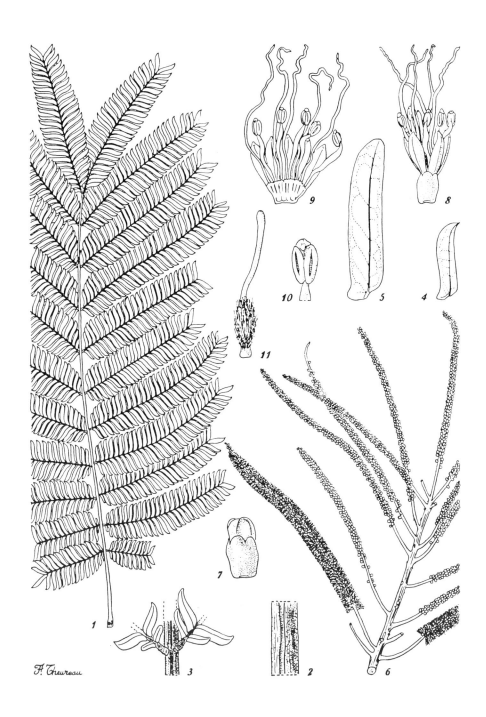

142 – ***Pentaclethra eetveldeana*** (Mimosacées)

1, feuille (x 4/5); 2, pétiole; 3, rachis; 4, 5, foliole; 6, inflorescence; 7, bouton floral; 8, 9, fleur et sa corolle ouverte; 10, étamine; 11, pistil.   *Repris de Fl. Gabon 31.*

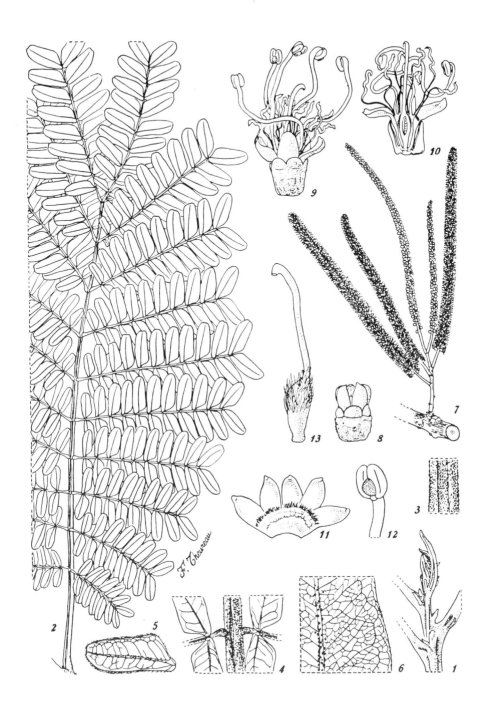

143 — *Pentaclethra macrophylla* (Mimosacées)

1, jeune pousse avec stipules; 2, feuille (x 2/3); 3, pétiole; 4, rachis; 5, 6, foliole et détail; 7, inflorescence; 8, bouton floral; 9, 10, fleur et sa coupe; 11, corolle ouverte; 12, anthère; 13, pistil.

Repris de Fl. Gabon 31.

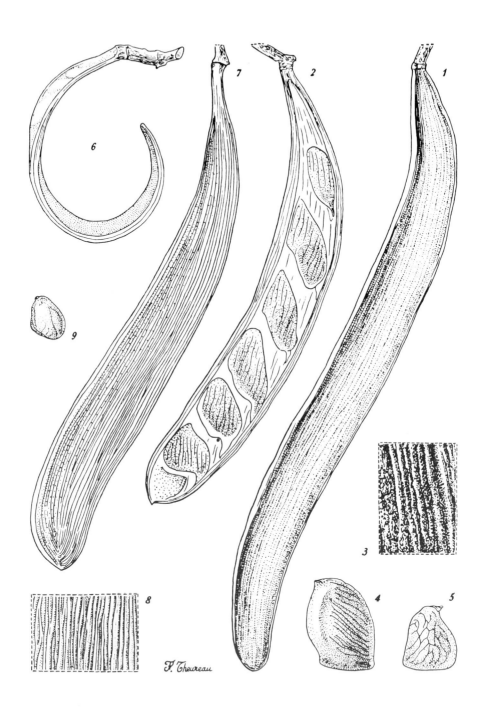

144 — **_Pentaclethra macrophylla_** (1-5)
& **_P. eetveldeana_** (6-9) (Mimosacées)

1, 2, 6, 7, gousses; 3, 8, détail de l'exocarpe; 4, 5, 9, graines.   *Repris de Fl. Gabon 31.*

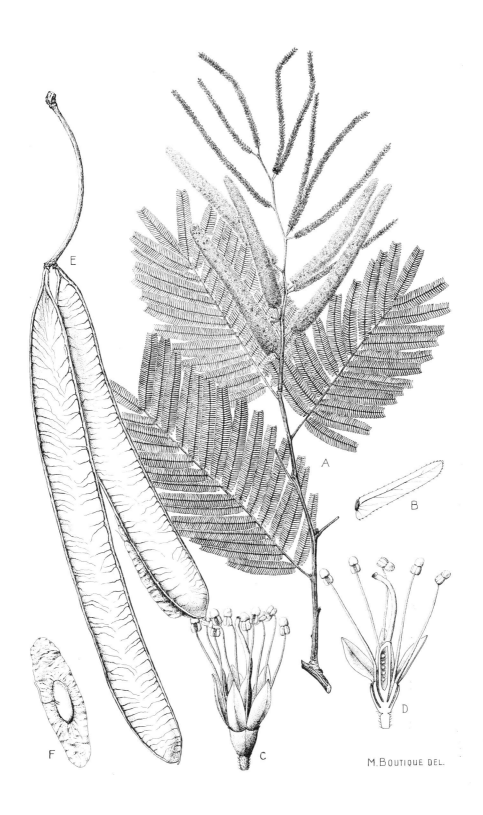

M. BOUTIQUE DEL.

145 — *Piptadeniastrum africanum* (Mimosacées)

A, rameau fleuri; B, foliole; C, D, fleur et sa coupe; E, gousses; F, graine.

Repris de F.C.B. 3.

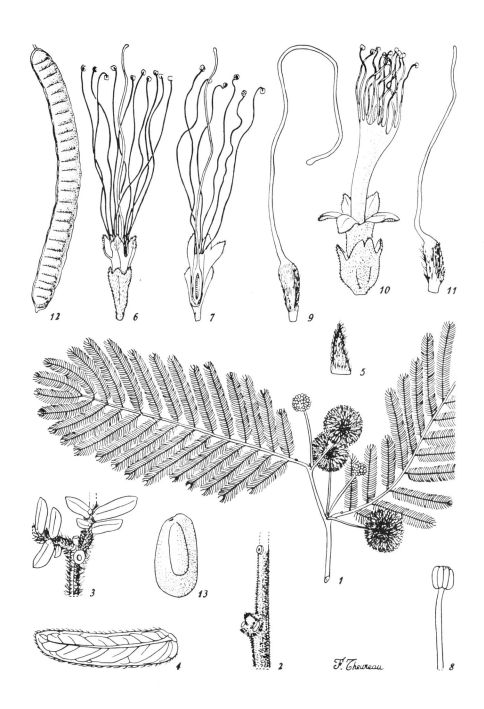

146 — *Samanea leptophylla* (Mimosacées)

1, rameau fleuri (x 1); 2, rachis; 3, sommet d'une penne; 4, foliole; 5, bractéole; 6-9, fleur basale, sa coupe, son anthère et pistil; 10, 11, fleur sommitale et son pistil; 12, gousse; 13, graine.

Repris de Fl. Gabon 31.

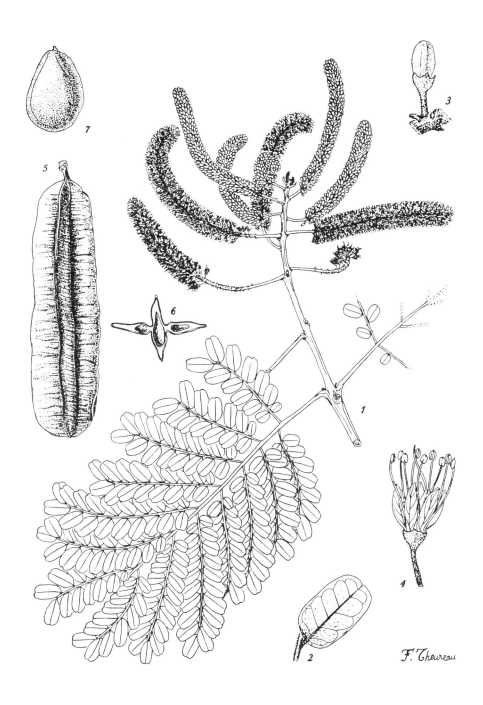

147 — *Tetrapleura tetraptera* (Mimosacées)

1, rameau fleuri (x 1); 2, foliole; 3, bouton floral; 4, fleur; 5, 6, gousse et sa coupe; 7, graine.

Repris de Fl. Gabon 31.

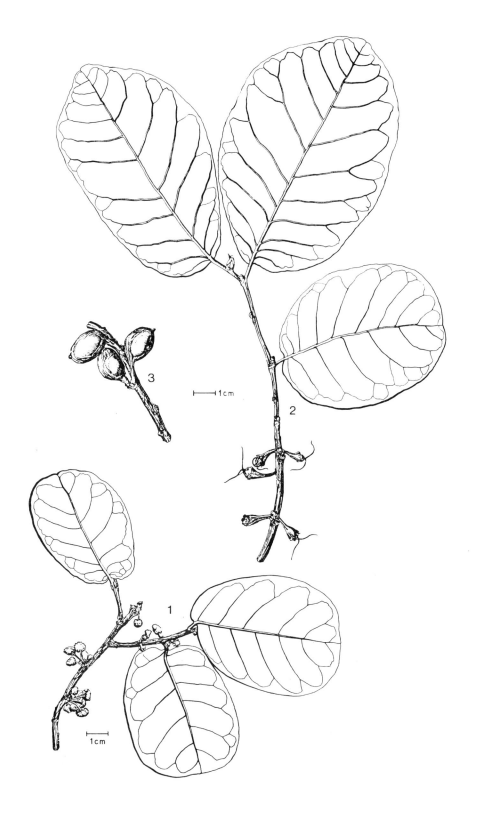

148 — *Antiaris toxicaria* subsp. *welwitschii* var. *welwitschii*
(Moracées)

1, rameau fleuri ♂; 2, rameau fleuri ♀; 3, rameau avec infrutescences.

Repris de Fl. Gabon 26.

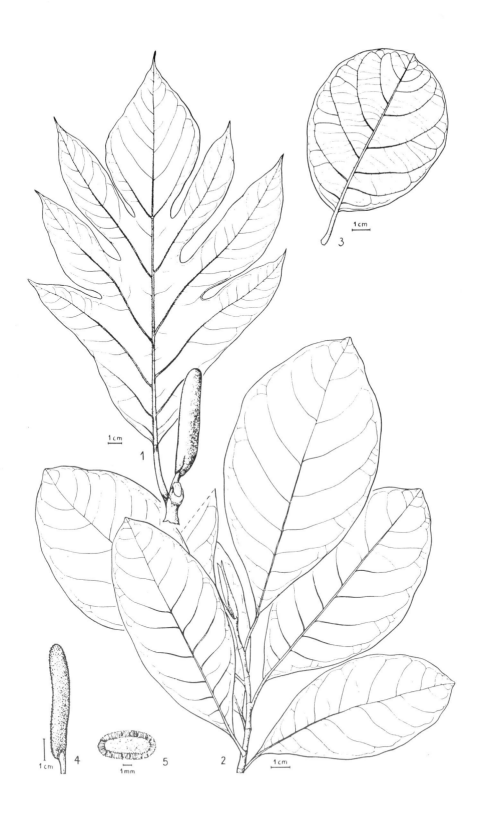

149 — *Artocarpus altilis* (1) & *A. heterophyllus* (2-5) (Moracées)

1, rameau fleuri ♂; 2, rameau feuillé; 3, feuille; 4, 5, inflorescence ♂ et sa coupe.

Repris de Fl. Gabon 26.

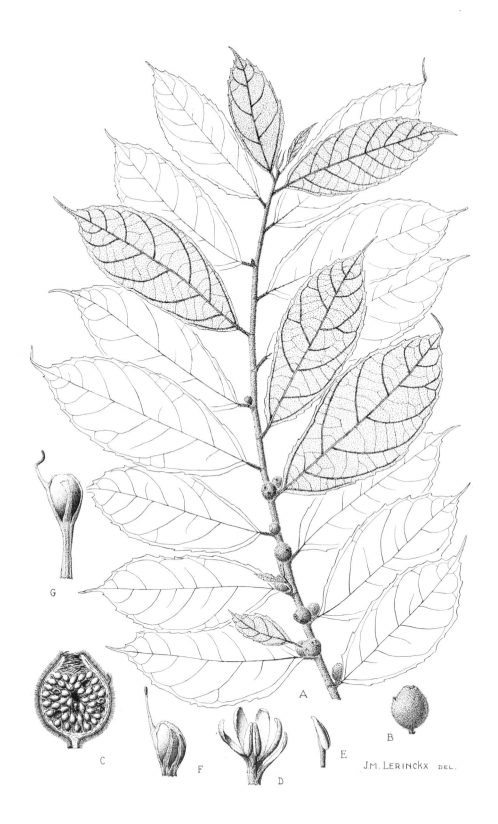

150 — *Ficus asperifolia* (Moracées)

A, rameau avec feuilles et figues; B, C, figue et sa coupe; D, E, fleur ♂ et étamine; F, G, fleur ♀ (variation de la longueur des pédicelles montrée).   *Repris de F.C.B. 1.*

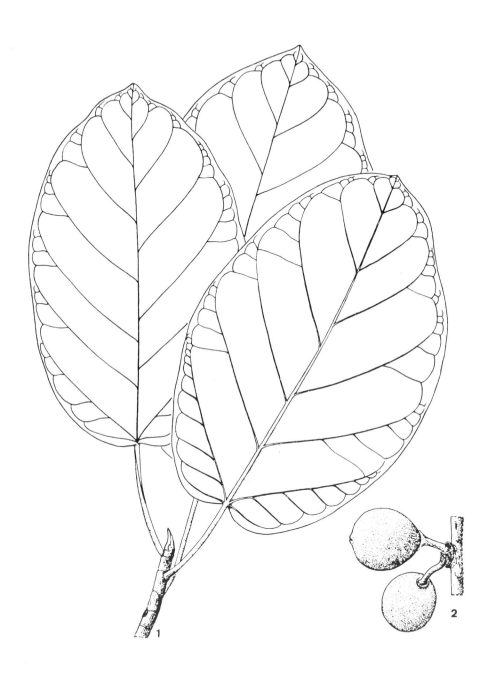

151 — *Ficus bubu* (Moracées)

1, rameau feuillé (x 2/3); 2, figues.   *Repris de Fl. Gabon 26.*

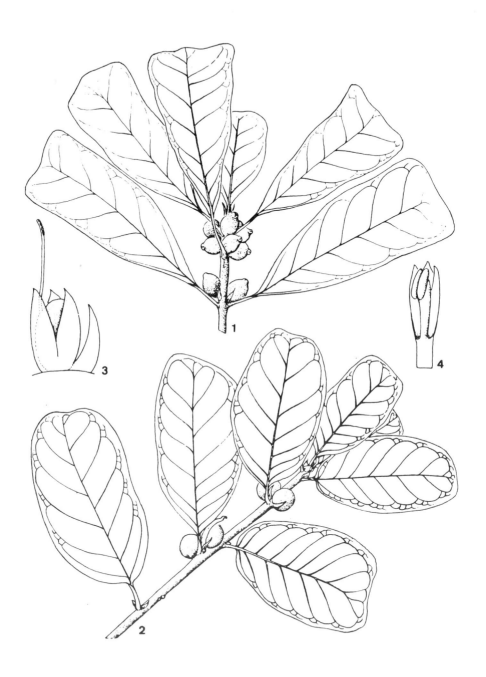

152 — *Ficus craterostoma* (Moracées)

1, 2, rameaux avec feuilles et figues; 3, fleur ♀; 4, fleur ♂.　　*Repris de Fl. Gabon 26.*

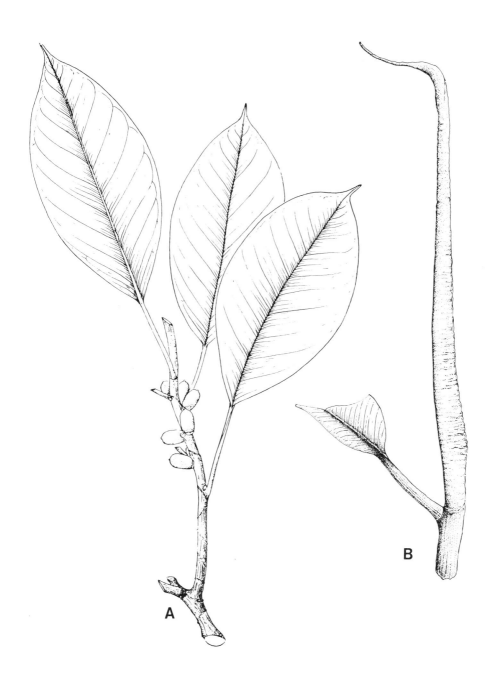

153 — *Ficus elastica* (Moracées)

A, rameau avec feuilles et figues; B, capuchon stipulaire d'une extrémité de rameau, enveloppant le bourgeon terminal. *A, repris de Fl. Gabon 26; B, original.*

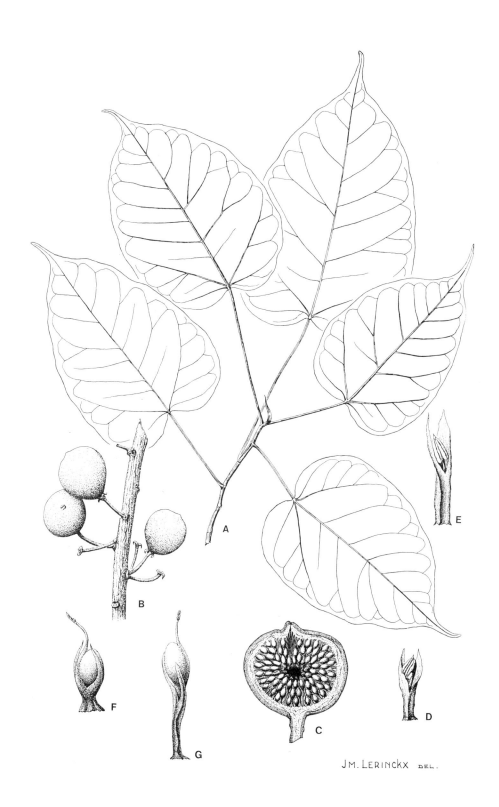

JM. LERINCKX DEL.

154 — _Ficus polita_ (Moracées)

A, rameau feuillé; B, C, figues et une coupe; D, E, fleur ♂; F, G, fleur ♀ (variation de la longueur des pédicelles montrée). _D'après F.C.B. 1._

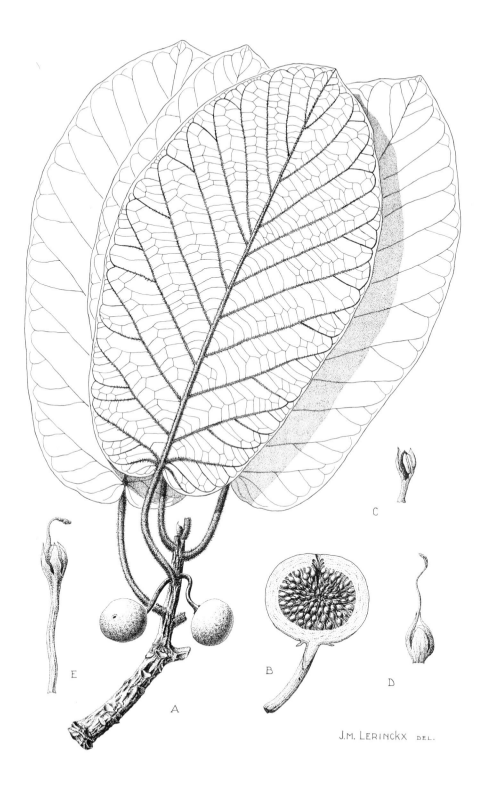

J.M. LERINCKX DEL.

155 — *Ficus recurvata* (Moracées)

A, rameau avec feuilles et figues; B, figue en coupe; C, fleur ♂; D, E, fleur ♀ (variation de la longueur des pédicelles montrée). *Repris de F.C.B. 1*.

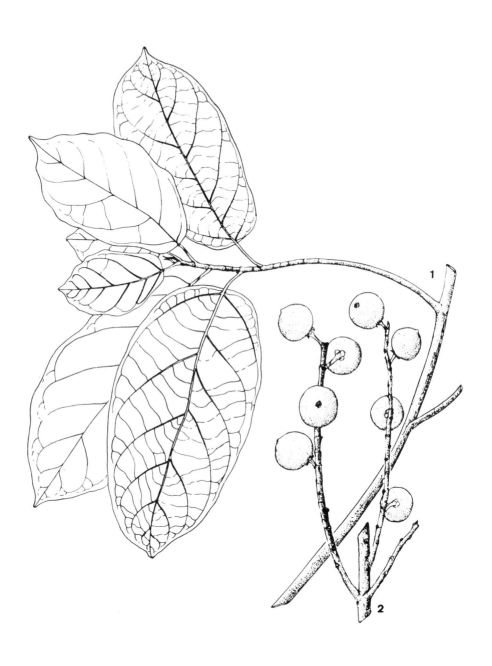

156 − *Ficus sur* (Moracées)

1, rameau feuillé (x 1); 2, rameau avec figues. *Repris de Fl. Gabon 26.*

157 — *Ficus thonningii* (Moracées)

A, rameau avec feuilles et figues; B, C, figue et sa coupe; D, E, fleur ♂ fermée et ouverte;
F, G, fleur ♀ (variation de la longueur des pédicelles montrée). *Repris de F.C.B. 1.*

158 — *Ficus tremula* subsp. *kimuenzis*
(Moracées)

1, rameau feuillé (x 1); 2, figue cauliflore.   *Repris de Fl. Gabon* **26**.

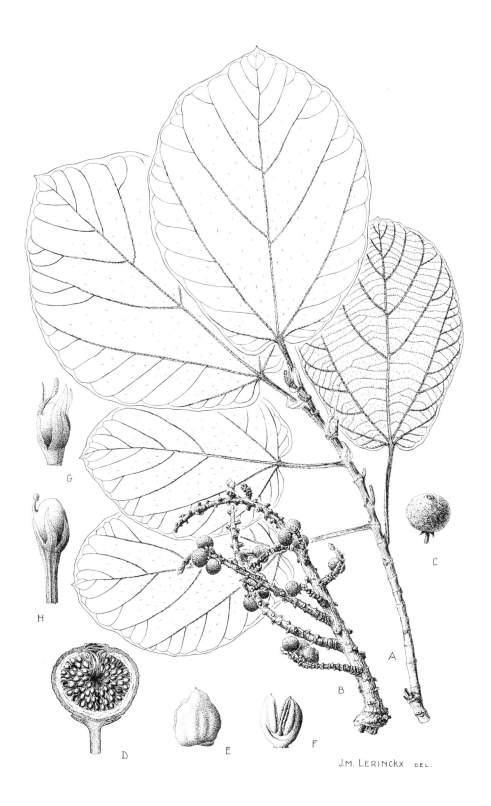

159 — *Ficus vogeliana* (Moracées)

A, rameau feuillé; B, rameau avec figues; C, D, figue et sa coupe; E, F, fleur ♂ (fermée et après enlèvement du périgone); G, H, fleur ♀ (variation de la longueur des pédicelles montrée). *Repris de F.C.B. 1*.

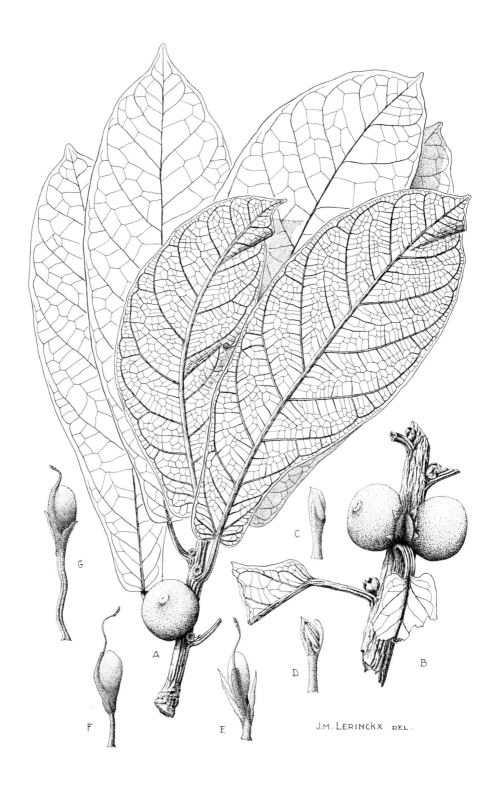

160 — *Ficus wildemaniana* (Moracées)

A, B, rameau avec feuilles et figues; C, D, fleur ♂ fermée et ouverte; E-G, fleurs ♀ (variation de la longueur des pédicelles montrée).

Repris de F.C.B. 1.

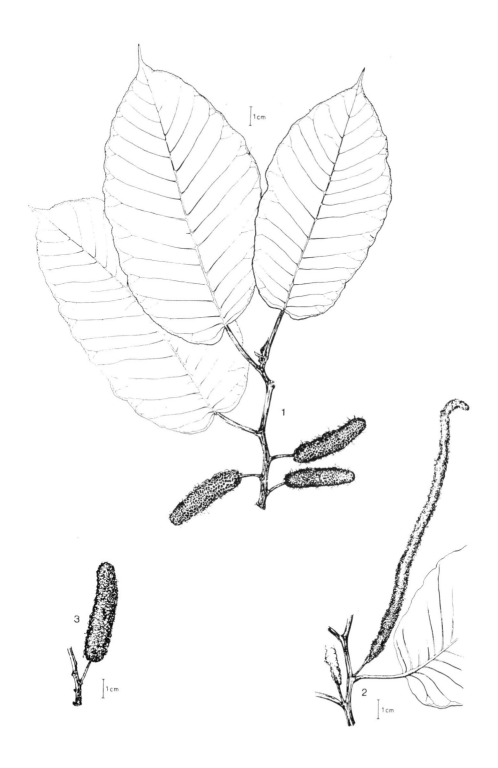

161 — **Milicia excelsa** (Moracées)

1, rameau fleuri ♀; 2, rameau avec inflorescences ♂; 3, infrutescence.

D'après Fl. Gabon 26.

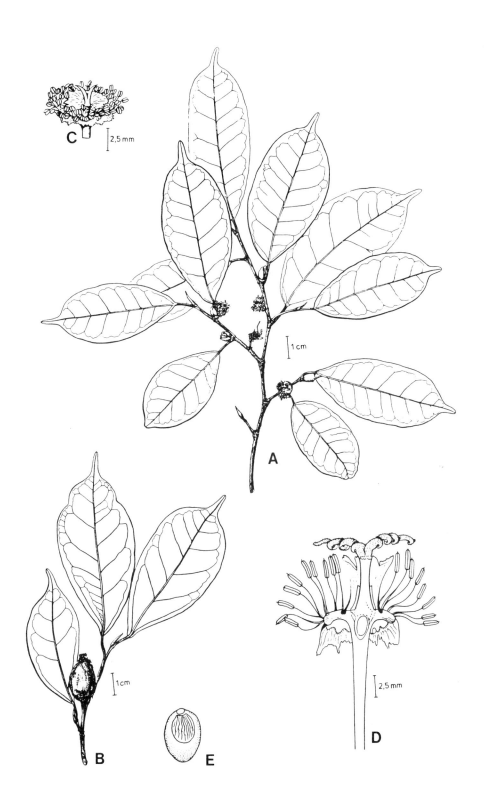

162 — *Trilepisium madagascariense* (Moracées)

A, rameau fleuri; B, rameau fructifère; C, D, inflorescence et sa coupe; E, graine.

D'après Fl. Gabon 26.

163 — **Maesa lanceolata** (Myrsinacées)

A, rameau fleuri; B, fragment d'inflorescence; C, fleur en coupe; D, fragment d'infrutescence.

Repris de F.A.C.

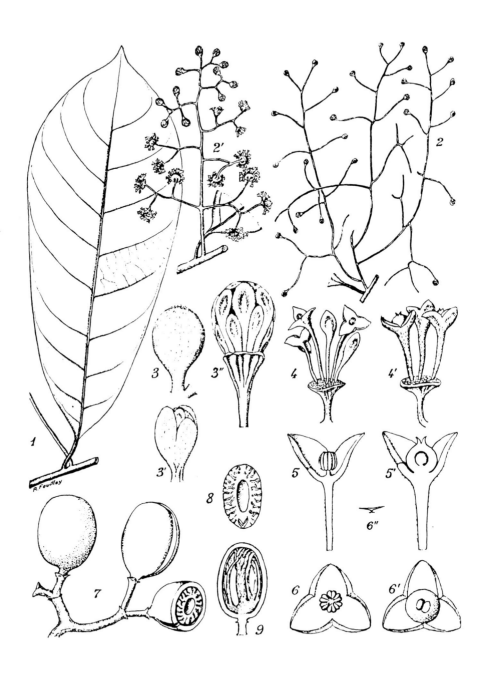

164 — ***Coelocaryon preussii*** (Myristicacées)

1, rameau avec feuille; 2, 2', inflorescence ♂ et ♀; 3-3", ombelle ♂ à involucre clos, ouvert et tombé; 4, 4', ombelle ♂ et ♀; 5, 5', fleur ♂ et ♀ en coupe; 6, 6', fleur ♂ et ♀ vue de dessus; 7, portion d'infrutescence; 8, graine en coupe; 9, arille.   *Repris de Fl. Gabon 10.*

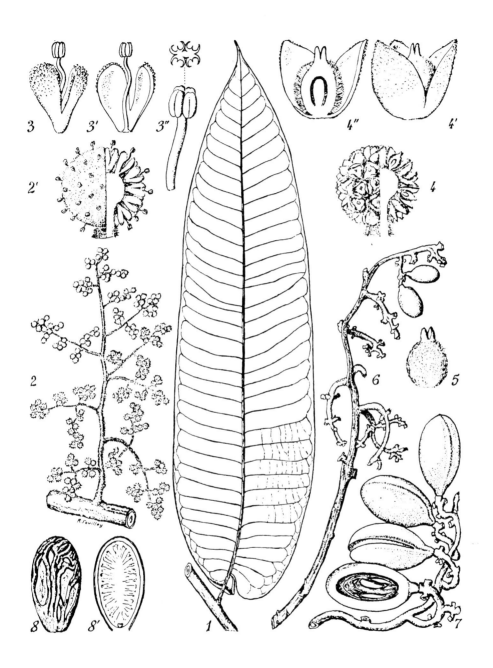

165 − *Pycnanthus angolensis* (Myristicacées)

1, rameau avec feuille; 2, 2', inflorescence et capitule ♂; 3-3", fleur ♂, sa coupe et son étamine; 4-5, capitule ♀, fleur ♀, sa coupe et son pistil; 6, jeune infrutescence; 7, portion d'infrutescence; 8, 8', graine et sa coupe. *Repris de Fl. Gabon 10.*

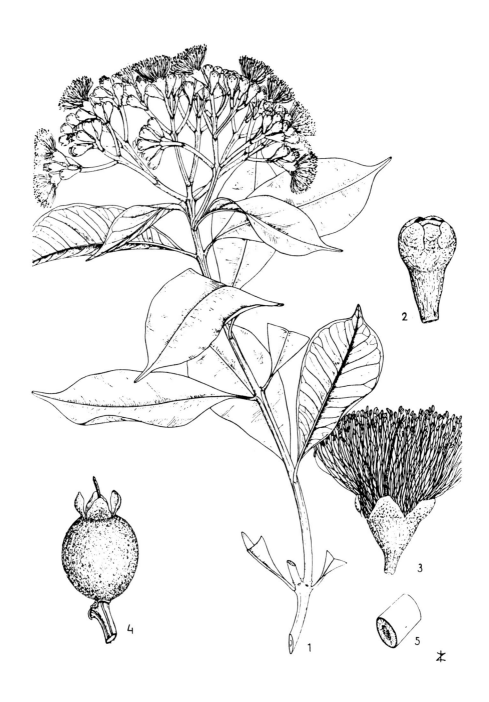

166 — ***Syzygium congolense*** (Myrtacées)

1, rameau fleuri; 2, 3, bouton et fleur; 4, fruit; 5, tige en section. *Repris de Fl. Gabon 11.*

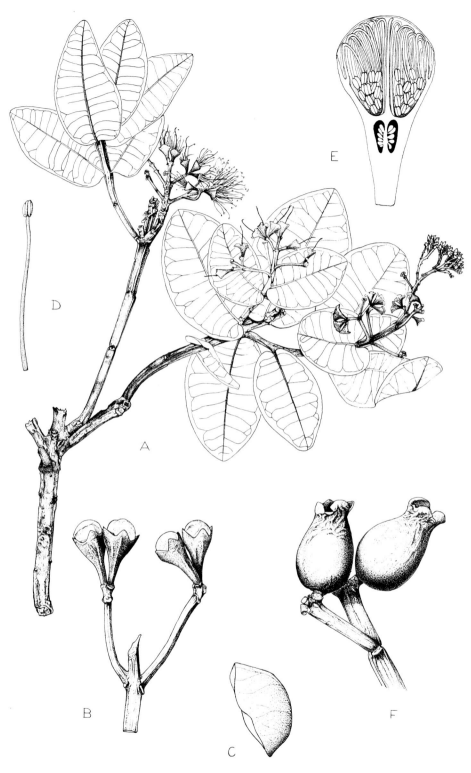

D.Leyniers del.

167 — *Syzygium cordatum* (Myrtacées)

A, rameau fleuri; B, E, boutons floraux et une coupe; C, pétale; D, étamine; F, fruits.

Repris de F.C.R.B.

168 — **Syzygium gilletii** (Myrtacées)

1, rameau fleuri; 2, bouton floral; 3, tige en section. *Repris de Fl. Gabon 11.*

D.LEYNIERS DEL.

169 — *Rhabdophyllum arnoldianum*
var. *arnoldianum* (Ochnacées)

A, rameau fructifère; B, détail du limbe foliaire; C, fleur; D, étamine; E, drupéole.

Repris de F.C.R.B.

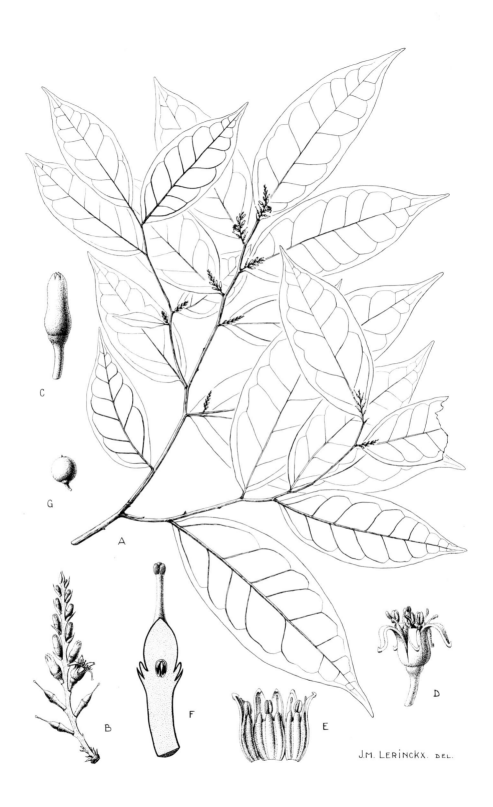

J.M. LERINCKX. DEL.

172 — *Olax gambecola* (Olacacées)

A, rameau fleuri; B, inflorescence; C, bouton floral; D-F, fleur, sa corolle étalée et son pistil (l'ovaire en coupe); G, fruit.   *Repris de F.C.B. 1.*

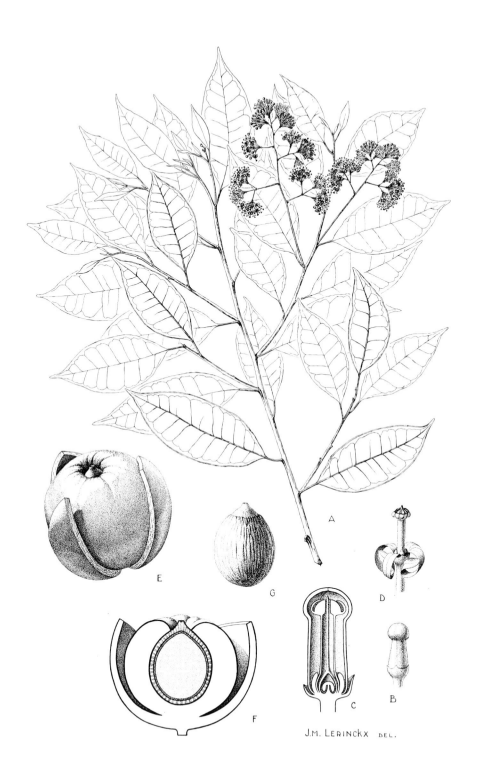

173 — *Ongokea gore* (Olacacées)

A, rameau fleuri; B, C, bouton floral et sa coupe; D, fleur; E, F, fruit entouré du calice accrescent et sa coupe; G, noyau.

Repris de F.C.B. 1.

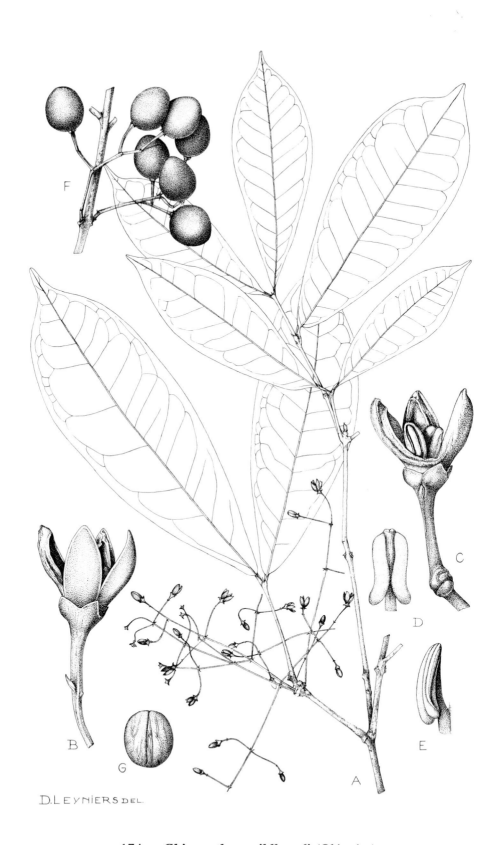

D.LEYNIERS DEL.

174 — *Chionanthus mildbraedi* (Oléacées)

A, rameau fleuri; B, C, fleur, un pétale enlevé en C; D, E, étamine; F, G, fruits et graine.

Repris de F.A.C.

175 — ***Olea welwitschii*** (Oléacées)

A, rameau fleuri; B, C, fleur et coupe de l'ovaire; D, fruit.   *Repris de P.N.A.*

176 — ***Rhopalopilia pallens*** (Opiliacées)

A, rameau fleuri et variabilité des feuilles; B, portion d'inflorescence; C-E, fleur et coupes;
F, coupe de l'ovaire; G, H, fruit et sa coupe.

Repris de F.C.B. 1.

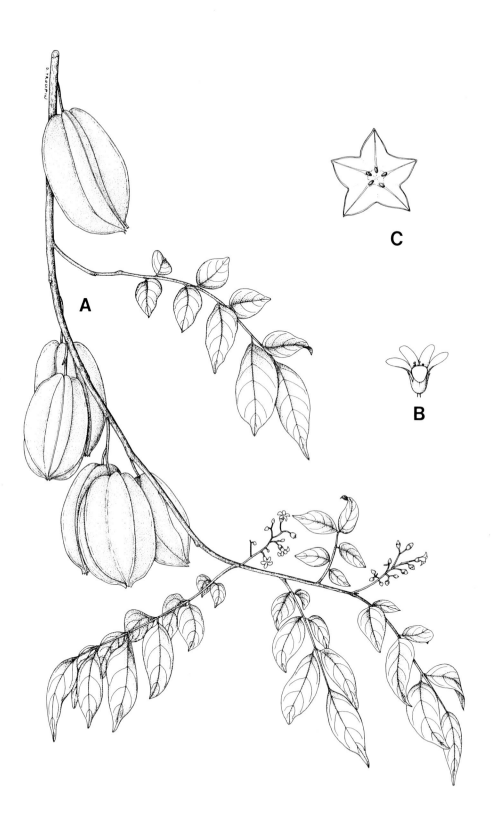

177 − *Averrhoa carambola* (Oxalidacées)

A, rameau à fleurs et fruit; B, fleur; C, fruit en coupe.

Illustration A.G.C.D.

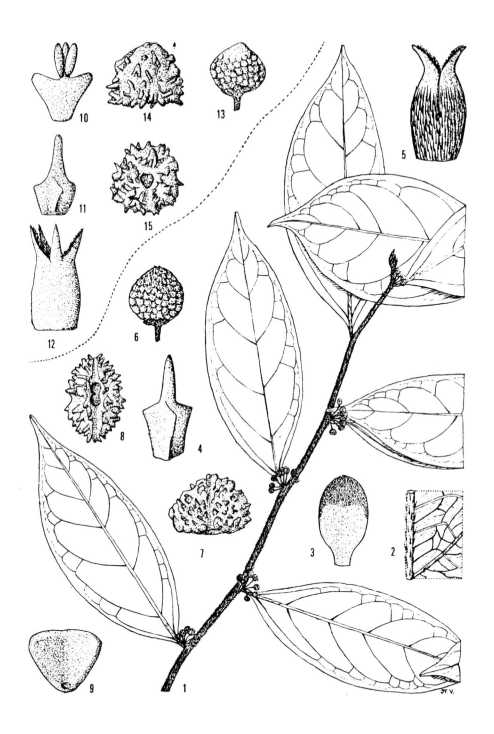

178 — *Microdesmis puberula* (1-9) & *M. haumaniana* (10-15)
(Pandacées)

1, rameau fleuri; 2, détail de la nervation; 3, pétale; 4, 11, pistillode; 5, 12, pistil; 6, 13, drupe; 7, 8, 14, 15, noyau; 9, graine; 10, étamine.   *Repris de Fl. Gabon 22.*

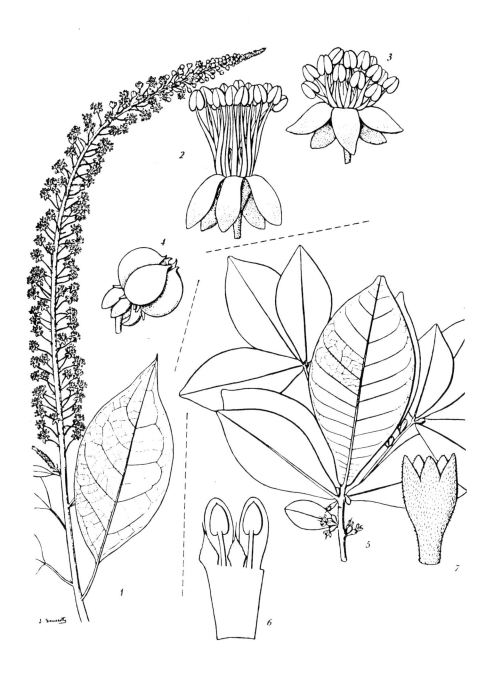

179 — **Phytolacca dodecandra** (1-4; Phytolaceacées)
& **Synsepalum dulcificum** (5-7; Sapotacées)

1, 5, rameau fleuri; 2, fleur ♂; 3, fleur ♀; 4, fruit; 6, fragment de corolle; 7, calice.

Repris de Fl. Gabon 1 & 7.

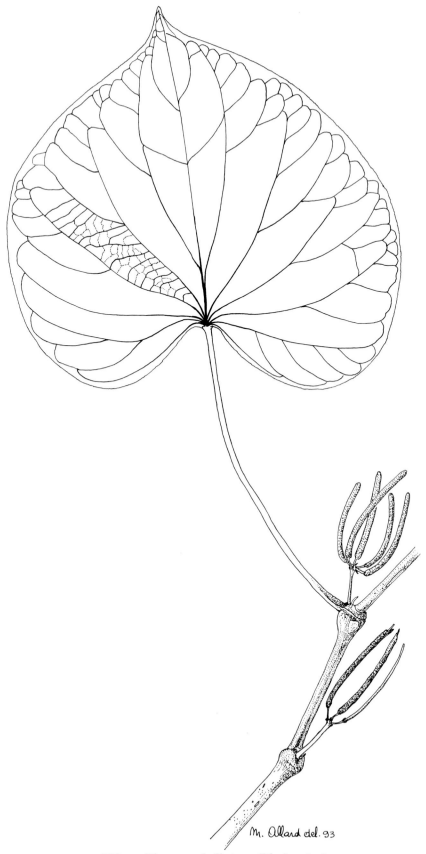

180 — *Piper umbellatum* (Pipéracées)

Rameau fleuri (x 1/3).   *Original.*

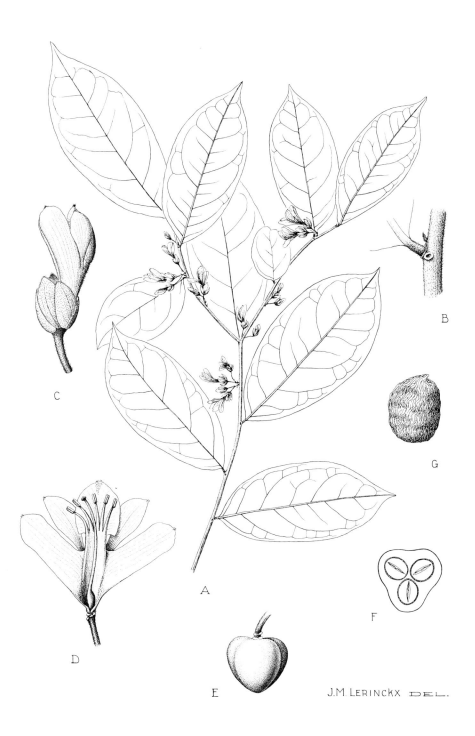

181 — *Carpolobia alba* (Polygalacées)

A, rameau fleuri; B, détail du pétiole, avec une glande près de son insertion; C, fleur; D, fleur étalée, sépales ôtés; E, F, baie et sa coupe; G, graine.   *Repris de F.C.B. 7.*

182 − *Grevillea robusta* (Protéacées)

A, rameau fleuri; B, fruits.

Original.

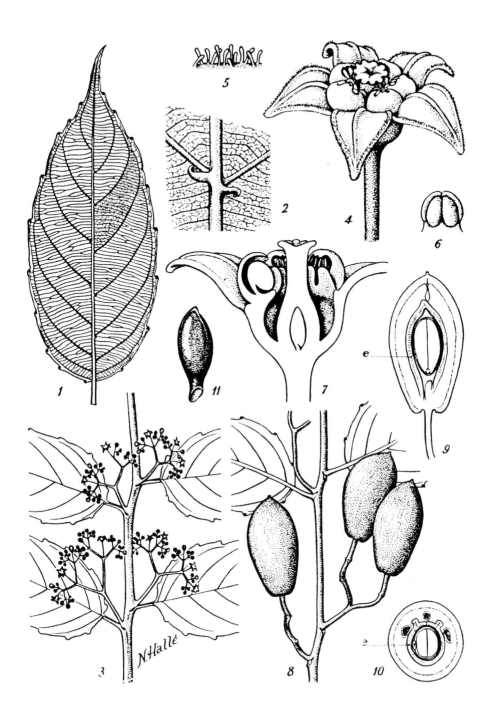

183 — *Maesopsis eminii* (Rhamnacées)

1, 2, feuille et détail de la face inférieure; 3, rameau fleuri; 4-7, fleur et détails (5 poils de sépales, 6 anthère, 7 coupe); 8, rameau fructifère; 9, 10, coupes du fruit (e noyau); 11, graine.

Repris de Fl. Gabon 4.

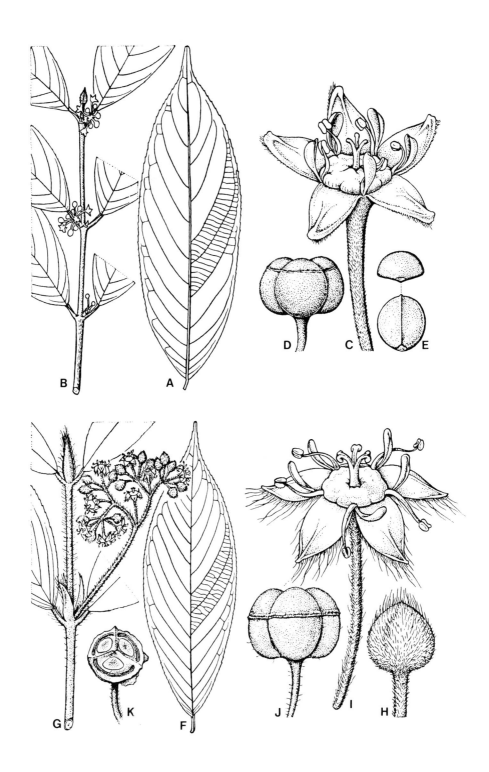

184 — *Lasiodiscus fasciculiflorus* (A-E)
& *L. mannii* (F-K) (Rhamnacées)

A, F, feuilles; B, G, rameaux fleuris; C, I, fleurs; D, J, K, fruits et coupe; E, graine; H, sommet d'un bouton floral. *Repris de Fl. Gabon 4.*

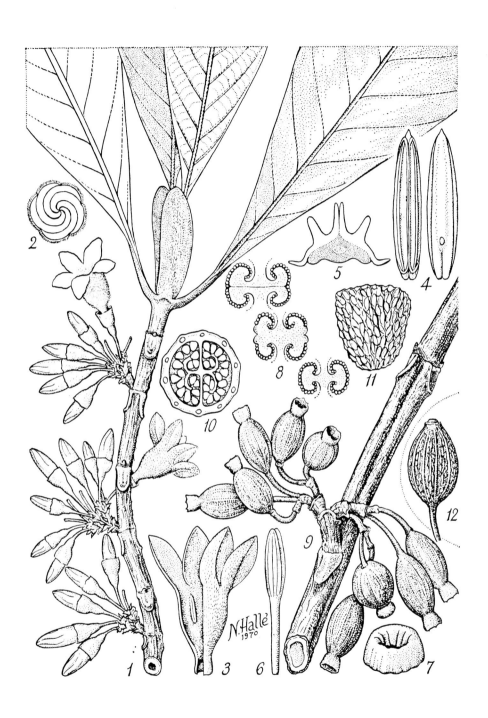

185 — *Aoranthe cladantha* (1-11) & *A. nalaënsis* (12) (Rubiacées)

1, rameau fleuri x 3/4; 2, préfloraison; 3-8, détails d'une fleur (3 corolle, 6 style, 7 disque et 8 placentation); 9, rameau fructifère; 10, coupe transversale du fruit; 11, graine; 12, fruit.

Repris de Fl. Gabon 17.

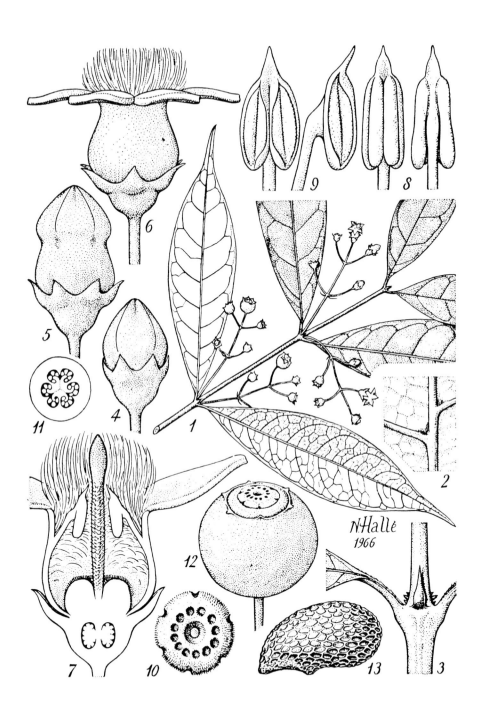

186 — *Commitheca liebrechtsiana* (Rubiacées)

1, rameau fleuri; 2, domaties; 3, stipule; 4-11, boutons floraux, fleurs et détails (8, 9 étamines, 10 disque et 11 coupe de l'ovaire); 12, fruit; 13, graine.   *Repris de Fl. Gabon **12**.*

187 - *Crossopteryx febrifuga* (Rubiacées)

A, rameau fleuri (x 2/3); B, fleur; C, fruit; D, graine.   *Original.*

B

G

C

F

E

A

D

M. Allard del.

188 — *Dictyandra arborescens* (Rubiacées)

A, rameau fleuri; B, stipule; C-G, fleur et détails (D coupe de l'ovaire et du calice, E, F placenta, G étamine).   *Repris de Syst. Evol.* **145**.

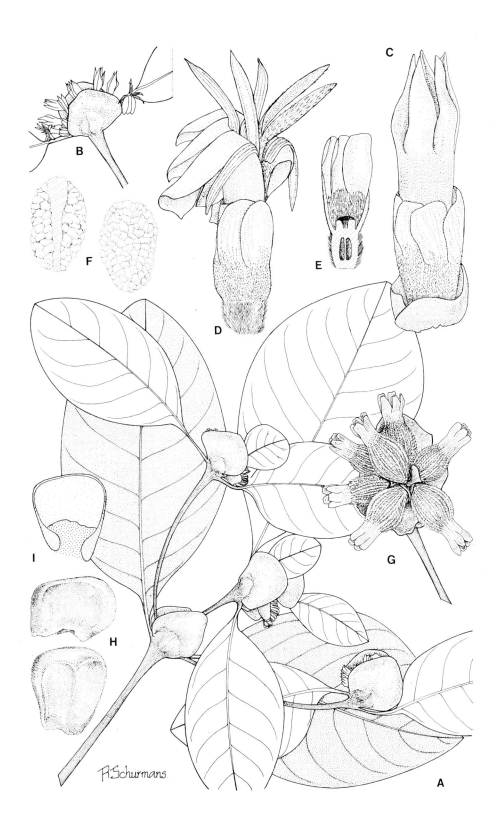

189 — **_Dictyandra congolana_** (Rubiacées)

A, rameau fleuri; B, inflorescence; C-F, bouton floral, fleur et détails (E coupe de l'ovaire et du calice, F placenta); G, groupe de fruits; H-I, graines et leur coupe longitudinale.

Repris de Bull. 56.

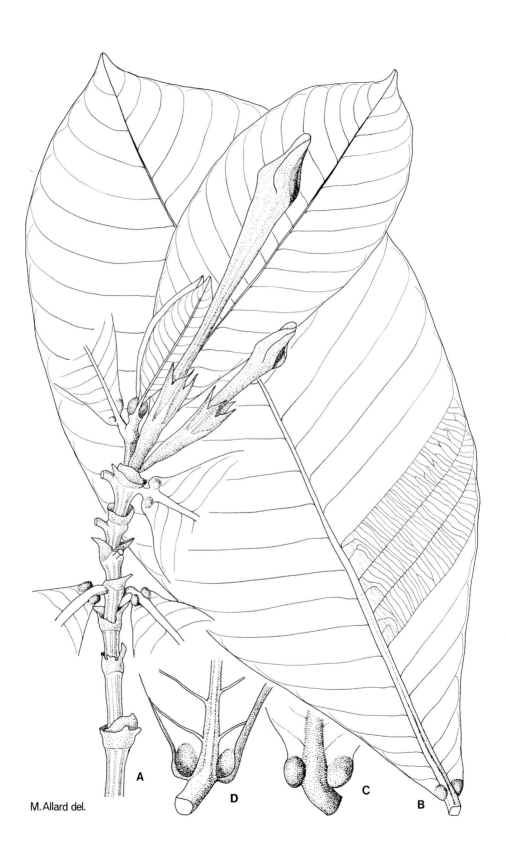

M. Allard del.

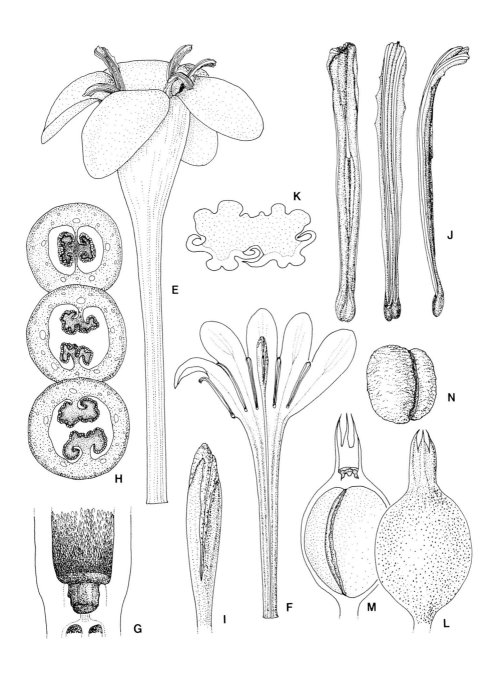

190 − *Gardenia imperialis* subsp. *physophylla* (Rubiacées)

A, rameau fleuri; B-D, feuille et détails des pochettes myrmécophiles; E-J, détails de la fleur (E corolle, F corolle étalée, H coupes de l'ovaire, G coupe du disque, I stigmates et J anthère); L-N, fruit et détails (M coupe, N pulpe placentaire à nombreuses graines).

Original.

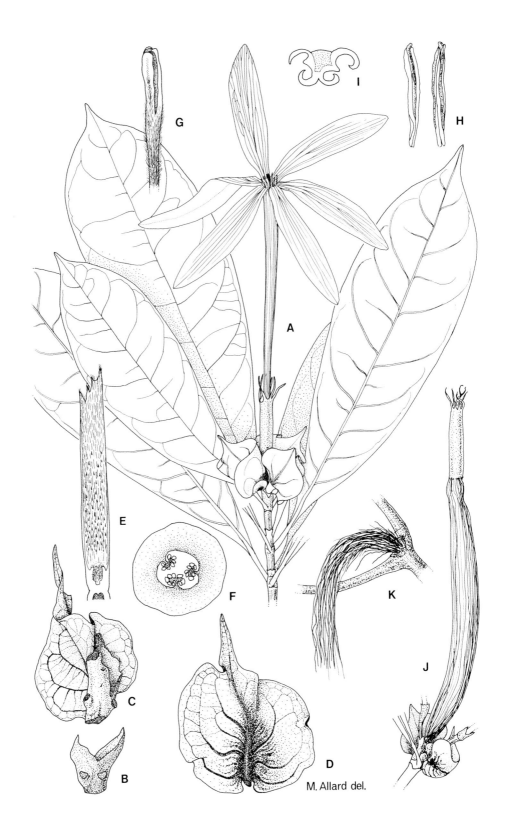

191 — *Gardenia leopoldiana* (Rubiacées)

A, rameau fleuri; B-D, bractées; E-I, détails de la fleur (E coupe du calice, F coupe de l'ovaire, G stigmates, H, I anthère et sa coupe); J, fruit; K, aspect typique de vieux fruit.

Original.

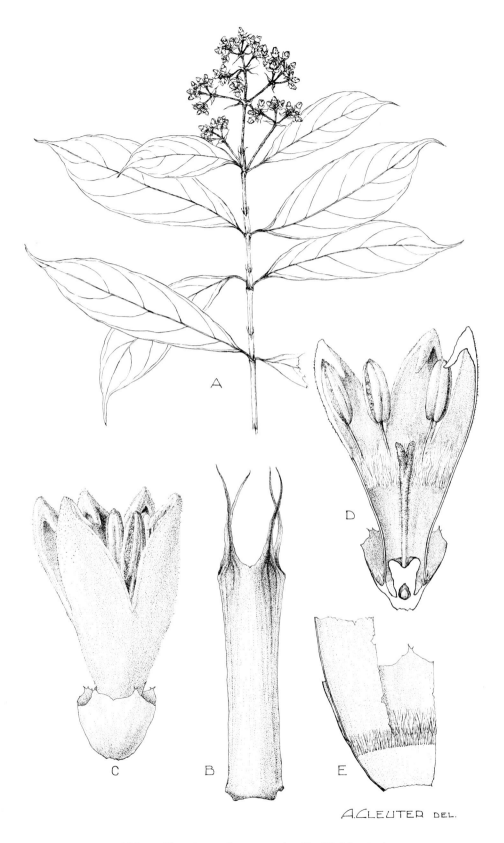

A.CLEUTER DEL.

192 — *Gaertnera longevaginalis* (Rubiacées)

A, rameau fleuri; B, stipule; C-E, fleur et détails (D coupe longitudinale, E face interne de la base de la corolle). *Repris de Bull. 29.*

193 – *Heinsia crinita* (Rubiacées)

1, rameau fleuri x 3/4; 2, stipule; 3-7, fleur et détails (5 étamine, 6 coupe de l'ovaire, 7 stigmates); 8-9, fruits; 10, graines.   *Repris de Fl. Gabon 12.*

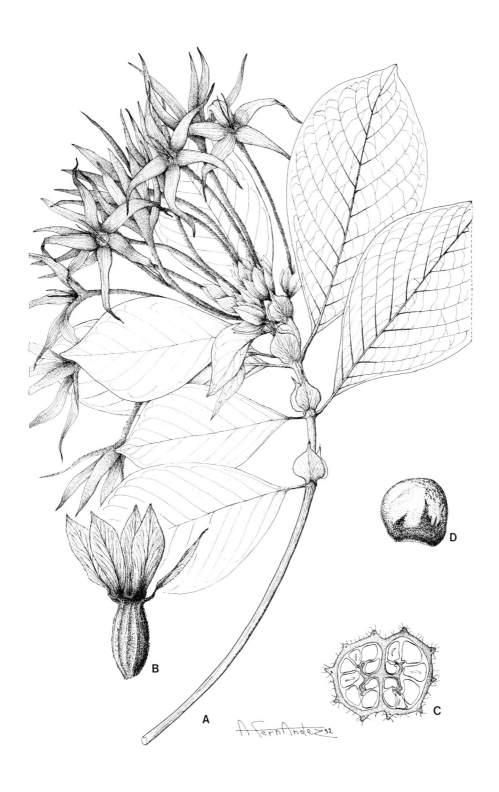

194 — *Leptactina leopoldi-secundi* (Rubiacées)

A, rameau fleuri; B, C, fruit et sa coupe; D, graine.   *Original.*

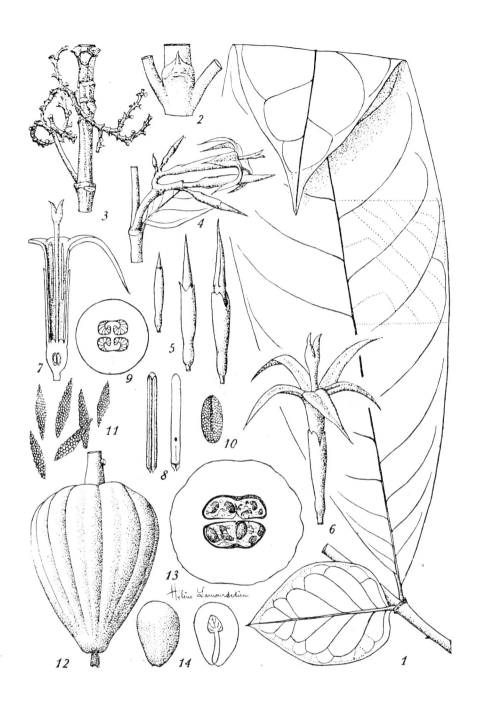

195 — _Massularia acuminata_ (Rubiacées)

1, noeud feuillé x 0,8; 2, stipule; 3-4, vieille et jeune inflorescences; 5-11, boutons floraux, fleur et détails (8 étamine, 9 coupe de l'ovaire, 10 placenta couvert de ses ovules et 11 pollen en massues); 12-13, fruit et sa coupe; 14, graine et sa coupe au niveau de l'embryon.

Repris de Fl. Gabon 17.

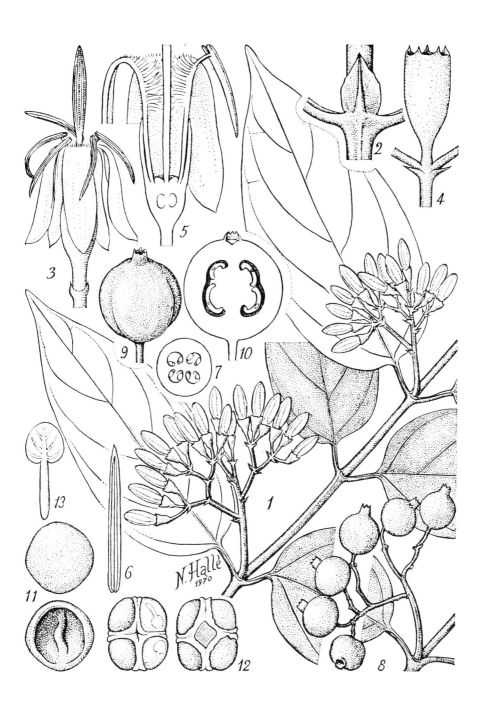

196 — *Morelia senegalensis* (Rubiacées)

1, rameau fleuri x 1; 2, stipule; 3-7, fleur et détails (6 étamine, 7 coupe de l'ovaire); 8, rameau fructifère; 9-13, fruit et détails (coupe, placenta, graine et embryon).

Repris de Fl. Gabon **17**.

B

A

197 — ***Morinda lucida*** (Rubiacées)

A, rameau avec fleurs en bouton et jeunes fruits; B, fruit composé.   *Original.*

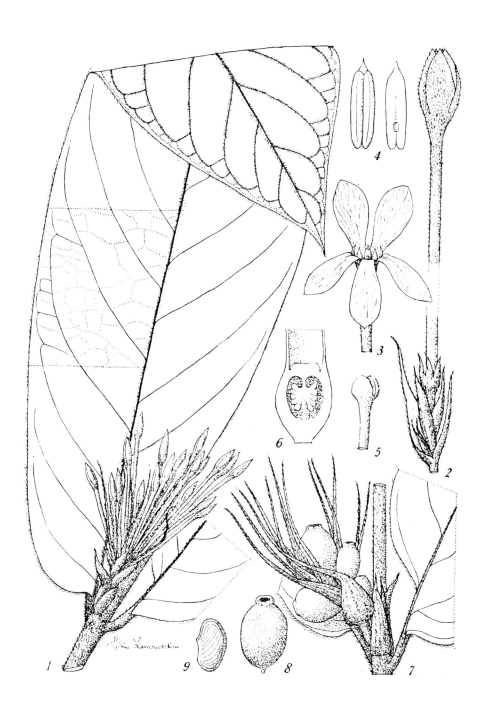

198 — *Oxyanthus schumannianus* (Rubiacées)

1, noeud fleuri x 0,7; 2, bouton floral et détails de la fleur (4 étamine, 5 stigmates, 6 coupe de l'ovaire); 7, noeud fructifère; 8, fruit; 9, graine.   *Repris de Fl. Gabon 17.*

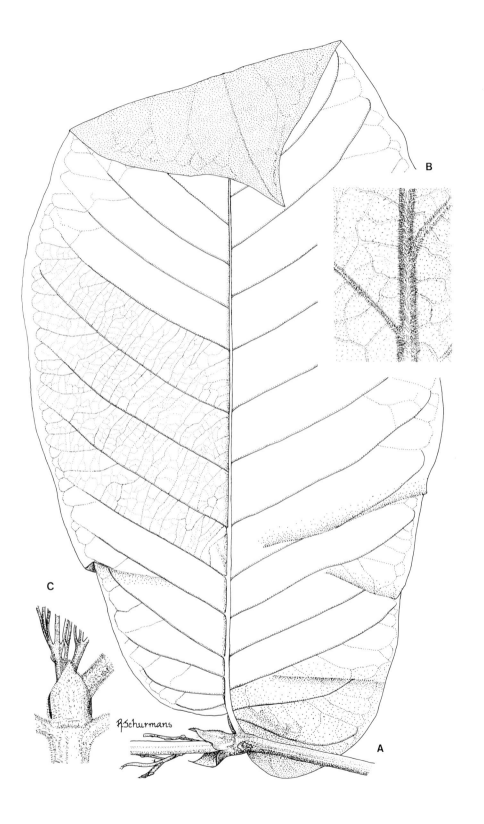

B

C

A

R.Schurmans

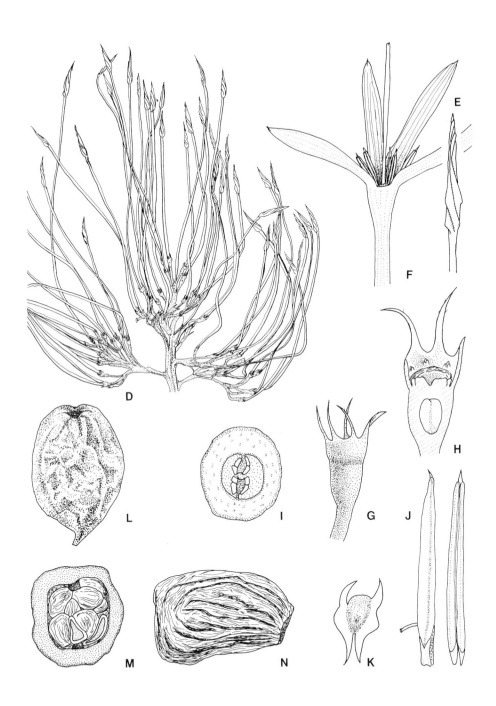

199 — *Oxyanthus unilocularis* (Rubiacées)

A, feuille sur un noeud; B, face inférieure du limbe foliaire; C, stipule; D, inflorescence; E, préfloraison; F-K, détails de la fleur (H coupe de la base, I coupe de l'ovaire, J étamine); L-M, fruit et sa coupe; N, graine. *Original.*

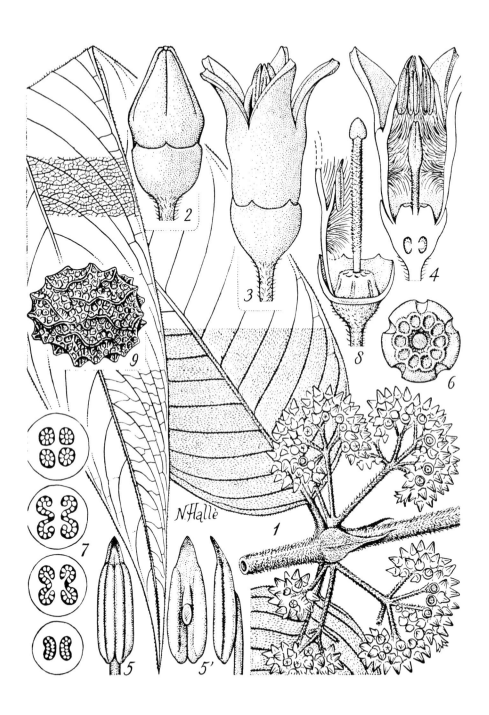

200 − *Pauridiantha callicarpoides* (Rubiacées)

1, rameau fleuri x 3/4; 2-8, bouton floral, fleur et détails (5 étamine, 6 disque, 7 coupes de l'ovaire); 9, graine.   *Repris de Fl. Gabon 12.*

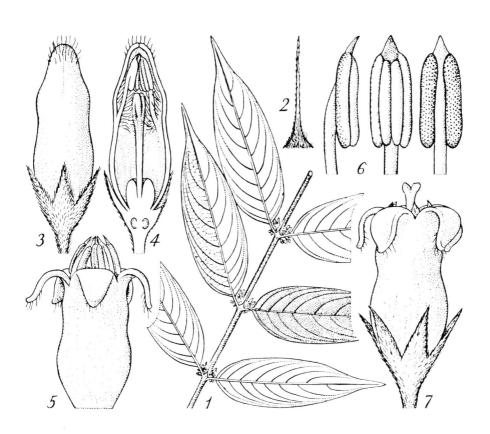

201 — _Pauridiantha pyramidata_ (Rubiacées)

1, rameau fleuri x 3/4; 2, stipule; 3-7, bouton floral, fleur longistyle et détails (4 coupe d'un bouton, 5 corolle brévistyle et 6 étamine).   _Repris de Fl. Gabon **12**._

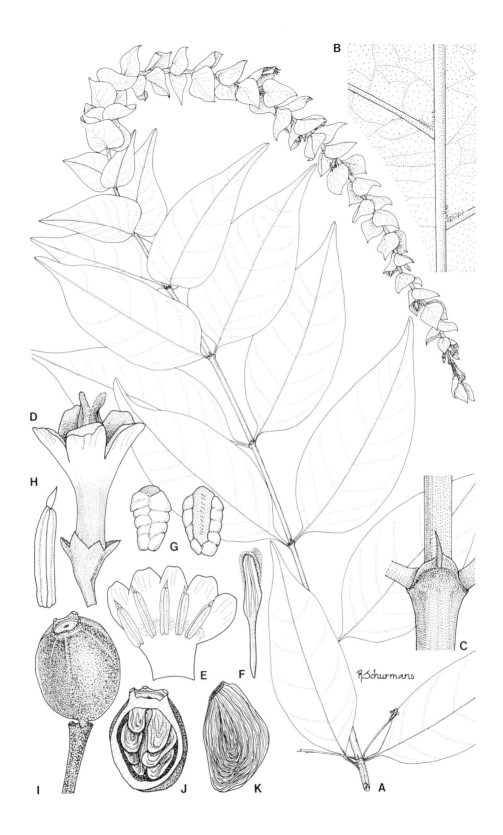

202 — _Pouchetia baumanniana_ (Rubiacées)

A, rameau fleuri; B, domaties en touffes de poils; C, stipule; D-H, fleur et détails (E corolle étalée, F style et stigmates, G placenta, H étamine); I, fruit; J, fruit fenestré montrant la disposition des graines; K, graines. _Original._

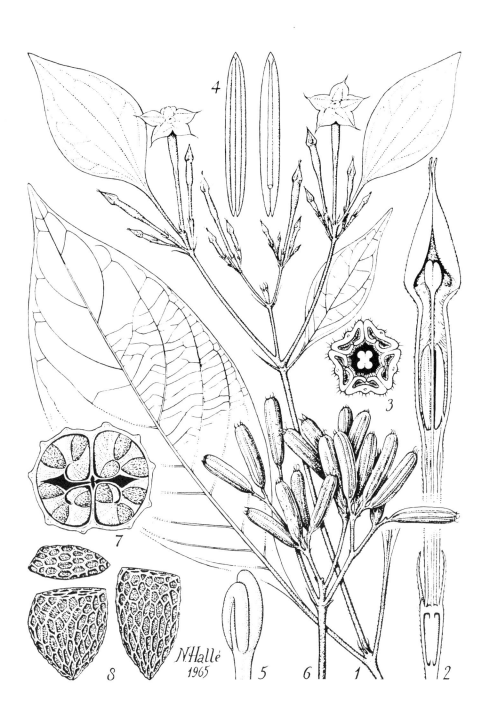

203 — ***Pseudomussaenda stenocarpa*** (Rubiacées)

1, rameau fleuri x 3/4; 2, coupe d'un bouton longistyle; 3, préfloraison; 4, étamines; 5, stigmates; 6, infrutescence; 7, coupe du fruit; 8, graines. *Repris de Fl. Gabon 12.*

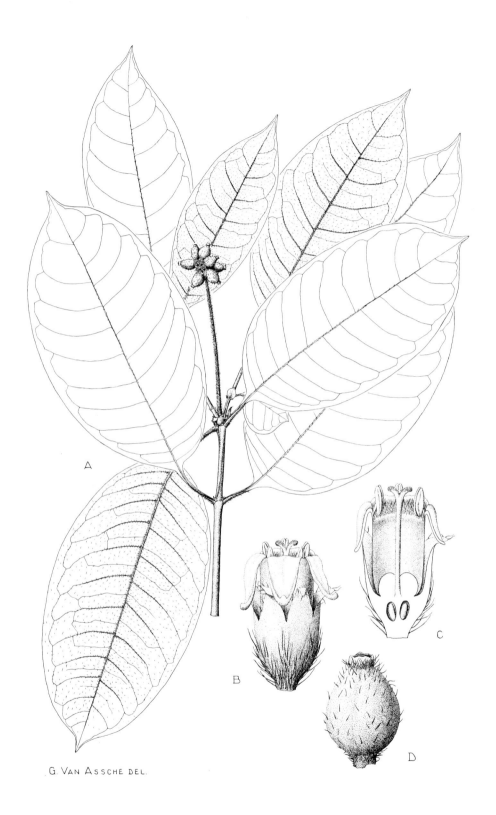

G. Van Assche del.

204 — *Psychotria avakubiensis* (Rubiacées)
A, rameau fructifère; B, C, fleur et sa coupe longitudinale; D, fruit.   *Repris de Bull. 34.*

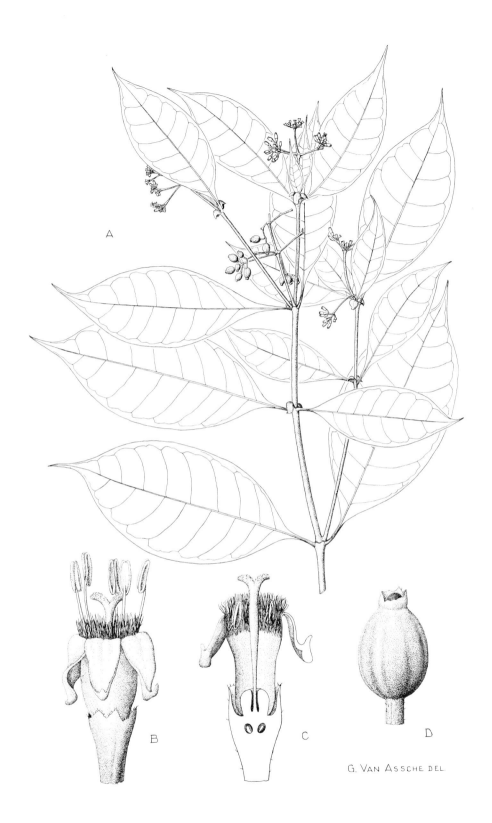

A

B

C

D

G. Van Assche del.

205 — **_Psychotria cyanopharynx_** (Rubiacées)

A, rameau flori- et fructifère; B, C, fleur et sa coupe longitudinale; D, fruit.

Repris de Bull. **34.**

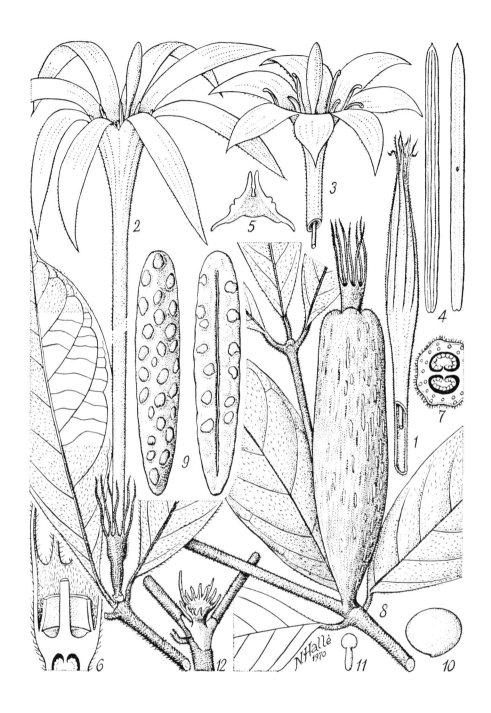

206 — *Rothmannia octomera* (Rubiacées)

1, sommet d'un bouton floral; 2, rameau fleuri x 1; 3-7, détails d'une fleur (4, 5 étamine et sa coupe, 6 coupe de la base, 7 coupe de l'ovaire); 8, rameau fructifère x 0,8; 9, masse placentaire contenant les graines immatures; 10, 11, graine et embryon; 12, restes de la vascularisation florale à la base d'un fruit âgé. *Repris de Fl. Gabon 17.*

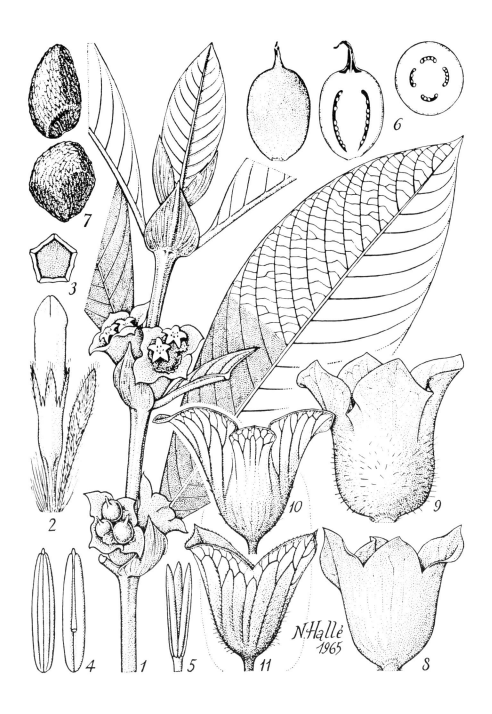

207 — *Stipularia africana* (1-9) & *S. elliptica* (10-11)
(Rubiacées)

1, extrémité fleurie x 1,5; 2, bouton; 3, préfloraison; 4, étamine; 5, stigmates; 6, fruit et ses coupes; 7, graines; 8-11, involucres.

Repris de Fl. Gabon 12.

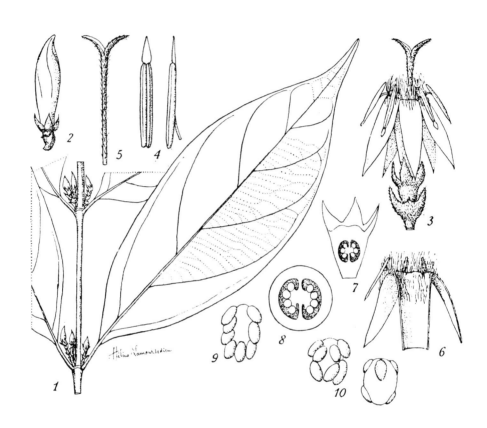

208 — *Tricalysia bequaertii* (Rubiacées)

1, rameau fleuri x 3/4; 2-10, bouton floral, fleur et détails (4 étamine, 5 style et stigmates, 6 corolle étalée, 7, 8 coupes de l'ovaire, 9, 10 placentas). *Repris de Fl. Gabon 17.*

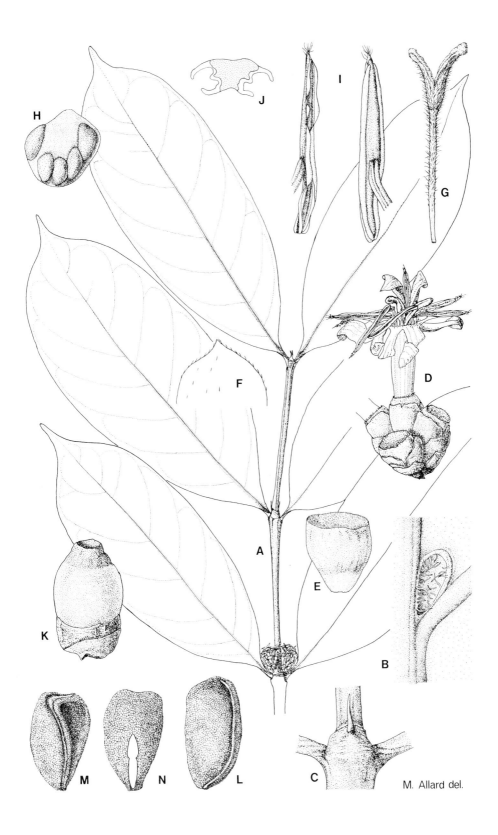

209 — _Tricalysia coriacea_ (Rubiacées)

A, rameau fleuri; B, domatie; C, stipule; D, portion d'inflorescence avec une fleur entière; E-J, détails de fleur (ovaire et calice, sommet d'un lobe de la corolle, style et stigmates, placenta et étamines); K, fruit; L-N, graines et coupe.

Repris de Bull. **57.**

M. Allard del.

210 — *Tricalysia pallens* (Rubiacées)

1, 2, rameaux fleuris x 1; 3, stipule; 4, portion d'inflorescences avec deux fleurs entières; 5, 5', deux boutons montrant des variantes du calice; 6-9, détails de la fleur (6 coupe, 7, 8 étamine et sa coupe, 9 placenta); 10, rameau fructifère; 11, 12, fruit et sa coupe; 13, graine.　　　　　　　　　　　　　　　　　　　　　　　　　*Repris de Fl. Gabon 17.*

211 – *Tricalysia welwitschii* (Rubiacées)

A, rameau; B, pubescence de la face supérieure & C, inférieure du limbe foliaire; D, stipule;
E, fleur; F, fruit; G, graines.   *D'après Bull. 49.*

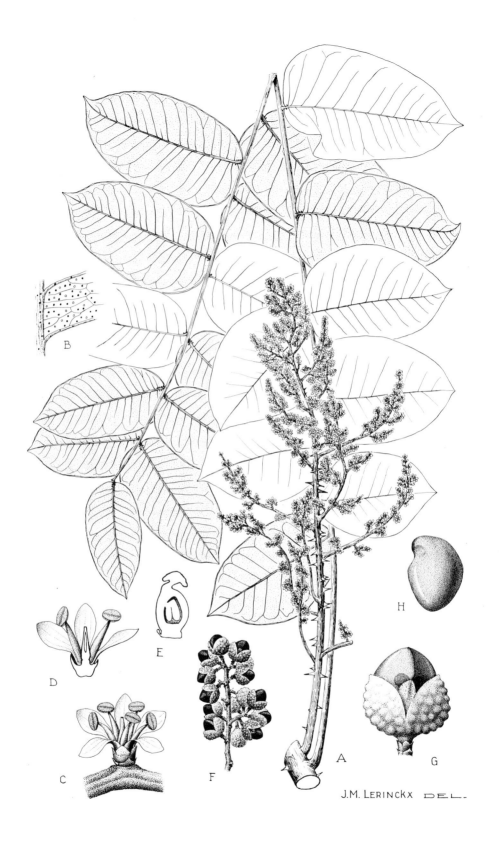

J.M. LERINCKX DEL.

212 – **Zanthoxylum laurentii** (Rutacées)

A, rameau fleuri; B, partie de foliole par transparence; C, D, fleur ♂ et sa coupe; E, coupe de l'ovaire; F, partie d'infrutescence; G, follicule déhiscent; H, graine. *Repris de F.C.B. 7.*

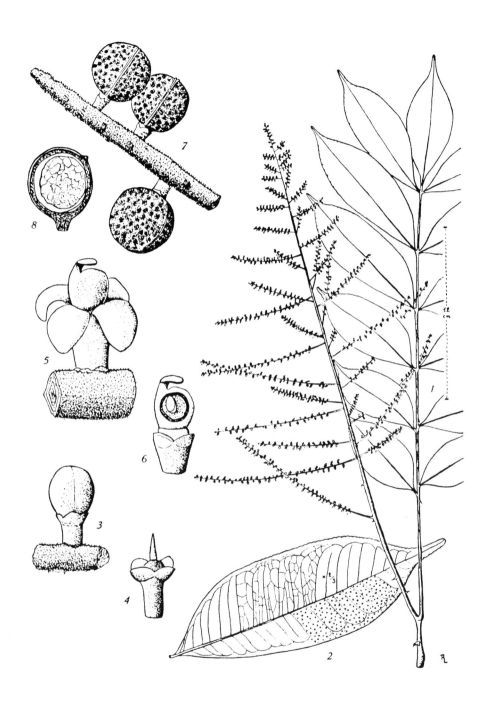

213 − *Zanthoxylum leprieurii* (Rutacées)

1, rameau fleuri (x 1/3); 2, foliole (face inférieure et par transparence); 3, bouton floral ♂;
4, fleur ♂; 5, 6, fleur ♀ et section de son ovaire; 7, 8, fruit et coupe.

Repris de Fl. Gabon **6**.

214 — *Clausena anisata* (Rutacées)

1, rameau fleuri (x 2/3); 2-5, fleur et détails (3 étamines, 4 après enlèvement des pétales et étamines, 5 coupe de l'ovaire); 6, 7, fruit et sa coupe. *Repris de Fl. Gabon 6.*

215 — ***Allophylus africanus*** f. ***acuminatus*** (Sapindacées)

A, rameau fleuri; B, bouton floral; C, fleur ♂, pétales ôtés; D, pétale d'une fleur ♀; E, fleur
♀, sépales et pétales ôtés.

M.BOUTIQUE DEL.

Repris de F.C.B. 9.

216 — **_Eriocoelum microspermum_** (Sapindacées)

A, rameau fleuri; B, C, pétale (face interne) de fleur ♂ et ♀; D, E, fleur ♂ et ♀ en coupe;
F, valve de capsule; G, graine à arillode.   *Repris de F.C.B. 9.*

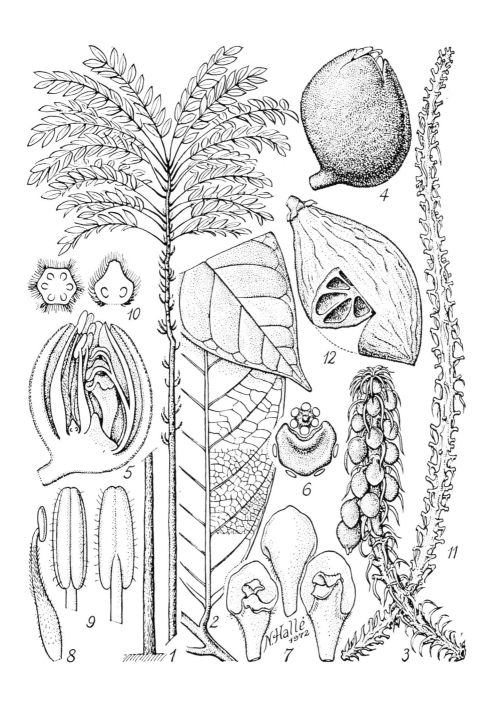

217 — _Radlkofera calodendron_ (Sapindacées)

1, pied florifère (hauteur 10 m); 2, foliole; 3, jeune inflorescence; 4, 5, fleur ♂ et sa coupe;
6, disque (avec insertion des étamines); 7, pétales; 8, étamine; 9, anthère; 10, ovaire en coupe;
11, vieille inflorescence; 12, fruit immature.   _Repris de Fl. Gabon 23._

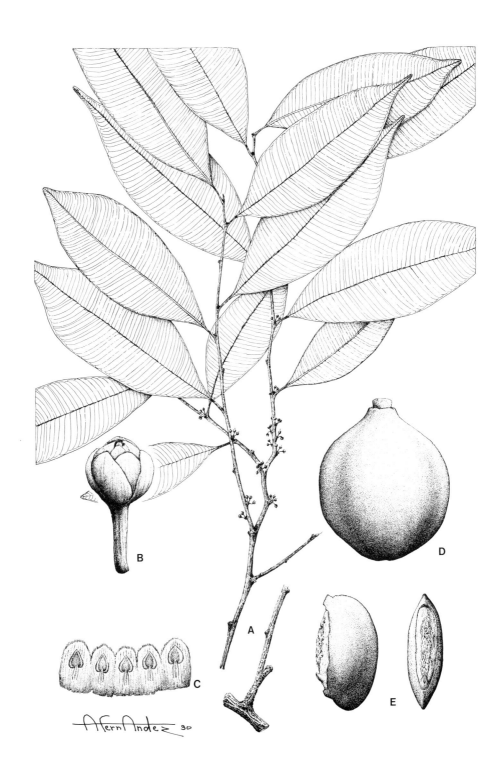

218 – **_Donella ubangiensis_** (Sapotacées)

A, rameau fleuri; B, fleur; C, corolle étalée; D, fruit; E, graine. *Original.*

219 — *Lasersisia seretii* (Sapotacées)
A, rameau fleuri; B, fleur; C, corolle étalée; D, pistil; E, F, fruit et son calice; G, graine.
Original.

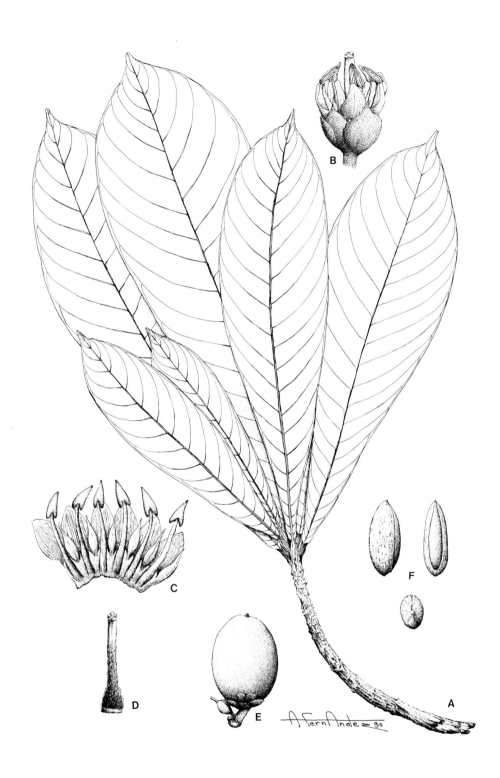

220 — *Pachystela msolo* (Sapotacées)

A, rameau; B, fleur; C, corolle étalée; D, pistil; E, fruit; F, graine. *Original.*

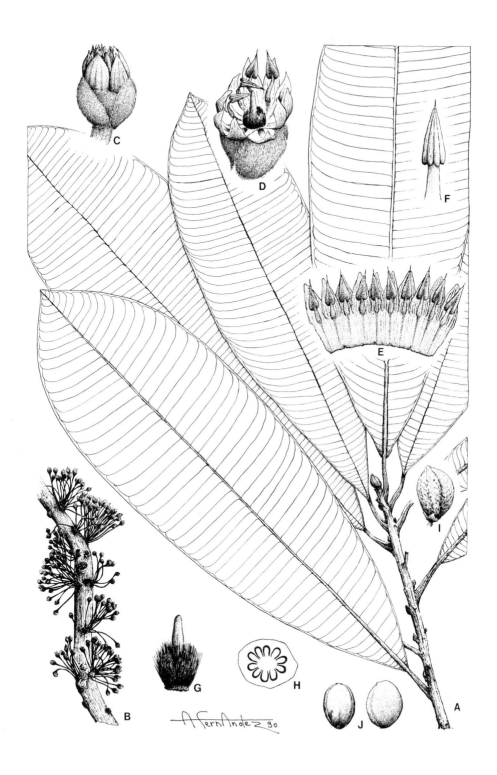

221 — ***Wildemaniodoxa laurentii*** (Sapotacées)

A, rameau; B, inflorescences; C, D, bouton floral et fleur; E, corolle étalée; F, étamine; G, pistil; H, coupe de l'ovaire; I, fruit; J, graine.   *Original.*

222 — **_Zeyherella longepedicellata_** (Sapotacées)

A, rameau avec jeunes fruits; B, infrutescence jeune; C, fleur; D, corolle étalée; E, pistil; F, fruit; G, graine. *Original.*

223 — *Oubanguia africana* (Scytopétalacées)

A, rameau fleuri; B, C, bouton floral et sa coupe; D, fleur et détails (E étamine, F coupe de l'ovaire); G, fruit.   *Repris de F.C.B.* ***10*** *& (D) Fl. Gabon* ***24***.

224 — *Scytopetalum pierreanum* (Scytopétalacées)

1-3, rameau fleuri et rameaux fructifères (x 2/3); 4, autre type de feuille.

Repris de Fl. Gabon **24**.

225 — *Leptonychia multiflora* (Sterculiacées)

A, rameau fleuri; B, fleur; C, pistil et androcée étalée; D, fruit jeune; E, fruit déhiscent; F, graine.   *Repris de F.C.B. 10.*

226 — **Quassia africana** (Simaroubacées)

A, rameau fleuri; B, fleur et détails (C, D étamine avec écaille, E calice et pistil); F, G, monocarpe et sa coupe.

Repris de F.C.B. 7.

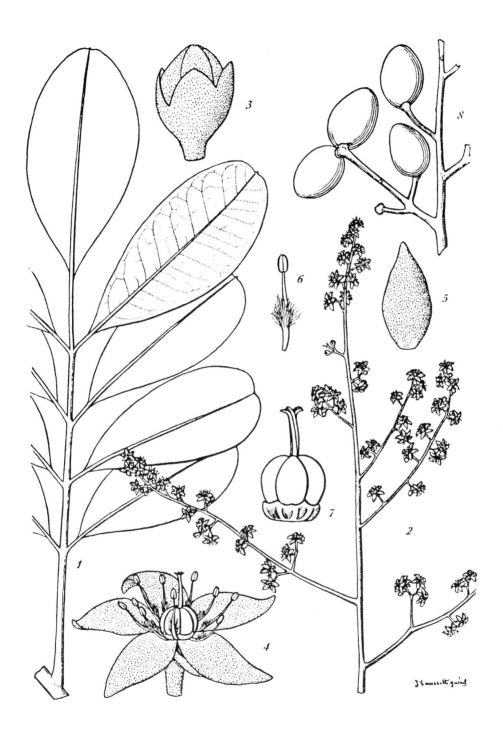

227 – **Quassia undulata** (Simaroubacées)

1, feuille (x 2/3); 2, partie d'inflorescence; 3, bouton floral; 4-7, fleur et détails (5 pétale, 6 étamine, 7 pistil); 8, partie d'infrutescence.   *Repris de Fl. Gabon 3.*

230 — *Octolepis decalepis* (Thymélaeacées)

A, rameau fleuri; B-E, fleur et détails (C sans les sépales, D étamine, E coupe de l'ovaire);
F, rameau fructifère; G, capsule déhiscente; H, graine.   *Repris de F.A.C.*

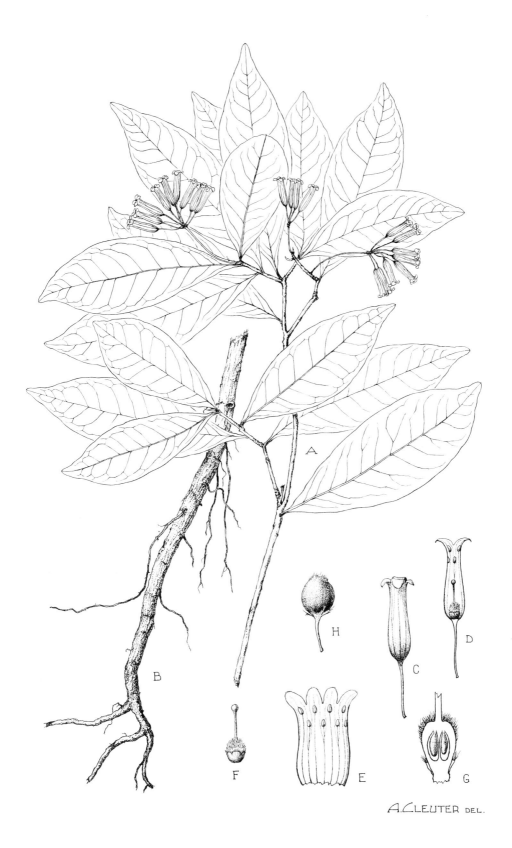

231 — _Peddiea fischeri_ (Thymélaeacées)

A, rameau fleuri; B, souche; C-G, fleur et détails (D en coupe, E tube floral étalé, F pistil,
G coupe de l'ovaire); H, fruit.   _Repris de F.A.C._

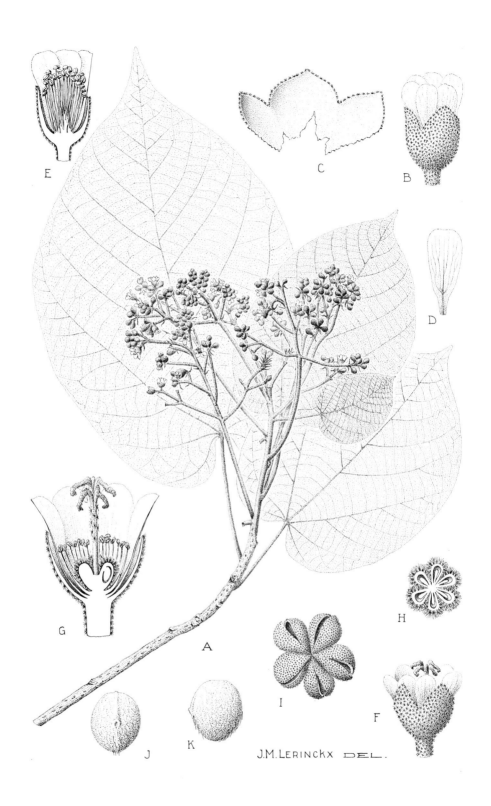

232 — *Christiana africana* (Tiliacées)

A, rameau fleuri; B-E, fleur ♂ et détails (C calice étalé, D pétale, E coupe); F-H, fleur ♀ et détails (G coupe, H ovaire en coupe); I, fruit; J, K, graine. *Repris de F.C.B. 10.*

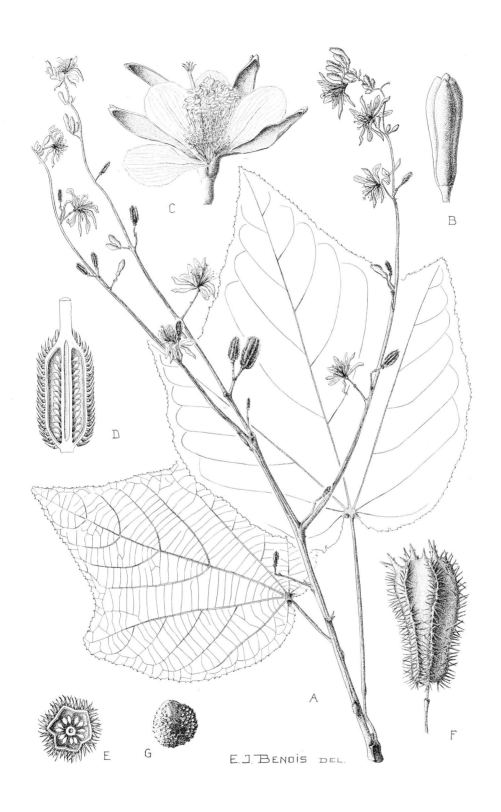

233 — _Clappertonia polyandra_ (Tiliacées)

A, rameau avec fleurs et jeunes fruits; B, bouton floral; C-E, fleur et détails (D, E ovaire en coupe longitudinale et transversale); F, fruit; G, graine. *Repris de F.C.B. 10.*

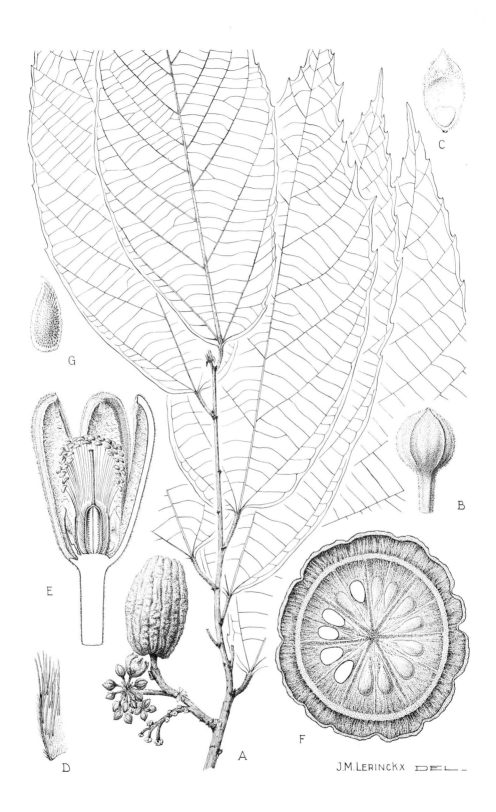

234 — ***Desplatsia dewevrei*** (Tiliacées)

A, rameau avec fleurs et jeune fruit; B, bouton floral; C-E, détails de la fleur (C pétale, D fragment du tube staminal, E coupe); F, fruit en coupe; G, graine.   *Repris de F.C.B. 10.*

C

B

E

A

D

G

F

J.M.LERINCKX DEL.

235 — *Grewia floribunda* (Tiliacées)

A, rameau fleuri; B, stipule; C, partie d'inflorescence; D, fleur en coupe; E, pétale; F, fruit
en coupe; G, graine.   *Repris de F.C.B. 10.*

236 — *Trema orientalis* (Ulmacées)

A, rameau avec fleurs et fruits; B, C, fleur ♂ et sa coupe; D, E, fleur ♀ et sa coupe; F, drupe. *Repris de F.C.B. 1.*

237 − *Gmelina arborea* (A-B) & *Lippia multiflora* (C)
(Verbénacées)

A, rameau végétatif; B, inflorescence; C, rameau fructifère.   *Original.*

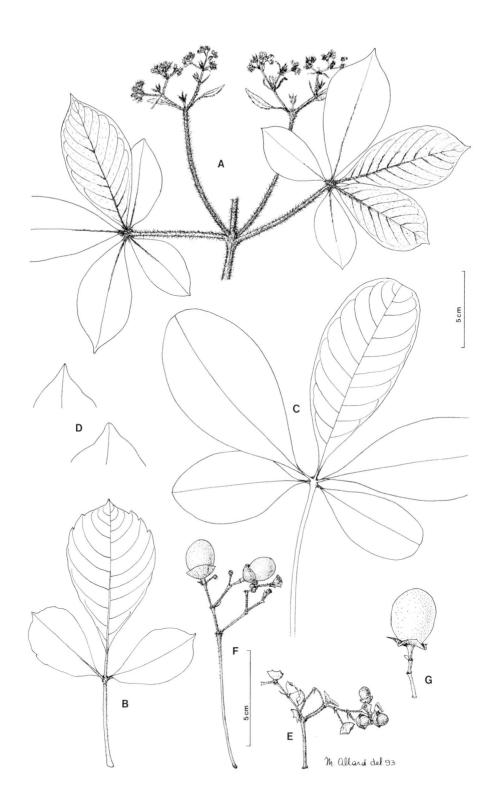

238 − ***Vitex congolensis*** (A, E), ***V. doniana*** (C, D, G) &
V. madiensis (B, F) (Verbénacées)

A, rameau fleuri; B, C, feuille; D, autres types de sommets de folioles de C; E, F, partie
d'infrutescence; G, fruit. Echelle petite: A-D; échelle grande: E-G.   *Original.*

239 — *Erismadelphus exsul* (Vochysiacées)

A, rameau fleuri (jeune inflorescence, les fleurs en boutons); B, C, fruit et sa coupe.

A, original; B & C repris de F.C.B. 7.

240 − _Rinorea brachypetala_ (Violacées)

A, rameau fleuri; B, C, fleur et sa coupe; D, tube staminal étalé; E, ovaire en coupe; F, G, capsule (jeune et déhiscente).   *Repris de P.N.A.*

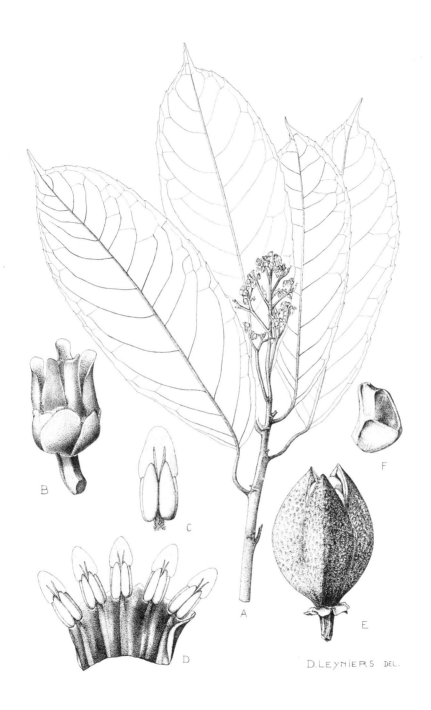

241 — *Rinorea oblongifolia* (Violacées)

A, rameau fleuri; B, fleur; C, anthère; D, tube staminal étalé; E, fruit; F, graine.

Repris de F.C.R.B.

GLOSSAIRE

Le glossaire suivant est en principe limité aux termes utilisés dans le guide. Quelques autres termes importants ont été inclus pour servir éventuellement lors de la consultation d'autres travaux techniques. La plupart des définitions des termes botaniques employés dans le guide ont été repris de: *J. Lambinon et al., Nouvelle Flore de la Belgique...,* 4ème édition, 1992; d'autres ont été emprunté à: *G. Troupin, Flore du Rwanda,* vol. I, 1978.

Accrescent(e). Se dit d'un organe floral qui continue à croître après la floraison. Un calice accrescent (Pl. 107 C, 170 A).

Actinomorphe. A symétrie radiale. Une fleur est dite à symétrie radiale lorsqu'elle présente plus d'un plan de symétrie. Voir aussi zygomorphe.

Acuminé(e). Se dit d'une feuille dont la pointe s'amenuise brusquement en se prolongeant (Fig. 9).

Aigrette. Touffe ou couronne de poils ou de soies située au sommet ou à la base de certains organes.

Aigu. Rétréci au sommet en un angle aigu (Fig. 9).

Aiguillon (un). Pointe se développant à partir de l'épiderme ou de l'écorce d'une tige ou d'un rameau et non à partir du bois. Dans ce dernier cas, la pointe porte le nom d'épine. Utilisé aussi, par extension, pour désigner les petites pointes que portent certains organes tels que des fruits.

Aile (une). - 1. Expansion foliacée, scarieuse, aplatie, dont certains organes sont munis. - 2. Nom donné aux pétales latéraux dans une corolle de *Fabacée* (Fig. 19).

Ailé(e). Pourvu d'une ou plusieurs ailes, c'est-à-dire de membranes minces, plus ou moins larges.

Akène (un). Fruit sec, indéhiscent, à une seule graine, celle-ci non soudée à la paroi interne du fruit.

Alternes. Se dit d'organes insérés isolément à des niveaux différents sur une tige ou un rameau (Fig. 6).

Anastomose (une). Transition d'une nervure secondaire avec une autre ou avec le bord du limbe, formée d'un réseau de fines nervures.

Androcée (un). Ensemble des organes mâles d'une fleur, c.-à-d. des étamines.

Androphore (un). Partie allongée du réceptacle des fleurs, située entre l'enveloppe florale et les étamines.

Anisophyllie. Présence de feuilles de taille ou de forme différentes au même noeud (Fig. 13).

Annuel(le). Se dit d'une plante dont le cycle de vie, depuis la germination de la graine jusqu'à la maturation des semences, dure moins d'un an.

Anthère (une). Partie terminale de l'étamine, où se forment les grains de pollen (Fig. 18).

Anthèse (une). Début de la floraison, correspondant à l'ouverture des boutons floraux.

Apiculé(e). Terminé brusquement par une courte pointe relativement large et peu aiguë.

Apocarpe. Qualifie un gynécée à plusieurs carpelles libres (Fig.17). Qualifie également le fruit provenant de pareil gynécée et où chaque élément fructifié correspond à un carpelle. Exemple: *Annonacées* (Pl. 19 I). Voir aussi syncarpe.

Arbuste. Petit arbre.

Aréole (une). Chez les *Cactacées*, bourrelet couvert d'un groupe d'épines et de poils.

Arille (un). Expansion enveloppante, souvent charnue, venant partiellement ou totalement recouvrir la graine, après la fécondation (Pl. 71 f).

Aromatique. Qui dégage une odeur agréable.

Arqué(e). Courbé en forme d'arc. Ex. Des nervures arquées.

Articulé. Formé d'articles. Un fruit articulé.

Arrondi. Se dit d'un organe dont les bords convexes forment un large arc uni. Limbe foliaire à base ou à sommet arrondi (Fig. 9).

Ascendant(e). Se dit d'un organe, principalement d'une tige ou d'un rameau couché dans la partie inférieure et redressé jusqu'à la verticale dans la partie supérieure. Se dit aussi des nervures basales de certaines feuilles.

Asymétrique. Se dit d'un organe qui ne présente aucun plan de symétrie.

Atténué(e). Se dit d'un organe dont la largeur ou l'épaisseur diminue insensiblement vers la base (Fig. 9).

Auriculé(e). Pourvu d'oreillettes (voir ce mot).

Axile (placentation). Se dit lorsque les ovules sont insérés dans la partie centrale d'un ovaire pluriloculaire, dans l'angle interne de chaque loge (Fig. 17).

Axillaire. Placé à l'aisselle d'une feuille ou d'une bractée.

Baie (une). Fruit charnu, indéhiscent, contenant une ou, le plus souvent, plusieurs graines libres (pépins), c'est-à-dire non incluses dans un "noyau" (Fig. 20).

Basilaire. Situé ou attaché à la base. Un placenta est basilaire lorsqu'il est situé au fond de la cavité ovarienne (Fig. 17).

Bifide. Fendu en deux.

Bifoliolé(e). Se dit d'une feuille à deux folioles (Fig. 12).

Bilabié(e). Divisé en deux lèvres, éventuellement inégales. Ex. Le calice et la corolle de certaines *Lamiacées*.

Bipare. Se dit notamment d'une cyme (voir ce mot) où les rameaux sont opposés deux par deux (Fig. 14).

Bipennatiséqué(e). Se dit d'une feuille d'abord pennatiséquée et dont les segments secondaires sont, à leur tour, pennatiséqués (Pl. 182, A).

Bipenné(e). Se dit d'un organe dont la ramification est deux fois pennée (voir pennée). Une feuille composée bipennée (Fig. 12).

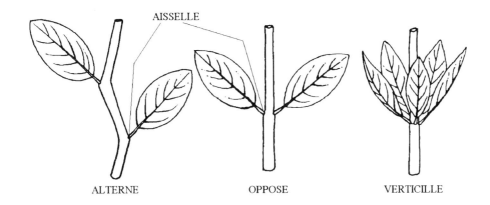

Fig. 6 - *Type de position des feuilles sur la tige.*

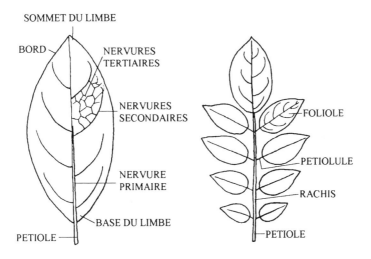

Fig. 7 - *Eléments d'une feuille simple (à gauche)*
et d'une feuille composée, pennée (à droite).

Bractée (une). Petite feuille ou écaille située à la base d'un pédicelle floral, à la base d'une inflorescence ou sur le pédoncule de celle-ci (Fig. 14).

Bractéole (une). Sorte de petite bractée située sur un pédicelle floral ou parfois à la base de celui-ci (Fig. 14). La différence avec une bractée peut être alors difficile à saisir.

Buisson. Plante ligneuse caractérisée par une tige ramifiée dès la base ou par plusieurs tiges naissant d'une souche commune.

Caduc (caduque). Qui tombe spontanément. Des sépales caducs.

Calice (un). Partie externe du périanthe, souvent verte, formée de sépales 3(Fig.15).

Calicule (un). Ensemble de pièces florales accessoires, semblables à des sépales, libres ou soudées entre elles (formant par ex. une coupe), insérées à l'extérieur du vrai calice. Ex.: le calicule d'un *Hibiscus*.

Cannelé(e). Portant des côtes longitudinales disposées de façon régulière, séparées par des sillons.

Capitule (un). Inflorescence formée de fleurs sessiles ou presque sessiles, serrées les unes contre les autres et insérées sur un réceptacle commun, à peu près au même niveau horizontal, simulant parfois une fleur unique (Fig.14).

Capsule (une). Fruit sec, déhiscent, s'ouvrant par plusieurs valves, par des dents ou par des pores, contenant plusieurs graines (Fig. 20).

Carène (une). Forme particulière qu'acquièrent les deux pétales inférieurs plus ou moins longuement soudés entre eux, chez les *Fabacées* (Fig. 19).

Carpelle (un). Chacun des éléments de base du gynécée ou pistil. Chaque carpelle comprend en principe trois parties : ovaire, style et stigmate, mais de la soudure des carpelles entre eux peuvent résulter un ovaire, un style et même un stigmate uniques.

Cauliflorie. Les fleurs ou inflorescences sont portées par les plus fortes branches et même par le tronc.

Centrale (placentation). Se dit lorsque les ovules sont insérés sur une petite colonne apparaissant dans l'axe de l'ovaire (Fig. 17).

Charnu. Qui a des tissus tendres et juteux: un fruit charnu, une feuille ou une tige charnue.

Choripétale. Se dit d'une fleur dont la corolle est formée de pétales libres. Synonyme: dialypétale (Fig. 15).

Coalescents(tes). Se dit d'organes de même nature qui adhèrent entre eux.

Composée. Dans le cas d'une feuille, lorsque le limbe est constitué de plusiers folioles. Dans le cas d'une inflorescence, lorsque les axes secondaires se ramifient ou portent des fleurs groupées: une ombelle d'ombellules.

Cône (un). Organe formé d'un axe portant de nombreuses écailles ligneuses imbriquées, à la base desquelles sont insérées soit des anthères (cônes mâles), soit des ovules et, à maturité, des graines (cônes femelles).

Connectif (un). Partie de l'anthère située entre les deux loges polliniques (Fig. 18).

Connivents(tes). Se dit d'organes rapprochés entre eux, généralement par le sommet, mais non soudés les uns aux autres. Des anthères conniventes.

Contortée (préfloraison). Dans le bouton, les pièces d'une enveloppe florale sont disposés de façon que le bord gauche d'une pièce recouvre le bord droit de la pièce suivante ou inversement (Fig. 15).

Contreforts. Accroissements latéraux de la base d'un tronc d'arbre élevé.

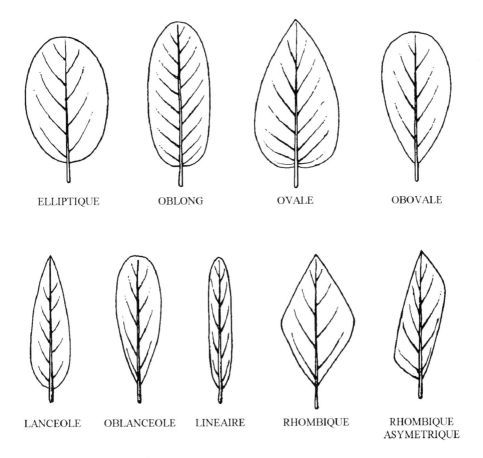

| ELLIPTIQUE | OBLONG | OVALE | OBOVALE |

| LANCEOLE | OBLANCEOLE | LINEAIRE | RHOMBIQUE | RHOMBIQUE ASYMETRIQUE |

Fig. 8 - Types de formes du limbe foliaire.

Coque (une). Se dit d'une des parties du fruit lorsque celui-ci se fragmente à maturité en autant de parties déhiscentes qu'il y a de carpelles. Par exemple, les 3 coques du fruit des *Euphorbia*.

Cordé(e). Se dit d'une feuille ou d'un autre organe dont la base est échancrée en forme de coeur (Fig. 9).

Coriace. De texture épaisse et souple, mais non charnue. Une feuille coriace.

Corolle (une). Partie interne du périanthe, souvent brillamment colorée, formée de pétales (Fig. 15).

Corymbe (un). Inflorescence dont les fleurs sont portées approximativement au même niveau par des pédicelles inégaux insérés à des niveaux différents (Fig. 14).

Côte (une). Crête longitudinale, obtuse au sommet.

Couronne (une). Verticille de pièces florales stériles s'intercalant entre la corolle et l'androcée (voir *Asclépiadacées, Lécythidacées*; Pl. 110 E).

Crénelé(e). Bordé de dents larges, obtuses ou arrondies au sommet (Fig. 10).

Cultivar (un). Unité taxonomique subordonnée à l'espèce, inconnue à l'état spontané, sélectionnée par l'homme et propagée par celui-ci parce qu'elle présente un intérêt alimentaire, ornemental, pharmaceutique...

Cunéé(e), cunéiforme. Se dit d'un organe dont la base a la forme d'un coin, d'un triangle. Un limbe à base cunéiforme (Fig. 9).

Cupule. Accroissement d'un axe, en forme de petite coupe, entourant le fruit.

Cyathium (un). Inflorescence partielle chez les espèces du genre *Euphorbia*, constituée d'une fleur femelle entourée de quelques fleurs mâles, celles-ci étant réduites à une étamine portée par un pédicelle articulé.

Cyme (une). Inflorescence dans laquelle la croissance de l'axe principal est rapidement arrêtée, souvent par la formation d'une fleur terminale. Un ou plusieurs rameaux latéraux, à croissance également limitée, se développent en dépassant l'extrémité de l'axe principal. Ce processus se répète généralement plusieurs fois (Fig. 14).

Décussés(ées). Se dit de feuilles opposées dont les paires se croisent à angle droit d'un noeud à l'autre.

Décurrent(e). Se dit d'un organe ou d'un tissu qui présente vers le bas un prolongement accolé à l'organe ou au tissu adjacent. S'utilise surtout à propos d'une feuille dont le limbe se prolonge par une ou deux petites ailes vers le bas, le long de la tige.

Déhiscent(e). Qui s'ouvre spontanément.

Denté(e). Bordé de dents, c'est-à-dire de petites expansions triangulaires aiguës (Fig. 10).

Diagramme floral. Représentation schématique de l'ensemble des pièces d'une fleur supposée coupée par un plan transversal qui rencontrerait toutes ces pièces. Le diagramme rend aussi compte des soudures éventuelles entre ces pièces et de la structure interne de l'ovaire. Ex. Pl. 38.

Dialypétale. Qui a les pétales libres. Synonyme: choripétale (Fig. 15).

Didyname. Qualifie l'androcée de certains végétaux à 4 étamines inégales dont 2 longues et 2 courtes. Ex. Les *Acanthacées* ont un androcée didyname.

Digité(e). Se dit d'une feuille composée dont les folioles rayonnent à partir du sommet du pétiole. Voir aussi palmé (Fig. 12).

Dioïque. Se dit d'une plante dont les fleurs unisexuées, mâles ou femelles, sont portées par des individus différents.

Disque. Organe charnu, plus ou moins aplati, couvrant le sommet du réceptacle de certaines fleurs, et qui élabore du nectar. Il caractérise nombre de Dicotylédones. Ex. Les *Rutacées*.

Distique. Se dit de pièces disposées de part et d'autre d'un axe commun, dans un même plan. Des feuilles distiques.

Domaties. Structures sur la face inférieure du limbe foliaire des *Dicotylédones*, généralement à l'aisselle des nervures secondaires: des touffes de poils, des pochettes, des cryptes... fréquemment habitées par des Acariens (Fig. 13).

Double. Fleur double: fleur qui a les étamines tranformées en structures pétaloïdes ou tépaloïdes.

Drupe (une). Fruit charnu, indéhiscent, renfermant un ou, plus rarement, plusieurs noyaux contenant généralement une seule graine (Fig. 20).

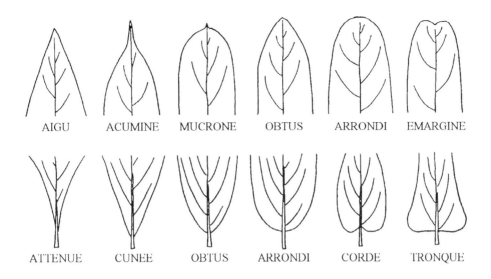

| AIGU | ACUMINE | MUCRONE | OBTUS | ARRONDI | EMARGINE |

| ATTENUE | CUNEE | OBTUS | ARRONDI | CORDE | TRONQUE |

Fig. 9 - Principaux types de sommet et de base du limbe foliaire.

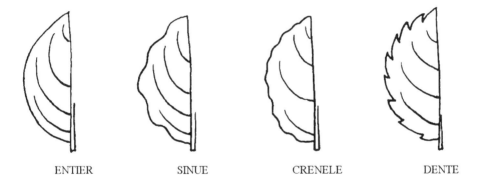

| ENTIER | SINUE | CRENELE | DENTE |

Fig. 10 - Principaux types de découpure du bord du limbe foliaire.

Drupéole (une). Chacune des petites drupes provenant de la fructification d'un des carpelles du gynécée constitué de plusieurs carpelles libres (gynécée apocarpe; pl. 169 E).

Écaille (une). - 1. Organe coriace ou membraneux faisant partie d'un cône chez les Gymnospermes. - 2. Organe de structure membraneuse et fine résultant de la transformation d'une feuille, d'une bractée ou d'un poil aplati.

Échancré(e). Pourvu d'une entaille peu profonde. Une feuille échancrée au sommet.

Ellipsoïdal(e). Se dit d'un volume dont la section longitudinale est une ellipse.

Elliptique. En forme d'ellipse (Fig. 8).

Émarginé. Très légèrement échancré au sommet (Fig. 9).

Empattements. Contreforts peu développés formés par le raccordement des grosses racines à la base du tronc.

Endocarpe (un). Partie interne du péricarpe; celle-ci est durcie dans les drupes.

Engainant(e). Pourvu d'une gaine. Une feuille engainante.

Entier(ère). Se dit d'un organe dont le bord n'est pas découpé d'une façon ou d'une autre. Un limbe foliaire entier (Fig. 10).

Épi (un). Inflorescence formée d'un axe allongé portant, à des niveaux différents, des fleurs sessiles, c'est-à-dire non pédicellées, ou subsessiles (Fig. 14).

Épicarpe. Couche la plus externe du péricarpe.

Épine (une). Pointe piquante faisant corps avec le bois d'une tige, d'un rameau ou parfois d'un autre organe (fruit...).

Épiphyte (un). Plante croissant sur une autre, sans en être parasite.

Étamine (une). Organe mâle de la fleur, dans lequel se forment les grains de pollen (Fig. 18).

Étendard (un). Chez les *Fabacées*, pièce médiane supérieure de la corolle, qui est généralement plus grande que les autres pétales et plus ou moins étalée (Fig. 19).

Étoilé. Se dit d'un organe divisé en ramifications ou en segments rayonnants, comme les branches d'une étoile. Un poil étoilé.

Falciforme. En forme de faux ou de faucille.

Fascicule (un). Groupe d'organes semblables réunis en faisceau, chacun étant muni d'un pédicelle ou d'un pétiole plus ou moins allongé. Un fascicule de fleurs.

Faux-fruit. Organe dans lequel la partie charnue ne provient pas de l'ovaire, mais d'un autre organe associé à la fleur; par exemple: dans les faux-fruits des *Moracées* les petits akènes (vrais fruits) sont enfoncé dans le réceptacle charnu.

Femelle. Se dit d'une fleur pistillée dépourvue d'androcée fonctionnel.

Figue (une). Faux-fruit caractéristique des *Moracées* (Pl. 150 c, 155 b).

Filet (un). Partie inférieure de l'étamine, portant l'anthère (Fig. 18).

Foliole (une). Partie du limbe d'une feuille composée; généralement formé par un pétiolule et un limbe (Fig. 7).

Follicule (un). Fruit sec, formé à partir d'un seul carpelle et s'ouvrant par une seule fente (Fig. 20).

Forêt dense. Formation végétale à couvert d'arbres continu. En Afrique centrale elle est caractérisée par une strate herbacée (près du sol) qui n'est pas formée de *Poacées*.

Forêt claire. Formation végétale à couvert d'arbres discontinu, la plupart des cimes ne se touchant pas les unes les autres, mais couvrant au moins 40% de la surface, le sousbois étant formé principalement de *Poacées*.

Fruit (un). Organe contenant les graines, provenant de la transformation de l'ovaire après fécondation ou provenant de plusieurs ovaires chez une fleur à carpelles libres.

PENNATIFIDE   PENNATIPARTITE   PENNATISEQUE

PALMATIFIDE   PALMATIPARTITE   PALMATISEQUE

Fig. 11 - Types de découpure du limbe foliaire.

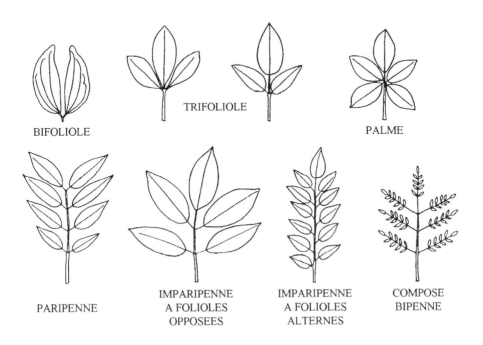

BIFOLIOLE   TRIFOLIOLE   PALME

PARIPENNE   IMPARIPENNE A FOLIOLES OPPOSEES   IMPARIPENNE A FOLIOLES ALTERNES   COMPOSE BIPENNE

Fig. 12 - Types de feuilles composées.

Fruit apocarpe (un). Voir apocarpe.

Fruit composé. Fruit provenant d'un ensemble de fleurs appartenant à la même inflorescence. Voir aussi faux-fruit.

Funicule. Attache de l'ovule ou de la graine au placenta.

Gaine (une). Partie plus ou moins dilatée de la base d'une feuille, entourant la tige.

Galle (une). Excroissance de forme caractéristique apparaissant sur un organe de la plante ou déformation de celui-ci lorsque les tissus réagissent à l'introduction, dans leur sein, d'un corps étranger vivant (oeuf d'arthropode, acarien, champignon, bactérie...). Galles bactériennes, Fig. 13.

Gamopétale. Synonyme de sympétale.

Géminés(es). Réunis deux par deux. Des fleurs géminées.

Géofrutex (un). Plante de savane caractérisée par une importante structure souterraine lignifiée et une partie aérienne qui meurt périodiquement. Les feux de savane les brulent presque chaque saison sèche jusqu'au niveau du sol.

Glabre. Dépourvu de poils.

Glande (une). Organe, de forme très variée, sécrétant un liquide. La présence de glandes est souvent caractéristique d'une espèce, d'un genre, voire d'une famille. Elles sont généralement localisées sur le pétiole, sur ou sous le limbe, en divers endroits (base, marge, sommet), parfois également sur certaines pièces florales. Voir aussi points translucides.

Glauque. Qui présente une teinte vert bleuâtre.

Glomérule (un). Groupe de fleurs subsessiles étroitement rapprochées.

Gousse (une). Fruit sec, formé à partir d'un seul carpelle et s'ouvrant en deux valves par deux fentes (Fig. 20).

Graine (une). Chez les *Spermatophytes*, organe renfermant l'embryon, formé de l'ovule après fécondation et maturation.

Grappe (une). Inflorescence formée d'un axe allongé, sur lequel sont fixées, à des niveaux différents, des fleurs plus ou moins longuement pédicellées. Syn.: un racème (Fig. 13).

Grimpant(e). Qualifie une plante dont la tige prend appui sur un support lors de sa croissance.

Gynécée (un). Ensemble des organes femelles d'une fleur, c.à-d. les carpelles. Syn. un pistil.

Gynophore (un). Allongement du réceptacle entre l'androcée et le gynécée.

Gynostège (un). Organe de la fleur des *Asclépiadacées* provenant de la concrescence des anthères et du stigmate épaissi.

Habitat (un). Terme qui est presque synonyme de "milieu", de "biotope" dans lequel une espèce végétale peut prospérer.

Hémiparasite. Se dit d'une plante capable d'effectuer la photosynthèse mais dépendant d'une autre pour une partie des substances nécessaires à sa subsistance. Les *Loranthacées* sont hémiparasites.

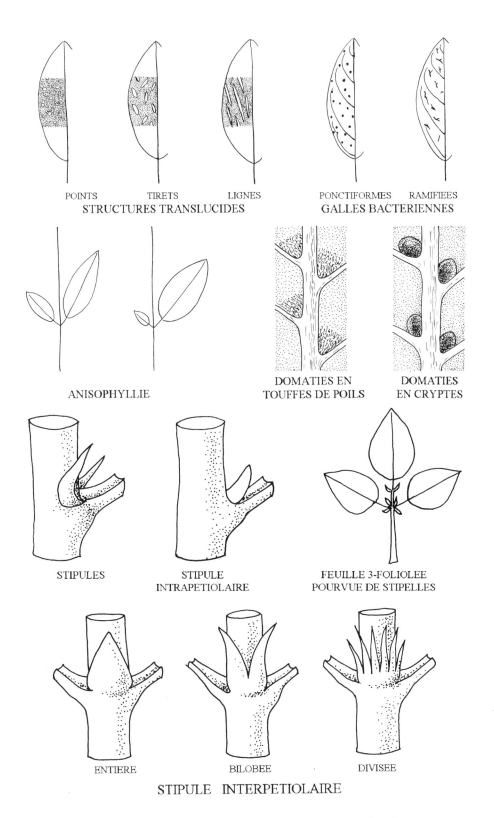

POINTS   TIRETS   LIGNES   PONCTIFORMES   RAMIFIEES

STRUCTURES TRANSLUCIDES   GALLES BACTERIENNES

ANISOPHYLLIE   DOMATIES EN
TOUFFES DE POILS   DOMATIES
EN CRYPTES

STIPULES   STIPULE
INTRAPETIOLAIRE   FEUILLE 3-FOLIOLEE
POURVUE DE STIPELLES

ENTIERE   BILOBEE   DIVISEE

STIPULE INTERPETIOLAIRE

Fig. 13 - Caractéristiques du limbe foliaire (en haut) et
principaux types de stipules et position des stipelles (en bas).

Herbacé(e). Qui a la consistance souple et tendre de l'herbe. Opposé à ligneux ou à scarieux.

Hermaphrodite. Se dit d'une fleur comprennant à la fois des étamines et des pistils fonctionnels. Syn. bisexué(e).

Hétérophyllie. Présence de feuilles de forme ou de taille différentes sur une même plante. Voir aussi anisophyllie (catégorie particulière d'hétérophyllie).

Hétérostylie (une). Phénomène présenté par les plantes possédant des fleurs de plusieurs types; les unes à style court, les autres à style plus long.

Hile (un). Cicatrice laissée par le funicule sur la graine.

Imbriquée (préfloraison). Se dit de pièces d'une enveloppe florale disposées en cercle et se recouvrant partiellement par leurs bords; une ou deux pièces sont intérieures, une ou deux pièces extérieures, les restantes imbriquées Fig. 15).

Imparipenné(e). Se dit d'une feuille composée-pennée dont le rachis est terminé par une foliole; le nombre total de folioles y est le plus souvent impair (Fig. 12).

Indéhiscent(e). Se dit d'un organe, notamment d'un fruit, ne s'ouvrant pas spontanément lorsqu'il arrive à maturité.

Indusie (une). Chez les *Fougères*, membrane recouvrant un ensemble de sporanges.

Infère. Se dit d'un ovaire entièrement enfoncé dans le réceptacle de la fleur et soudé à celui-ci (Fig. 16).

Inflorescence (une). Ensemble de fleurs et de bractées.

Infrutescence (une). Ensemble de fruits dérivant d'une inflorescence.

Involucre (un). Ensemble de bractées, souvent verticillées, insérées à la base d'une ombelle, d'un capitule, d'un autre type d'inflorescence ou même d'une fleur solitaire.

Jaculateur (un). Excroissance du funicule en forme de crochet, entourant les graines et servant à les projeter, par exemple chez les *Acanthacées* (Pl. 3/9).

Lancéolé. - En forme de fer de lance, c.-à-d. étroitement ovale et approximativement 3-4 fois aussi long que large (Fig. 8).

Latex (un). Liquide, souvent laiteux, produit par certaines plantes. Il devient visible lorsqu'on brise une tige ou un pétiole.

Lenticelle (une). Une des petites saillies, souvent brunes, qui se trouvent sur l'écorce jeune des plantes ligneuses.

Lèvres. Lobes de la corolle ou du calice chez les fleurs de certaines familles; par exemple chez les *Lamiacées*.

Liane (une). Plante ligneuse dont la tige prend appui sur un support solide.

Libre. Se dit d'un organe qui n'est pas soudé à un autre organe de même nature.

Liège (un). Ensemble de cellules mortes remplies d'air, formant la couche superficielle de l'écorce des plantes ligneuses.

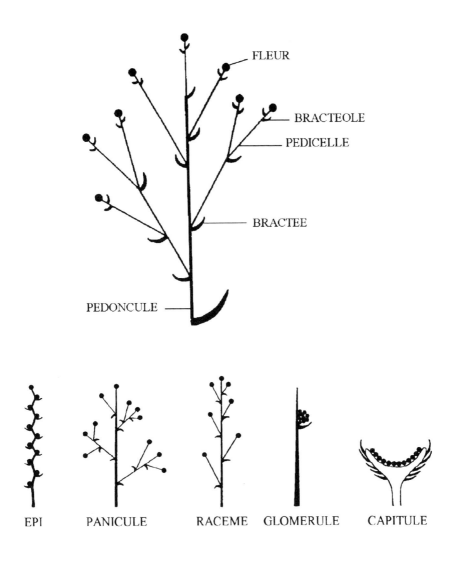

FLEUR

BRACTEOLE

PEDICELLE

BRACTEE

PEDONCULE

EPI PANICULE RACEME GLOMERULE CAPITULE

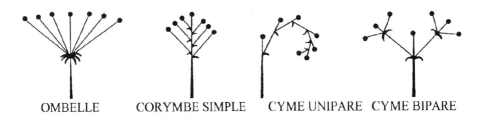

OMBELLE CORYMBE SIMPLE CYME UNIPARE CYME BIPARE

*Fig. 14 - Inflorescences: éléments constitutifs (en haut)
et principaux types (en bas).*

Ligneux(se). Formé de bois ou ayant la consistance du bois.

Ligule (une). Corolle de certaines fleurs d'*Astéracées,* développée unilatéralement, vers l'extérieur du capitule, en une languette colorée.

Limbe (un). Partie élargie d'une feuille (Fig. 7).

Linéaire. Se dit d'un organe long et très étroit, à bords plus ou moins parallèles (Fig. 8).

Lobe (un). Division d'une feuille ou d'un autre organe plan, en principe lorsque l'échancrure n'atteint pas le milieu de chaque moitié du limbe.

Lobé(e). Pourvu de lobes.

Loge (une). Cavité, notamment dans l'ovaire et dans l'anthère.

Mâle. Se dit d'une fleur staminée dépourvue de gynécée fonctionnel.

-mère (3-mère, 4-mère, 5-mère, ...). Formé de 3, 4, 5 ... divisions. S'applique le plus souvent aux divisions de l'enveloppe florale (calice, corolle, périgone).

Méricarpe (un). Partie libre d'un fruit schizocarpe correspondant à un carpelle d'un gynécée syncarpe dont les carpelles, d'abord coalescents, se séparent lors de la fructification. Ex. méricarpes d'*Euphorbiacées.*

Moniliforme. Qui présente des renflements à intervalles fréquents, comme un chapelet.

Monocarpe (un). Partie d'un fruit apocarpe correspondant à un carpelle d'un gynécée.

Monoïque. Se dit d'une plante possédant des fleurs mâles et des fleurs femelles apparaissant sur le même individu.

Mucron (un). Courte pointe raide au sommet d'une feuille, d'un sépale, d'une bractée...

Mucroné(e). Terminé par un mucron (Fig. 9).

Myrmécophile. Se dit de végétaux ligneux qui entretiennent des relations particulières avec des fourmis qui colonisent des cavités de leur tronc ou de leurs branches.

Naturalisé(e). Se dit d'une plante originaire d'une région étrangère mais se comportant comme une plante spontanée.

Nervation (une). Type de répartition des nervures dans un limbe.

Nervure (une). Saillie à la face inférieure du limbe, formée par les faisceaux qui parcourent la feuille (Fig. 7).

Noeud (un). Niveau d'insertion d'une feuille sur une tige.

Noyau (un). Partie interne dure de la paroi d'un fruit charnu (drupe).

Oblancéolé(e). Etroitement obovale (Fig. 8).

Oblong(ue). Nettement plus long que large, à côtés plus ou moins parallèles. Une feuille à limbe oblong (Fig. 8).

Obovale. Présentant la forme d'un ovale dont la plus grande largeur est située vers le sommet (Fig. 8).

Obovoïde. Qui a la forme d'un oeuf renversé, la plus grande largeur étant située vers le sommet.

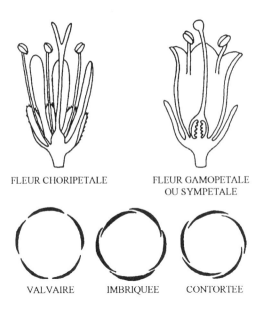

FLEUR CHORIPETALE

FLEUR GAMOPETALE
OU SYMPETALE

VALVAIRE   IMBRIQUEE   CONTORTEE

Fig. 15 - Parties de la fleur (en haut) et
principaux types de préfloraison de la corolle (en bas).

Obtriangulaire. En forme de triangle renversé.

Obtus(e). Dont les extrémités (base, sommet du limbe foliaire, par exemple) sont rétréci en forme de triangle obtus (Fig. 9).

Ochréa (un). Petite gaine enveloppant la base de l'entrenoeud, au niveau de l'insertion des feuilles.

Ombelle (une). Inflorescence dont les fleurs sont portées au sommet de pédicelles tous insérés au sommet de la hampe florale. L'ombelle est composée lorsque des groupes de pédicelles floraux sont fixés à l'extrémité des pédoncules (rayons) rattachés au sommet de la hampe florale (Fig. 14).

Ondulé. Présentant sur les bords des ondulations dans un plan perpendiculaire à celui du limbe.

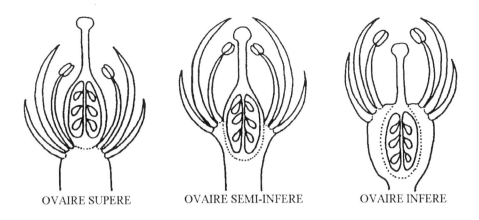

OVAIRE SUPERE   OVAIRE SEMI-INFERE   OVAIRE INFERE

Fig. 16 - Position de l'ovaire.

Opposés(ées). Se dit de deux organes insérés au méme niveau, l'un en face de l'autre (Fig. 6).

Oreillettes (des). Appendices situés à la base du limbe d'une feuille ou d'une bractée embrassante, de part et d'autre de la ligne d'insertion.

Ovaire (un). Partie basilaire du gynécée (ou de chaque carpelle, lorsque le gynécée est constitué de carpelles libres ou seulement coalescents), contenant un ou plusieurs ovules(Fig. 17).

Ovale. Se dit d'un organe plan dont la surface rappelle celle d'une coupe longitudinale pratiquée dans un oeuf le «gros bout» étant situé vers le bas (Fig. 8).

Ovoïde. Qui a la forme d'un oeuf.

Ovule (un). Petit organe situé dans l'ovaire et destiné à se transformer en graine aprés la fécondation.

Palmatifide. Se dit d'une feuille à nervation palmée et découpée en lobes arrondis atteignant environ le milieu de chaque demi-limbe (Fig. 11).

Palmatilobé(e). Terme parfois utilisé pour désigner un limbe palmatifide dont les sinus entre les lobes sont peu profonds.

Palmatipartite. Se dit d'une feuille dont le limbe, palmé, est découpé en segments séparés par des sinus plus profonds que le milieu du limbe (Fig. 11).

Palmatiséqué(e). Se dit d'une feuille dont le limbe, palmé, est profondément découpé en segments presque complètement distincts, à peine soudés à la base (Fig. 11).

Palmé(e). Se dit d'un limbe foliaire dont les nervures principales ou dont les folioles rayonnent à partir du sommet du pétiole. Voir aussi digité.

Panaché(e). Fleur ou feuille panachée: c.-à-d. colorée de zones, de taches ou de stries de couleurs variées.

Panicule (une). Inflorescence complexe, en forme de grappe composée, dont les éléments sont soit des grappes, soit des cymes (Fig. 14).

Pappus (un). Appendice (gén. en forme d'aigrette, de couronne, d'écailles...) qui surmonte l'akène, notamment chez les *Astéracées*.

Papyracé(e). Ayant la consistance du papier. Des bractées papyracées.

Pariétal(e). Se dit de la placentation lorsque les ovules sont fixés à la paroi de l'ovaire (Fig. 17).

Paripenné(e). Se dit d'une feuille composée-pennée ne présentant pas de foliole terminale; le nombre de folioles y est le plus souvent pair (Fig. 12).

Pédicelle (un). Dans une inflorescence, petit axe portant à son sommet une seule fleur (Fig. 14).

Pédoncule (un). Axe portant une inflorescence ou une fleur solitaire (Fig. 14).

Pelté(e). Se dit d'un organe dont le support (pétiole, stipe...) s'insère vers le centre, et non à la base. Une feuille à limbe pelté.

Pennatifide. Se dit d'une feuille dont le limbe, penné, est divisé en segments séparés par des sinus atteignant approximativement le milieu de chaque moitié du limbe (Fig. 11).

Pennatilobé(e). Terme parfois utilisé pour désigner un limbe pennatifide dont les sinus entre les lobes sont peu profonds.

Pennatipartite. Se dit d'une feuille dont le limbe, penné, est divisé en segments séparés par des sinus plus profonds que le milieu de chaque moitié du limbe (Fig. 11).

Pennatiséqué(e). Se dit d'une feuille dont le limbe, penné, est divisé en segments séparés par des sinus qui atteignent presque la nervure médiane (Fig. 11).

Penne (une). Chez les *Fougères*, segment d'une feuille composée.

Penné(e). Se dit d'une feuille dont les nervures secondaires ou dont les folioles sont disposées en deux rangées de part et d'autre de la nervure principale ou du rachis, comme les barbes d'une plume.

Périanthe (un). Ensemble des enveloppes florales qui entourent l'androcée et/ou le gynécée d'une fleur. S'utilise en principe uniquement lorsque cet ensemble est différencié en une partie externe (calice) et une partie interne (corolle) nettement distinctes. Voir aussi périgone.

Péricarpe (un). Paroi, enveloppe du fruit. Il se compose de trois parties: l'épicarpe ou exocarpe, le mésocarpe et l'endocarpe.

Périgone (un). Enveloppe florale à pièces toutes semblables entre elles, sans distinction de calice et de corolle.

Périgyne. Se dit d'une fleur dont les étamines et dont les pièces de l'enveloppe florale sont insérées autour de l'ovaire, sur les bords du réceptacle.

Pétale (un). Pièce de la corolle d'une fleur (Fig. 15).

Pétaloïde. Vivement coloré, semblable à un pétale. Un périgone pétaloïde est semblable à une corolle.

Pétiole (un). Partie amincie de la feuille reliant le limbe à la tige (Fig. 7).

Pétiolule (un). Chez une feuille composée, petit "pétiole" portant le limbe d'une foliole (Fig. 7).

Phylloclade. Tige ou rameau chlorophyllien cylindrique ou aplati, faisant fonction de feuille. Ex. *Opuntia*.

Phyllode (un). Appareil foliacé constitué par le pétiole et la nervure médiane aplatie de la feuille, le limbe étant absent. Ex. plusieurs *Acacia*.

Pilosité (une). La façon dont un organe est couvert de poils. Une pilosité dense.

Pistil (un). Synonyme de gynécée (Fig. 15).

Placentation (une). Disposition des ovules dans l'ovaire.

Pleiomère. Se dit d'une fleur dont le nombre de pièces d'enveloppe (calice, corolle, périgone) est très grand.

Pluriloculaire. Présentant plusieurs loges. Un ovaire pluriloculaire.

Poil étoilé (un). Excroissance de certains épidermes, dont le sommet est en forme d'étoile avec segments rayonnants (Pl. 123 E).

Points translucides. A l'intérieur du limbe des cavités (poches) sécrétrices peuvent être présentes, parfois aussi des canaux sécréteurs. Ces points glanduleux sont fréquemment bien visibles par transparence, devant une bonne lumière, sinon à l'oeil nu du moins à la loupe.

Parfois ces points sont allongés et deviennent des tirets, voire des assez longues lignes (Fig. 13).

Pollen (un). Ensemble de corpuscules microscopiques, les grains de pollen, formant souvent une poussiére jaune. Les grains de pollen contiennent les noyaux mâles et sont formés dans les anthères des *Spermatophytes*.

Pollinie (une). Chez les *Orchidacées* et chez les *Asclépiadacées*, masse de pollen aggloméré, qui peut être transportée en bloc par les insectes.

Polygame. Se dit d'une plante portant sur le même pied des fleurs hermaphrodites et des fleurs unisexuées.

Préfloraison (une). Disposition des pièces de l'enveloppe florale dans le bouton, avant l'épanouissement de la fleur (Fig. 15).

Pseudo-axillaire. En position légèrement décalée par rapport à l'aisselle d'une feuille.

Pubérulent(e). Couvert de quelques poils courts et souples.

Pubescent(e). Couvert de poils courts et souples, ne cachant pas le support.

Racème (un). Inflorescence simple dont l'axe principal a une croissance prolongée. Syn.: une grappe (Fig. 14).

Rachis (un). Axe principal; chez une feuille composée et pennée, il porte les folioles (Fig. 7).

Racines-échasses. Racines naissant sur la partie inférieure du tronc et entrant dans le sol à une distance déterminée de l'arbre; elles supportent l'arbre.

Rameau court (un). Rameau condensé dont les feuilles apparaissent gloméruleuses par la forte réduction des entrenoeuds.

Ramille (une). Rameau de dernier ordre.

Réceptacle (un). Axe élargi de la fleur, généralement très court (conique, discoïde, concave, ...) sur lequel sont fixées toutes les pièces florales. Egalement, partie terminale d'un pédoncule sur lequel sont fixées les fleurs d'un capitule (Fig. 15).

Réticulé(e). Marqué d'un réseau de lignes ou de crêtes. Une nervation réticulée.

Rétus(e). Tronqué et légèrement déprimé au sommet.

Révoluté(e). Se dit d'un organe dont les bords sont enroulés en dessous ou vers l'extérieur.

Rhombique. En forme de losange (Fig. 8).

Rhytidome. Partie superficielle de l'écorce, morte, qui chez certains arbres se détache spontanément.

Rosette (une). Groupe de feuilles étalées sur le sol ou disposées au sommet d'une tige ou d'un rameau très court, ou encore à la base d'une tige allongée.

Samare (une). Akène, c'est-à-dire fruit sec, indéhiscent et à une graine, pourvu d'une aile membraneuse (Fig. 20).

Sarmenteux(se). Se dit d'une tige ligneuse mais flexible, ayant besoin d'un appui.

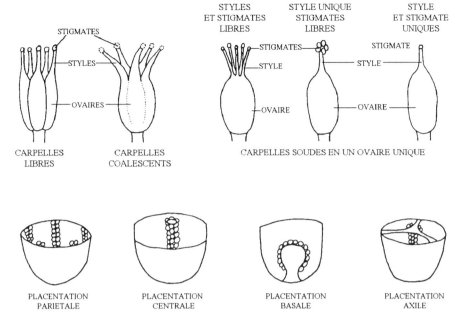

Fig. 17 - *Types de pistil ou gynécée (en haut)*
et principaux types de placentation (en bas)

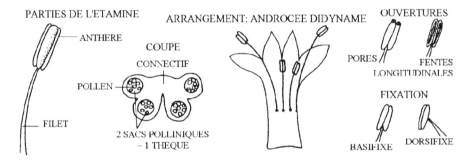

Fig. 18 - *Étamines.*

Savane (une). Formation végétale herbeuse comportant une strate herbacée supérieure continue d'au moins 80 cm de haut, formée essentiellement de *Poacées*; plantes ligneuses ordinairement présentes. Le paysage le plus répandu dans la région est la savane arbustive à hautes herbes. Sur les Plateaux Bateke des savanes herbeuses plus basses caractérisées par *Loudetia demeusei* dominent; la strate arbustive peut faire défaut. Voir aussi steppe herbeuse.

Scabre. Se dit d'une surface ou d'une arête rude au toucher.

Semi-. Préfixe signifiant: à moitié. Un ovaire semi-infère (Fig. 16).

Sépale (un). Pièce du calice d'une fleur (Fig. 15).

Sessile. Se dit d'un organe dépourvu de support, de pétiole, de pédoncule, de pédicelle. Une feuille sessile; une fleur sessile.

Simple. Se dit d'un organe qui n'est pas composé, qui n'est pas ramifié. Une feuille simple; une tige simple.

Sinué(e). Présentant des échancrures arrondies et peu profondes. Une feuille à bord sinué (Fig. 10).

Sore (un). Groupe de sporanges, chez les *Ptéridophytes*.

Spadice (un). Inflorescence constituée d'un axe charnu portant des fleurs sessiles, souvent petites.

Spathe (une). Grande bractée membraneuse ou foliacée enveloppant plus ou moins une inflorescence et ouverte latéralement (Pl. 32 b). D'autres organes, en particulier le calice, peuvent être dits «en forme de spathe».

Spontané(e). Se dit d'une plante qui croît à l'état sauvage dans le territoire considéré.

Sporange (un). Organe dans lequel se forment les spores, chez les *Ptéridophytes*.

Staminode (un). Organe provenant de l'avortement d'une étamine qui ne produit pas de pollen.

Steppe herbeuse. Formation herbeuse ouverte, formée de *Poacées* vivaces largement espacées, n'atteignant généralement pas 80 cm de haut; la strate arbustive est absente. Cette végétation est caractérisée dans la région par la dominance de *Loudetia simplex* et *Monocymbium ceresiiforme*.

Stigmate (un). Extrémité plus ou moins renflée du carpelle ou du pistil ; sa surface plus ou moins visqueuse retient le pollen (Fig. 17).

Stipelle (une). Petit appendice analogue à une stipule, présent à la base des pétiolules de certaines feuilles composées (Fig. 13).

Stipe (un) - 1. Petit pied ou support étroit portant un ou plusieurs organes. - 2. Tronc généralement non ramifié des palmiers et des bananiers et couvert de cicatrices ou de pétioles des anciennes feuilles.

Stipule (une). Appendice le plus souvent foliacé ou membraneux, parfois aussi épineux ou glanduleux, inséré au point où le pétiole se relie à la tige (ou parfois où le limbe joint la tige dans le cas d'une feuille sessile). Le plus souvent, chaque feuille comprend deux stipules, en position latérale; plus rarement, la stipule est unique et axillaire (intrapétiolaire). Les stipules sont à observer aux extrémités les plus jeunes des rameaux car elles sont souvent rapidement caduques (Fig. 13).

Stipule interpétiolaire. Structure stipulaire située entre les pétioles de deux feuilles opposées (en effet les stipules de chaque feuille sont soudées; Fig. 13).

Stipule intrapétiolaire. Structure stipulaire située entre le pétiole et la tige.

Style (un). Rétrécissement, plus ou moins long, entre l'ovaire et le stigmate ou entre l'ovaire et les stigmates (Fig. 17).

Sub-. Préfixe signifiant: presque. Subobtus, subovale, subentier.

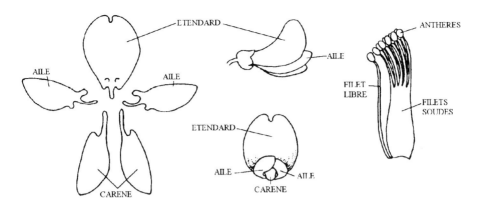

*Fig. 19 - Fleur de **Fabacées***

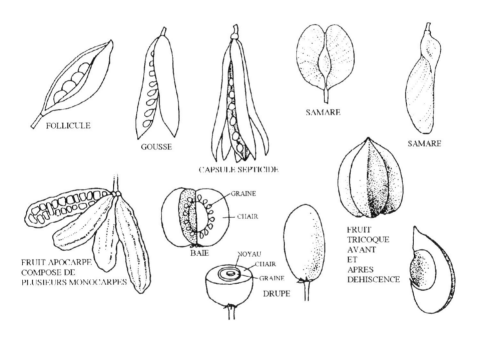

Fig. 20 - Types de fruits.

Subspontané(e). Se dit d'une plante cultivée, échappée des jardins ou des champs et parfois en voie de naturalisation.

Succulent(e). Se dit d'une plante ou d'un organe gorgé d'eau.

Supère. Se dit d'un ovaire qui n'est pas enfoncé dans le réceptacle (Fig. 16).

Sympétale. Se dit d'une corolle dont les pétales sont plus ou moins longuement soudés ensemble. Synonyme de gamopétale (Fig. 15).

Syncarpe. Qualifie un gynécée dont les carpelles sont plus ou moins soudés, ou un fruit provenant d'un tel gynécée. C'est généralement le cas chez les *Angiospermes*. Voir aussi apocarpe (Fig. 17).

Taxon (un), des taxons; on dit parfois aussi: des taxa. Entité systématique concrète d'un rang quelconque.

Tégument (un). Enveloppe protectrice de l'ovule, puis de la graine.

Tépale (un). Pièce d'un périgone. c'est-à-dire d'une enveloppe florale où il n'est pas possible de distinguer un calice et une corolle.

Terminale. Se dit d'une inflorescence qui occupe le sommet d'un axe feuillé et en arrête la croissance.

Thèque (une). Partie de l'anthère contenant 2 sacs polliniques (cavités renfermant les grains de pollen); chaque étamine comprend gén. 2 thèques, rarement plusieurs ou une seule.

Tomenteux(se). Couvert de poils souples, bouclés, comme entrecroisés à la façon d'un feutre.

Trifoliolé(e). Se dit d'une feuille à trois folioles (fig. 12).

Tronqué(e). Comme coupé par une ligne ou par un plan transversal (Fig. 9).

Tube (un). Partie inférieure d'une corolle, d'un calice ou d'un périgone, formée par la soudure des pétales, des sépales ou des tépales.

Tube floral (un). Organe basilaire de la fleur portant les sépales, les pétales et les étamines (Pl. 229/ 2 et 5).

Tube staminal. Tube formé par la soudure des filets des étamines.

Uniloculaire. Présentant une seule loge. Un ovaire uniloculaire.

Unipare. Se dit d'une cyme où un seul rameau latéral se développe, toutes les fleurs se trouvant d'un même côté.

Unisexué(e). Se dit d'une fleur soit uniquement mâle. soit uniquement femelle; dans la première seulement les étamines sont fonctionelles, dans la seconde seulement le pistil est fonctionnel.

Valvaire (préfloraison). Dans le bouton, les pièces d'une enveloppe florale sont verticillées et se touchent par leurs bords contigus sans se recouvrir; ou bien, parfois, elles ont leurs bords plus ou moins écartés les uns des autres (Fig. 15).

Valve (une). Chacune des parties de la paroi d'un fruit sec déhiscent.

Verticille (un). Un ensemble d'organes disposés en cercle. au même niveau, autour d'un axe. Un verticille de feuilles (Fig. 6).

Vivace. Se dit d'une plante qui vit plusieurs années.

Zygomorphe. A symétrie bilatérale. Une fleur est dite à symétrie bilatérale lorsqu'elle ne présente qu'un seul plan de symétrie.

INDEX DES NOMS FRANÇAIS

et des noms commerciaux

INDEX DES NOMS VERNACULAIRES

En langue bantoue les noms sont formés par un radical, souvent précédé d'un préfixe et parfois suivi d'un suffixe (ex. *ki*-**bof**-ula). La liste présente suit l'ordre alphabétique des radicaux et indique les préfixes par des italiques. C'est ordre permet de retrouver les noms que les gens emploient, tantôt au sigulier, tantôt au pluriel, et aussi de grouper les variantes locales dans l'emploi des préfixes. En plus, des européens non habitués aux langues bantoues n'entendent pas toujours les nasales initiales "m" et "n", précédant d'autres consonnes; ces nasales disparaissent d'ailleurs dans certaines variantes de la langue "kongo" comme par exemple dans la langue "yombe" parlée au Mayombe.

INDEX DES NOMS SCIENTIFIQUES

Autres livres

édités par le

Jardin botanique national de Belgique

Flore d'Afrique Centrale (Zaïre-Rwanda-Burundi). Ptéridophytes. — En fascicules par famille.

Flore d'Afrique Centrale (Zaïre-Rwanda-Burundi). Spermatophytes. — En fascicules par famille.

Flore illustrée des champignons d'Afrique Centrale. — En fascicules.

Distributiones plantarum Africanarum. — Cartes de distribution d'espèces végétales africaines, publiées en fascicules.

CUFODONTIS G. (réimpression 1974) **Enumeratio Plantarum Aethiopiae. Spermatophyta**: 1657 p. — Aperçu global de la flore de l'Ethiopie et de la Somalie.

GHAZANFAR S.A. (1992) **An annotated catalogue of the vascular plants of Oman and their vernacular names**. *Scripta bot. Belg.* **2**: 153 p.

RAMMELOO J. & WALLEYN R. (1993) **The edible fungi of Africa south of the Sahara**. *Scripta bot. Belg.* **5**: 62 p. — Synthèse bibliographique sur les 300 espèces de champignons dont la comestibilité a été rapportée dans la littérature.

ROBBRECHT E. (1988) **Tropical woody Rubiaceae. Characteristic features and progressions. Contributions to a new subfamilial classification**. *Opera bot. Belg.* **1**: 272 p. — Monographie mondiale de cette grande famille essentiellement tropicale.

SEYANI J.H. (1991) **The genus *Dombeya* (Sterculiaceae) in continental Africa**. *Opera bot. Belg.* **2**: 188 p. — Révision systématique.

PUFF C., Ed. (1991) **The genus *Paederia* L. (Rubiaceae - Paederieae): a multidisciplinary study**. *Opera bot. Belg.* **3**: 376 p. — Monographie mondiale.

TRIEST L., Ed. (1991) **Isozymes in water plants**. *Opera bot. Belg.* **4**: 264 p. — Systématique moléculaire de divers groupes de plantes aquatiques.

Cette liste ne reprend que quelques-uns des titres qui concernent l'Afrique ou les pays tropicaux. Pour une liste exhaustive et toute autre information, contactez:
Jardin botanique national de Belgique, Domaine de Bouchout, B-1860 Meise, Belgique (fax xx 32 2 270 15 67)